实例完美手册

入门·进阶·提高·精通

新手学 Photoshop CS3 图像处理实例完美手册

王　涛/主编

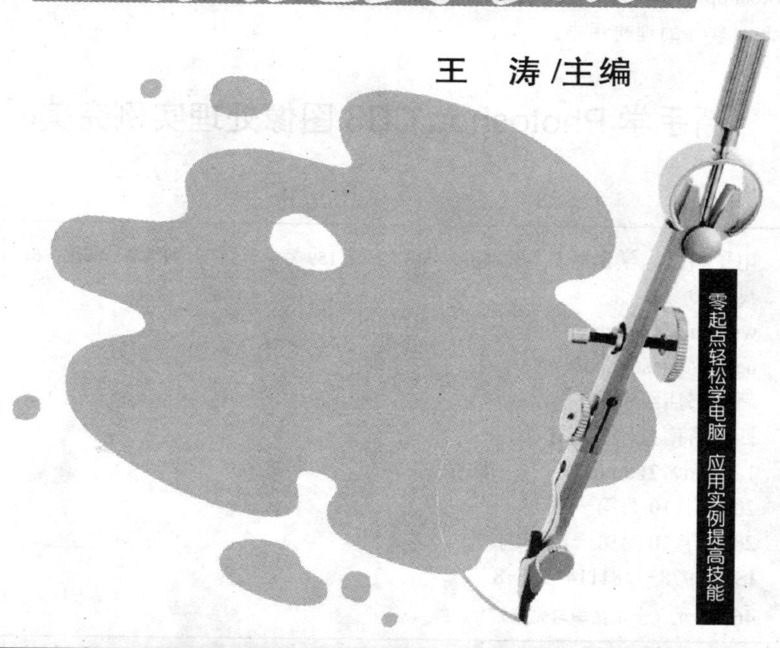

零起点轻松学电脑　应用实例提高技能

XINSHOUXUESHILIWANMEISHOUCE

图书在版编目（CIP）数据

新手学 Photoshop CS3 图像处理实例完美手册/王涛主编. —成都：电子科技大学出版社，2008.10

ISBN 978-7-81114-925-8

Ⅰ. 新… Ⅱ. 王… Ⅲ. 图形软件，Photoshop CS3－手册 Ⅳ. TP391.41-62

中国版本图书馆 CIP 数据核字（2008）第 117443 号

内 容 提 要

Photoshop 是集设计、图像处理和图像输出于一体的一款图形图像处理软件。它为美术设计人员的作品添加艺术魅力，为摄影师提供颜色校正和润饰、瑕疵修复和颜色浓度调整等功能。设计人员可通过 Photoshop 中的绘图工具、通道、路径和滤镜等多种图像处理方法，设计出海报、招贴、宣传画和企业 CIS 等高质量的平面作品。本书采用"基本操作入门 + 典型实例进阶 + 自己动手提高"的全新体系结构，从零开始，通过丰富的实例和翔实的图文讲解，全面地介绍了 Photoshop 图像处理的方法和技巧，目的是让读者先入门，再提高，然后达到精通应用的水平。

全书共 11 章。1～10 章主要介绍 Photoshop 软件中的各项技能，包括：图像处理、图层管理、文字编辑、通道与蒙版、路径、历史记录与动作、颜色处理、滤镜应用和 Web 图形创建等方面的知识；最后一章为综合实例讲解，将本书所学知识融入到综合实例中，巩固所学知识。

本书内容丰富多彩，知识点层次分明，从基础知识到专业制作都有详细的介绍，适合于学习 Photoshop 的初、中级读者阅读，也可作为相关院校及培训机构的配套教材，是学习与掌握 Photoshop 软件的理想用书。

新手学 Photoshop CS3 图像处理实例完美手册

王　涛　主编

出　　版：电子科技大学出版社（成都市一环路东一段 159 号电子信息产业大厦　邮编：610051）
责任编辑：吴艳玲
主　　页：www.uestcp.com.cn
电子邮箱：uestcp@uestcp.com.cn
发　　行：新华书店经销
印　　刷：四川省南方印务有限公司
成品尺寸：185mm×260mm　　印张 23.75　　字数 608 千字
版　　次：2008 年 10 月第一版
印　　次：2008 年 10 月第一次印刷
书　　号：ISBN 978-7-81114-925-8
定　　价：46.00 元（含 1 张学习光盘）

◆ 本社发行部电话：028-83202463；本社邮购电话：028-83208003。
◆ 本书如有缺页、破损、装订错误，请寄回印刷厂调换。
◆ 课件下载在我社主页"下载专区"。

前　言

您适合本书吗

- 对相关软件有一定的了解，但基础不太好，应用不熟练的读者；
- 掌握了相关软件的基本功能，但需进一步深入了解和掌握的读者；
- 缺乏操作技巧和工作应用经验的读者；
- 希望从零开始，全面了解和掌握相关软件技能的读者；
- 希望实现"初学电脑→操作电脑→应用电脑→电脑高手"完美蜕变的读者。

本书的特色

基础讲解·实例巩固　从基础入手，在章节开始以知识讲解的形式介绍本章节知识的内容及应用范围等。结合"经典实例"讲述知识点，以实例的形式再次巩固练习。

重点知识·醒目提示　对日常应用中容易出错的知识点，都通过"小知识"、"提示"或者"注意"等形式醒目地罗列出来，以免读者在实际操作中再度出现这样的错误。

一问一答·深入学习　在章末都添加了"有问必答"环节，此环节以一问一答的形式，加深读者对知识点的了解，同时提升知识点内涵。

综合实例·应用提高　设置重点知识综合实例应用，将书中介绍的知识进行融合，使所学知识灵活应用到实际操作中，达到学以致用的效果。

配套多媒体教学光盘　为了方便读者自学使用，本书还配套了交互式、多功能、超大容量的多媒体教学光盘。教学光盘既是图书内容的互补讲解，又是一套完整的教学软件。

精彩内容导读

本书从基础入手，以全新思路讲解了 Photoshop CS3 图像处理软件的方法和技巧。全书从 Photoshop 最基本的安装到图层管理、文本编辑、通道与蒙版使用、路径使用、图像颜色处理、滤镜应用以及 Web 图形的创建都进行了详细讲解。

全书主要内容包括：Photoshop CS3 基础知识、Photoshop CS3 的工具箱、图层的使用和图层样式、文字编辑、通道与蒙版、路径的应用、历史记录与动作、图像的颜色处理、滤镜的应用、Web 图形与动画、综合实例精讲等。

作者致谢

真诚地感谢读者选择本书。由于时间仓促及作者水平有限，书中不妥之处在所难免，敬请读者批评指正，我们的邮箱：YDKJBOOK@126.com。

编　者

CD-ROM
多媒体教学光盘使用说明

■ 光盘使用方法

请将光盘放入电脑光驱中，光盘将自动运行出现下图所示的主界面。如果光盘自动运行失败，请手动打开“我的电脑”，并打开光盘，双击光盘中的“Autorun.exe”文件，也可以进入光盘的主界面。

光盘主界面

■ 运行环境要求

- ■ 操作系统：Windows 98/Me/2000/XP/2003
- ■ 屏幕分辨率：1024×768 像素以上，16 色以上
- ■ CPU 与内存：CPU Pentium 200 以上，内存 256MB 以上
- ■ 其他：配备声卡、音箱或耳麦

■ 光盘内容说明

为了方便读者的学习，我们随书赠送了多媒体教学光盘，相信该光盘会对读者的学习有所帮助。下图是多媒体学习光盘的演示界面。

多媒体演示界面

■ 演示内容说明

多媒体学习光盘直观形象，内容丰富。单击光盘主界面上的目录控制按钮，可进入相应的学习内容模块进行互动学习。

■ 控制按钮说明

：此键为“后退”按钮。

：此键为“前进”按钮。

：此键为“暂停”按钮。

：此键为“返回”按钮。

目　录

第 03 章 图层的使用和图层样式

第 04 章 文字编辑

第 05 章 通道与蒙版

第06章 路径的应用

第07章 历史记录与动作

第08章 图像的颜色处理

第 09 章 滤镜的应用

第10章 Web图形与动画

第11章 综合实例精讲

Photoshop CS3 基础知识

学习导航

在人们的日常生活中，不同的电脑用户在遇到图像的设计或处理时，提到软件，首先就会想到 Photoshop。

Photoshop 是美国 Adobe 公司推出的一款图形图像处理软件。它集设计、图像处理和图像输出于一体，为美术设计人员的作品添加艺术魅力，为摄影师提供颜色校正和润饰、瑕疵修复和颜色浓度调整等功能。从事平面广告、建筑及装饰、装潢等行业的设计人员通过 Photoshop 中的绘图工具、通道、路径和滤镜等多种图像处理方法，可以设计出海报、招贴、宣传画和企业 CIS 等高质量的平面作品。

Photoshop CS3 是目前 Photoshop 系列软件的最新版本，它拥有 Photoshop CS2 所有功能。

本章要点

- ⊙ 位图
- ⊙ 矢量图
- ⊙ 分辨率
- ⊙ 颜色模型
- ⊙ 颜色模式
- ⊙ 保存格式
- ⊙ 新增功能
- ⊙ 工作环境

1.1 Photoshop CS3 的发展史

从 20 世纪 80 年代末期到现在，Photoshop 经过了由初生到成熟再到发展的不同阶段。在这大约二十年的时间里，它由一个不起眼的小软件已经摇身成为了家喻户晓的图形处理软件，随着其版本的不断更新和完善，其功能也日益强大，这给人们的工作带来了很大的方便。

Photoshop 的发展简史如下：

- 1987 年，Knoll 兄弟编写了一个灰阶图像显示程序，即 Photoshop .87，又叫做 Barneyscan XP。
- 1988 年，Adobe 公司买下了 Photoshop 的发行权。
- 1990 年，Photoshop 1.0 发布，那个时候只有 100KB 大小。
- 1991 年，Photoshop 2.0 发布，Adobe 成为行业标准。
- 1992 年，Photoshop 2.5 发布，第一个 MS Windows 版本——Photoshop 2.5.1 发布。
- 1994 年，Photoshop 3.0 发布，代号 Tiger Mountain。
- 1995 年末，由于技术问题 Photoshop 3.0 终止运行。
- 1996 年末，Photoshop 4.0 发布，代号 Big Electric Cat，Adobe 买断了 Photoshop 的所有权。
- 1998 年，Photoshop 5.0 发布，新增了历史动作功能；其中 5.0.2 是第一个中文版本。
- 1999 年，Photoshop 5.5 发布，Image Ready 2.0 捆绑发布。
- 2000 年，Photoshop 6.0 发布。
- 2002 年，Photoshop 7.0 发布，随着当时数码图像技术的普及，Photoshop 奠定了现在的照片处理地位。
- 2003 年，Photoshop CS（8.0）发布。
- 2005 年，Photoshop CS2（9.0）发布。
- 2006 年，Photoshop CS3（10.0）发布，如图 1-1-1 所示。

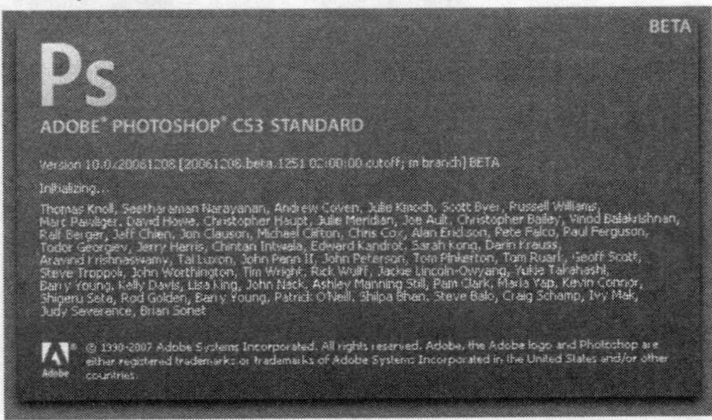

图 1-1-1　Photoshop CS3

1.2 Photoshop CS3 的安装与卸载

Adobe Photoshop CS3 安装过程方便快捷，我们只要按照安装向导的提示，一步一步地进行操作，便可以顺利地完成。本节将以 Adobe Photoshop CS3 在 Windows XP 上的安装过程为例，详细讲解其安装过程。

1.2.1　安装 Adobe Photoshop CS3 对硬件的要求

在进行 Adobe Photoshop CS3 安装前，必须确保电脑的硬件条件满足以下要求：

- 屏幕分辨率：1260*800 以上。
- PC 机类型：IBM 计算机及其兼容机。
- 硬盘容量要求：至少 1GB 空闲磁盘空间。
- 内存要求：至少 512MB 内存大小，建议使用更大内存。
- CPU 要求：Pentium 4 2.4GHz 处理器（或者同等性能的 AMD CPU 等），建议使用更高主频。
- 显卡要求：ATI9200 或更高配置（显存 128MB），推荐使用 256MB 或更高。

1.2.2　Adobe Photoshop CS3 的安装

Adobe Photoshop CS3 的安装过程如下：

01　将 Adobe Photoshop CS3 软件的光盘放入光驱，光盘自动进入 Adobe Photoshop CS3 安装启动画面，如图 1-2-1 所示。

图 1-2-1　安装启动画面

在第一步操作中你也可以这样启动安装：右击光驱图标，单击【打开】，找到安装目录下的 Setup.exe 文件并双击。

02　单击【下一步】按钮，进入【信息】向导对话框，如图 1-2-2 所示。

03　单击【下一步】按钮进入【选择目标位置】向导对话框，选择安装文件的目标位置，如图 1-2-3 所示。

04　单击【下一步】按钮进入【选择附加任务】向导对话框，如图 1-2-6 所示，我们可以根据自己的需要选择是否需要在桌面创建快捷方式，如果需要，则选中【创建桌面快捷方式】复选框，不需要则清除选择。

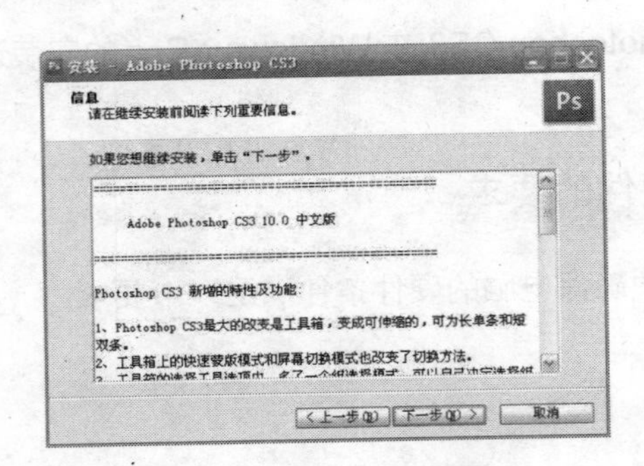

图 1-2-2　安装信息向导

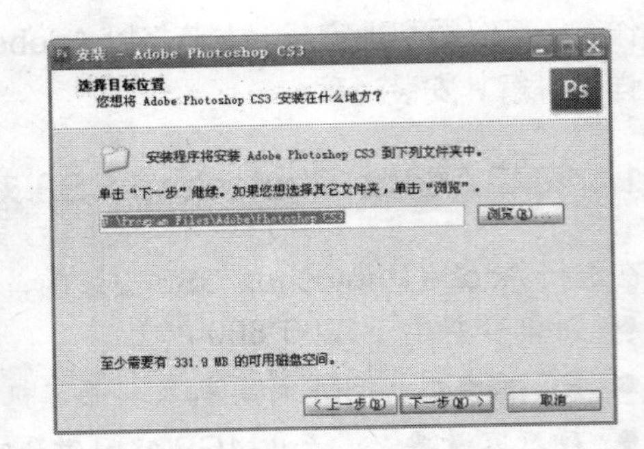

图 1-2-3　选择安装位置

小知识

在选择【选择目标位置】时单击【浏览】可以选择安装在计算机的任意位置，但最好不要安装在系统盘内，因为系统盘遭到破坏时很有可能丢失原有的数据。如将默认的位置改为 E:\Program Files\Adobe\Photoshop CS3,如图 1-2-4 所示。更改后的【选择目标位置】对话框如图 1-2-5 所示。

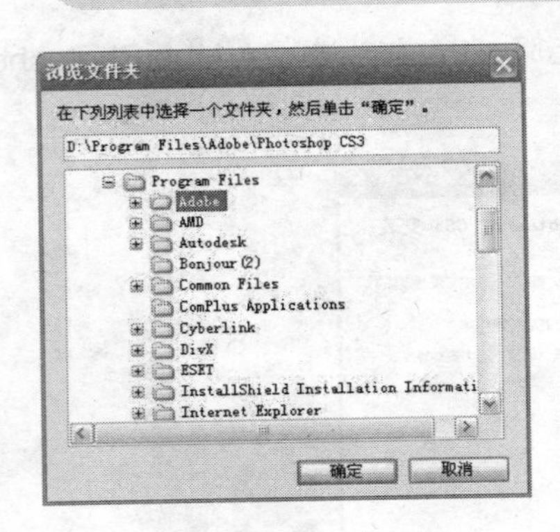

图 1-2-4　更改位置

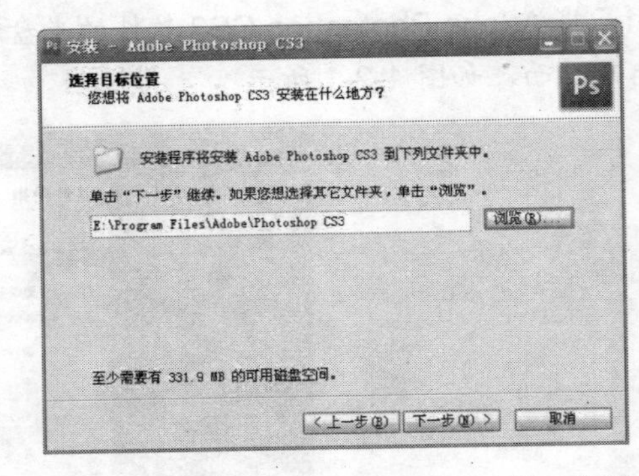

图 1-2-5　更改后的【选择目标位置】对话框

05　单击【下一步】按钮进入【准备安装】向导对话框，如图 1-2-7 所示。

06　确认以前的安装信息无误后单击【安装】按钮进入【正在安装】向导界面，如图 1-2-8 所示。

07　完成安装后，系统弹出如图 1-2-9 所示的【Adobe Photoshop CS3 安装向导完成】向导对话框，单击【完成】按钮即可完成 Adobe Photoshop CS3 的安装。

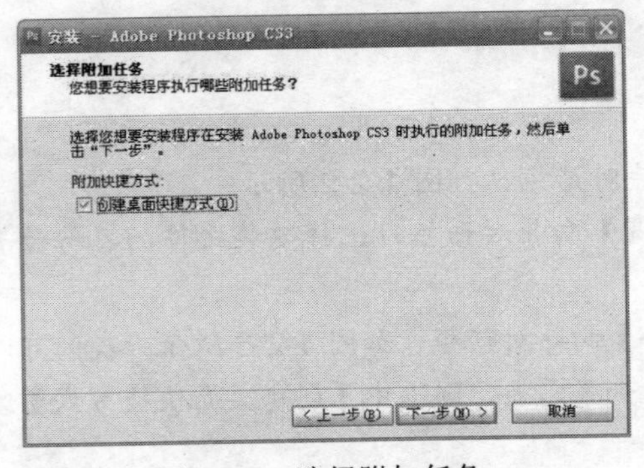

图 1-2-6　选择附加任务

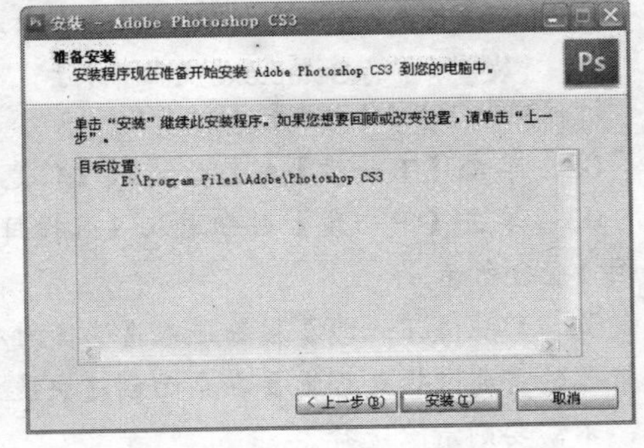

图 1-2-7　准备安装

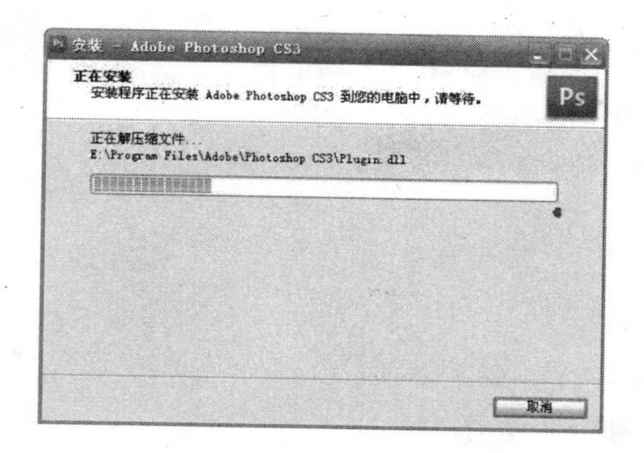

图 1-2-8　【正在安装】向导对话框

图 1-2-9　【Photoshop CS3 安装向导完成】向导对话框

1.2.3　Photoshop CS3 的卸载

在我们不需要使用 Adobe Photoshop CS3 软件的时候，我们可以将其从我们的计算机中卸载掉，其具体操作过程如下：

01　执行【开始】|【控制面板】命令，如图 1-2-10 所示。

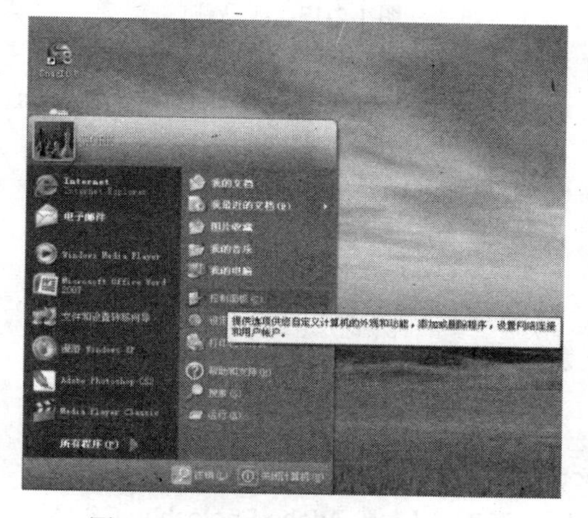

图 1-2-10　选择【控制面板】命令

02　完成上述操作后，系统弹出【控制面板】窗口，如图 1-2-11 所示。

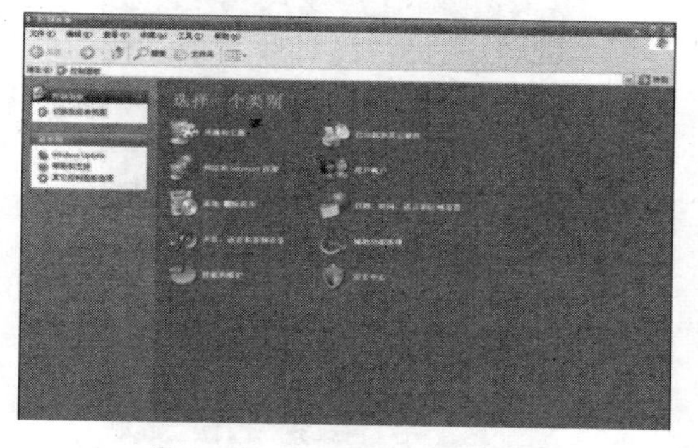

图 1-2-11　【控制面板】窗口

03　单击【添加|删除程序】图标，打开【添加或删除程序】对话框，如图 1-2-12 所示。

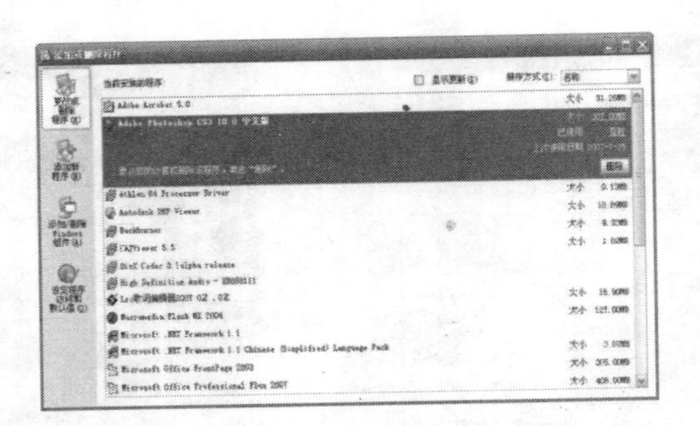

图 1-2-12 【添加或删除程序】对话框

04 选择【Adobe Photoshop CS3 10.0 中文版】，这时选项卡将展开，单击【删除】按钮，弹出【Adobe Photoshop CS3 卸载】对话框，如图 1-2-13 所示。

图 1-2-13 确认删除

05 确认卸载此程序单击【是】按钮，系统将开始卸载，卸载完成后系统弹出如图 1-2-14 所示的【Adobe Photoshop CS3 卸载】对话框，单击【确定】按钮，完成卸载。

图 1-2-14 删除成功

提示

在 Photoshop CS3 中你也可以这样进入“卸载”:选择【开始】|【所有程序】|【Adobe Photoshop CS3】|【卸载 Adobe Photoshop CS3】，如图 1-2-15 所示。

图 1-2-15 进入【卸载 Adobe Photoshop CS3】

1.3 Photoshop CS3 的启动和退出

如何安全启动和退出 Photoshop CS3 程序是学习使用该软件的开始。本节将详细讲解正确、安全的启动和退出方法。

1.3.1 Photoshop CS3 的启动

Photoshop CS3 的启动同其他程序的启动一样，我们可以通过如下两种方法之一进行启动：

- 通过【开始】菜单方式启动：执行【开始】|【程序】|【Adobe Photoshop CS3】命令，就可以启动该程序，进入启动画面，如图 1-3-1 所示。

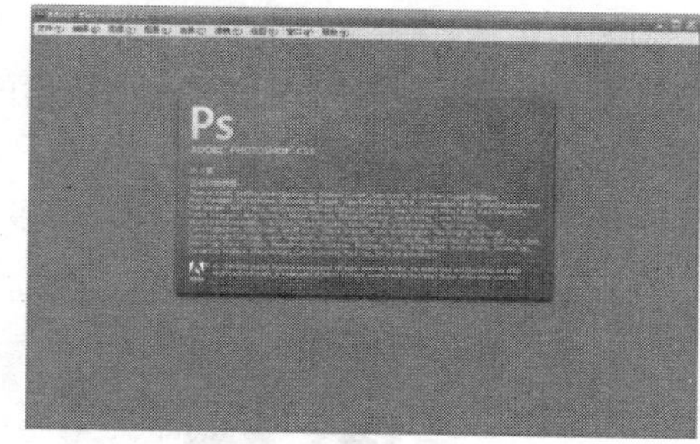

图 1-3-1 Photoshop CS3 的启动画面

- 桌面快捷方式：用鼠标左键双击桌面快捷方式图标，也可启动该程序。

1.3.2 Photoshop CS3 的退出

完成使用 Photoshop CS3 后，我们需要将其关闭，也就是退出 Photoshop CS3，我们可以通过下列几种方法安全地退出 Photoshop CS3：

- 单击 Photoshop CS3 窗口右上角的关闭按钮，退出 Photoshop CS3 应用程序。
- 在 Photoshop CS3 窗口中，执行【文件】|【退出】命令，退出 Photoshop CS3 应用程序，如图 1-3-2 所示。
- 双击 Photoshop CS3 窗口左上角的 Photoshop CS3 前的版本图标直接退出，或者单击鼠标左键，在弹出的快捷菜单中选择"退出"选项，如图 1-3-3 所示。

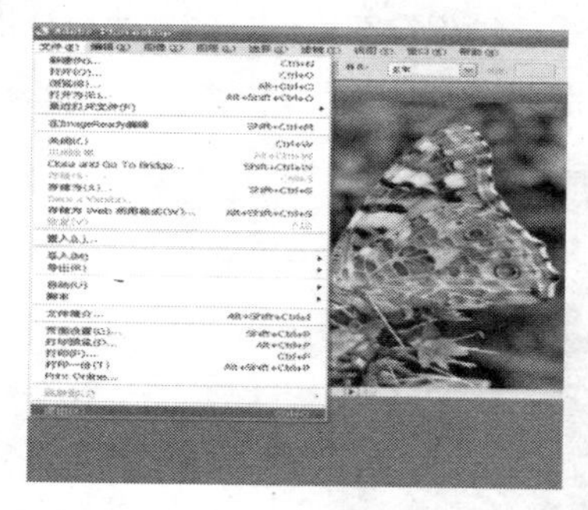

图 1-3-2 Photoshop CS3 的退出

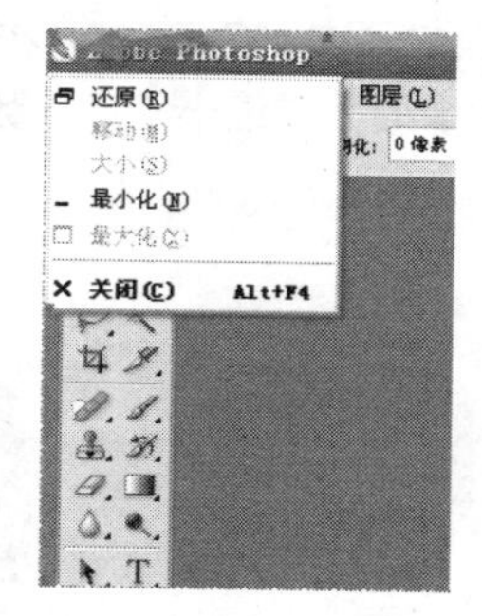

图 1-3-3 Photoshop CS3 的关闭

- 快捷键方式：【Ctrl+Q】或【Alt+F4】组合键，快速退出 Photoshop CS3 应用程序。

1.4 Photoshop 常用术语

学习 Photoshop CS3 时，为了方便使用就必须要了解它的一些常用术语和它的一些功能在该软件中的作用。下面我们将介绍这些常用术语。

1.4.1 位图

位图又叫做像素图、点阵图或光栅图，它是由许多像小方块一样的“像素”组成的图形，与矢量图相比，位图的图像更容易模拟出真实场景的效果。

在电脑屏幕上的图像由很多像素点构成。一个像素点是图像中最小的图像元素，由二进制数来描述其亮度等信息。一幅位图图像包括的像素点很多，可以达到上百万个，所以位图的大小和质量取决于图像中像素点的多少。一般来说，每个单位面积上所含的像素点越多，颜色之间的混合和过渡也越平滑，同时文件也越大。

一般情况下，用户是看不见像素点的，但是把图片放大很多倍时就可以看见像素点了，如图 1-4-1 所示。

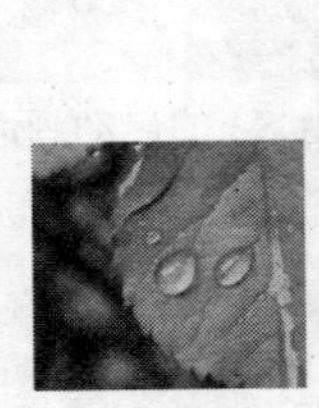
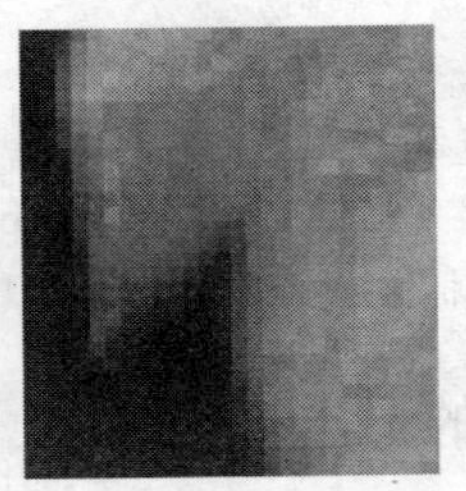

图 1-4-1　位图（树叶边缘）放大后的效果

1.4.2 矢量图

矢量图软件和位图软件最大的区别在于：矢量图软件的原创能力比较大，而位图软件的主要长处在于图片的后期处理。

矢量图又叫做向量图或面向对象绘图，它可以认为是一种数字图像，通过矢量图软件将文件记录还原为颜色区域的信息，所以它不是通过点的形式把图像显示出来的。

不管是改变对象的位置、形状、大小和颜色，由于这种保存图像信息的方法与分辨率无关，因此对这种图像放大或缩小任意倍数，其图像边缘都是平滑的，不会产生失真效果，如图 1-4-2 所示。

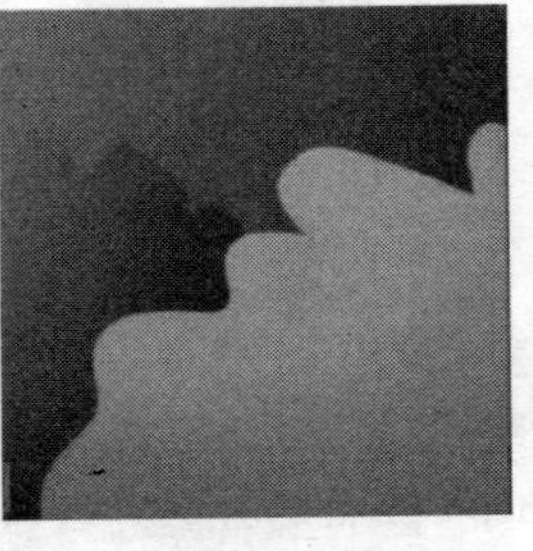

图 1-4-2　矢量图（树）放大后效果依旧

矢量图的缺点就是对于复杂的图片，因为要记录的数据太多，有时矢量图的大小反而会比相应的位图文件大很多。

矢量图形一般适用于标志设计、图案设计、文字设计和版式设计等。

1.4.3 分辨率

每英寸所包含的像素数量叫做图像的分辨率，单位为像素 / 英寸 ppi（pixels per inch）。如果图像的分辨率是 150ppi，就是在每英寸长度内包含 150 个像素。

图像分辨率越大，单位内像素越多，也就是图像的信息量越大，因而文件也越大，所占内存大，电脑处理速度也越慢；相反，任意一个因素减少，处理速度都会加快。

经典实例

图像分辨率的修改。

【光盘：源文件\第 1 章\位图图像.JPEG】

【实例分析】

本实例用于修改在 Photoshop CS3 中图像分辨率。

【实例效果】

修改后效果如图 1-4-8 所示。

在 Photoshop CS3 中图像分辨率的修改方法如下：

01 执行【开始】|【程序】|【Adobe Photoshop CS3】菜单命令，启动 Photoshop CS3，如图 1-4-3 所示。

02 在【Adobe Photoshop CS3】窗口中，打开图像文件，如图 1-4-4 所示。

03 打开【通道】调板，单击【通道】调板右上角带三横的小三角按钮，弹出【通道】调板的下拉菜单，如图 1-4-5 所示。

图 1-4-3 选择命令

图 1-4-4 打开图像文件

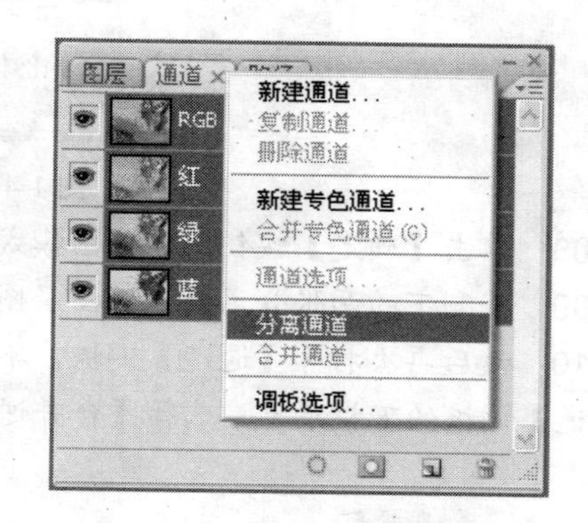

图 1-4-5 【通道】调板的下拉菜单

04 在弹出的下拉菜单中选择【分离通道】命令，得到三个分离的图层，如图 1-4-6 所示。

图 1-4-6　分离的图层

05　选择一个分离出的通道文件，执行【图像】|【模式】|【位图】菜单命令，打开【位图】对话框，如图 1-4-7 所示。

06　在【输出】文本框中输入需要输出的分辨率的数字 66，单击【确定】按钮，完成上述操作后得到一幅位图图像，如图 1-4-8 所示。

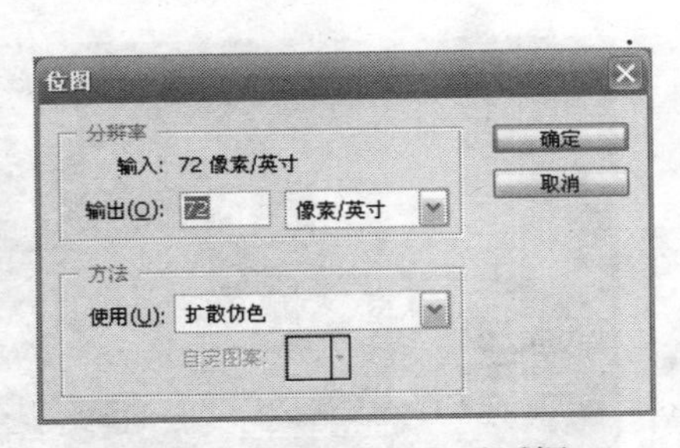

图 1-4-7　【位图】对话框

图 1-4-8　位图图像

07　执行【图像】|【模式】|【灰度】菜单命令，弹出【灰度】对话框，如图 1-4-9 所示。

图 1-4-9　【灰度】对话框

08　单击【确定】按钮，将位图模式转换为灰度模式。

09　将剩下的两张分离出来的图层图像都进行同样的处理。

10　最后再次打开【通道】调板，单击【通道】调板右上角带三横的小三角按钮，弹出【通道】调板的下拉菜单，选择【合并通道】命令，分辨率修改完成。

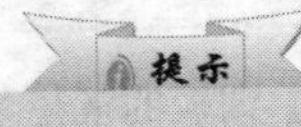

这种修改方式的图像内容会有所改变。

1.4.4 图像的颜色模型和模式

颜色模式决定于显示和打印图像的颜色模型（颜色的模型是用于表现颜色的一种数学算法）。Photoshop 的颜色模式以用于描述和重现色彩的颜色模型为基础。常见的颜色模型包括 HSB（H：色相、S：饱和度、B：亮度），CMYK（C：青色、M：洋红、Y：黄色、K：黑色），RGB（R：红色、G：绿色、B：蓝色）和 CIEL*a*b*。

常见的颜色模式包括位图（Bitmap）模式、灰度（Grayscale）模式、双色调（Doutone）模式、RGB 模式、CMYK 模式、Lab 模式、索引颜色（Index Color）模式、多通道（Multichannel）模式、8 位 / 通道模式和 16 位 / 通道模式。

颜色模式除能够确定图像中能显示的颜色数量之外，还会影响图像的通道数和文件大小。每个 Photoshop 图像都具有一个或多个通道，每个通道都存放着图像中的颜色信息。图像中默认的颜色通道数取决于颜色模式。除了这些默认的颜色通道，也可以将叫做 Alpha 通道的额外通道添加到图像中，Alpha 通道通常用来存放和编辑选区，并可添加专色通道。默认情况下，位图模式、灰度模式、双色调模式以及索引颜色模式中只有一个通道，RGB 模式和 Lab 模式中都有 3 个通道，CMYK 模式中有 4 个通道。

1. 颜色模型

1）HSB 模型　HSB 模型是基于人眼对色彩的观察来定义的，在此模型中，所有的颜色都用色相（Hue）、饱和度（Saturation）和亮度（Brightness）3 个特性来描述。

- 色相是与颜色主波长有关的颜色物理和心理特性。有时色相也叫做色调，简单来讲，色相或色调是物体反射或透射的光的波长，一般用度“°”来表示，范围是 0° ~ 360°。
- 饱和度是颜色的强度或纯度，表示色相中灰色成分所占的比例。通常用“%”来表示，范围是 0% ~ 100%。
- 亮度是颜色的相对明暗程度，通常是以 0%（黑色）~ 100%（白色）来量度。

2）RGB 模型　RGB 模型是由光源发出色光混合生成颜色。绝大多数可视光谱可用红色、绿色和蓝色（R/G/B）三色光的不同比例和强度的混合来表示。在这三种颜色的重叠处产生青色、洋红、黄色和白色。

由于 RGB 颜色合成可以产生白色，因此也称它们为加色。将所有颜色加在一起可产生白色，即所有不同波长的可见光都传播到人眼。加色用于光照、视频和显示器。

3）CMTK 模型　CMTK 模型以打印在纸上的油墨的光线吸收特性为基础。当白光照射到半透明油墨上时，某些可见光波长被吸收，而其他波长的光线则被反射回人的眼睛。

4）CIEL*a*b*模型　CIEL*a*b*颜色模型是在 1931 年国际照明委员会（CIE）制定的颜色度量国际标准模型的基础上建立的，1976 年，该模型经过重新修订并命名为 CIEL*a*b*。

CIEL*a*b*颜色与设备无关，无论使用何种设备创建或输出图像，这种模型都能生成一致的颜色。

CIEL*a*b*颜色由亮度或亮度分量（L）和两个色度分量组成：a 分量（从绿色到红色）、b 分量（从蓝色到黄色）。

2. 颜色模式

1）RGB 颜色模式：又叫做加色模式，是屏幕显示的最佳颜色，由红、绿、蓝三种颜色组成，每一种颜色可以有 0-255 的亮度变化。

2）CMYK 颜色模式：由品蓝、品红、品黄和黄色组成，又叫做减色模式。一般打印输出及印刷都是这种模式，所以打印图片一般都采用 CMYK 模式。

3）HSB 颜色模式：是将色彩分解为色调、饱和度及亮度，通过调整色调、饱和度及亮度得到颜色的变化。

4）Lab 颜色模式：这种模式通过一个光强和两个色调来描述一个色调叫做 a，另一个色调叫做 b。它主要影响着色调的明暗。一般 RGB 转换成 CMYK 都先经 Lab 的转换。

5）索引颜色：这种颜色下图像像素用一个字节表示它最多包含有 256 色的色表储存并索引其所用的颜色，它的图像质量不高，占空间较少。

6）灰度模式：即只用黑色和白色显示图像，像素 0 值为黑色，像素 255 为白色。

7）位图模式：像素不是由字节表示，而是由二进制表示，即黑色和白色由二进制表示，从而占用磁盘空间最小。

1.4.5 图像文件的各种保存格式

由于有不同的图形图像处理软件，所以它们保存的图像格式也各不相同。Photoshop CS3 支持 20 多种格式的图像，它可以打开这些不同的格式图像，对这些图像进行编辑并保存为其他格式。不同的图像文件格式代表着不同的图像信息——矢量图像还是位图图像，色彩数，压缩程度等。

下面简单介绍几种常用的图像文件格式及其特点：

1．PSD 格式

PSD 格式的文件扩展名为“.psd”。它是 Photoshop 中专用的文件格式，也是唯一可以存储所有 Photoshop 特有的文件信息以及色彩模式等格式，用这种格式存储的图像清晰度高，而且很好地保留了图片的制作过程，以便于以后修改，如果图像文件中包含图层、通道以及路径的记录，就必须以 PSD 格式进行存储。这种格式保存的图像占用的磁盘空间很大。

2．BMP 格式

BMP 格式的文件扩展名为“.bmp”，是微软公司 Windows 标准的点阵式图形文件格式，这种文件格式保真度非常高，可以轻松地处理 24 位颜色的图像。但它的缺点就是压缩功能不大，不能对文件大小进行有效的压缩，BMP 文件的容量也很大。

3．JPEG 格式

JPEG 格式的文件扩展名为“.jpg”。JPEG 格式支持 RGB、CMYK 和灰度颜色模式，但不支持 Alpha 通道。它是一种高效的压缩图像文件格式，也是有损的压缩，所以 JPEG 格式不适合印刷，但它的兼容性很大，而且跨平台性好，所以应用范围也是很广的。

4．GIF 格式

GIF 格式的文件扩展名为“.gif”，是一种压缩的 8 位图像文件，支持 256 种阴影彩色和灰度图像，支持多平台，文件容量不大，传输时经济快速，所以被广泛应用于网页制作和网络传输上。常见的 GIF 图像是以动画文件出现的，主要是因为 GIF 文件可以存储多个映像图像，而 JPEG 格式不可以保存动画，只能保存单一图像，但因 GIF 格式的图像文件色彩数不够，视觉效果不怎么好，而无法用于保存真彩图像文件，其图像颜色效果没有 JPEG 的格式好。

5. EPS 格式

该格式的文件扩展名为".eps"，它是 Adobe 公司开发，是一种应用非常广泛的 Postscript 格式，常用于绘图或排版，其优点是可在排版软件中以低分辨率预览、编辑、排版插入的文件，在打印或输出胶片时以高分辨率输出。

6. PCX 格式

该格式的文件扩展名为".pcx"，它是专门为 DOS 环境设计的，从最早的 16 色发展到现在 1677 万色。这种格式支持 RGB、索引颜色、灰度和位图的颜色模式，不支持 Alpha 通道。

7. PDF 格式

该格式是 Adobe 公司开发的图像文件格式，支持文本格式，常用于排版印刷、制作教程等方面。

8. TIFF 格式

TIFF 格式文件是为不同软件间交换图像数据而设计的，采用 LZW 的压缩方法，是一种无损失压缩，广泛应用于印刷。

9. PICT 格式

PICT 格式的文件扩展名为".pct"或".pict"，它与 JPEG 格式相反，使用无损压缩来减小文件大小。该格式可以保存 24 位真彩色图像。

10. Photo CD 格式

Photo CD 格式的文件扩展名为".PCD"，这种格式只能在 Photoshop 中打开。

1.4.6 其他术语

在 Photoshop CS3 中还有些其他名词，它们在应用 Photoshop 时也非常重要，如通道、路径、图层、蒙版等，这里我们只做简单的介绍，我们将在后面的学习中详细地对它们进行说明。

1. 通道

在 Adobe Photoshop CS3 中，通道是指色彩的范围，一般情况下，一种基本色为一个通道。如 RGB 颜色，R 为红色，所以 R 通道的范围为红色，G 为绿色，B 为蓝色。

2. 蒙版

蒙版是用来将图像的某部分分离出来，保护图像的某部分不被编辑。当基于一个选取创建蒙版时，没有选中的区域成为被蒙版蒙住的区域，也就是被保护的区域，可以防止被编辑或修改。利用蒙版可以将花费很久创建的选区存储起来随时调用，也可以将蒙版用于其他复杂的编辑工作，如对图像执行颜色变换或滤镜效果等。

3. 图层

Adobe Photoshop CS3 中的图像，一般都是用多个图层制作的，每一图层好像是一张透明纸，叠放在一起而组成的一个完整的图像。在对任一图层进行修改处理时，其他的图层将不会受到任何的影响。

4. 路径

路径是可以转换为选区或者使用颜色填充和描边的轮廓。形状的轮廓是路径。通过编辑路径的锚点，你可以很方便地改变路径的形状。

1.5 Photoshop CS3 的功能特点

作为一个强大的图像处理软件，我们应该了解它的各种功能特点，只有对它有了了解，我们才能顺利地利用它为我们服务，完成我们需要的操作。

1.5.1 Photoshop 的功能

Photoshop 具有功能完善、兼容性好等特点，是一个功能强大的图像处理助手。它的功能主要有：

1）Photoshop 操作风格独特，且具有 Windows 应用程序窗口界面，使用户容易上手，容易接受，并且在工作环境的设置上具有自己的特点，它提供了 19 个调板，用户可以根据需要定制和优化自己的工作环境。

2）Photoshop 提供了强大的图像处理工具，包括选择工具、编辑工具、绘图工具和辅助工具等。选择工具可以选择一个或多个不同尺寸、不同形状的选取范围；绘图工具可以绘制各种图形，可以通过不同的笔刷形状、大小和压力等绘出不同的我们需要的效果；编辑工具可以对图像进行复制、移动、撤销、恢复、旋转和变形等编辑操作，旋转和变形可以使图像扭曲和倾斜，产生透视或其他我们想要的效果。

3）Photoshop 可以对图像的色调和色彩进行调整，使图像的色相、饱和度、亮度、对比度调整更加简单快捷，Photoshop 也可以对图像的某一部分进行调整。

4）Photoshop 完善了图层、通道和蒙版功能。用户可以建立背景图层、文本图层、普通图层、调整图层等多种图层，并同时能够很方便地对各个图层进行编辑。如可以对图层进行任意的复制、移动、删除、翻转、合并和合成，实现图层的排列，以及通过添加阴影创建特技效果。在文本图层，可以随时编辑图形中的文本；利用调整图层可在不影响原图像的情况下，控制图层的透明度和饱和度等效果。

5）Photoshop 提供了近百种滤镜，每种滤镜各有各自的优点，用户可以利用这些滤镜做出各种特殊效果。Photoshop 还可以使用很多其他与之相配套的外挂滤镜。Photoshop 可以提供无限的艺术和想象空间，所以被广泛地应用于广告、建筑和工业设计等领域。

1.5.2 Photoshop CS3 新增的特性及功能

在 Photoshop 的不断升级发展中，如今的 Photoshop CS3 10.0 版在 Photoshop CS2 9.0 版的基础上又增加了一些新的功能，新增加的功能将会给我们带来更多的方便与快捷。

下面让我们一同来了解 Photoshop CS3 给我们带来的新功能。

1）Photoshop CS3 最大的改变是工具箱，变成可伸缩的，可为长的单条和短的双条。

2）工具箱上的【快速蒙版模式】和【屏幕切换模式】也改变了切换方法。

3）工具箱的选择工具选项中，多了一个组选择模式，可以自己决定选择组或者单独的图层。

4）工具箱多了快速选择工具【Quick Selection Tool】，为该魔术棒的快捷版本，可以不用任何快捷键进行加选，按住不放可以像绘画一样选择区域，非常神奇。当然选项栏也有新、加、减三种模式可选，快速选择颜色差异大的图像会非常地直观、快捷。

5）所有的选择工具都包含重新定义选区边缘（Refine Edge）的选项，如定义边缘的半径，对比度、羽化程度等，可以对选区进行收缩和扩充。另外还有多种显示模式可选，如【快速蒙版模式】和【蒙版模式】等，非常方便。举例来说，你做了一个简单的羽化，可以直接预览和调整不同羽化值的效果。当然，选择菜单中用户熟悉的羽化命令从此退出历史舞台。

6）调板可以缩为精美的图标，有点像 CorelDraw 的泊坞窗，或者像 Flash 的面板收缩状态，不过相比之下这个更酷，两层的收缩，感觉超棒！

7）多了一个【克隆源】调板，是和仿制图章配合使用的，允许定义多个克隆源（采样点），就好像 Word 有多个剪贴版内容一样。另外克隆源可以进行重叠预览，提供具体的采样坐标，可以对克隆源进行移位缩放、旋转、混合等编辑操作。克隆源可以是针对一个图层，也可以是上下两个，也可以是所有图层，这比之前的版本多了一种模式。

8）在 Adobe Bridge 的预览中可以使用放大镜来放大局部图像，而且这个放大镜既可以移动，还可以旋转。如果同时选中了多个图片，还可以一起预览，真是酷毙了。

9）Adobe Bridge 添加了 Acrobat Connect 功能，可用来开网络会议，前身是 Macromedia 的 Breeze。

10）Bridge 可以直接看 Flash FLV 格式的视频，另外 Bridge 启动感觉好快，比 CS2 和 CS 两个版本都要快，没有任何拖累感和“死机感”。

11）在 Bridge 中，选中多个图片，按下【Ctrl+G】键可以堆叠多张图片，当然随时可以单击展开，可以用来节省空间。

12）新建对话框添加了直接建立网页、视频和手机内容的尺寸预设值。比如常用的网页 Banner 尺寸，再比如常见的手机屏幕尺寸等。

1.6　Photoshop CS3 基本操作

了解和掌握 Photoshop CS3 的基本操作是学习该软件的基础，有些操作跟一般软件的窗口界面操作类似，有些操作是 Photoshop CS3 独有的。

1.6.1　Photoshop CS3 的工作环境

了解 Photoshop CS3 的工作环境是进行操作的基础，要学习好 Photoshop CS3 的基本操作首先就要了解并熟悉其工作环境。

Photoshop CS3 与 Photoshop CS2 相比，首先你会注意到的是单列的工具箱，我们可以单击工具箱上方的两个小三角形符号来还原到双列的工具箱，但单列的工具箱可能更接受你的屏幕区域。另外一个界面变化比较大的地方是各种调板将整齐列在屏幕右侧，我们也可以通过用鼠标拖动来改变它，使它变成浮动面板的方式。当添加或者关闭控制面板时视窗的尺寸会自动调整，如图 1-6-1 所示。

Photoshop CS3 环境中包括标题栏、菜单栏、工具属性栏、工具箱、桌面、图像窗口、调板窗口、状态栏、工作区，根据需要你还可以再另外增加一些其他窗口，如动画窗口。

- Photoshop CS3 桌面　Photoshop CS3 窗口的灰色区域为桌面，包括工具和图像窗口。
- 标题栏　显示当前应用程序名称，图像最大化时显示图像文件的文件名、颜色模式和显示比例等信息。右侧为【最小化】、【最大化/还原】和【关闭】按钮。

图 1-6-1 工作环境

- 菜单栏 共 9 个菜单栏，用于执行 Photoshop CS3 的图像处理操作。
- 工具属性栏 设置工具参数，工具不同内容也不同，具有很大的可变性。
- 工具箱 放置各种工具。
- 图像窗口 编辑和修改图像区域。
- 调板窗口 放置各种调板。
- 状态栏 提供当前操作帮助信息。

1.6.2 Photoshop CS3 的基本操作

Photoshop CS3 的基本操作主要为文件的操作，掌握其基本操作是学习 Photoshop CS3 的关键。其基本操作包括：新建文件、打开文件和保存文件。

1. 新建文件

新建文件是制作图像的基础，其操作步骤为：

1. 执行【文件】|【新建】命令，打开【新建】对话框，如图 1-6-2 所示。

02 输入文件名字，根据需要设置文件的大小、分辨率、颜色模式等参数。

03 输入完后单击【确认】按钮。

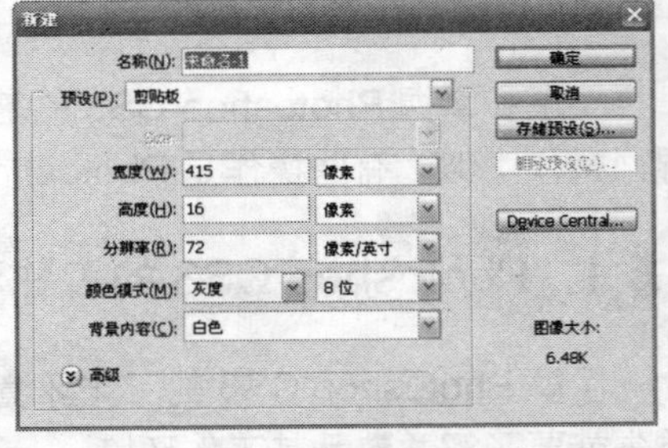

图 1-6-2 【新建】对话框

新建图像文件的快捷键为【Ctrl+N】，按下【Ctrl+N】键也能打开新建对话框。新建文件可以建立四种模式的图像。

2. 打开文件

我们可以通过以下几种方法打开文件：

方法一：

01 执行【文件】|【打开】菜单命令，快捷键为【Ctrl+O】，系统弹出【打开】对话框，如

图 1-6-3 所示。

02　选中需要打开的图片文件，然后单击【打开】按钮，系统自动在工作区将图像文件打开。

方法二：

工作区没有图像时，在工作区的灰色部分处双击鼠标左键，可以直接打开【打开】对话框，选择图像位置，单击选中图像然后单击【打开】按钮，打开图像。

方法三：

01　执行【文件】|【打开为】命令，快捷键为【Alt+Shift+Ctrl+O】，打开【打开为】对话框，如图 1-6-4 所示。

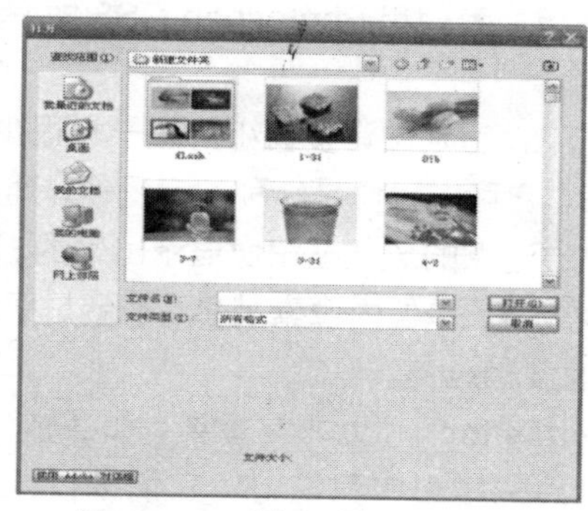

图 1-6-3　【打开】对话框

图 1-6-4　【打开为】对话框

02　选择 Photoshop 格式的文件，单击【打开】按钮。

使用【打开为】命令只能打开 Photoshop 格式的图像文件。

3．保存文件

当完成图像制作后，需要对文件进行保存处理，方便使用。保存方式有三种，分别为：

- 执行【文件】|【存储】命令，或按【Ctrl+S】组合键；
- 执行【文件】|【存储为】命令，或按【Shift+Ctrl+S】组合键；
- 执行【文件】|【存储为 Web 所用格式】命令，或按【Alt+Shift+Ctrl+S】组合键。

执行存储命令后，将打开【存储为】对话框，如图 1-6-5 所示。

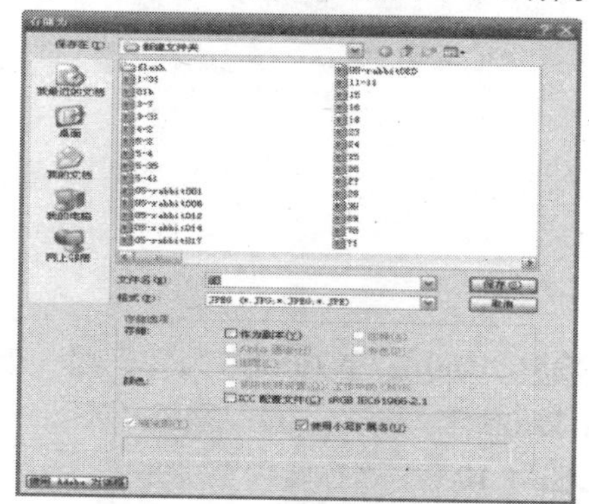

图 1-6-5　【存储为】对话框

选择将要保存的文件的格式，并为文件取名后单击【保存】按钮。

本章总结

本章从 Adobe Photoshop CS3 的演变史开始，介绍了 Photoshop 的发展过程、硬件需求、安装过程、卸载过程、打开和关闭，初步认识了 Photoshop CS3 的工作界面，为以后的使用提供一个良好的开端。

针对初学者的实际情况与对有关专业术语缺少了解的事实，概述了 Photoshop CS3 中的一些常用术语，这些术语在其他图形、图像类专业同样适用，为使用 Photoshop CS3 做好充分的准备。

本章的重要术语中，位图又叫像素图、点阵图或光栅图，它是由许多像小方块一样很少的“像素”组成的图形。矢量图又叫做向量图或面向对象绘图，它可以看作是一种数字图像，通过矢量图软件将文件记录还原为颜色区域的信息，所以它不是通过点的形式把图像显示出来的。图像的分辨率是指图像每英寸所包含的像素数量，图像分辨率越大，单位内像素越多，也就是图像的信息量越大，因而文件也越大，所占内存大，电脑处理速度也越慢。

在 Photoshop CS3 中还有其他名词，在应用 Photoshop 时也非常重要，如通道、路径、图层、蒙版等，我们在本章只做了简单的介绍，在以后的学习中我们将对它们进行详细的说明与应用。

有问必答

问：Adobe Photoshop CS3 是否提供了完整的帮助功能，如果提供了，又应该怎样查看和使用呢？

答：Adobe Photoshop CS3 提供了有关使用完整 PDF 版本帮助文档。在你启动 Photoshop CS3 以后，在它处于当前窗口时(即可对其进行操作的窗口)，你可以随时按下 F1 键，Photoshop CS3 会自动打开一个 PDF 格式的帮助文档；而且你也可以单击菜单栏上的帮助菜单，继而打开相应的帮助选项，找到你所需要的东西。更多、更新、更详尽的帮助可以通过 Adobe Help Center 进行访问。

巩固练习

选择题

1．Adobe Photoshop CS3（10.0） 是 Adobe 公司于哪一年发布的？（　　）

A．2008 年　　B．2006 年　　C．2005 年　　D．2004 年

2．Adobe Photoshop CS3（10.0）内存要求至少是（　　）。

A．256MB　　B．1GB　　C．512MB　　D．没有限制

3．可以通过按（　　）或（　　）组合键，快速退出 Photoshop CS3 应用程序。

A.【Ctrl+Q】　　B.【F4】　　C.【Ctrl+Shift】　　D.【Alt+F4】

4．Photoshop 的颜色模式以用于（　　）的颜色模型为基础。

A．RGB　　B．索引颜色　　C．位图模式　　D．描述和重现色彩

5．以下属于 Photoshop CS3 新增的特性及功能是（　　）。

A．强大的图像处理工具，包括选择工具、编辑工具、绘图工具和辅助工具

B．工具箱上的快速蒙版模式和屏幕切换模式也改变了切换方法

C．提供了近百种滤镜，每种滤镜具有各自的优点，用户可以利用这些滤镜做出各种特殊效果

D．新增了 Web 动画制作功能

填空题

1． Adobe Photoshop 常见的颜色模型包括__________、__________、__________、__________四种。

2．__________可以唯一存储所有 Photoshop 特有的文件信息以及色彩模式等格式。

3.Adobe Photoshop CS3 的颜色模式包括__________、__________、__________、__________、__________、__________、__________七种。

4．__________的作用是用来将图像的某部分分离出来，保护图像的某部分不被编辑。

5.Adobe Photoshop CS3 的工作环境包括__________、__________、__________、__________、__________、__________、__________、__________等组成部分。

判断题

1．Adobe Photoshop CS3 的内存要求至多 512MB。（　）

2．可以同时按下【Ctrl+F4】键关闭 Adobe Photoshop CS3。（　）

3．Photoshop 中的图又叫做像素图、点阵图或光栅图，它是由许多像小方块一样的“像素”组成的图形，与像素图相比，矢量图的图像更容易模拟出真实场景的效果。（　）

4．图像分辨率越大，单位内像素越多，也就是图像的信息量越大，因而文件也越大，所占内存大，电脑处理速度也越慢；相反，任意一个因素减少，处理速度都会加快。（　）

5．颜色模式除能够确定图像中能显示的颜色数量之外，还不会影响图像的通道数和文件大小。（　）

Study

Chapter 02

Photoshop CS3 的工具箱

学习导航

Photoshop 是一种图像处理软件，在用户学习各种绘图和图像处理技能之前，首先要熟悉的是其工具箱的使用。Photoshop CS3 的工具箱中包含了 60 余种工具，每一个工具都有一项特殊的功能，你可以用它来完成创建、编辑图像或修改其颜色、形状等一系列的操作，能熟练使用 Photoshop 提供的各种工具是用 Photoshop 绘图的基础。

下面我们将对 Photoshop CS3 的部分工具进行具体的介绍。

本章要点

- ⊙ 工具预设
- ⊙ 选框工具组
- ⊙ 魔棒工具组
- ⊙ 套索工具组
- ⊙ 画笔工具组
- ⊙ 历史记录画笔工具组
- ⊙ 图章工具组
- ⊙ 修复工具组
- ⊙ 橡皮擦工具组

2.1　工具箱简介

学习工具箱之前我们先了解一下它的位置、各种工具的名称以及各种工具设定的储存(即【工具预设】),以方便我们更好地使用它完成我们的工作。

2.1.1　工具箱的位置

在第一次启动 Photoshop CS3 时它的工具箱位于工作区的左边，呈单列状态，可以单击工具箱上方的两个小叠三角符号，将其切换成双列模式，如图 2-1-1 所示。

图 2-1-1　工具箱的位置（红色箭头所指）

通过选择【窗口】|【工具】，你也可以将工具箱显示或隐藏。在【窗口】的下拉菜单上，前面有"√"符号的表示该工具已经显示在工作区了，当你单击工具前的"√"时，"√"消失，该工具隐藏。重复以上操作，"√"出现在工具前时，该工具显示在工作区。

2.1.2　各种工具的名称及在工具箱上的位置

相对 Photoshop CS2 来说，Photoshop CS3 的工具箱要简洁得多，在 Photoshop CS3 中，显示在工具箱上的只有 27 种工具，另外的工具则隐含在这些工具之中。

在这些显示的工具的右下脚，只要标有一个小的三角符号的，就表示它隐含有其他工具，右键单击这些工具时会出现隐含的其他工具菜单。各个工具的名称如图 2-1-2 所示。各种隐含工具见图 2-1-3。

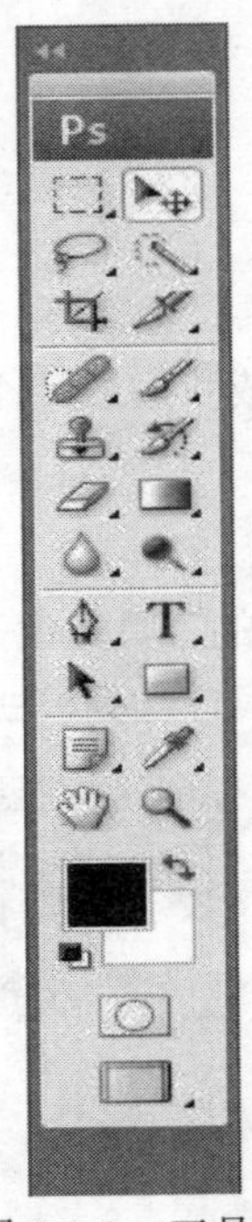

图 2-1-2　工具箱

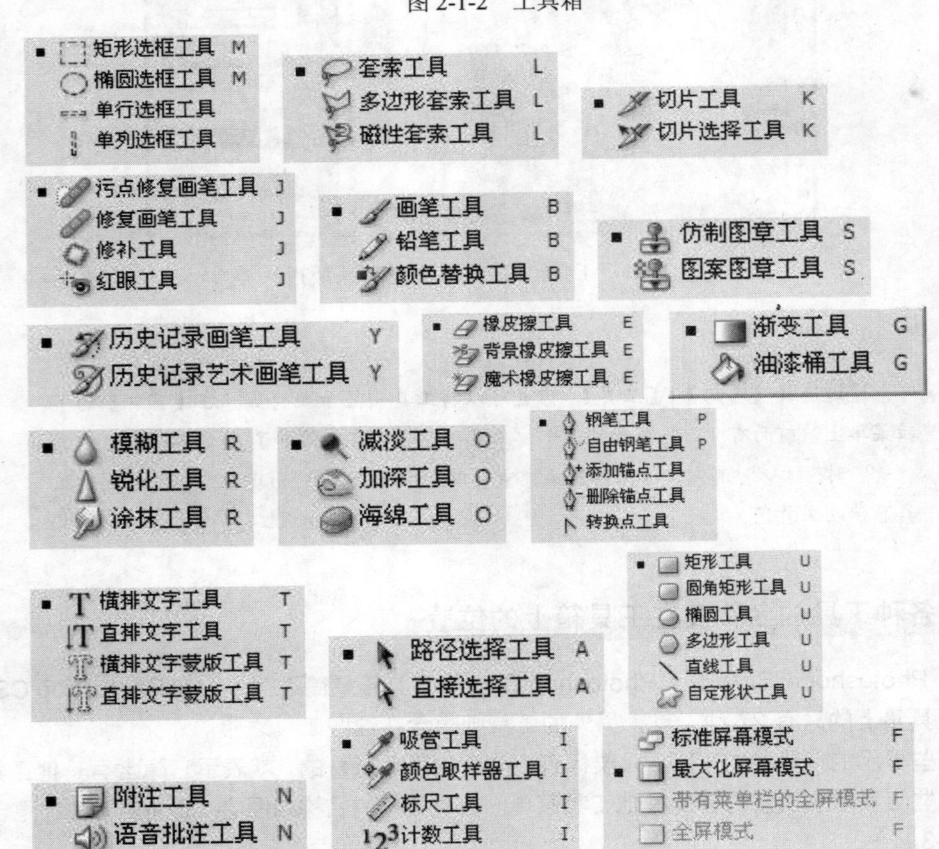

图 2-1-3　工具箱中的隐含工具

2.1.3 工具预设

【工具预设】的功能是存储工具的设定。

我们可以单击在主菜单栏【文件】下方的当前工具显示状态栏后边的小三角形符号，在弹出的【工具预设】调板中进行设置，如图 2-1-4 所示。

除了上面的设置方法外，也可以通过执行【窗口】|【工具预设】命令，在【工具预设】调板中设定，如图 2-1-5 所示。

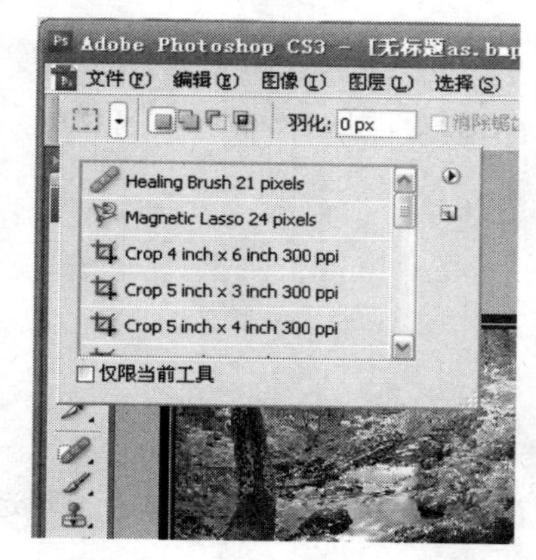

图 2-1-4 【工具预设】调板

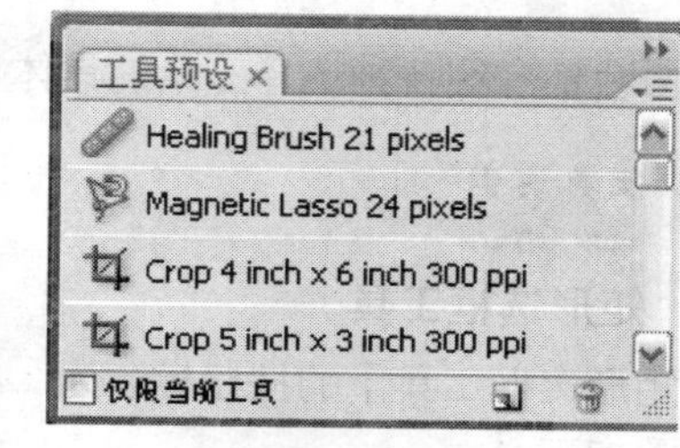

图 2-1-5 【工具预设】调板

【工具预设】创建步骤为：

01 选择一个工具，打开【工具预设】调板。

02 选择一个工具，然后单击【工具预设】调板中的按钮，确认工具名称后单击【好】按钮，就可以将工具存储起来。

在【工具预设】的调板中，选中【仅限当前工具】选框后，在【工具预设】调板中就只显示当前选中的工具的预设。

2.2 选择工具

如果我们需要修改一个对象，必须先运用 Photoshop 提供的选择工具选择对象。通过选择工具可以创建各种形状的选区，所以选择工具是 Photoshop 应用中一个非常重要的工具。选择工具包括选框工具组、套索工具组和魔棒工具组。

2.2.1 选框工具组

选框工具组位于工具箱顶端的右边，常用于选取范围。在这个工具组中有 4 个工具，它们是

【矩形选框工具】、【椭圆选框工具】、【单行选框工具】和【单列选框工具】，快捷键为【M】，如图 2-2-1 所示。

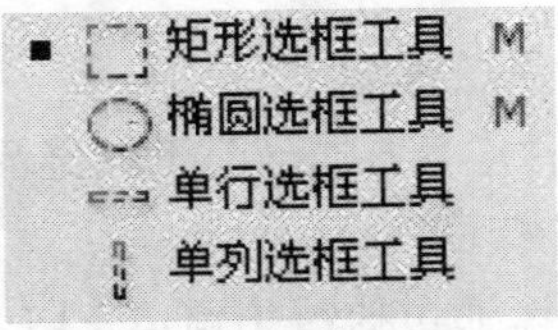

■ 矩形选框工具 M
椭圆选框工具 M
单行选框工具
单列选框工具

图 2-2-1 选框工具组

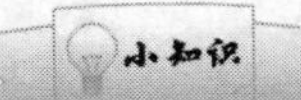

在一种工具被选定后，当再次启动 Photoshop CS3 时，上次使用的工具将被默认保持为选定状态。

下面我们介绍各种选择工具的具体用法。

经典实例

1. 矩形选框工具

【矩形选框工具】的按钮标志为▭，它可以用于在工作区中创建长方形或正方形选区。其操作步骤如下：

01 启动 Adobe Photoshop CS3 选择【文件】|【新建】或【打开】一个文件，单击工具箱中的【矩形选框工具】按钮，如图 2-2-2 所示。

02 在图像窗口单击并拖动鼠标，拖出选区后松开鼠标即可得到一个矩形选区，如图 2-2-3 所示。

图 2-2-2 打开文件

图 2-2-3 选区选择后的效果

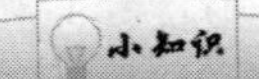

正方形选区的创建：在使用矩形选框工具创建选区，拖动鼠标时按住【Shift】键，可以创建正方形选区。

2. 椭圆选框工具

【椭圆选框工具】的标志为◯，它是隐含在工具箱中的，位于【矩形选框工具】下方，使用前需要在选框工具组的下拉菜单中选择。它可以在工作区创建圆形或椭圆形选区，它的使用方法与【矩形选框工具】的使用方法类似，其具体操作方法如下：

01 选择【文件】|【新建】或【打开】一个文件，然后单击工具箱中的【椭圆选框工具】按钮。

02 在图像窗口单击并拖动鼠标就可以得到一个椭圆形选区，如图 2-2-4 所示。

图 2-2-4 【椭圆选框工具】使用效果

圆形选区的创建：在拖动鼠标的同时按下【Shift】键就可以拖出圆形选区。

3. 单行选框工具和单列选框工具

在选框工具组中还有两个在图像处理时很少被用到的隐含工具，它们是【单行选框工具】和【单列选框工具】。其使用方法如下：

【单行选框工具】

【单行选框工具】的标志为，主要用于在图像上建立一个只有一个像素高度的水平选区，其使用方法为：选定【单行选框工具】后，在图像上单击一下就会形成一条水平直线，如图 2-2-5 所示。

【单列选框工具】

【单列选框工具】的标志为，主要用于在图像上创建一个只有一个像素宽度的垂直选区，其使用方法与【单行选框工具】类似。也是选定后直接在图像上单击。创建后的选区如图 2-2-6 所示。

图 2-2-5 水平选区

图 2-2-6 垂直选区

【选框工具组】的属性设置

【选框工具组】中的工具被选择后，在主菜单栏下方会有一个选框工具的属性栏，如图 2-2-7

所示。

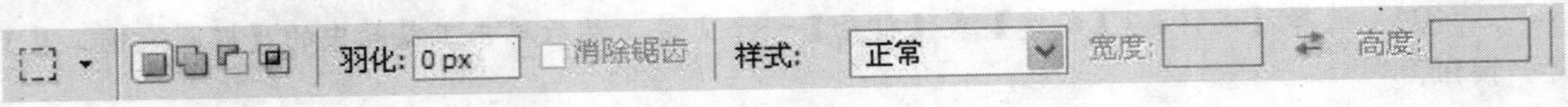

羽化: 0 px　消除锯齿　样式: 正常　宽度:　高度:

图 2-2-7　属性栏

在属性栏内，有【新选区】、【添加到选区】、【从选区中减去】、【与选区交叉】、【羽化】和【样式】几个选项，默认情况下的设置为【新选区】、【羽化】像素为 0 像素，【样式】为正常。

前面介绍的各种操作都是在【新选区】的设置下完成的，下面主要介绍其余各选项的功能：

（1）【添加到选区】

【添加到选区】可以创建多个选区，还可以创建一些特殊的不规则选区，如“王”字形选区。

使用【添加到选区】的操作。

【光盘：源文件\第 2 章\玫瑰.PSD】

【实例分析】

本实例用不同的工具创建多个选区。

【实例效果】

实例效果如图 2-2-8 所示。

图 2-2-8　【添加到选区】使用后的效果

使用【添加到选区】的操作方法为：

01　打开【光盘：源文件\第 2 章\玫瑰.jpg】图像文件。

02　利用“套索工具”选择左侧的玫瑰。

03　单击【添加到选区】按钮，然后再创建一个或多个选区，这时也可以更换一种工具再创建不同的选区。

注意

创建多个选区，在更换选框工具时要注意属性的变化，换一个工具，属性会变为该工具的属性。如在【矩形选框工具】时选择【添加到选区】，当切换到【椭圆选框工具】就会变为上次使用【椭圆选框工具】时的设置。

（2）【从选区中减去】

【从选区中减去】的功能是去掉在新选择的区域内的以前的选区，它也可能产生一些特殊的不规则选区。

使用【从选区中减去】的操作为：

01 任意创建一个选区或利用【添加到选区】创建多个选区。

02 选择【从选区中减去】，在第一步创建的选区上再用鼠标单击并拖出一个选区，松开鼠标后这个选区内以前的选区都消失，这样就会产生一个新的选区，如图 2-2-9 所示。

图 2-2-9 使用前后的变化

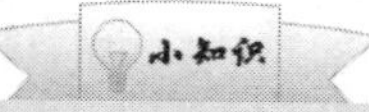

如果新拖动的选区包含了以前的所有选区，松开鼠标后图像上的选区就会全部消失。

（3）【与选区交叉】

【与选区交叉】也可以创建一些特殊选区，它创建的选区是新选定的选区和以前所有的选区的交集（如果新拖动的选区和以前的选区没有交集，操作时松开鼠标后则不会出现新的选区）。

其操作方法为：

01 在图像上创建一个或利用【添加到选区】创建多个选区。

02 选择【与选区交叉】，单击并拖动鼠标选择一个选区，在松开鼠标后就会出现一个新的选区，如图 2-2-10 所示。

图 2-2-10 【与选区交叉】处理前后

小知识

在第二步时，如果拖动的选区和第一步产生的选区没有相交的部分，则第二步不产生新的选区。

（4）【羽化】

【羽化】是在选区边缘产生柔和过渡效果的一种工具，它设置的像素值越大，过渡效果越明显，它的像素最大可以设置为99。

经典实例

不同像素的【羽化】效果。

【光盘：源文件\第2章\草莓不同像素羽化后的效果.PSD】

【实例分析】

本实例对选区进行不同像素的【羽化】操作。

【实例效果】

实例效果如图2-2-11所示。

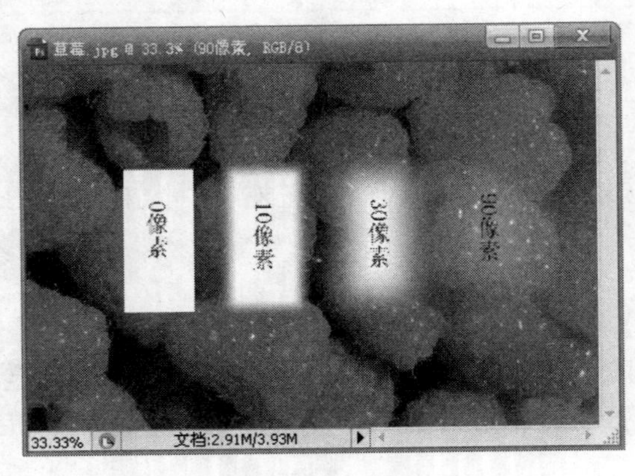

图2-2-11　不同像素羽化后的效果

使用【羽化】的操作方法为：

01　打开【光盘：源文件\第2章\玫瑰.jpg】图像文件。

02　选中【矩形选框工具】，在属性栏上的【羽化】文本框内输入一个像素值，例如我们先键入像素值10px，如图2-2-12所示。

图2-2-12　【羽化】文本框

03　创建一个选区，然后按【Delete】键将选区内的像素去掉，去掉后就能看见羽化后的效果。这里我们分别进行了像素为0px、10px、30px、90px的羽化处理，得到如图2-2-11所示的羽化效果区别。

（5）【样式】

【样式】是用来设置选框工具中的【矩形选框工具】和【椭圆选框工具】的长宽比或是固定

选区像素大小的。【样式】中有三个方式可供选择，一是【正常】，二是【固定长宽比】，三是【固定大小】，如图 2-2-13 所示。

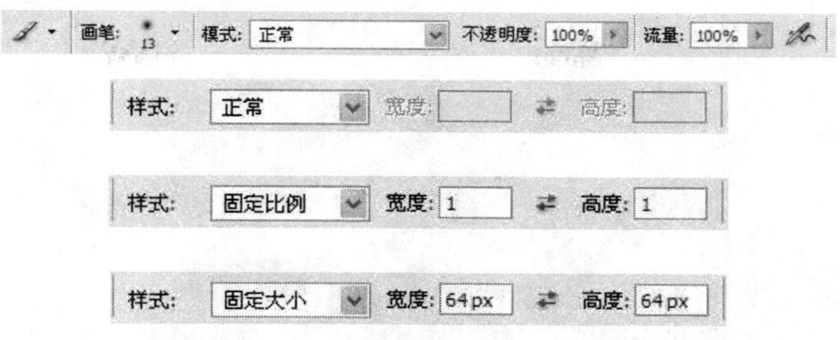

图 2-2-13　【样式】的选择方式及参数设置栏

提示

【样式】的设置选项如下：

在【正常】样式下用任意一种选框工具可以选择不同大小的该选框工具的图形，通常这种方式为默认方式。

【固定长宽比】可以设定选取区域的宽度和高度的比例，默认时为 1：1，可以根据自己对选框工具比例的需要对其进行设置，设置后选框工具将按照设置的比例选择选区。

【固定大小】可以设置选框内的像素大小（宽度和高度的乘积），一旦设置，在工作区选择新选区就是一个固定的选区。

2.2.2　套索工具组

套索工具组位于选框工具组下方，它主要用于创建不规则形状的选区，在这个工具组中有【套索工具】、【多边形套索工具】、【磁性套索工具】三个工具，快捷键为 L。初始默认为【套索工具】，如图 2-2-14 所示。

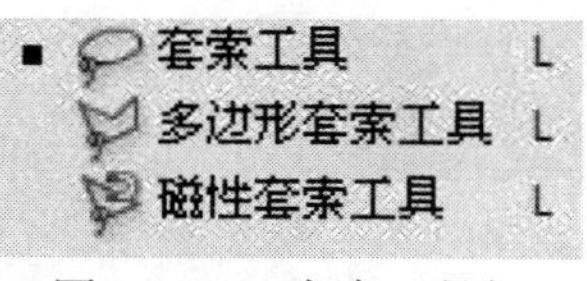

图 2-2-14　套索工具组

各种套索工具的使用方法如下：

1. 套索工具

经典实例

【光盘：源文件\第 2 章\套索工具创建选区.PSD】

【实例分析】

【套索工具】的图标为，是在图像处理时比较常用的一种工具。

【实例效果】

实例效果如图 2-2-15 所示。

图 2-2-15　使用【套索工具】创建的选区

01　打开【光盘：源文件\第 2 章\玻璃块.jpg】图像文件，选择【套索工具】，如图 2-2-16 所示。

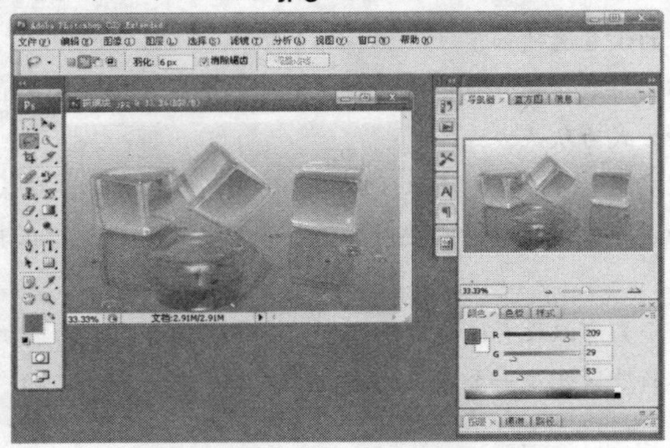

图 2-2-16　选择【套索工具】

02　将鼠标放在图片上，按住鼠标左键，拖动鼠标，鼠标经过处将出现闪动的虚线，松开鼠标后将出现一个闭合的选区，如图 2-2-15 所示。

【套索工具】的属性栏

在选择【套索工具】后，在菜单栏下方将会出现它的属性栏，如图 2-2-17 所示。

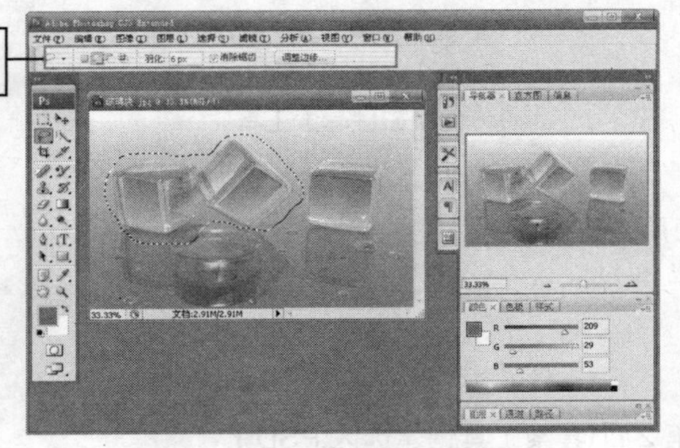

图 2-2-17　【套索工具】的属性栏

经典实例

【套索工具】的属性栏与选框工具相似，也有 4 个选区按钮及【羽化】按钮等，用法一样，各种按钮的操作方法为：

（1）【添加到选区】按钮：用于创建多个选区，选择【添加到选区】按钮，就可以创建多个选区，如图 2-2-18 所示。

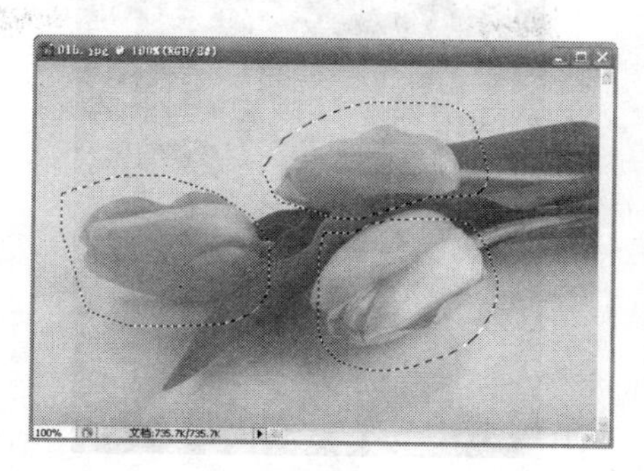

图 2-2-18　用【套索工具】创建多个选区

（2）【从选区减去】按钮：用于去掉部分选区，使用方法为：创建一个或多个选区后，选择【从选区减去】按钮，按住鼠标拖动选择一个区域，松开鼠标后新选区内不再有前面选择的区域，如图 2-2-19 所示。

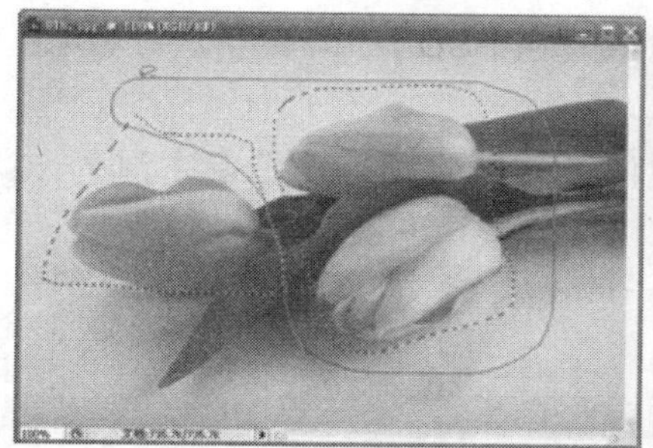

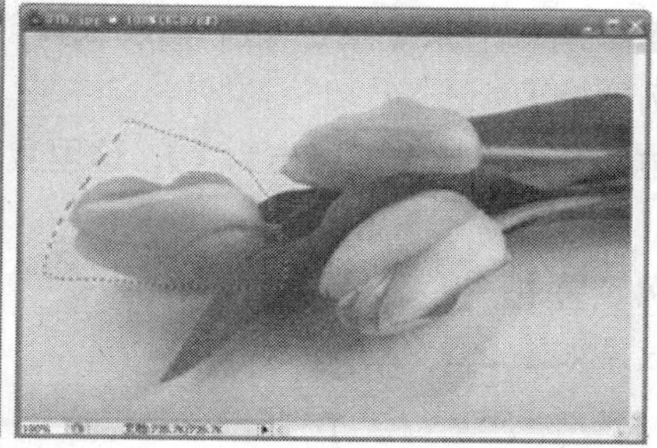

图 2-2-19　使用【从选区减去】的前后

（3）【与选区交叉】按钮：在已有的选区内创建新的选区，使用方法为：创建一个或多个选区，选择【与选区交叉】按钮，在已有的选区创建一个新选区，松开鼠标新的选区创建成功，如图 2-2-20 所示。

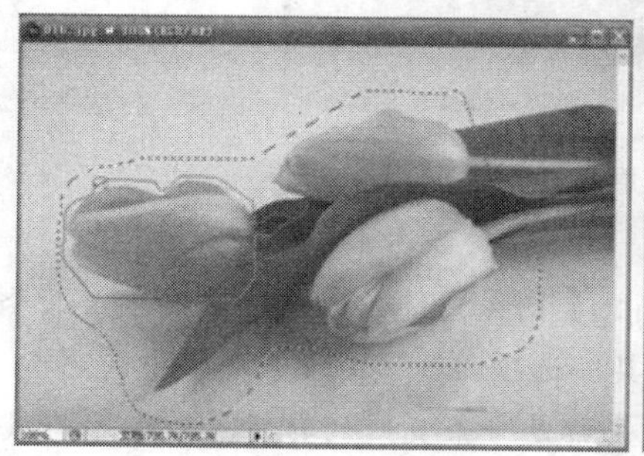

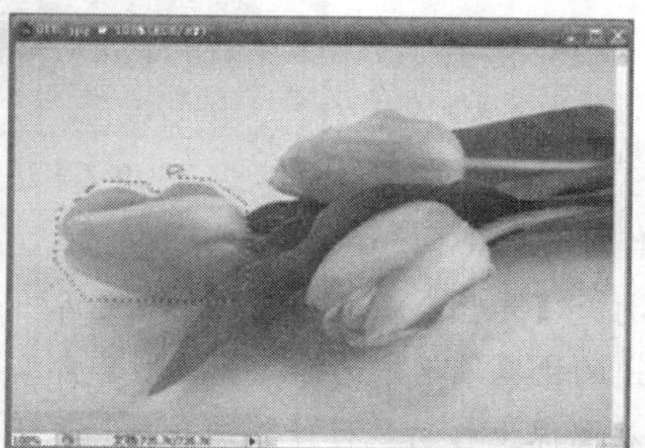

图 2-2-20　【与选区交叉】使用前后

（4）【羽化】按钮：选择具有羽化功能的不规则选区，其操作步骤如下：

01　在属性栏的【羽化】文本框输入羽化像素。

02　单击【套索工具】按钮，在图中创建一个选区。

03 【删除】或【剪切】选择区域，快捷键为【Delete】，即可看到羽化效果，如图 2-2-21 所示。

图 2-2-21 【羽化】的使用效果

2. 多边形套索工具

经典实例

【光盘：源文件\第 2 章\多边形套索工具创建选区.PSD】

【实例分析】

【多边形套索工具】的标志为，这里我们利用【多边形套索工具】创建一个不规则多边形选区。

【实例效果】

实例效果如图 2-2-22 所示。

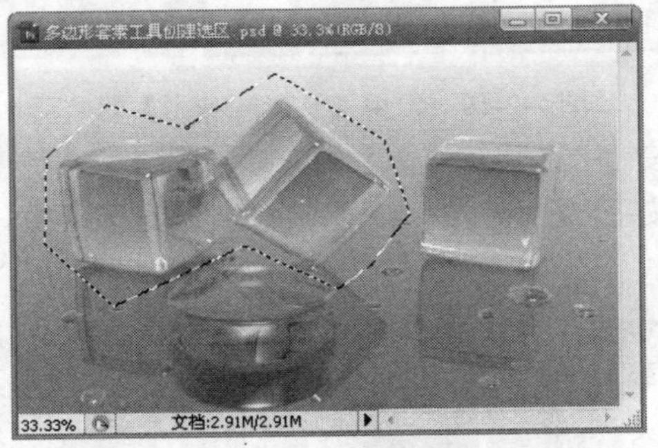

图 2-2-22 利用【多边形套索工具】创建的选区

其操作步骤如下：

01 打开【光盘：源文件\第 2 章\玻璃块.jpg】图像文件，用鼠标右键单击【套索工具】按钮，在弹出的快捷菜单中选择“多边形套索工具”选项。

02 在图像上移动鼠标并单击，每一次单击都是一条直线的转折点，最后将鼠标移动到第一次单击的位置，图像上将出现一个闭合的选区，如图 2-2-22 所示。

提示

【多边形套索工具】的属性栏和【套索工具】属性栏一样，使用方法也大致相同。

3. 磁性套索工具

经典实例

【光盘：源文件\第 2 章\磁性套索工具创建选区.PSD】

【实例分析】

【磁性套索工具】的标志为，下面我们利用【磁性套索工具】创建一个选区选择整个玻璃块。

【实例效果】

实例效果如图 2-2-23 所示。

其操作步骤如下：

01　打开【光盘：源文件\第 2 章\桔子.jpg】图像文件，用鼠标右键单击【套索工具】按钮，在弹出的快捷菜单中选择“磁性套索工具”选项。

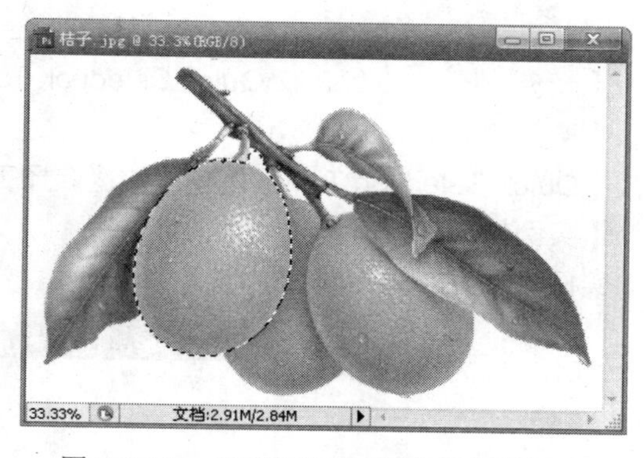

图 2-2-23　【磁性套索工具】选择的区域

02　在图片上单击确定一个起点，移动鼠标，系统将自动在设定的像素宽度范围内分析图像，并精确定义区域边界，在结束位置双击即可连接起点和终点，如图 2-2-23 所示。

【磁性套索工具】的属性栏

【磁性套索工具】的属性栏与【套索工具】和【多边形套索工具】相比多了几个新的参数设置，如图 2-2-24 所示。

图 2-2-24　【磁性套索工具】的属性栏

提示

磁性套索工具的属性选项如下：

【宽度】设置在【磁性套索工具】定义边界时，系统能够检测到的边缘宽度。取值越小，检测范围越小，它的最大取值为 40，最小取值为 1。

【边对比度】设置边缘对比度，取值越大，对比度越大，边界定位越准确。取值范围在 1%～100%之间。

【频率】设置定义边界时用于定位的节点数。取值越大，产生的节点也越多。取值范围在 1～100 之间。

2.2.3　魔棒工具组

在 Photoshop CS3 魔棒工具组中有【Quick Selection Tool】和【魔棒工具】两种工具，它们是在处理图像时，对颜色相近或相同的部分进行选取的工具，如图 2-2-25 所示。

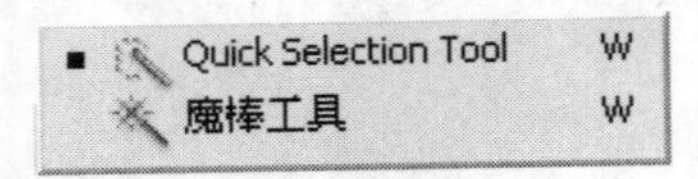

图 2-2-25 魔棒工具组

1. Quick Selection Tool

【光盘：源文件\第 2 章\Quick Selection Tool.PSD】

【实例分析】

【Quick Selection Tool】是一种快速选择工具，标志为。

【实例效果】

实例效果如图 2-2-26 所示。

图 2-2-26 利用【Quick Selection Tool】创建选区

创建方法如下：

01 打开【光盘：源文件\第 2 章\桔子.jpg】图像文件。

02 在工具箱中单击选中【Quick Selection Tool】，将鼠标移至图片上会出现一个带“+”的圆圈，移动该圆圈并单击，然后按住鼠标拖动，都会在图片上产生一定的选区，如图 2-2-26 所示。

提示

如果多次单击图片上不同的地方，则会将选区扩大到整个图片。

【Quick Selection Tool】的属性栏

打开【Quick Selection Tool】时，在菜单栏下方会出现【Quick Selection Tool】的属性栏，如图 2-2-27 所示。

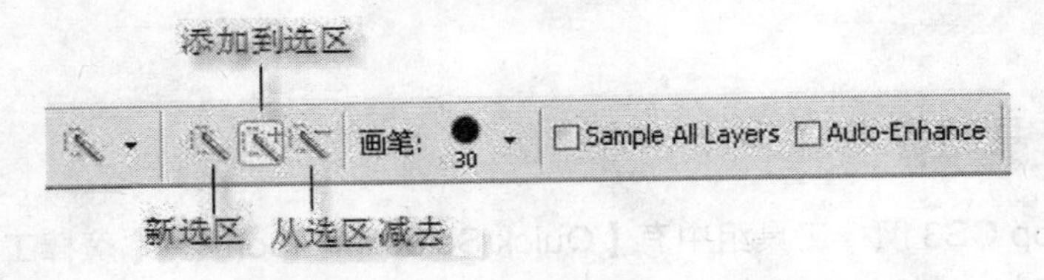

图 2-2-27 【Quick Selection Tool】的属性栏

属性栏各选项的基本功能如下：

- 【添加到选区】按钮：用于增加选区范围，在使用【Quick Selection Tool】工具创建选区时会自动由【新选区】转换为【添加到选区】。
- 【从选区减去】按钮：用于清除部分选区，选择【从选区减去】后新选择的区域将不被选择。选择【从选区减去】按钮后，在图片上的可以随鼠标移动的圆圈内变为“–”号。

利用【Quick Selection Tool】属性栏中的【添加到选区】和【从选区减去】，可以轻松地创建自己需要的不规则选区，如图 2-2-28 所示。

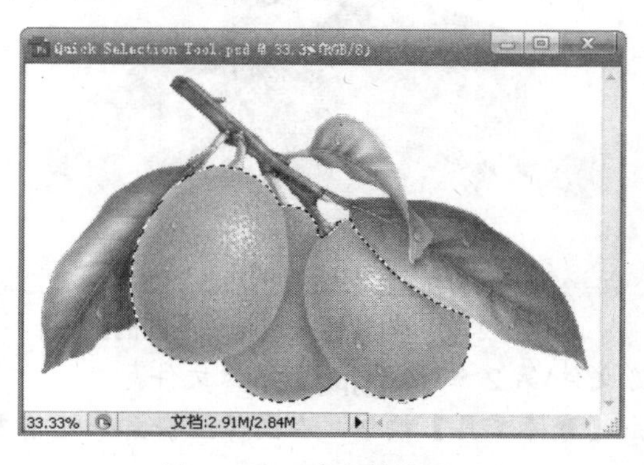

图 2-2-28　选定整个图形

【画笔】属性有一个下拉菜单，可以单击【画笔】的像素后面的小三角符号，也可以在使用时单击右键对【Quick Selection Tool】进行设置，如图 2-2-29 所示。

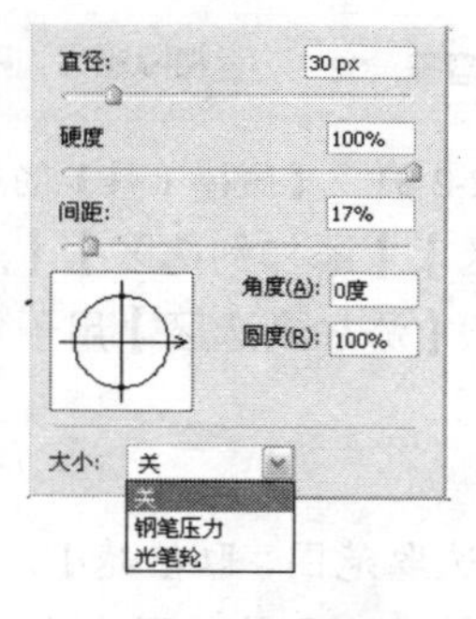

图 2-2-29　【画笔】的子菜单

小知识

在这个参数设置的菜单里，可以对【Quick Selection Tool】的移动光标圈的直径像素、硬度比例、间距比例、角度的度数、圆度比例和大小进行设置。上图相应数字值均为默认值。

2. 魔棒工具

经典实例

【光盘：源文件\第 2 章\魔棒工具.PSD】

【实例分析】

【魔棒工具】的标志为，使用【魔棒工具】选择一个图像中与其他区域颜色不同的区域。

【实例效果】

实例效果如图 2-2-30 所示。

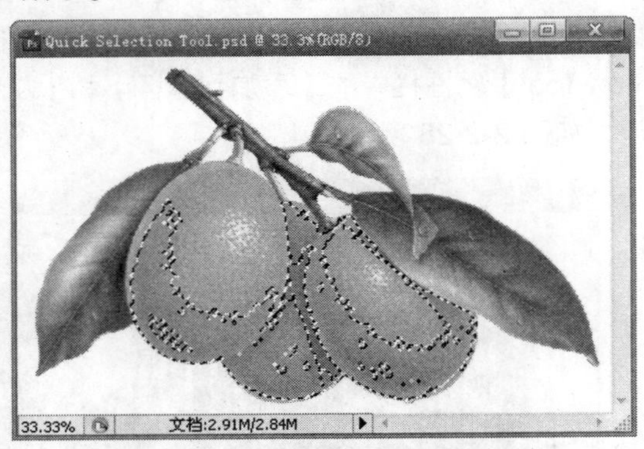

图 2-2-30　与其他区域颜色不同的区域

01　打开【光盘：源文件\第 2 章\桔子.jpg】图像文件。

02　在工具箱中单击【魔棒工具】按钮，在图像上任意一处单击就会出现一个选区，如图 2-2-30 所示。

【魔棒工具】属性栏

与其他工具一样在使用【魔棒工具】时也回出现它的属性栏，如图 2-2-31 所示。

图 2-2-31　【魔棒工具】的属性栏

【魔棒工具】属性栏的【新选区】、【添加到选区】、【从选区减去】和【与选区交叉】的使用方法与选框工具、套索工具一样，如【添加到选区】用于创建多个选区，要减去选区用【从选区减去】等。

属性栏中的参数含义如下：

- 【容差】按钮：设置颜色的选取范围，取值越小，选取的颜色越接近，也就是设置的【容差】值越小，选取范围越精确。取值范围在 0 ~ 255 之间。
- 【消除锯齿】按钮：选中此复选框表示选取的选区具有消除锯齿的功能。默认时此复选框是处于被选中状态。
- 【连续】按钮：仅选择连续的区域。如果取消该复选框，系统将对整个图像进行分析，然后选取与单击颜色相近的所有区域。默认情况下该复选框处于被选中状态。
- 【对所有图层取样】按钮：对当前显示的所有图层进行统一分析取样。默认时未被选中。

2.3　绘图工具

虽然 Photoshop 主要是用于处理已经存在的图片，但它也具有一定的绘图功能，可以创建一些简单的图像文件。在图像处理时绘图工具也是十分重要的工具。

绘图工具主要有画笔工具组和历史记录画笔工具组。下面我们分别介绍各种工具的功能和基本操作。

2.3.1 画笔工具组

画笔工具组包括【画笔工具】、【铅笔工具】和【颜色替换工具】，如图 2-3-1 所示。

图 2-3-1 画笔工具组

使用【画笔工具】可绘出边缘柔软的线条效果，画笔的颜色为工具箱中的前景色；【铅笔工具】用于绘制硬边的线条，在画斜线时带有明显的锯齿；【颜色替换工具】用于改变图片中的部分颜色。

1. 各种画笔工具的属性栏

选择不同的工具时，它们各自的属性也有所区别，默认情况下画笔工具如图 2-3-2 所示。

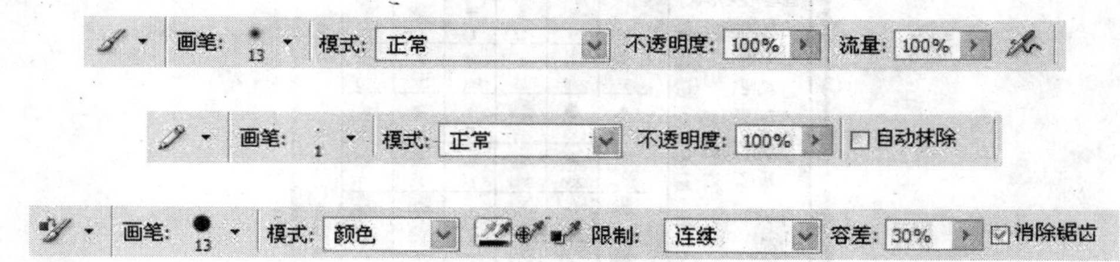

图 2-3-2 画笔工具组的各属性栏

属性栏中前面未涉及的一些同类选项的功能介绍如下：

- 【画笔】 有一设置面板，单击画笔像素后的小三角形或使用工具时单击鼠标右键可以打开该设置面板。默认状态下的设置面板如图 2-3-3 所示。

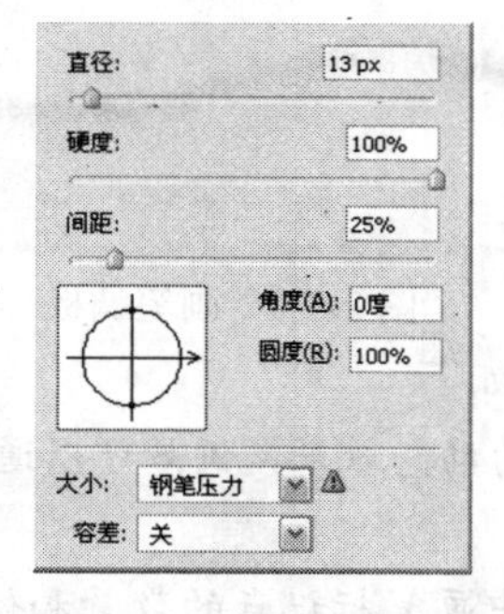

图 2-3-3 画笔设置面板

- 【模式】 设置线条混合模式。
- 【不透明度】 在图形上绘制的时候笔墨覆盖的最大程度。
- 【流量】 图形绘制的时候笔墨扩散的量。
- 【限制】 有“连续”、“不连续”和“查找边缘”三个对笔墨的设置项。

画笔设置面板中的大小设置里，钢笔压力、光笔轮以及后面要出现的钢笔斜度表示基于钢笔压力、钢笔倾斜度、钢笔位置的画笔标记点在 0~360° 的角度变化情况，这三项只有在安装了数字化板以后才有效。

2. 画笔调板

画笔调板是 Photoshop 中专门的一个对画笔进行设定的调板，通过对它进行设定可以产生各种不同效果的画笔。打开“画笔调板”有如下两种方法：

- 菜单：【窗口】|【画笔】
- 单击工作区的按钮
- 快捷键：【F5】

执行上述命令后弹出“画笔调板”，如图 2-3-4 所示。

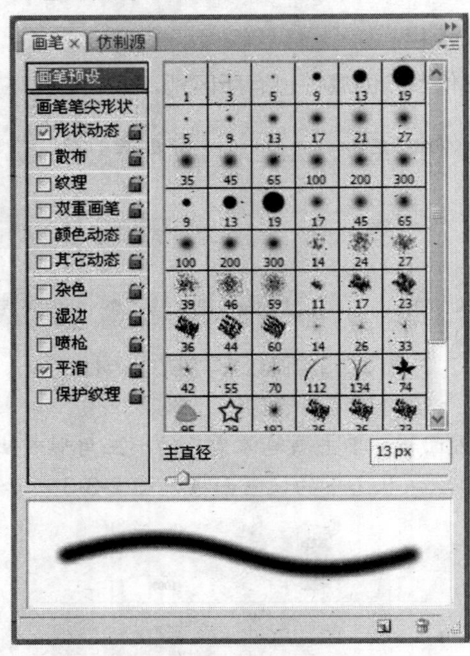

图 2-3-4　画笔调板

在画笔调板中的部分选项介绍如下：

- 【动态形状】　增加画笔的动态效果，例如可以通过设定该选项使画笔的粗细、颜色和透明度等呈动态变化。
- 【散布】　决定绘制线条中画笔标记点的数量和位置。
- 【纹理】　使画笔画出的各点具有纹理，纹理化的画笔用于绘制线条就好像使用画笔在有纹理的帆布上作画一样。
- 【双重画笔】　使用两种笔尖效果创建画笔。
- 【颜色动态】　决定绘制线条过程中颜色动态变化情况。
- 【其他动态】　可以决定在绘制线条过程中【不透明抖动】和【流量抖动】的动态变化情况。

- 【杂色】 用于给画笔增加自由随机效果，对于软边画笔效果尤其明显。
- 【湿边】 增加画笔的水笔效果。
- 【喷枪】 模拟传统喷枪，使图像有渐变色调的效果。
- 【平滑】 使绘制的线条产生更顺畅的曲线。
- 【保护纹理】 对所有的画笔执行相同的纹理图案和缩放比例。

3. 画笔工具

经典实例

【光盘：源文件\第 2 章\画笔工具.PSD】

【实例分析】

画笔工具的图标为，本实例我们对画笔调板进行设置，并画一条由分散的小五角星构成的线条。

【实例效果】

实例效果如图 2-3-5 所示。

图 2-3-5 【画笔工具】处理后的效果

操作步骤如下：

01 打开【光盘：源文件\第 2 章\魔幻世界.jpg】图像文件，然后打开【画笔工具】。

02 按【F5】键打开【画笔调板】，在“画笔”选项卡的【画笔预设】组内选择小五角星，像素设置为 29px，如图 2-3-6 所示。

03 单击【画笔笔尖形状】按钮，将【间距】设置为 50%，取消默认的【散布】，如图 2-3-7 所示。

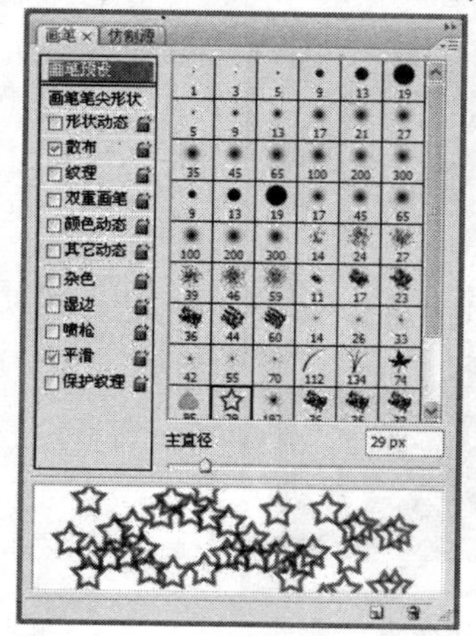

图 2-3-6 【画笔预设】对话框

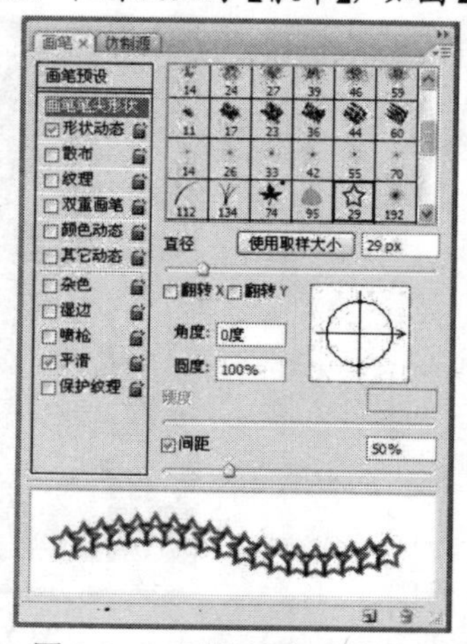

图 2-3-7 画笔笔尖形状设置

04　完成上述基本属性设置后，直接在图片上选择一个起点位置，按住鼠标左键拖动，这时在图像上就将出现一条由分散的小五角星构成的线条，如图 2-3-5 所示。

4.【铅笔工具】

经典实例

【光盘：源文件\第 2 章\铅笔工具.PSD】

【实例分析】

铅笔工具的图标为，本实例介绍用铅笔工具绘制图形。

【实例效果】

实例效果如图 2-3-8 所示。

图 2-3-8　【铅笔工具】处理后的效果

操作步骤如下：

01　打开【光盘：源文件\第 2 章\魔幻世界.jpg】图像文件。

02　选择【铅笔工具】。为了看得更清楚一些，我们将像素设置为 9 px，也可以在【画笔调板】中设置其他参数，前景色和背景色任意设置。

03　在图片上按住鼠标左键绘制一段弯曲的线条，如图 2-3-8 所示。

04　将弯曲的部分放大到一定倍数就能看到锯齿状的纹路，如图 2-3-9 所示。

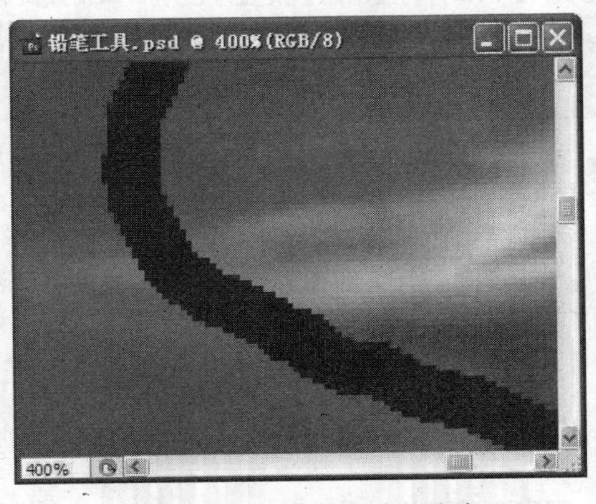

图 2-3-9　放大后的锯齿状纹路

5.【颜色替换工具】

经典实例

替换原来图像中的颜色。

【光盘：源文件\第 2 章\全部替换.PSD】

【实例分析】

本实例将原有图像中的颜色替换为紫红色。

【实例效果】

实例效果如图 2-3-10 所示。

图 2-3-10　全部替换

【颜色替换工具】的图标为，下面我们将如图 2-3-10 所示的图片上的颜色替换为另外一种颜色，操作步骤如下：

01　打开【光盘：源文件\第 2 章\水杯.jpg】。

02　用鼠标右键单击【画笔工具】按钮，在弹出的快捷菜单中选择【颜色替换工具】，将画笔的像素设置为 90，前景色改为红色。

03　按住鼠标左键，在图片上移动，图片上移动过的位置将出现被替换的颜色，如图 2-3-11 所示。

图 2-3-11　替换中

04　将鼠标移动到每一个位置，图中除白色以外的所有的颜色将被全部替换，效果如图 2-3-10 所示。

2.3.2 历史记录画笔工具组

历史记录画笔工具组有两个工具，一个是【历史记录画笔工具】( )，另一个是【历史记录艺术画笔】( )，如图 2-3-12 所示。

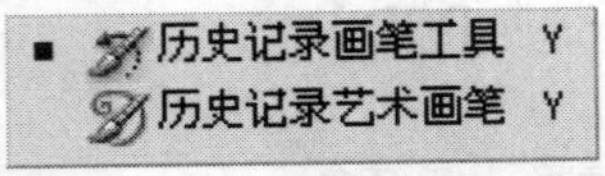

■ 历史记录画笔工具 Y
历史记录艺术画笔 Y

图 2-3-12 历史记录画笔工具组

【历史记录画笔工具】需要在【历史记录】调板的配合下才能发挥它的效果，其主要作用是将图像在编辑过程中的某一状态复制到当前图层中。

【历史记录艺术画笔】主要用于产生特殊的艺术效果，通常需要配合属性栏操作。其属性栏如图 2-3-13 所示。

图 2-3-13 【历史记录艺术画笔】属性栏

1. 历史记录画笔工具

经典实例

【光盘：源文件\第 2 章\历史记录画笔工具.PSD】

【实例分析】

本实例将简单介绍【历史记录画笔工具】的基本操作方法。

【实例效果】

实例效果如图 2-3-14 所示。

图 2-3-14 【历史记录画笔工具】处理后的效果

下面我们简单介绍一下【历史记录画笔工具】的基本操作。

01 打开【光盘：源文件\第 2 章\荷花.jpg】。

02 在图片上删除一片区域或者其他能改变图像的操作，如图 2-3-15 所示。

03 选择【历史记录画笔工具】，为了方便我们将画笔半径设置得大一些，按住鼠标左键，移动鼠标。产生的效果如图 2-3-16 所示。

图 2-3-15 删除一片区域后的图片

图 2-3-16 【历史记录画笔工具】使用中

04 当鼠标移动到每一个位置后，图片将处于初始状态。如图 2-3-14 所示。

提示

没有执行任何操作就直接使用【历史记录画笔工具】是不会产生任何效果的，原因请参见历史记录处理的章节。

2. 历史记录艺术画笔

经典实例

用【历史记录艺术画笔】工具设置玫瑰的艺术效果。

【光盘：源文件\第 2 章\历史记录艺术画笔.PSD】

【实例分析】

本实例用【历史记录艺术画笔】工具修改图像的参数，达到耀眼的艺术效果。

【实例效果】

实例效果如图 2-3-17 所示。

图 2-3-17 【历史记录艺术画笔】处理后的效果

下面我们介绍【历史记录艺术画笔】工具的简单操作。

01 打开【光盘：源文件\第 2 章\玫瑰.jpg】图像文件，如图 2-3-18 所示。

02 选择【历史记录艺术画笔】，在花朵的位置按住鼠标左键稍移动即可看见属性栏在默认情况下的效果，如图 2-3-19 所示。

图 2-3-18　打开图片　　图 2-3-19　默认情况下的处理效果

03　修改属性栏参数，【不透明度】设为 50%，【样式】设为松散卷曲长，【容差】设为 10%，设置后重复步骤 2，如图 2-3-17 所示。

2.4　图像处理工具

图像处理工具可以用于制作各种效果、处理很多种图像缺陷等，是一个非常重要的工具，图像处理工具主要有修复工具组、图章工具组、橡皮擦工具组、渐变工具、模糊工具和减淡工具等。

2.4.1　修复工具组

修复工具组主要是通过匹配样本图像和原图像的形状、光照及纹理，使样本像素和周围像素相融合，从而达到自然、无痕的修复效果。修复工具组中包含【污点修复画笔工具】、【修复画笔工具】、【修补工具】和【红眼工具】，如图 2-4-1 所示。

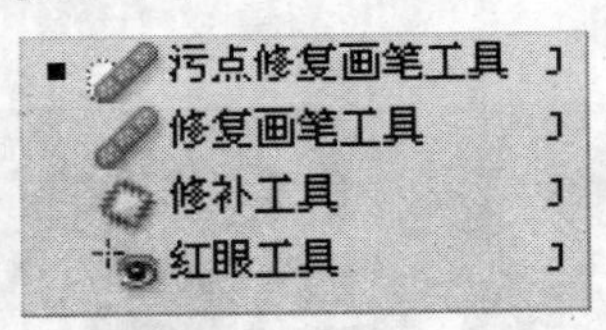

图 2-4-1　修复工具组

1.【污点修复画笔工具】

经典实例

使用【污点修复画笔工具】，修复图像中的污点。

【光盘：源文件\第 2 章\污点修复画笔工具.PSD】

【实例分析】

【污点修复画笔工具】可以自动从修复区域的周围取样，快速去掉照片中的污点或其他需要去除的部分。

【实例效果】

实例效果如图 2-4-2 所示。

图 2-4-2 【污点修复画笔工具】处理后的效果

使用【污点修复画笔工具】的操作步骤如下：

01 打开【光盘：源文件\第 2 章\日落西沉.jpg】图像文件，效果如图 2-4-3 所示。

图 2-4-3 打开图片落霞

02 单击工具箱中的【污点修复画笔工具】按钮，在图片上单击，或按住鼠标左键移动鼠标后松开，快速恢复有污点的地方，处理后的效果如图 2-4-2 所示。

2.【修复画笔工具】

【修复画笔工具】可以校正瑕疵，可以用于同一张图像中进行复制修补，也可以在不同的图像文件之间进行复制。

可以通过对属性栏各选项进行设置，以使操作更加方便，【修复画笔工具】的属性栏如图 2-4-4 所示。

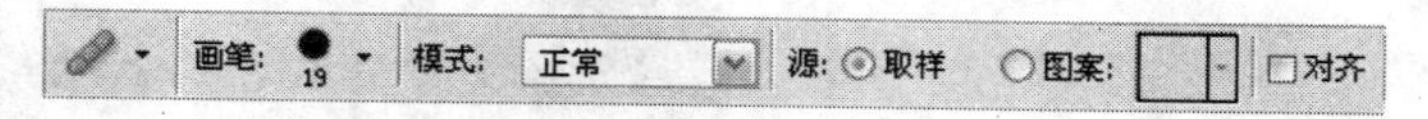

图 2-4-4 【修复画笔工具】属性栏

提示

属性栏的选项如下：

【取样】用于选取样本，通常要事先选取样本。

【图案】按照图案进行修复。在图案中提供了部分图案，你也可以自己定义图案进行修复。

【对齐】使复制图片具有连续性，绘制图形时，中间长时间间隔，再次下笔复制图像时不产生间断图像的现象。

经典实例

【光盘：源文件\第 2 章\修复画笔工具.PSD】

【实例分析】

运用【修复画笔工具】在不同图像之间进行复制。

【实例效果】

实例效果如图 2-4-5 所示。

图 2-4-5 【修复画笔工具】处理后的效果

【修复画笔工具】的操作步骤如下：

01 打开【光盘：源文件\第 2 章\菊花.jpg】图像文件。

02 单击工具箱中的【修复画笔工具】按钮，属性栏各项参数为初始默认情况下的设置。

03 按下【Alt】键，单击鼠标左键进行取样，如图 2-4-6 所示。

04 打开【光盘：源文件\第 2 章\日落西沉.jpg】图像文件，如图 2-4-7 所示。

图 2-4-6 取样

图 2-4-7 打开图片

05 在需要修复的地方按住鼠标左键，移动鼠标，绘制出被取样的图形，如图 2-4-5 所示。

3.【修补工具】

经典实例

【光盘：源文件\第 2 章\修补工具.PSD】

【实例分析】

【修补工具】的处理方式主要也是利用其他区域或图案中的像素来进行图像修复。

【实例效果】

实例效果如图 2-4-8 所示。

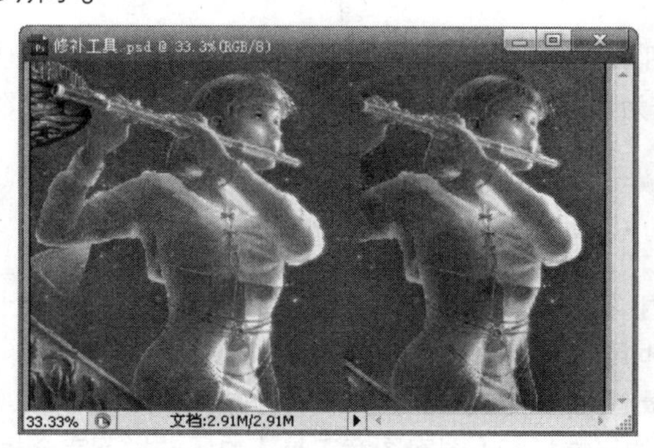

图 2-4-8　【修补工具】处理后的效果

操作流程如下：

01　打开【光盘：源文件\第 2 章\完美世界.jpg】，选择【修补工具】按钮。

02　按住鼠标左键，选择需要修补的区域，如图 2-4-9 所示。

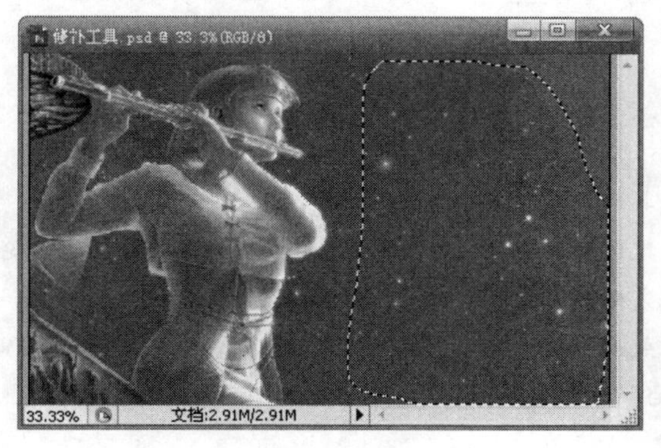

图 2-4-9　选择修补区域

03　将选取区域拖动到可以用来修复瑕疵的地方，松开鼠标，图片被修复，如图 2-4-10 所示。

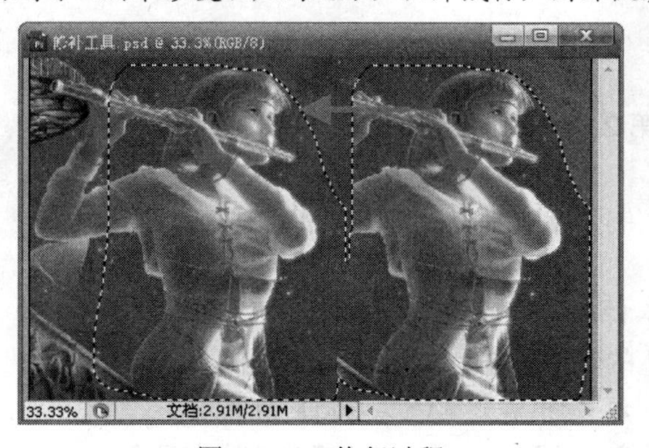

图 2-4-10　修复过程

04　在图片上任意地点击一次除去选择框，图像修复成功，效果如图 2-4-8 所示。

4.【红眼工具】

【红眼工具】主要用于处理照片中由于闪光灯拍摄造成的红眼、白色或绿色反光。

2.4.2 图章工具组

Photoshop 中的图章工具主要用于将一幅图像的全部或者部分复制到同一幅图像或另外一幅图像中，图章工具分为【仿制图章工具】和【图案图章工具】，如图 2-4-11 所示。

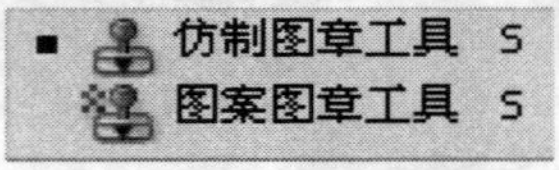

仿制图章工具 S
图案图章工具 S

图 2-4-11 图章工具

【仿制图章工具】主要用于修补图像，它可以将局部的图像复制到其他地方或另外一个文件中；【图案图章工具】也用于复制图像，但它是直接以图案进行填充。

（1）图章工具的属性栏

【仿制图章工具】的属性栏和【图案图章工具】的属性栏不完全相同，它们默认情况下的属性栏如图 2-4-12 所示。

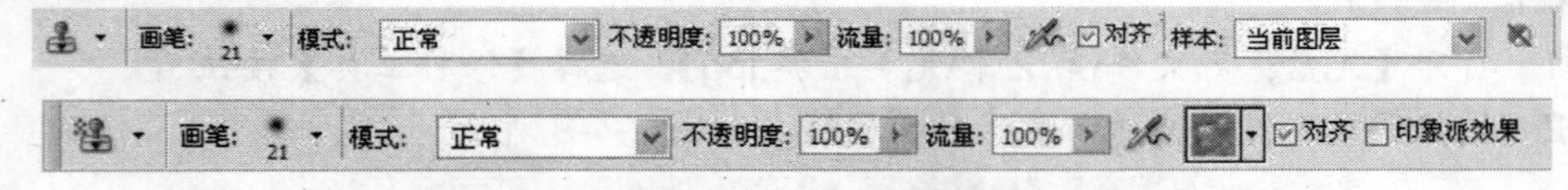

图 2-4-12 图章工具的属性栏

提示

在图章工具的属性栏中的部分选项如下：

【对齐】默认情况下，此复选框被选中。在绘制图形时，无论中间间隔多长时间，再次下笔复制图像时都不会间断图像的连续性。

【印象派效果】用于将图案渲染为模糊状态，从而达到印象派效果。

【Sample】用于选择图层，可以在它的下拉菜单中选择。

（2）【仿制图章工具】

经典实例

【光盘：源文件\第 2 章\仿制图章工具.PSD】

【实例分析】

本实例将应用【仿制图章工具】讲解图章使用方法。

【实例效果】

实例效果如图 2-4-13 所示。

【仿制图章工具】的使用操作为：

01 打开【光盘：源文件\第 2 章\电灯.jpg】图像文件。

02 单击【仿制图章工具】按钮，按住【Alt】键在图像上要取样的地方单击，如图 2-4-14 所示。

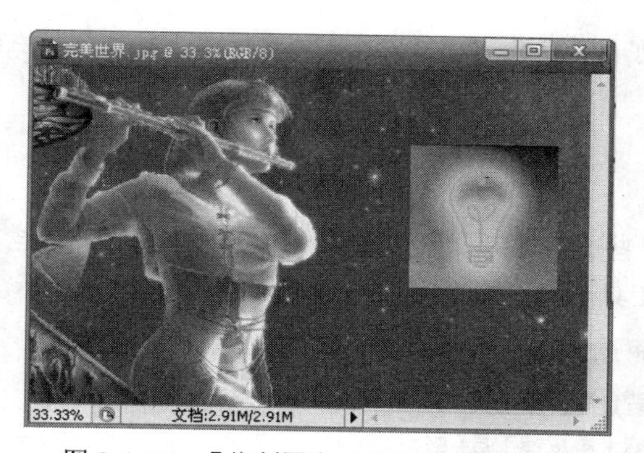

图 2-4-13 【仿制图章工具】处理后的效果

图 2-4-14 取样

03 打开【光盘：源文件\第 2 章\完美世界.jpg】图像文件。在新打开的需要复制的图片上按住鼠标左键涂抹即可，如图 2-4-13 所示。

04 松开鼠标完成复制。

提示

【图章仿制工具】可以在同一张或不同图片上复制多个同样的图片。

（3）【图案图章工具】

经典实例

【光盘：源文件\第 2 章\仿制图章工具.PSD】

【实例分析】

本实例将应用【图案图章工具】讲解图章使用方法。

【实例效果】

实例效果如图 2-4-15 所示。

【图案图章工具】的基本操作方法如下：

01 打开【光盘：源文件\第 2 章\菊花.jpg】图像文件。

02 单击选择【图案图章工具】按钮。

03 在属性栏内单击图案框右边的小三角符号打开图案选择面板，如图 2-4-16 所示。

图 2-4-15 【图案图章工具】处理后的效果

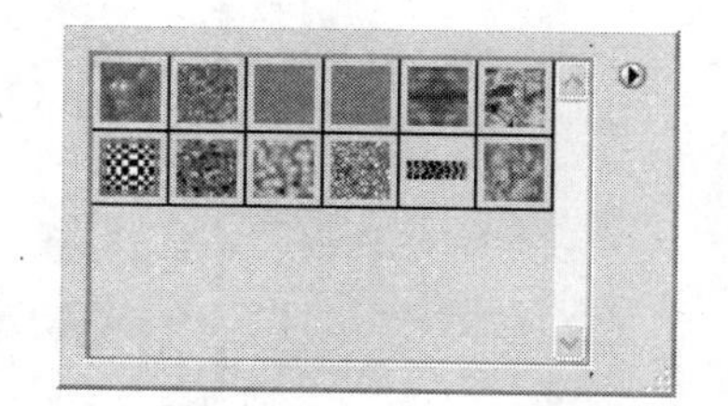

图 2-4-16 图案选择面板

04　单击选择其中任意一种图案，也可自己定义一种图案，直接在图片上按住鼠标左键涂抹即可，如图 2-4-15 所示。

2.4.3　橡皮擦工具组

橡皮擦工具组主要用于擦除图像中的某些颜色或者不需要的部分。在这一工具组中包含有三个工具，即【橡皮擦工具】、【背景橡皮擦工具】和【魔术橡皮擦工具】，如图 2-4-17 所示。

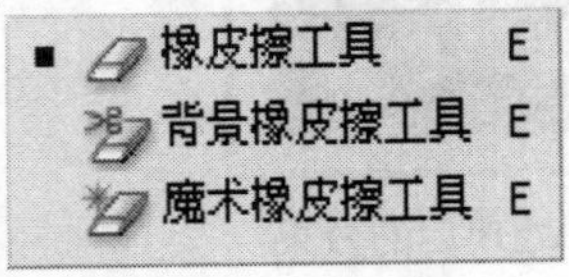

■ 橡皮擦工具　E
背景橡皮擦工具　E
魔术橡皮擦工具　E

图 2-4-17　橡皮擦工具组

（1）【橡皮擦工具】

【橡皮擦工具】使用背景色绘画，它可以擦掉、涂掉图像的一部分从而使透明的背景可以透过图像显示出来，擦除效果可能因为图层不同而不同。【橡皮擦工具】属性栏的初始默认状态如图 2-4-18 所示。

图 2-4-18　【橡皮擦工具】属性栏状态

使用【橡皮擦工具】的操作步骤如下：

经典实例

操作一：当前图层为背景图层时的操作。

【光盘：源文件\第 2 章\橡皮擦工具.PSD】

01　打开【光盘：源文件\第 2 章\菊花.jpg】图像文件。

02　单击【橡皮擦工具】按钮，按照需要设置属性栏参数。

03　将背景色换成任意一种颜色（这里设为红色），按住鼠标左键在图片上涂抹擦除，如图 2-4-19 所示。

图 2-4-19　【橡皮擦工具】擦除效果

操作二：普通图层的擦除。

【光盘：源文件\第 2 章\普通图层擦除.PSD】

01　打开【光盘：源文件\第 2 章\菊花.jpg】图像文件，此时的图片默认为背景图层。

02　新建图层：选择一种选框工具，选择一个区域复制，然后再粘贴该区域。移开粘贴后的图层，如图 2-4-20 所示。

03　选择新建的图层，单击【橡皮擦工具】按钮。

04　按住鼠标左键擦除，此时擦除的对象就是新建的普通图层。擦除后效果如图 2-4-21 所示。

图 2-4-20　复制创建图层

图 2-4-21　擦除普通图层

（2）【背景橡皮擦工具】

【背景橡皮擦工具】是一种擦除指定颜色的擦除工具，可以将背景图层的颜色擦成透明。使用时可以配合它的工具属性栏操作。其属性栏如图 2-4-22 所示。

图 2-4-22　【背景橡皮擦工具】属性栏

经典实例

【光盘：源文件\第 2 章\背景橡皮擦工具.PSD】

【背景橡皮擦工具】的使用方法如下：

01　打开【光盘：源文件\第 2 章\菊花.jpg】图形文件。

02　选择【背景橡皮擦工具】按钮，设置属性栏参数，画笔直径增大为 50，容差改为 10%。

03　按住鼠标左键，移动鼠标，擦除后效果如图 2-4-23 所示。

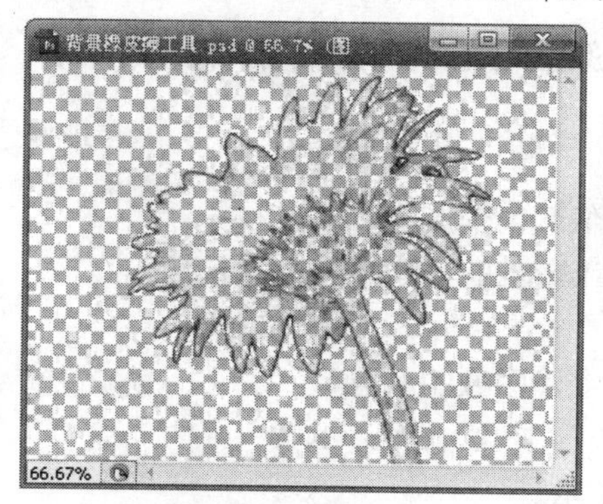

图 2-4-23　使用【背景橡皮擦工具】擦除后的效果

(3)【魔术橡皮擦工具】

【魔术橡皮擦工具】也是用于擦除背景的，但是【魔术橡皮擦工具】可以自动分析颜色并将其擦成透明区域或改为背景色。

经典实例

【光盘：源文件\第 2 章\魔术橡皮擦工具.PSD】

【魔术橡皮擦工具】的使用操作如下：

01 打开【光盘：源文件\第 2 章\电灯.jpg】图像文件。

02 选择【魔术橡皮擦工具】按钮，参数为初始默认状态下的设置。

03 选择要擦除的颜色，将鼠标移动到该颜色上单击。擦除后的效果如图 2-4-24 所示。

图 2-4-24 【魔术橡皮擦工具】使用效果

2.4.4 渐变工具组

渐变工具组包括【渐变工具】和【油漆桶工具】。【渐变工具】可以创建多种颜色间的逐渐混合。可以从预设渐变填充中选取或创建自己的渐变。【油漆桶工具】用于填充颜色值相近的相邻像素区域。

【渐变工具】和【油漆桶工具】的使用方法如下。

(1)【渐变工具】

渐变工具可以创建多种颜色间的逐渐混合。使用方法如下：

经典实例

使用【渐变工具】将图像颜色变淡。

【光盘：源文件\第 2 章\渐变工具.PSD】

【实例分析】

本实例用【渐变工具】变浅图像的颜色。

【实例效果】

实例效果如图 2-4-25 所示。

01 打开【光盘：源文件\第 2 章\小黎.jpg】图像文件，如图 2-4-26 所示。

图 2-4-25　【渐变工具】处理后的效果

图 2-4-26　打开图像文件

02　单击工具箱中的【渐变工具】按钮，设置属性栏，设置后的属性栏如图 2-4-27 所示。

图 2-4-27　设置后的属性栏

03　用鼠标在图像上拖出一条直线，渐变设置完成，如图 2-4-25 所示。

（2）【油漆桶工具】

油漆桶工具用于填充颜色值相近的相邻像素区域。使用方法如下：

经典实例

【光盘：源文件\第 2 章\油漆桶工具.PSD】

01　打开【光盘：源文件\第 2 章\集体照.jpg】图像文件，效果如图 2-4-28 所示。

02　在工具箱中选择【油漆桶工具】，在属性栏选择【前景】，其他保持默认值。

03　设置前景色，直接在图像上单击，或按住鼠标拖动，效果如图 2-4-29 所示。

图 2-4-28　集体照

图 2-4-29　【油漆桶工具】处理后的效果

2.4.5　模糊工具组

模糊工具组主要用于增强或减弱图像中的边缘定义，主要有【模糊工具】、【涂抹工具】和【锐化工具】三种。

下面介绍它们的使用方法。

1.【模糊工具】

经典实例

【模糊工具】可柔化硬边缘或减少图像中的细节。使用方法如下：

【光盘：源文件\第 2 章\模糊工具.PSD】

01 打开【光盘：源文件\第 2 章\小鸟.jpg】图像文件并放大，如图 2-4-30 所示。

图 2-4-30 小鸟

02 单击选择工具箱中的【模糊工具】按钮，设置属性栏选项和参数，【模式】变暗。【强度】设为 100%，【画笔】直径设为 65。

03 使用鼠标在图像上拖移模糊图像部分区域，如图 2-4-31 所示，注意图形的变化。

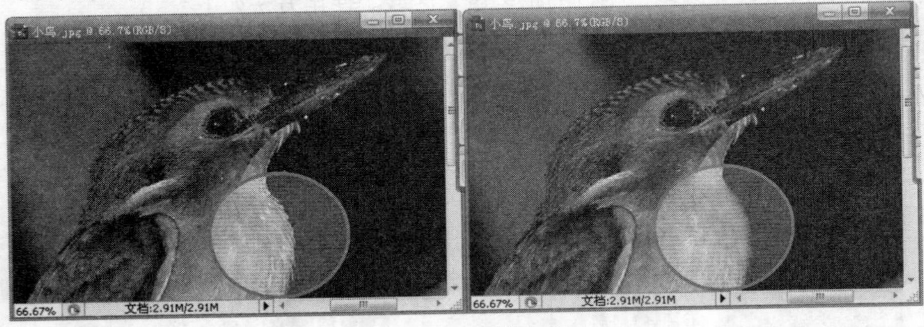

图 2-4-31 模糊图像

2.【涂抹工具】

经典实例

【涂抹工具】模拟将手指拖过湿油漆时所看到的效果。该工具可拾取描边开始位置的颜色，并沿拖移的方向展开这种颜色。其操作方法如下：

【光盘：源文件\第 2 章\涂抹工具.PSD】

01 打开【光盘：源文件\第 2 章\钟楼.jpg】图像文件，如图 2-4-32 所示。

图 2-4-32 钟楼

02　在工具箱中选择【涂抹工具】按钮，设置属性栏，【画笔】半径改为 65 像素，其他保持默认值。

03　按住鼠标左键，直接在图像上涂抹，效果如图 2-4-33 所示。

图 2-4-33　涂抹效果

3.【锐化工具】

经典实例

锐化工具可聚焦软边缘，以提高清晰度或聚焦程度。

【光盘：源文件\第 2 章\锐化工具.PSD】

01　打开【光盘：源文件\第 2 章\小鸟.jpg】图像文件。

02　在工具箱单击选择【锐化工具】按钮，在属性栏将【画笔】直径设置为 200 像素，强度设置为 100%。

03　直接在图像上按住鼠标左键涂抹或单击，锐化效果如图 2-4-34 所示。

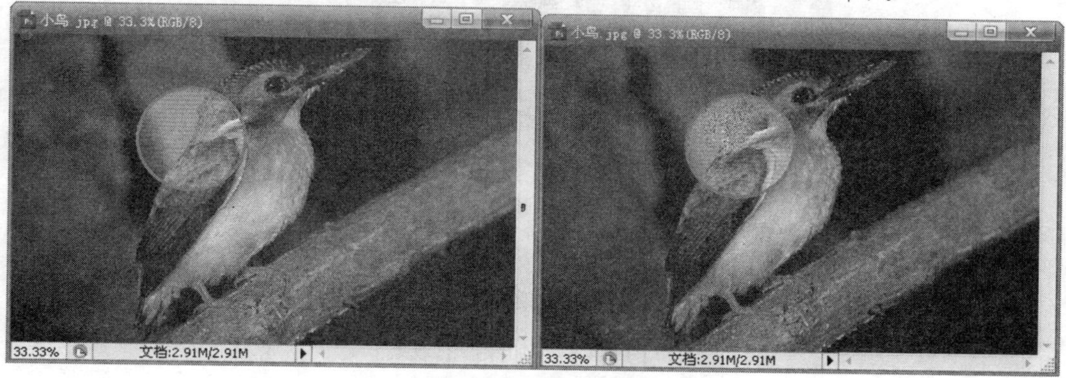

图 2-4-34　锐化图像

2.4.6　减淡工具组

减淡工具组可以将图像中深色区的颜色变浅，将颜色淡的区域变成深颜色，还可以在图像上绘制海绵状图形。该工具组中有【减淡工具】、【加深工具】和【海绵工具】三种。

1.【减淡工具】

【减淡工具】基于用于调节照片特定区域的曝光度的传统摄影技术，可用于使图像区域变亮，摄影师减弱光线以使照片中的某个区域变亮（减淡）。其使用方法如下：

实例

【光盘：源文件\第 2 章\减淡工具.PSD】

01　打开【光盘：源文件\第 2 章\观赏鱼.jpg】图像文件，如图 2-4-35 所示。

02　在工具箱中单击选择按钮，设置工具属性栏，将【画笔】直径改为 65 像素，其他不变。

03　按住鼠标左键，在图像上绘制，效果如图 2-4-36 所示。

图 2-4-35　打开图像

图 2-4-36　减淡后的效果

2.【加深工具】

【加深工具】基于用于调节照片特定区域的曝光度的传统摄影技术，可用于使图像区域变暗。摄影师增加曝光度使照片中的区域变暗（加深）。【加深工具】与【减淡工具】使用方法相似，效果如图 2-4-37 所示。

图 2-4-37　加深后的效果

3.【海绵工具】

【海绵工具】可精确地更改区域的色彩饱和度。在灰度模式下，该工具通过使灰阶远离或靠近中间灰色来增加或降低对比度。其使用方法如下：

经典实例

【光盘：源文件\第 2 章\减淡工具.PSD】

01　打开【光盘：源文件\第 2 章\甘露.jpg】图像文件，如图 2-4-38 所示。

图 2-4-38 打开图像

02 在工具箱单击选择【海绵工具】。

03 在属性栏中选择【画笔】笔尖并设置画笔选项，在选项栏中，选择要用来更改颜色的方式【加色】，为海绵工具指定流量。

提示

更改颜色的方式如下：

【加色】可增加颜色的饱和度。

【去色】可减弱颜色的饱和度。

04 在要修改的图像部分按住鼠标拖移，效果如图 2-4-39 所示。

图 2-4-39 使用【海绵工具】处理后的效果

2.5 其他工具

除去前面介绍的选择工具和图像处理工具，工具箱中还有【移动工具】、【缩放工具】、【抓手工具】等，其中部分工具我们在后面再详细地加以说明。

2.5.1 移动工具

【移动工具】主要用于移动图层、选取像素和路径等，它是 Photoshop 中比较容易理解和掌握的一类工具。

【移动工具】的基本应用如下：

经典实例

【光盘：源文件\第 2 章\移动工具.PSD】

01 打开【光盘：源文件\第 2 章\爱心玫瑰.jpg】，选择【选择工具】创建一个选区，如图 2-5-1 所示。

02 选择【移动工具】，将鼠标移到选区，按住鼠标左键，拖移，效果如图 2-5-2 所示。

图 2-5-1 创建选区

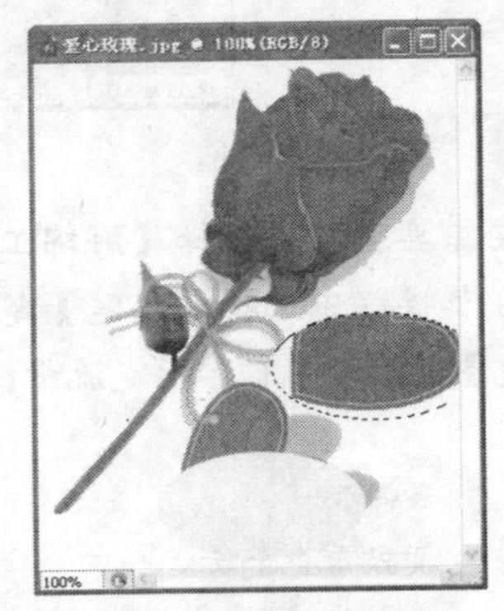

图 2-5-2 拖移像素

2.5.2 缩放工具

【缩放工具】主要用于放大或缩小图像，还可以调节图像在软件工作区显示的大小和查看打印大小，当我们需要查看一些细节的时候该工具非常有用。

【缩放工具】的使用方法如下：

经典实例

【光盘：源文件\第 2 章\缩放工具.PSD】

01 打开【光盘：源文件\第 2 章\完美世界.jpg】。

02 单击选择【缩放工具】按钮，在工具属性栏选择放大按钮或缩小按钮。直接在图像上单击，图像就会放大或缩小，放大或缩小的比率会显示在图像窗口上，如图 2-5-3 所示。

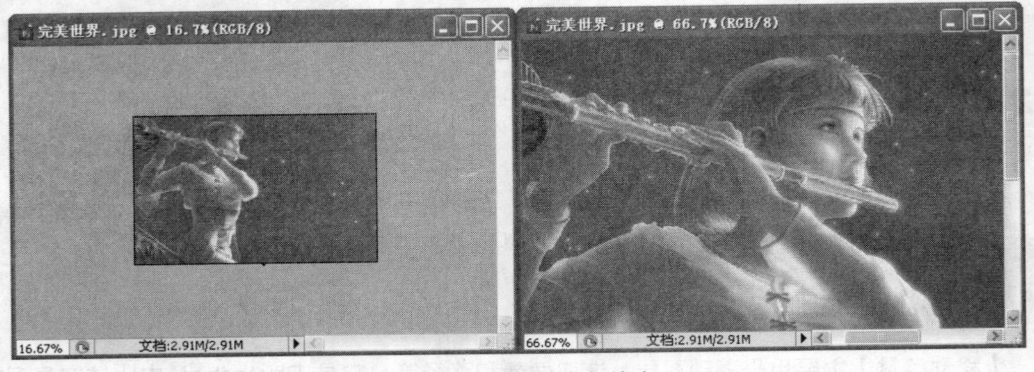

图 2-5-3 图像放大与缩小

2.5.3 抓手工具

【抓手工具】主要用于预览图像的缩放级别设置为大于 100% 时，在预览窗口中移动图像，使用时直接按住鼠标左键在图像上移动即可。

【抓手工具】的其他性能如下：

- 在使用其他工具的同时，可以按住空格键来使用抓手工具。
- 点按两次抓手工具可将预览图像适合窗口大小。
- 抓手工具在预览窗口中移动图像。在窗口中拖移可移动视图。
- 拖移抓手工具以查看图像的其他区域。
- 可以使用抓手工具的【滚动所有窗口】选项来滚动查看所有打开的图像。在选项栏中选择该选项，然后在一幅图像中拖移可以滚动查看所有可见的图像。

本章总结

作为一种图像处理软件，图像处理工具的作用就不言而喻，通过工具，你可以使用文字，可以选择、绘画、绘制、取样、编辑、移动、注释和查看图像等。当然你也可以改变工具箱的样式。本章从 Photoshop CS3 的工具箱开始，系统、详尽地介绍了工具箱中工具的使用操作和注意事项。

如果你要对一个图像进行处理，通常需要一个选择工具来事先选择它，或者创建相应的选区。虽然 Photoshop 主要是用于处理已经存在的图片，但它也具有一定的绘图功能，可以创建一些简单的图像文件和绘制一些简单的形状等。图像处理工具用于制作各种效果、处理很多种图像缺陷等，是一个非常有用的重要工具。

除前面介绍的选择工具、绘图工具和图像处理工具之外，工具箱中还有移动工具、缩放工具、钢笔工具组、形状工具组、文字编辑工具组等，均可用于不同程度和不同效果的图像处理。

有问必答

问：Adobe Photoshop CS3 的工具箱中，有很多功能出于我们自身的偏好并不常用，我们是否可以对其重新设置？应该怎么设置？当想还原时又应该如何操作呢？

答：Adobe Photoshop CS3 提供了工具预设的功能，可以对工具箱进行个性化设置。操作方式是单击选项区当前工具图标右下角的▾，或者点击工作区右中上侧的✕，然后去掉弹出调板菜单中【仅限当前工具】前面的钩号，可以看到显示的所有工具当前的预设，单击弹出调板菜单右边的▶标识，就可以根据个人的爱好要求更改工具预设的列表了。当我们想要还原所有工具时，重新执行以上过程，并逐一设置显然是繁杂低效的，一种简便的方法是单击选项区中【工作区】右边的▾，然后选择【默认工作区】即可。

巩固练习

选择题

1．羽化是在选区边缘产生柔和过渡效果的一种工具，它设置的像素值越大，过渡效果越明显，它的像素最大可以设置为（　　）。

A．1000　　B．100　　C．99　　D．500

2．是下列哪种工具的图标？（　　）

A．魔棒工具　　B．磁性套索工具　　C．钢笔工具　　D．减淡工具

3．设置颜色容差的选取范围，取值越小，选取的颜色越接近，它的取值范围是（　　）。

A．0～255　　B．64～128　　C．128～512　　D．0～225

4．画笔工具流量是指（　　）。

A．每秒绘出的像素点个数　　B．图形绘制的时候笔墨覆盖的最大程度

C．图形绘制的时候笔墨扩散的量　　D．以上都不是

5．单击【仿制图章工具】按钮，需要按住（　）键，然后在图像上要取样的地方单击。

A．Ctrl　　B．Alt　　C．Shift　　D．Pause Break

填空题

1．选择工具包括＿＿＿＿＿＿、＿＿＿＿＿＿、＿＿＿＿＿＿三组。

2．橡皮擦工具组主要用于擦除图像中的某些颜色或者不需要的部分，包含＿＿＿＿＿、＿＿＿＿＿、＿＿＿＿＿＿三个工具。

3．＿＿＿＿＿＿是一种擦除指定颜色的擦除工具。

4．＿＿＿＿＿＿用于给画笔增加自由随机效果，对于软边画笔效果尤其明显。

5．在 Photoshop CS3 中魔棒工具组有＿＿＿＿＿和＿＿＿＿＿两种工具。

判断题

1．如果新拖动的选区包含了以前的所有选区，松开鼠标后图像上的选区就会部分消失。（　）

2．【工具预设】的功能是存储工具的设定，这可以方便以后的使用。（　）

3．创建一个选区，不用剪切或删除键将选区内的像素去掉，就能看见羽化后的效果。（　）

4．选择【多边形套索工具】，在图像上移动鼠标并单击，每一次单击都是一条直线的转折点，最后将鼠标移动到第一次单击的位置，图像上将出现一个闭合的选区。（　）

5．【历史记录画笔工具】不在【历史记录】调板的配合下也能发挥它的效果，其主要作用是将图像在编辑过程中的某一状态复制到当前图层中。（　）

Study

Chapter

03

图层的使用和图层样式

学习导航

图层在 Photoshop 中是一个很重要的组成部分，它主要用于将不同的图像放置到不同的图层上，然后合并成一张图像。图层样式为图层提供了很多效果，通过设置图层的样式可以让图像更加漂亮。

在需要对某一图像进行编辑和修改时，可以先建立新图层再进行修改，这样就不会影响其他图层上的图像。不同图层上的图像可以以各种方式融合成一体，从而创建出多种不同效果的图片。

本章要点

- 图层
- 图层样式
- 填充图层
- 图层管理
- 混合选项

3.1 图层的概念

在 Photoshop 中制作图像，就像将一幅图像的每一个部分分别放在不同的图层中，可以独立对其中每个或某些图层中的图像进行编辑，而不会影响其他图层图像。

3.1.1 图层的分类

在 Photoshop CS3 中的图层类型有很多，不同图层的创建方式、用途和表现效果也不相同。常见的图层主要有以下几种：

- 普通图层　这是用一般方法就可以建立的图层，是可以在直接选定图层后，在上面进行绘制图形、改变透明度等操作的图层。
- 背景图层　打开一个图像文件后，自动生成的图层。用于显示背景内容，不能对其进行移动和改变透明度。
- 文本图层　当使用【文字工具】在图像中插入文字时，系统将自动生成一个文本图层。如果要用其他工具对文字进行处理，就必须先对它进行【栅格化】将其变为普通图层。
- 样式图层　在图层中使用了【内阴影】、【投影】和【外发光】等图层样式的图层。
- 形状图层　使用形状工具等建立的图层。此形状不是路径，而是自动生成的，它也可以转化为普通图层。

3.1.2 【图层】的调板和菜单

在 Photoshop CS3 中利用图层可以制作出很多的效果，图层的操作主要有两种：一种是直接使用【图层】调板进行操作；另一种是使用菜单栏中的【图层】菜单进行操作。

1.【图层】调板

在 Photoshop CS3 中，默认情况下【图层】调板是显示在右下脚的，如果没有显示，可以单击菜单栏右下方的【工作区】，然后选择【默认工作区】，图层调板就会显示出来，也可以执行【窗口】|【图层】命令，或者按【F7】键打开调板。打开的图层调板如图 3-1-1 所示。

【图层】调板中的各按钮的功能如下：

- 【图层混合模式】　设置当前图层，并与其下图层像素进行混合，可以创建很多特殊的效果。
- 【总体不透明度】　用于设定每一个图层的不透明度。
- 【锁定透明像素】　用于锁定图层的透明区域，单击该按钮，将不能对图层的透明区域进行编辑。
- 【锁定图像像素】　用于锁定当前图层，锁定当前图层后，不能对图像进行除移动之外的任何编辑。
- 【锁定位置】　用于锁定当前图层的位置，当图层的位置被锁定后，图像将不能被移动，但可以进行编辑。
- 【锁定全部】　用于锁定整个图层，一旦图层被该按钮锁定后将不能对其进行任何操作。可以避免在对其他图层进行编辑时的误操作。

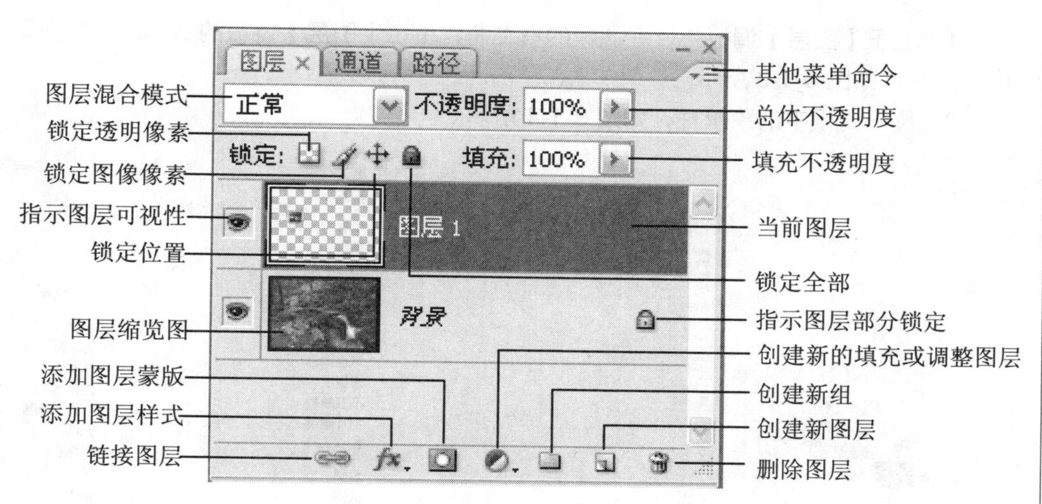

图 3-1-1　【图层】调板

- 【填充不透明度】　改变图层中原有的像素或绘制的图形的透明度，对增加图层样式后产生的新像素无作用。
- 【指示图层可视性】　用于显示或隐藏图层，图层被隐藏后将不能对其进行任何操作。
- 【图层缩览图】　显示本图层的图像内容，大小可以改变。
- 【当前图层】　显示可以执行绝大多数编辑命令的图层。在【图层】调板中蓝色的图层为当前图层。
- 【链接图层】　用于与当前图层链接在一起，被链接的图层可以随当前图层一起移动。可以同时链接多个图层。
- 【添加图层样式】　用于设置图层效果。单击此按钮可以弹出一个快捷菜单，在菜单里进行设置。
- 【添加图层蒙版】　用于创建图层蒙版，避免编辑时在不需要编辑的地方产生错误编辑。
- 【创建新的填充或调整图层】用于控制色彩和色调的调整以及创建填充图形。使用时单击弹出其子菜单，然后进行设置。
- 【创建新组】　用于组织和管理图层。
- 【创建新图层】　用于创建新图层。要复制图层可以直接将图层拖动到该按钮。
- 【删除图层】　用于删除当前图层。

2.【图层】菜单

在 Photoshop CS3 中有好几类图层的菜单命令，各种命令解释如下：

（1）主菜单命令

位于【标题栏】下的【菜单栏】中的【图层】菜单，可以完成所有图层操作，如图 3-1-2 所示。

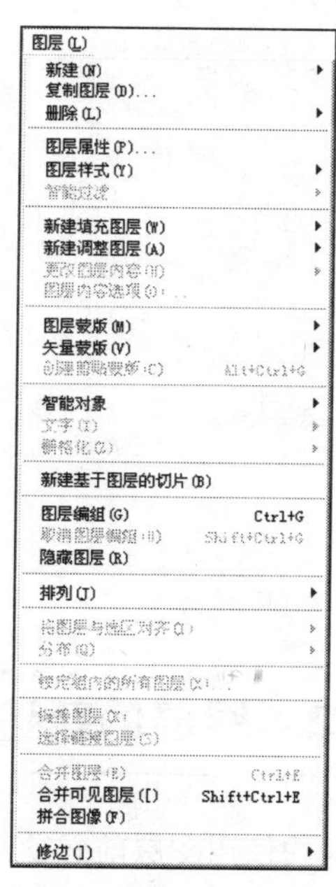

图 3-1-2　【图层】菜单

（2）【图层】调板中的菜单命令

1）位于【图层】调板中，在调板的右上角，单击【图层】调板的右上角的向下三角形会弹出该菜单，如图 3-1-3 所示。

2）位于调板中的菜单栏，如图 3-1-4 所示。

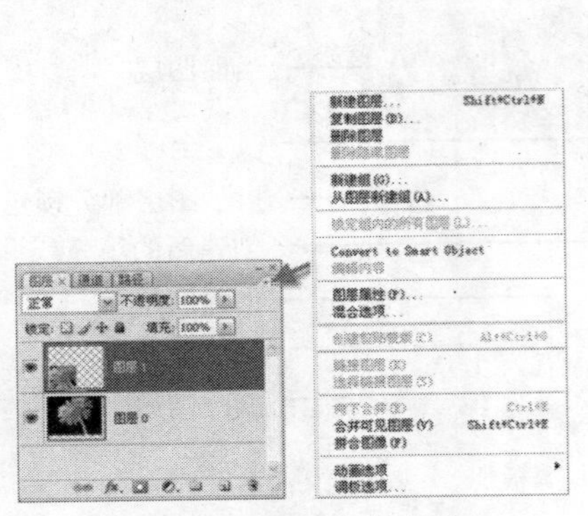

图 3-1-3　调板中的菜单

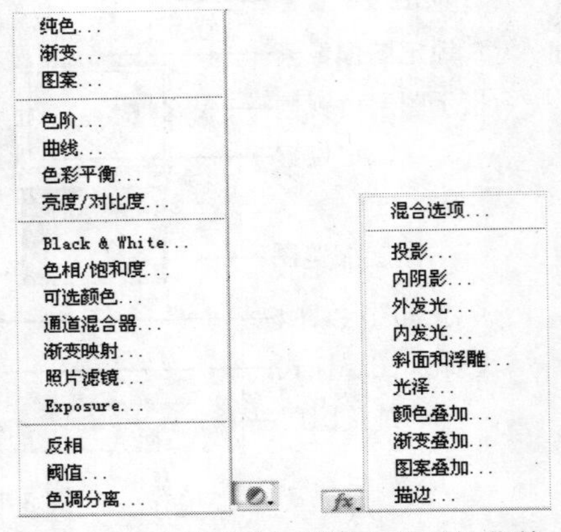

图 3-1-4　【图层】调板中的工具菜单

（3）在【图层】调板中的图层上有三个菜单：

1）在图层前的眼睛符号上单击右键会弹出一个快捷菜单，这个菜单主要用于标记图层调板的图层颜色等操作。

2）选择单击鼠标右键也会弹出一个菜单，这个菜单主要用于对【图层缩览图】进行一些操作。

3）在图层的蓝色区域单击右键会弹出一个快捷菜单，这个菜单主要用于对当前的图层进行一些操作，如图 3-1-5 所示。

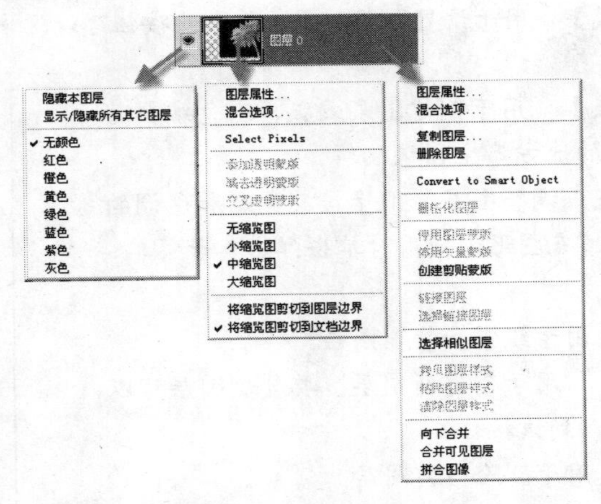

图 3-1-5　【图层】调板中的图层上的菜单

3.2　图层的新建

学习使用图层前必须先学会建立图层，图层有很多类型，下面我们分别介绍各种不同图层的创建方式。

3.2.1　普通图层

普通图层是一种比较常用的图层，创建比较方便。下面我们介绍它的几种常用创建方法：

方法一：直接通过【图层】调板创建。

直接单击【图层】调板底部的【创建新图层】按钮 即可完成创建，如图 3-2-1 所示。

图 3-2-1　利用【图层】调板创建图层

方法二：通过【图层】菜单创建。

01　执行【图层】|【新建】|【图层】菜单命令，如图 3-2-2 所示。

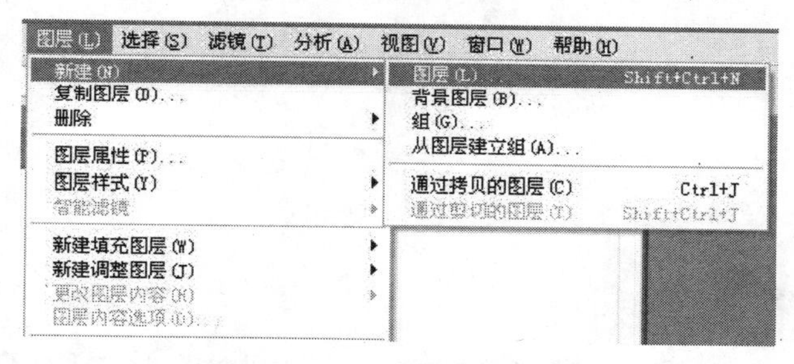

图 3-2-2　打开【新建图层】

02　执行上述操作后，系统弹出【新建图层】对话框，如图 3-2-3 所示。在对话框中的【名称】文本框内输入图层的名字，默认情况下显示为图层 1、图层 2 或图层 3 等，并可以设置图层颜色、模式等属性。

03　完成图层各项属性设置后单击【确定】按钮，便可完成图层创建，效果如图 3-2-4 所示。

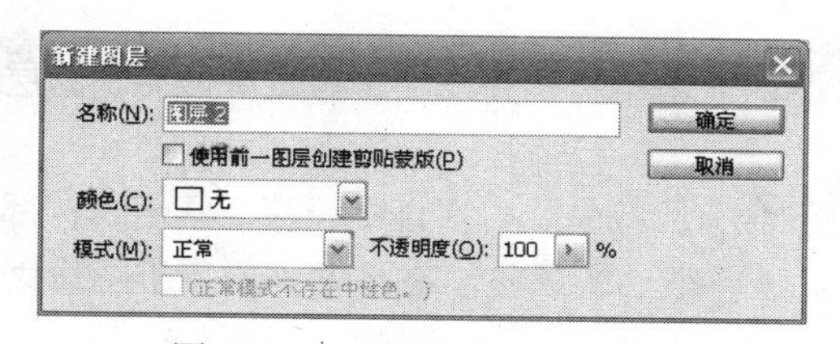

图 3-2-3　【新建图层】对话框

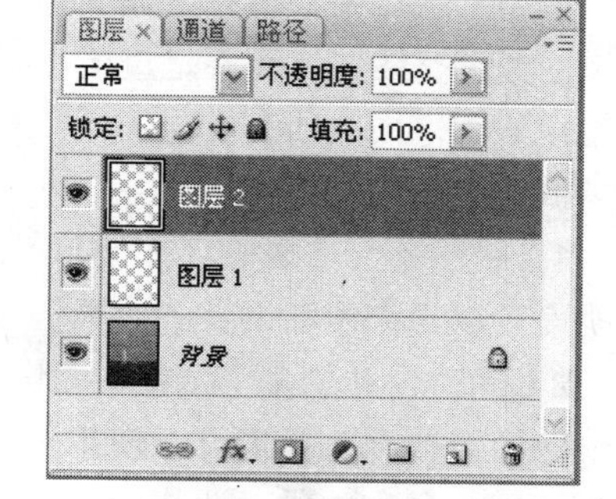

图 3-2-4　图层新建成功

方法三：将选区转换为普通图层。

01　在一幅图像中运用【椭圆选框工具】，创建一个选区，如图 3-2-5 所示。

02　在图片选区内单击鼠标右键会弹出一个快捷菜单，如图 3-2-6 所示。

图 3-2-5　创建选区

图 3-2-6　选择创建类型

03　在快捷菜单中选择【通过拷贝的图层】选项或者选择【通过剪切的图层】选项，便可以创建与选区相类似的图层，如图 3-2-7 所示。

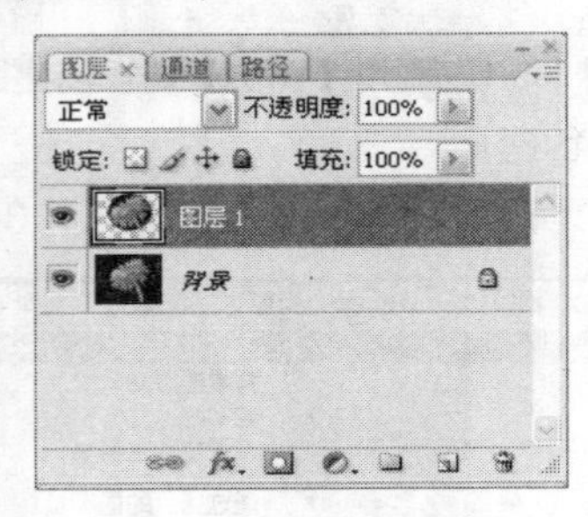

图 3-2-7　复制图层

【通过拷贝的图层】可以使用复制和粘贴的快捷键【Ctrl+C】与【Ctrl+V】来完成,而【通过剪切的图层】也可以使用剪切和粘贴的快捷键【Ctrl+X】与【Ctrl+V】来完成。

3.2.2　调整图层

调整图层可将颜色和色调调整应用于图像，而不会永久更改像素值。例如，我们可以创建色阶或曲线调整图层，而不是直接在图像上调整色阶或曲线。颜色和色调调整存储在调整图层中，并应用于它下面的所有图层。

调整图层的优点有：

1）编辑不会造成破坏。使用不同的设置并随时重新编辑调整图层，通过降低调整图层的不透明度可以用来缓和调整的效果。

2）通过合并的多个调整，图像数据的损失就会有所减少。每次直接调整像素值时，都会损失一些图像数据。我们可以使用多个调整图层并进行很小的调整。在将调整应用于图像之前，Photoshop 会合并所有调整。

3）编辑具有选择性。在调整图层的图像蒙版上绘画可将调整应用于图像的一部分。稍后，通过重新编辑图层蒙版，你可以控制调整图像的哪些部分。通过使用不同的灰度色调在蒙版上绘画，你可以改变调整。

4）能够将调整应用于多个图像。在图像之间拷贝和粘贴调整图层，以便应用相同的颜色和色调调整。

5）可以通过进行单一调整来校正多个图层，而不是分别调整每个图层。

下面我们分别用不同的方法创建调整图层。

经典实例

利用不同的方法调整图层。

【光盘：源文件\第 3 章\调整图层.PSD】

方法一：利用【图层】菜单创建，步骤如下：

01　打开【光盘：源文件\第 3 章\山峰.jpg】，如图 3-2-8 所示。

图 3-2-8　打开后的图像

02　执行【图层】|【新建调整图层】|【色彩平衡】菜单命令，打开【新建图层】对话框，如图 3-2-9 所示。

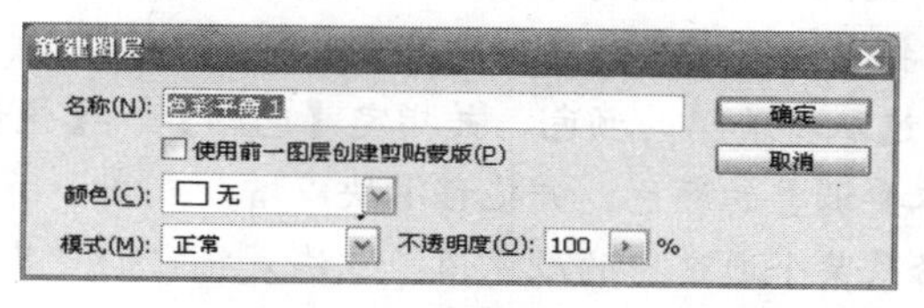

图 3-2-9　【新建图层】对话框

03　使各种参数为默认值，单击【确定】按钮，打开【色彩平衡】对话框。

04　设置【色彩平衡】对话框中的值，如图 3-2-10 所示。

05　单击【确定】按钮，调整图层创建成功，图像的颜色会发生变化。此时图层调板上会出现新建的图层，如图 3-2-11 所示。

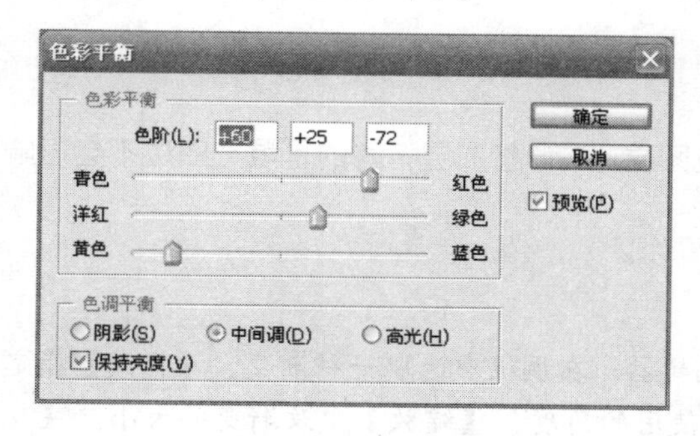

图 3-2-10　设置【色彩平衡】对话框

图 3-2-11　调整图层

06 单击选择【图层】调板中调整图层上的【图层蒙版缩览图】，然后在工具箱中选择【渐变工具】，设置【渐变工具】的属性为【径向渐变】。

07 在图像上拉出由左上角到右下角的一条斜线，图像将由左上到右下从亮到暗显示，如图 3-2-12 所示。

图 3-2-12 编辑调整图层的图层蒙版

方法二：利用【图层】调板创建

01 打开【光盘：源文件\第 3 章\山峰.jpg】。

02 单击【图层】调板底部的【创建新的填充图层或调整图层】按钮，选择【色彩平衡】，打开【新建图层】对话框，运用上述同样的方法继续后边的步骤完成图层调整。

在调整图层中调整图层类型的各信息如下：

- 色阶 指定高光、阴影和中间调的值。
- 曲线 沿 0～255 的数值范围调整像素的强度值，同时保持多达 15 个其他值不变。
- 色彩平衡 将滑块拖向要在图像中增加的颜色；或将滑块拖离要减少的颜色。
- 亮度/ 对比度 指定【亮度】和【对比度】的值。
- 色相/ 饱和度 选取要编辑的颜色，并指定【色相】、【饱和度】和【亮度】的值。
- 可选颜色 选取要调整的颜色，并拖移滑块以增加或减小所选颜色中的分量。
- 通道混和器 修改某个通道中的颜色值，方法是将它们与其他通道混合。
- 渐变映射 选取渐变并设置渐变选项。
- 照片滤镜 通过模拟相机镜头前滤镜的效果来进行色彩调整。
- 反相 反相调整图层没有选项。
- 阈值 指定阈值色阶。
- 色调分离 指定每个颜色通道的色调色阶数。

3.2.3 填充图层

填充图层可以用纯色、渐变或图案填充图层。与调整图层不同的是填充图层不会影响它们下面的图层。

各种填充类型如下：

- 纯色 指定一种颜色。
- 渐变 选择渐变以显示【渐变】编辑器，在调板中选取一种渐变。【样式】指定渐变的形状。【角度】指定应用渐变时使用的角度。【缩放】更改渐变的大小。【反向】翻转渐变的方向。【仿色】通过对渐变应用仿色减少带宽。【与图层对齐】使用图层的定界框来计算渐变填充。可以在图像窗口中拖移以移动渐变的中心。

- 图案　选择图案，并从弹出式调板中选取一种图案。选择【缩放】，并输入值或拖移滑块以缩放图案。选择【贴紧原点】以使图案的原点与文档的原点相同。如果希望图案在图层移动时随图层一起移动，请选择【与图层链接】。选中【与图层链接】后，当【图案填充】对话框打开时可以在图像中拖移以定位图案。

三种不同的填充图层的创建步骤如下：

经典实例

1. 纯色填充图层

【光盘：源文件\第 3 章\纯色填充图层.PSD】

01　打开【光盘：源文件\第 3 章\草坪.jpg】图像文件。

02　单击【图层】调板底部的【创建新的填充图层或调整图层】按钮，在弹出的子菜单中，选择【纯色】命令，打开【拾取实色】对话框，如图 3-2-13 所示。

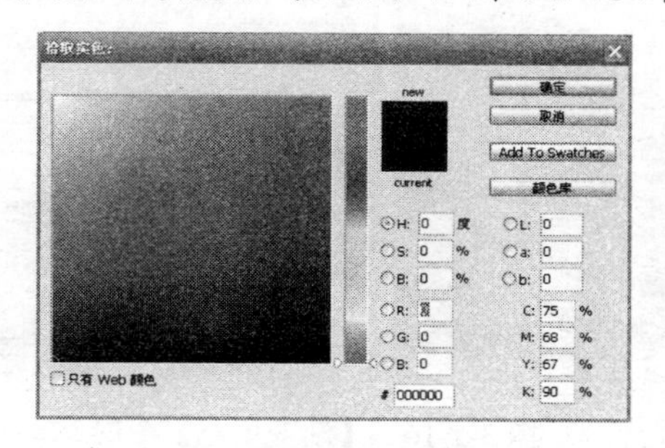

图 3-2-13　【拾取实色】对话框

03　选择一种颜色，单击【确定】按钮，纯色填充图层创建完成，图层变为选择的颜色，如图 3-2-14 所示。

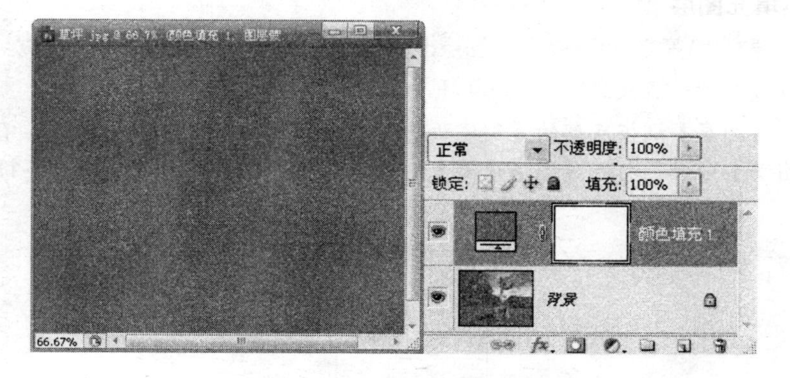

图 3-2-14　纯色填充图层创建效果

经典实例

2. 渐变填充图层

【光盘：源文件\第 3 章\渐变填充图层.PSD】

01　打开【光盘：源文件\第 3 章\草坪.jpg】图像文件。

02 单击【图层】调板底部的【创建新的填充图层或调整图层】按钮，在弹出的子菜单中，选择【渐变】命令，打开【渐变填充】对话框，如图 3-2-15 所示。

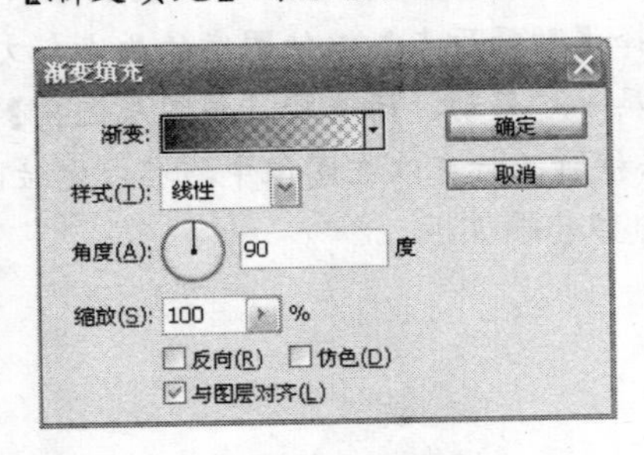

图 3-2-15 【渐变填充】对话框

03 设置完【渐变填充】对话框中的参数，此处我们保持默认值，单击【确定】按钮，图层创建完成，如图 3-2-16 所示。

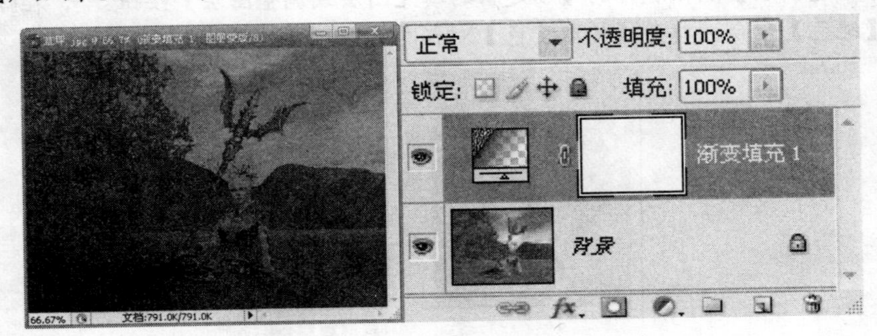

图 3-2-16 【渐变填充】图层

经典实例

3．图案填充图层

【光盘：源文件\第 3 章\渐变填充图层.PSD】

01 打开【光盘：源文件\第 3 章\草坪.jpg】图像文件。

02 单击【图层】调板底部的【创建新的填充图层或调整图层】按钮，在弹出的子菜单中，选择【图案】命令，打开【图案填充】对话框。打开图案样式后如图 3-2-17 所示。

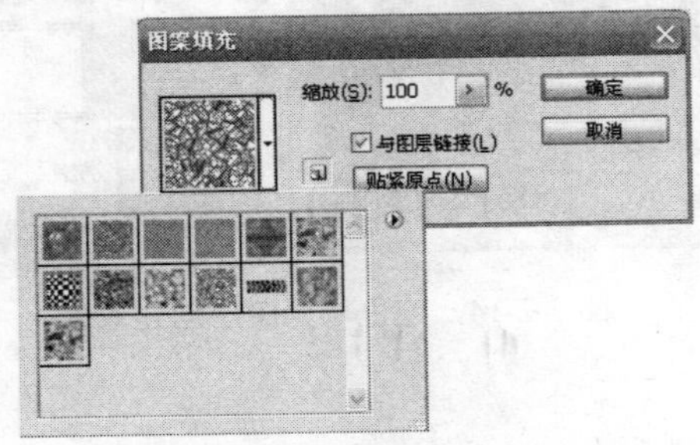

图 3-2-17 【图案填充】对话框和图案样式

03 选择一种图案样式，设置完其他参数后单击【确认】按钮，图层创建完成。

04 在图层调板中将【总体不透明度】或【填充不透明度】改为 37%，改变后如图 3-2-18 所示。

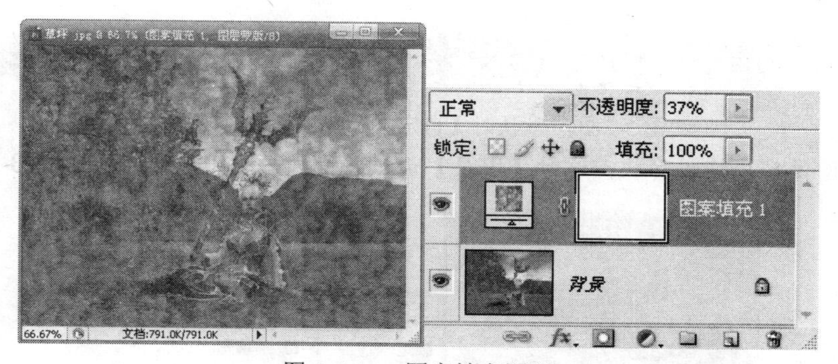

图 3-2-18　图案填充图层

小知识

调整图层和填充图层具有与图像图层相同的不透明度和混合模式选项。你可以重新排列、删除、隐藏和复制它们，就像处理图像图层一样。默认情况下，调整图层和填充图层有图层蒙版，由图层缩览图左边的蒙版图标表示。如果在创建调整图层或填充图层时路径处于现用状态，则创建的是矢量蒙版而不是图层蒙版。

3.2.4　形状图层

形状图层可以通过工具箱中的形状工具或者钢笔工具来创建，创建方法与普通的图层创建有些相似之处。形状图层蒙版内容无法被编辑，只能利用形状工具调整形状或移动位置。

经典实例

【光盘：源文件\第 3 章\形状图层.PSD】

下面我们利用形状工具创建一个形状图层，并让其改为渐变填充图层。其操作步骤如下：

01　打开【光盘：源文件\第 3 章\两只蝴蝶.jpg】作为背景，如图 3-2-19 所示。

02　选择工具箱中的【形状工具】下的【自定义形状工具】。

03　在【自定义形状工具】的属性栏内选择形状、样式和颜色等。这里我们让其保持默认设置值，【自定义形状工具】属性栏默认情况如图 3-2-20 所示。

图 3-2-19　打开图像

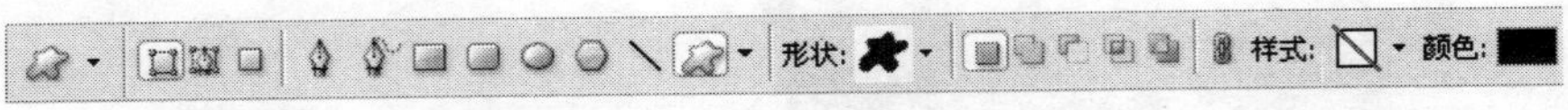

形状: 样式: 颜色:

图 3-2-20　默认时【自定义形状工具】的属性栏

04　在图像窗口拖出形状，这时【图层】调板将出现一个形状图层，如图 3-2-21 所示。

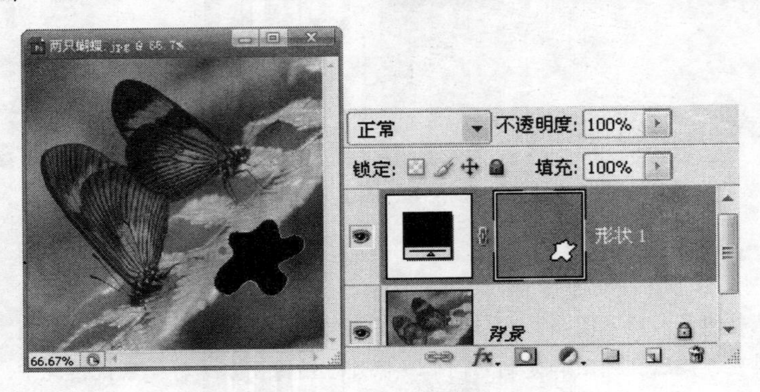

图 3-2-21　创建形状图层

05　双击形状图层的【图层缩览图】，打开【拾取实色】对话框，如图 3-2-22 所示，在其中选择形状图形填充的颜色，单击【确定】按钮。

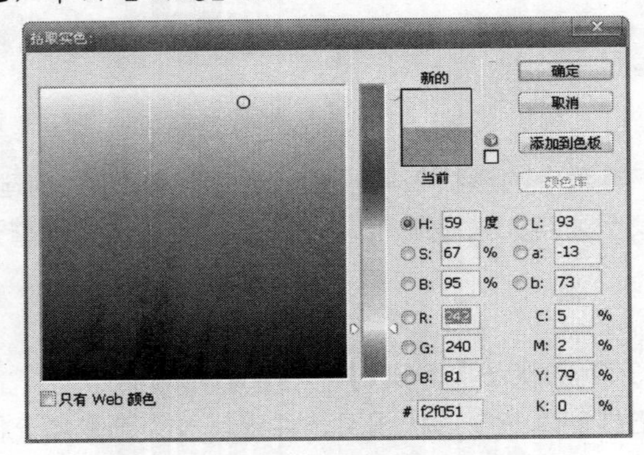

图 3-2-22　【拾取实色】对话框

06　执行【图层】|【更改图层内容】|【渐变】菜单命令，打开【渐变填充】对话框，【渐变填充】对话框及渐变拾色器如图 3-2-23 所示。

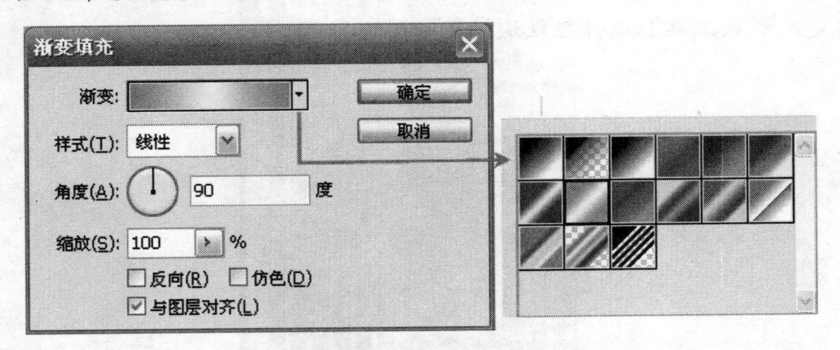

图 3-2-23　【渐变填充】对话框及渐变拾色器

07　调节对话框中的选项，设置各参数。单击【确定】按钮，图层名变为渐变填充，图像及图层效果如图 3-2-24 所示。

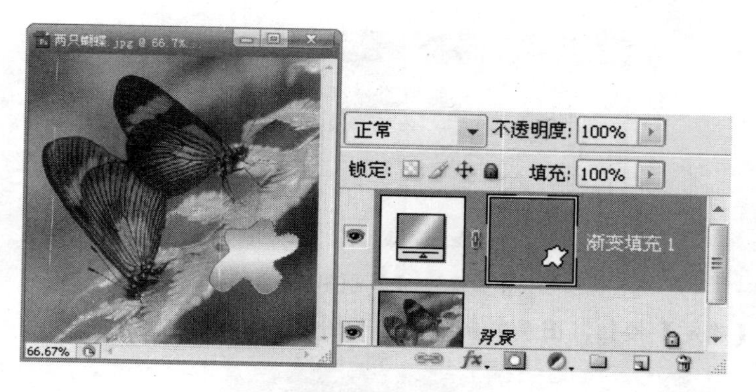

图 3-2-24　形状图层效果

3.3　图层管理

在 Photoshop 中，图层管理也是一个比较重要的内容，正确地管理好图层能方便我们更顺利地完成各项操作。图层的管理包括图层的复制、删除、栅格化、链接、合并和移动等。

3.3.1　图层的复制

复制图层在 Photoshop 中是一种比较常见的操作，图层复制可以用于同一个图像文件，可以在不同的图像文件之间进行。而复制后的图层将在同一个或另一个图像文件当前图层的上方。

经典实例

1. 使用【图层】调板在同一图像文件中复制图层

【光盘：源文件\第 3 章\图层复制.PSD】

01　打开【光盘：源文件\第 3 章\天使.jpg】图像文件。

02　通过【图层】|【新建】|【图层】创建一个图层，图层各项属性随意，如图 3-3-1 所示。

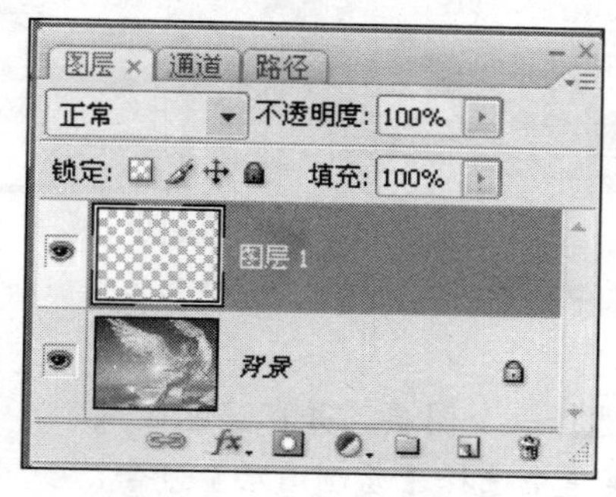

图 3-3-1　创建一个图层

03　在【图层】调板内选择一个图层，并在蓝色区域内单击鼠标右键，在弹出的菜单中选择【复制图层】命令。

04　在【复制图层】对话框中输入复制后图层的名称，默认情况下复制图层的名称为被复制图层的名称加副本两个字，如图 3-3-2 所示。

图 3-3-2 【复制图层】对话框

05 单击【确定】按钮，图层复制成功，如图 3-3-3 所示。

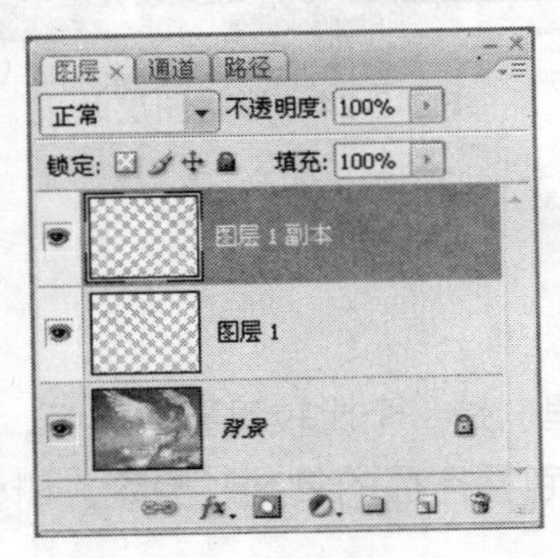

图 3-3-3 图层复制完成

2. 使用【图层】调板将图层复制到另一个图像文件

【光盘：源文件\第 3 章\图像之间图层复制.PSD】

01 打开【光盘：源文件\第 3 章\天使.jpg】和【光盘：源文件\第 3 章\思绪.jpg】图像文件，如图 3-3-4 所示。

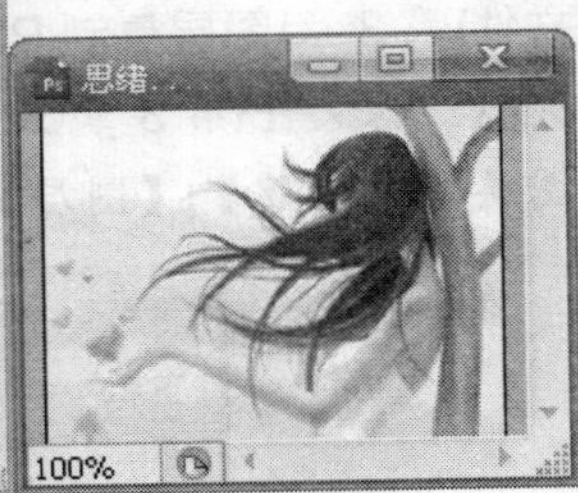

图 3-3-4 打开两幅图像

02 在“天使”这幅图像中创建一个图层，如图 3-3-5 所示。

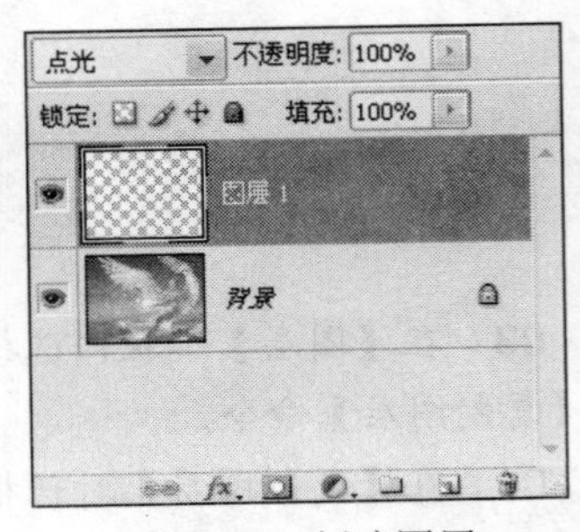

图 3-3-5 创建图层

03 在【图层】调板内选择一个图层，并在蓝色区域内单击鼠标右键，在弹出的菜单中选择【复制图层】命令，打开【复制图层】对话框。

04 在【复制图层】对话框中输入复制后图层的名称。

05 在【目录】组内的【文档】下拉菜单中选择“天使.jpg”文件，如图 3-3-6 所示。

06 单击【确定】按钮即可完成两图像之间的图层复

制，如图 3-3-7 所示。

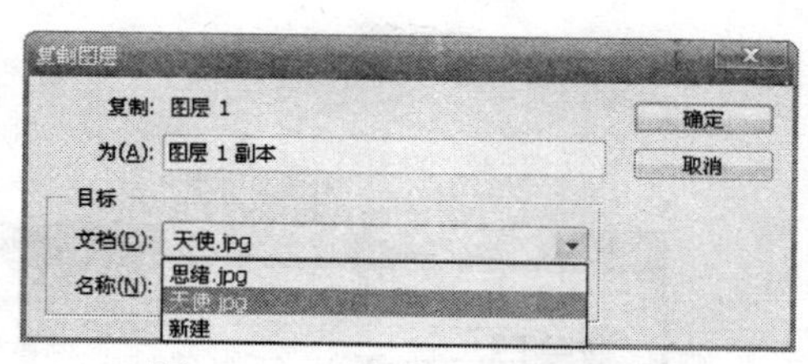

图 3-3-6　【复制图层】对话框

图 3-3-7　图层的复制

3. 利用【图层】调版在同一幅图像中拖动复制图层

【光盘：源文件\第 3 章\拖动复制图层.PSD】

01　打开【光盘：源文件\第 3 章\天使.jpg】图像文件。

02　通过【图层】|【新建】|【图层】方式创建一个图层。

03　将鼠标移动到图层上，按住鼠标左键拖动图层至【创建新图层】按钮上，如图 3-3-8 所示。

04　松开鼠标后图层复制成功，如图 3-3-9 所示。

图 3-3-8　拖动图层

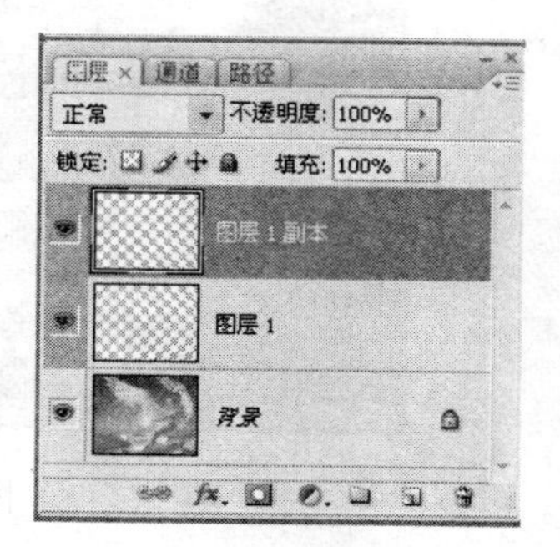

图 3-3-9　图层成功复制

4. 利用菜单栏的【图层】菜单选项将图层复制到另一个图像文件中

【光盘：源文件\第 3 章\菜单复制图层.PSD】

01　打开【光盘：源文件\第 3 章\天使.jpg】和【光盘：源文件\第 3 章\思绪.jpg】图像文件，如图 3-3-10 所示。

图 3-3-10　打开图像

02 在其中一幅图像中创建一个图层，如图 3-3-11 所示。

03 执行【图层】|【复制图层】命令，打开【复制图层】对话框，在【文档】下拉菜单中选择“天使.jpg”文件名，如图 3-3-12 所示。

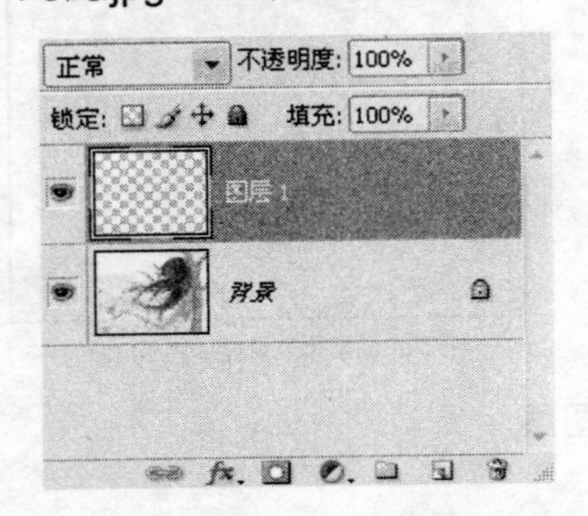

图 3-3-11 新建图层

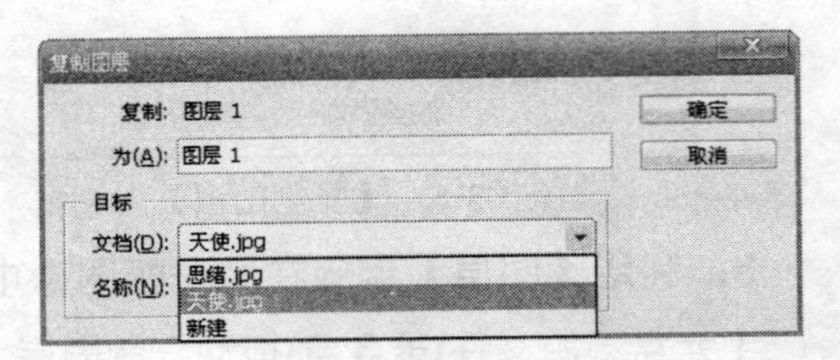

图 3-3-12 【复制图层】对话框

04 单击【确定】按钮，完成图层复制，如图 3-3-13 所示。

图 3-3-13 图层复制完成

3.3.2 图层的删除

删除图层可以减少图像文件的像素，改变图像的大小，所以对于不需要的图层我们常常将其删除掉。在 Adobe Photoshop CS3 中可以对任何图层进行删除操作。下面我们介绍图层的删除方法。

1. 利用【图层】菜单命令删除图层

01 选中需要删除的图层。

02 执行【图层】|【删除】|【图层】菜单命令，执行完命令后图层将自动删除。

2. 利用【图层】调板的菜单命令删除

01 选择需要删除的图层。

02 在【图层】调板中的蓝色区域单击鼠标右键，弹出图层菜单。

03 在弹出的菜单中执行【删除图层】命令，图层删除完成。

3. 利用【图层】调板的【删除图层】按钮删除

01 选择需要删除的图层。直接单击【删除图层】按钮，图层删除完成。

02　直接将需要删除的图层用鼠标右键拖动到【删除图层】按钮，图层删除完成。

3.3.3　图层的栅格化

在 Photoshop CS3 中，包含矢量数据（如文字图层、形状图层、矢量蒙版或智能对象）和生成数据（如填充图层）的图层上，不能使用绘画工具或滤镜。但是，可以通过栅格化这些图层，使其转换为平面的光栅图像再进行编辑。“栅格化”的实质是将数学上定义的矢量图片转换为像素。

下面介绍栅格化图层的操作：

经典实例

方法一：利用【图层】调板轻松完成栅格化。

【光盘：源文件\第 3 章\图层调版栅格化.PSD】

01　打开【光盘：源文件\第 3 章\心心相印.jpg】图像文件。

02　创建一个形状图层，或其他包含矢量数据和生成数据的图层，如图 3-3-14 所示。

03　选择图层，在图层的蓝色区域单击鼠标右键，在弹出的子菜单中选择【栅格化图层】命令，将其转化为光栅图像，如图 3-3-15 所示。

图 3-3-14　创建形状图层

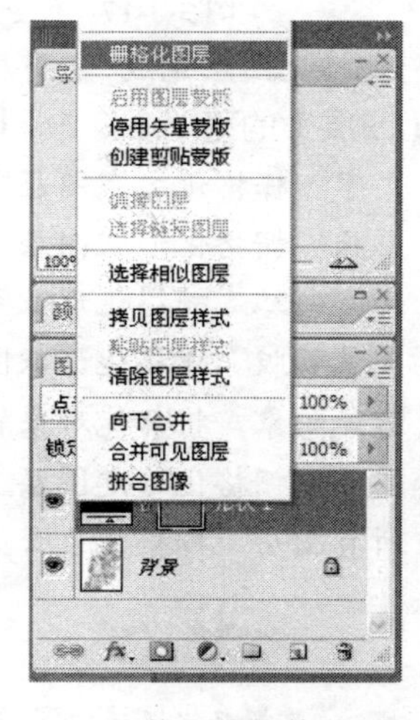

图 3-3-15　执行【栅格化图层】

04　栅格化完成。栅格化图层后图层中的矢量蒙版消失，如图 3-3-16 所示。

图 3-3-16　栅格化图层

方法二：利用【图层】菜单命令完成栅格化。

【光盘：源文件\第 3 章\图层菜单栅格化.PSD】

01 打开【光盘：源文件\第 3 章\心心相印.jpg】图像文件。

02 创建一个形状图层，或其他包含矢量数据和生成数据的图层，如图 3-3-17 所示。

03 执行【图层】|【栅格化】|【形状】菜单命令，如图 3-3-18 所示。

图 3-3-17 创建形状图层

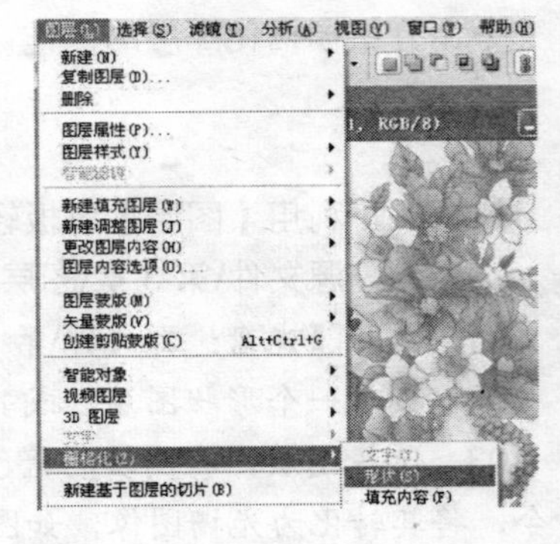

图 3-3-18 【栅格化】菜单命令

04 栅格化图层完成，【图层】可以进行编辑。

在【图层】的菜单命令中，【栅格化】命令有以下几个类型的命令：

- 文字 栅格化文字图层上的文字。不会栅格化该图层上的任何其他矢量数据。
- 形状 栅格化形状图层。
- 填充内容 栅格化形状图层的填充，同时保留矢量蒙版。
- 矢量蒙版 栅格化形状图层的矢量蒙版，同时将其转换为图层蒙版。
- 智能对象 将智能对象转换为栅格图层。
- 图层 栅格化选定图层上的所有矢量数据。
- 所有图层 栅格化包含矢量数据和生成的数据的所有图层。

小知识

要栅格化链接的图层，请选择一个链接图层（或执行【图层】|【选择链接图层】命令），然后栅格化选定的图层。

3.3.4 图层链接

图层链接主要用于链接两个或更多个图层或组，与同时选定的多个图层不同，链接的图层将保持关联，直至我们取消它们的链接为止。链接的图层可以进行移动、应用变换以及创建剪贴蒙版。

下面我们介绍链接图层的使用方法：

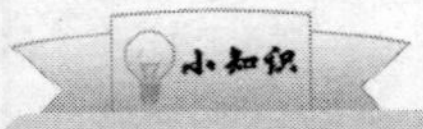

1. 图层链接的创建

【光盘：源文件\第 3 章\图层链接的创建.PSD】

创建由三个图层组成的图层链接的操作步骤：

01　打开【光盘：源文件\第 3 章\孤独的心.jpg】图像文件，创建 5 个图层，如图 3-3-19 所示。

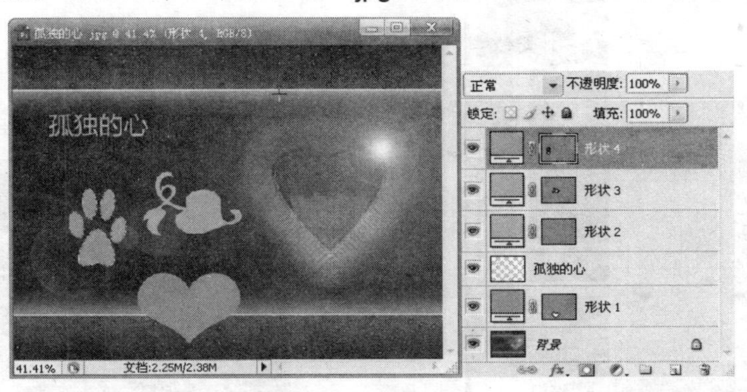

图 3-3-19　建立多个图层

02　按下【Ctrl】或【Shift】键然后单击选择两个或多个图层，然后单击【图层】调版上的【链接图层】按钮，图层链接后在被链接的图层上会显示链接图标，如图 3-3-20 所示。

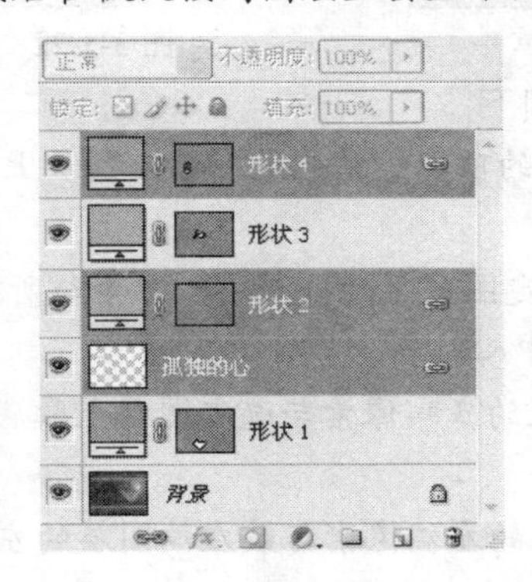

图 3-3-20　链接图层

用【Shift】键配合可以快速地选择多个图层，所选择的图层在【图层】调板中位置都是相邻的，【Ctrl】键可用于选择相邻或不相邻的图层。

2. 链接图层后的操作

- 对齐：各链接图层沿直线排列。
- 分布：各链接图层沿直线分布。

（1）对齐图层的操作

以一个图层为基准，对齐其他相连的图层的底边。

01　打开 打开【光盘：源文件\第 3 章\图层链接的创建.PSD】文件。

02　单击选择任意一个被链接的图层（这里选择文字编辑图层），执行【图层】|【对齐】打开其子菜单并选择一种对齐方式，如图 3-3-21 所示。

03　选择【底边】选项，图层上的底端像素与选定图层上最底端的像素对齐，或与选区边框的底边对齐，如图 3-3-22 所示。

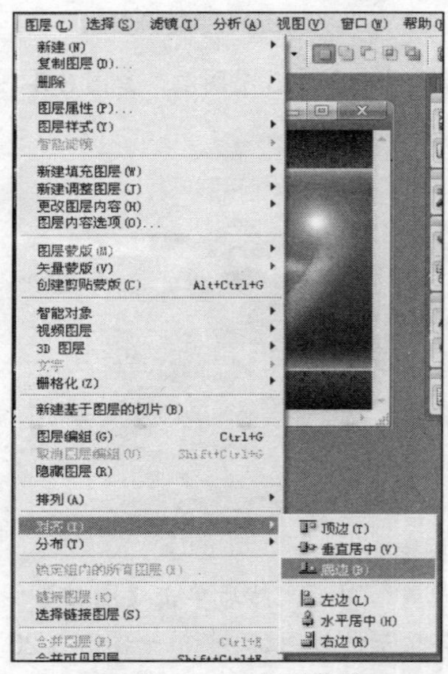

图 3-3-21 打开菜单

图 3-3-22 参照文字编辑图层的底端对齐后

对齐操作中各选项的功能如下：

- 顶边 将选定图层上的顶端像素与所有选定图层上最顶端的像素对齐，或与选区边框的顶边对齐。
- 垂直居中 将每个选定图层上的垂直中心像素与所有选定图层的垂直中心像素对齐，或与选区边框的垂直中心对齐。
- 底边 将选定图层上的底端像素与选定图层上最底端的像素对齐，或与选区边框的底边对齐。
- 左边 将选定图层上的左端像素与最左端图层的左端像素对齐，或与选区边框的左边对齐。
- 水平居中 将选定图层上的水平中心像素与所有选定图层的水平中心像素对齐，或与选区边框的水平中心对齐。
- 右边 将链接图层上的右端像素与所有选定图层上的最右端像素对齐，或与选区边框的右边对齐。

3. 分布图层的操作

将4个链接图层垂直居中分布。

01 打开【光盘：源文件\第3章\图层链接的创建.PSD】，重新链接4个图层。

02 单击选择任意一个被链接的图层（这里选择形状图层），执行【图层】|【分布】打开其子菜单并选择一项，如图 3-3-23 所示。

03 单击【垂直居中】，图层间隔均匀地分布，如图 3-3-24 所示。

分布操作需要三个或三个以上的图层链接才能执行，分布的各项功能如下：

- 顶边 从每个图层的顶端像素开始，间隔均匀地分布图层。
- 垂直居中 从每个图层的垂直中心像素开始，间隔均匀地分布图层。
- 底边 从每个图层的底端像素开始，间隔匀均地分布图层。
- 左边 从每个图层的左端像素开始，间隔均匀地分布图层。

- 水平居中 从每个图层的水平中心开始，间隔均匀地分布图层。
- 右边 从每个图层的右端像素开始，间隔均匀地分布图层。

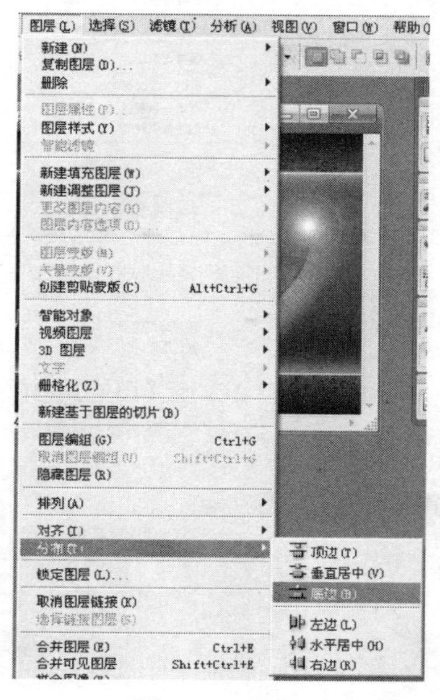
图 3-3-23　选择分布

图 3-3-24　【垂直居中】分布连接图层

小知识

图层的对齐与居中，可以在选择好链接中的图层后，选择移动工具并单击选项栏中的对齐或分布的各种按钮。

3.3.5 图层的合并

合并图层可以减小图像在磁盘中的占用空间，确定了图层的内容后，可以将图层合并以缩小图像文件的大小。当你合并图层时，顶部图层上的数据将替换较低层图层上的重叠数据。

在合并后的图层中，所有透明区域的交叠部分都会保持透明。但不能将调整图层或填充图层用作合并的目标图层。下面介绍各种操作：

【光盘：源文件\第 3 章\图层的合并.PSD】

合并图层的操作步骤如下：

01 打开【光盘：源文件\第 3 章\双胞胎.jpg】。

02 创建 4 个图层，如图 3-3-25 所示。

03 选择一个图层，在被选择图层的蓝色区域单击鼠标右键，弹出操作图层的【图层】调板菜单，如图 3-3-26 所示。

04 选择单击【合并可见图层】或【拼合图像】将图层合并。合并后的图像和图层如图 3-3-27 所示。

图 3-3-25　创建图层

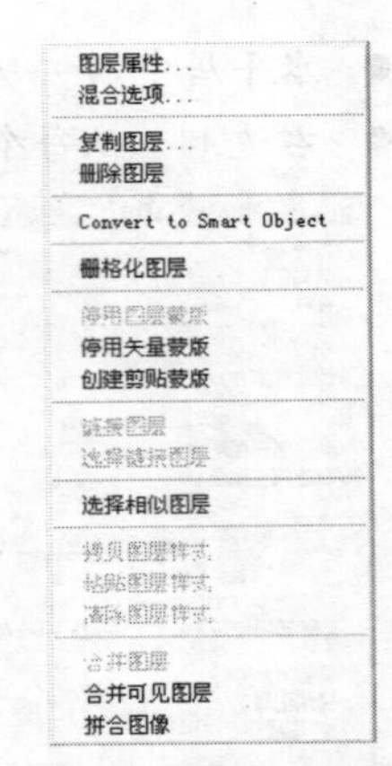

图 3-3-26　【图层】调板菜单

图 3-3-27　合并后的图层

3.3.6　图层的移动

在用 Photoshop CS3 处理图像时，有时为了达到某种特殊效果，需要对图层的相对位置进行一些调整，重新排列图层的顺序，这时就需要移动工具来完成这些操作了。

移动图层的方法比较简单，只需要在【图层】的调板上用鼠标拖动就行，位置顺序可以随便放。下面我们介绍它的操作方法：

调整图层的位置：

01　打开图像，建立多个图层，图层建立后的【图层】调板及图像如图 3-3-28 所示。

02　将鼠标移至【图层】调板的各图层，按住鼠标左键拖动图层 4 到图层 1 的位置后释放鼠标，移动完成，如图 3-3-29 所示。

图 3-3-28　图层建立后的【图层】调板及图像

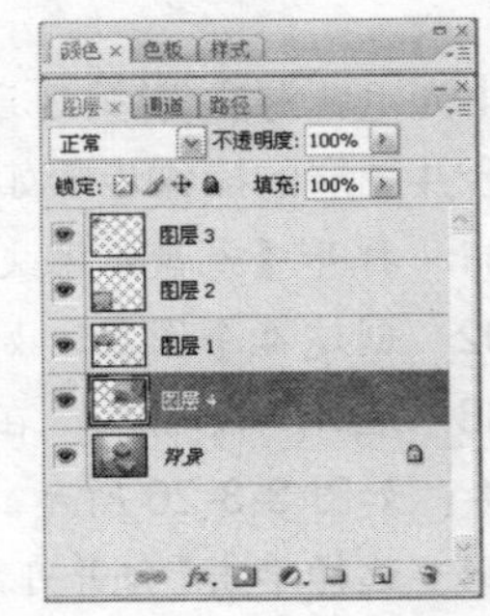

图 3-3-29　图层位置移动

小知识

背景图层只能放在最下方，如果需要移动背景图层，可以先双击【图层】调板中图层上的【指示图层部分锁定】按钮，将背景图层变为普通图层后再操作，也可以建立背景副本图层，然后删除背景图层。

3.4　图层的样式

在 Photoshop CS3 中，利用图层样式为图层添加的特殊效果可以使我们得到更漂亮的图片，除了直接使用 Photoshop CS3 提供的现有的效果样式对图像进行编辑，我们还可以对这些样式进行自定义编辑，然后再应用于图像。下面我们将介绍它们的作用和操作。

3.4.1　图层样式的基本操作

Photoshop CS3 提供了各种各样的效果（如阴影、发光、斜面、叠加和描边），这些效果能够快速更改图层内容的外观。图层效果与图层内容链接，当移动或编辑图层内容时，图层内容相应修改。

应用于图层的效果将变为图层自定样式的一部分，如果图层具有样式，【图层】调板中图层的名称右侧将出现一个“fx” 图标。样式可以在【图层】调板中展开，以便查看组成样式的所有效果并编辑效果以更改样式。

下面我们介绍样式的存储自定义样式时，该样式成为预设样式。预设样式出现在【样式】调板中，只需单击一次便可应用。Photoshop 提供了各种预设样式以满足广泛的用途。

图层样式的基本操作如下：

01　打开【光盘：源文件\第 3 章\天真无暇.jpg】图像文件，创建一个图层。相应图层调板变化如图 3-4-1 所示。其中“图层 1”是新建图层。

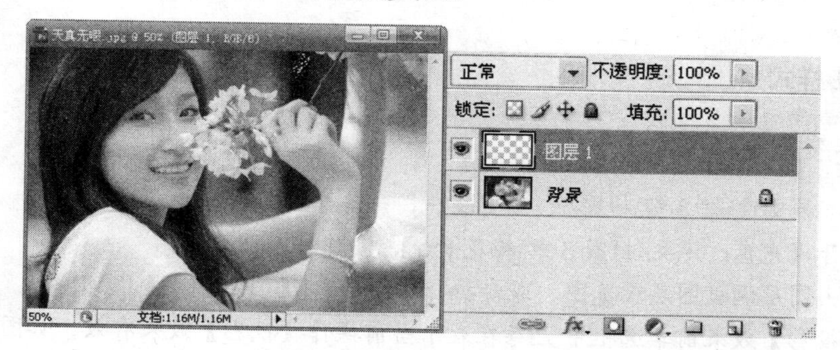

图 3-4-1　图层样式调板变化

02　选择当前图层为图层 1，单击调板图标打开样式调板，选中一种样式，如【内阴影】，打开【混合选项】，如图 3-4-2 所示。

03　设置【混合模式】为【正片叠底】，设置【不透明度】为 75%，【距离】为 100 像素，【阻塞】为 30%，【大小】为 100 像素；在品质选框中，设置杂色为 10%，其余选项保持默认值，单击【确定】按钮，调整效果如图 3-4-3 所示。

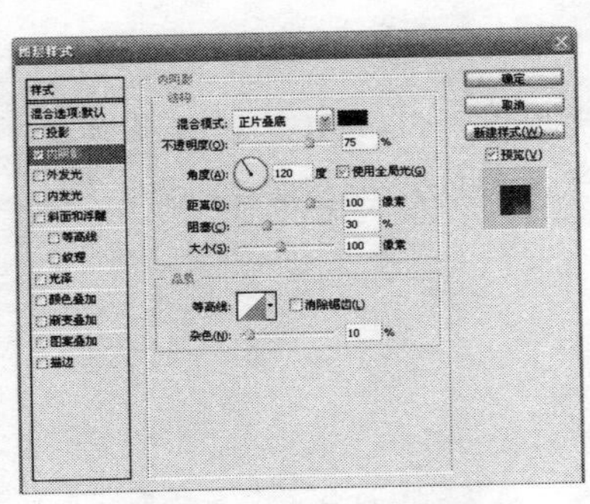

图 3-4-2 选择【内阴影】

图 3-4-3 进行【内阴影】调整

其中，【等高线】可以创建透明光环，渐变颜色和不透明度的重复变化，允许勾画在浮雕处理中被遮住的起伏、凹陷和凸起等。

3.4.2 图层样式选项

图层样式选项即为【混合选项】，默认的混合选项包括下面几个部分：

- 混合模式　确定图层样式与图层的混合方式。
- 不透明度　设置图层效果的不透明度。输入值或拖移滑块。
- 挖空　控制半透明图层中投影的可视性。
- 混合颜色带　对当前或者下一图层进行灰、红、绿、蓝四种色调混合。

提示

本节所有实例均是未变动默认的混合选项，对它的改动也将影响后续图像的处理。

为了快速对图层进行样式处理，Photoshop【图层样式】中设置了【样式】选项，可以自己创建新样式并保存于其中，或者使用它的默认样式对图层进行处理。下面逐一介绍各种样式的操作和处理效果。

1. 投影样式

经典实例

【光盘：源文件\第 3 章\投影样式.PSD】

01　打开【光盘：源文件\第 3 章\梅花.jpg】，新建一个图层。

02　双击图层调板图层缩览图，或者执行【图层】|【图层样式】|【投影】。

03　【投影】效果前单选框中☑存在表示当前操作【投影】效果有效。如图 3-4-4 所示。

04　在【结构】选框中设置【混合模式】为正常，【不透明度】为 50%，【角度】为 120 度，【距离】为 20 像素，【扩展】为 20%，【大小】为 20 像素；在【品质】选框中勾选【消除锯齿】，其他未进行设置的其余选项使用默认（以下同），效果如图 3-4-5 所示。

其中，【角度】指确定效果应用于图层时所采用的光照角度；【距离】指定阴影或光泽效果的偏移距离；【扩展】指模糊之前扩大杂边边界；【大小】指定模糊的数量或阴影大小，可以在文档窗口中拖移以调整偏移距离；【消除锯齿】指混合等高线或光泽等高线的边缘像素。此选项对尺寸小且具有复杂等高线的阴影最有用。

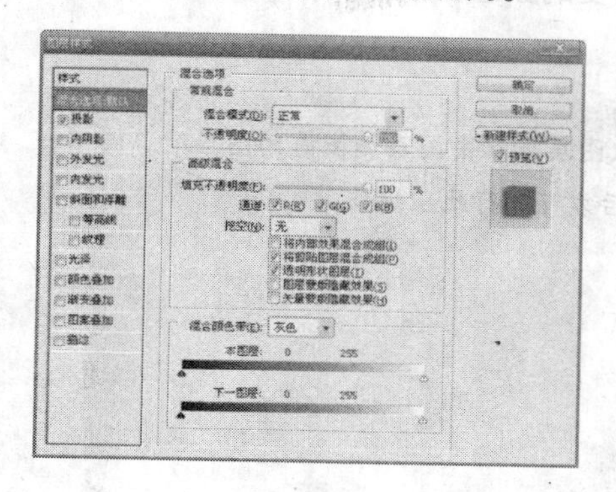

图 3-4-4　选择【投影】

图 3-4-5　【投影】效果

2. 外发光样式

经典实例

【光盘：源文件\第 3 章\外发光样式.PSD】

01　执行【文件】|【新建】命令，弹出【新建】对话框，设置名称为“外发光样式”，单击【确定】按钮，设置【前景色】为浅绿色，运用【油漆桶工具】对图像进行涂色。单击【自定义形状工具】，用工具画图，单击颜色选框，设置其填充颜色，适当调整大小，如图 3-3-6 所示。

02　执行【图层】|【图层样式】|【外发光】，若仅使用【外发光】效果，请将其余效果左边的去掉（以下同），如图 3-4-7 所示。

图 3-4-6　创建形状图层

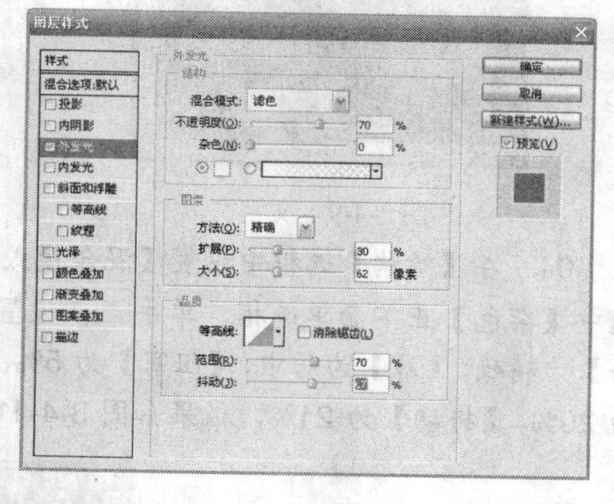

图 3-4-7　【外发光】样式

03　在【结构】选框中设置【混合模式】为滤色，【不透明度】为 70%，【杂色】为 0%；在【图素】选框中设置【方法】为精确，【扩展】为 30%，【大小】为 62 像素，在【品质】选框中设置【范围】为 70%，【抖动】为 67%，效果如图 3-4-8 所示。

图 3-4-8　【外发光】效果

其中，【杂色】指定发光或阴影的不透明度中随机元素的数量、输入值或拖移滑块；【方法】对图层进行【平滑】、【雕刻清晰】、【柔和】、【精确】等操作；【范围】控制发光中作为等高线目标的部分或范围；【抖动】改变渐变的颜色和不透明度的应用。

若使用【自定义形状工具】创建的形状图层，双击图层调板内的图层缩览图不能打开【混合选项】，必须将其栅格化，然后方可进行此项操作。

3. 内发光样式

经典实例

【光盘：源文件\第 3 章\内发光样式.PSD】

01　执行【文件】|【新建】命令，弹出【新建】对话框，设置名称为“内发光样式”，单击【确定】按钮，设置【前景色】为蓝色，运用【油漆桶工具】对图像进行涂色，用文字工具背景上输入文字，如图 3-4-9 所示。

02　对文字进行栅格化处理，创建文字图层。

03　执行【图层】|【图层样式】|【内发光】，弹出【图层样式】对话框，如图 3-4-10 所示。

图 3-4-9　文字

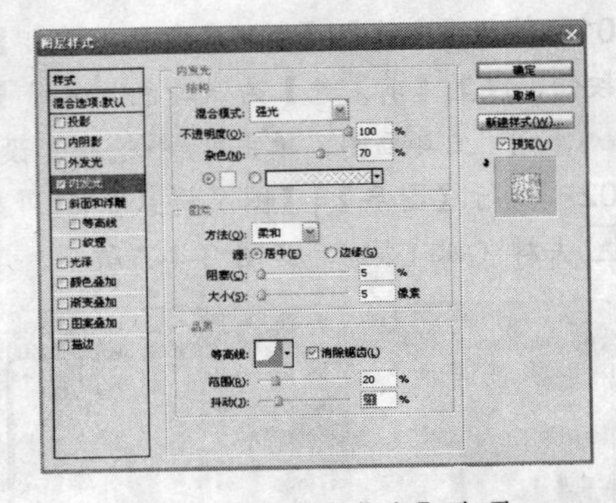

图 3-4-10　【内发光】选项

04　在【结构】选框中设置【混合模式】为强光，【不透明度】为 100%，【杂色】为 70%，选中【杂色】正下面单选框，单击□，设置【发光颜色】为黄色；在【图素】选框中设置【方法】为精确，【源】为居中，【阻塞】为 5%，【大小】为 5 像素，在【品质】选框中设置【范围】为 20%，【抖动】为 21%，效果如图 3-4-11 所示。

图 3-4-11　【内发光】效果

其中，【阻塞】模糊之前收缩【内阴影】或【内发光】的杂边边界；【源】指定内发光的光源；选取【居中】将从图层的中心发光，选取【边缘】将从图层内部边缘发光。

4．斜面与浮雕样式

经典实例

【光盘：源文件\第 3 章\斜面与浮雕.PSD】

01　打开【光盘：源文件\第 3 章\玫瑰.jpg】，如图 3-4-12 所示。

02　用鼠标左键双击【背景】图层的缩略图，执行【图层】|【图层样式】|【斜面与浮雕】命令，在弹出的【图层样式】对话框中勾选【等高线】与【纹理】两个子选项，图像默认效果如图 3-4-13 所示。

图 3-4-12　打开图像

图 3-4-13　勾选其【等高线】与【纹理】

03　在【结构】选框中，选择【样式】为浮雕效果，【方法】为雕刻清晰，效果如图 3-4-14 所示。

04　将【深度】设置为 250，效果如图 3-4-15 所示。

图 3-4-14　选择【方法】与【样式】

图 3-4-15　【深度】设置

05　选择【方向】向下；设置【大小】为 5 像素，【软化】为 2 像素，图像如图 3-4-16 所示。

06　在【阴影】结构选框中，设置【高光模式】为溶解，【不透明度】为 100%，如图 3-4-17 所示。

07　设置【阴影模式】为强光，【不透明度】为 100%，如图 3-4-18 所示。

08　单击【纹理】选项，在【图素】结构选框中选择图案，设置【缩放】为 100%，【深度】为–80%，单击【确定】按钮，如图 3-4-19 所示。

图 3-4-16　设置【大小】与【软化】

图 3-4-17　设置【高光模式】和【不透明度】

图 3-4-18　设置【阴影模式】和【不透明度】

图 3-4-19　完成处理

其中，【深度】指定斜面深度和图案的深度；【软化】指模糊阴影效果，可以减少多余的人工痕迹；【样式】指定斜面样式；【纹理】应用一种纹理样式，可以使用【缩放】来缩放纹理的大小；【高光或阴影模式】指定斜面或浮雕高光或阴影的混合模式；【图案】指定图层效果的图案。

小知识

在【纹理】选项中选择【与图层链接】可以实现纹理在图层移动时随图层一起移动，【反相】将使纹理反相。【深度】改变纹理应用的程度和方向包括上、下两个方向；【贴紧原点】使图案的原点与文档的原点相同，或将原点放在图层的左上角。

注意

如果未将任何描边应用于图层，则【描边浮雕】效果不可见。

5. 光泽样式

【光盘：源文件\第 3 章\光泽样式.PSD】

01　打开【光盘：源文件\第 3 章\笔.jpg】，在其中输入文字，并将其栅格化新建文字图层，如图 3-4-20 所示。

02　打开【混合选项】，勾选【光泽】选项，在【结构】选框中，设置【混合模式】为强光，【不透明度】为 100%，【角度】为 10 度，【距离】为 39 像素，【大小】为 5 像素，单击【确定】按钮，效果如图 3-4-21 所示。

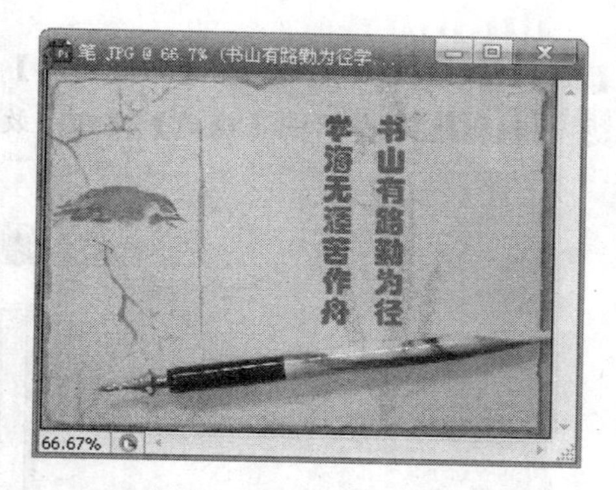

图 3-4-20　新建文字图层

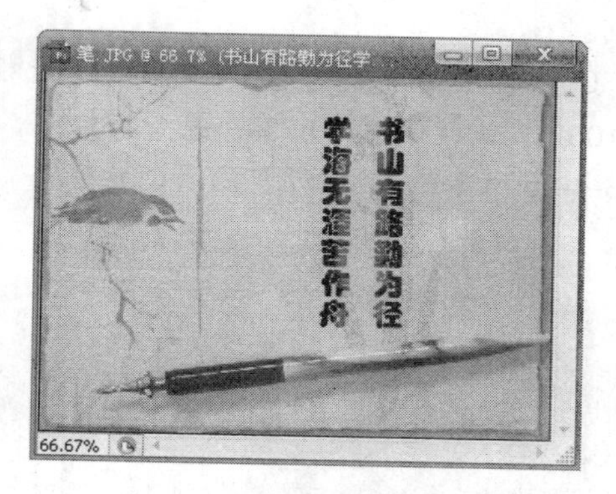

图 3-4-21　【光泽】效果

提示

【光泽等高线】用于创建有光泽的金属外观。【光泽等高线】是在为斜面或浮雕加上阴影效果后应用的。

6. 颜色叠加样式、渐变叠加样式、图案叠加样式、描边样式

经典实例

【光盘：源文件\第 3 章\叠加.PSD】

01　打开【光盘：源文件\第 3 章\笔.jpg】，在其中输入文字，并将其栅格化新建文字图层，如图 3-4-22 所示。

02　打开【混合选项】，勾选【颜色叠加】、【渐变叠加】和【图案叠加】三种效果样式。

03　在【颜色叠加】的【颜色叠加】选框中，选择【混合模式】为变亮，【不透明度】调整为 26%，效果如图 3-4-23 所示。

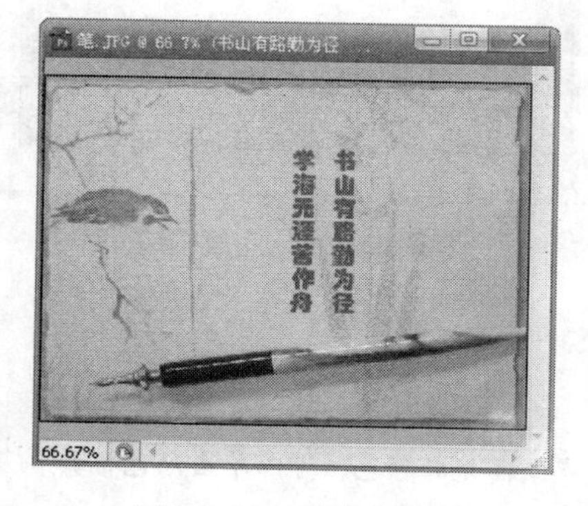

图 3-4-22　新建文字图层

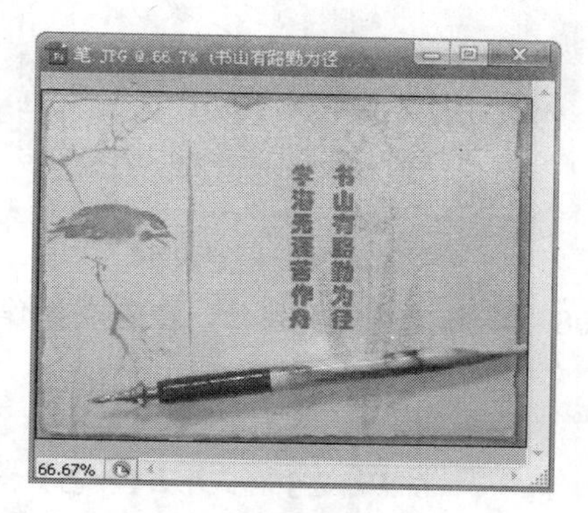

图 3-4-23　【颜色叠加】调整

04 单击选中【渐变叠加】，在【渐变】选框中将【混合模式】设为【亮光】，【不透明度】调整为 50%，缩放调整为 80%，效果如图 3-4-24 所示。

其中，【渐变】是指定图层效果的逐渐变化。在【渐变叠加】面板中，【反向】表示翻转渐变方向。

05 选中【图案叠加】，在【图案】选框中将【混合模式】设为【点光】，【不透明度】调整为 100%，缩放调整为 57%，选择图案，单击贴紧原点(A)按钮，单击【确定】按钮，效果如图 3-4-25 所示。

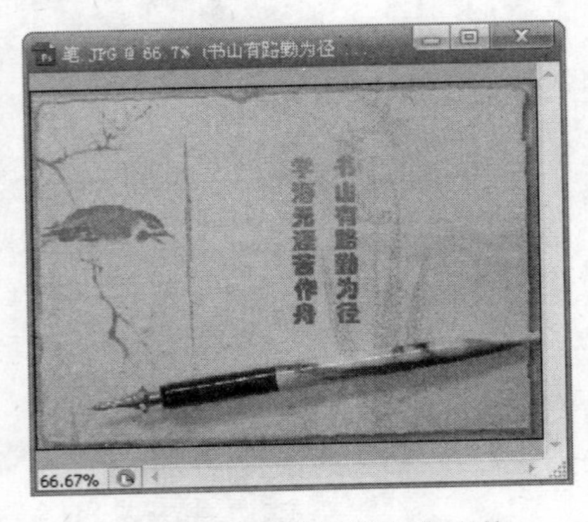

图 3-4-24 【渐变叠加】调整

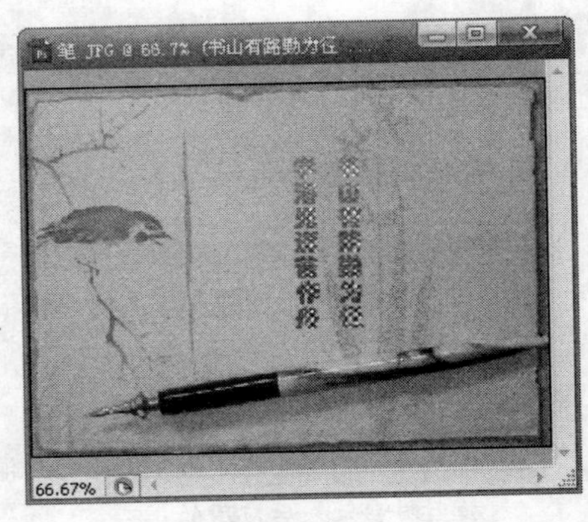

图 3-4-25 完成调整

06 将选中的三种样式前边的☑去掉，单击【描边】前边的复选框，使它成选中状态；在【结构】选框中，设置【大小】为 10 像素，颜色选择为 蓝色，效果如图 3-4-26 所示。

07 设置【位置】居中，选框中将【混合模式】设为【溶解】，【不透明度】调整为 80%，选择【渐变填充类型】为【渐变】，【样式】为【迸发状】，【角度】为 90 度， 效果如图 3-4-27 所示。

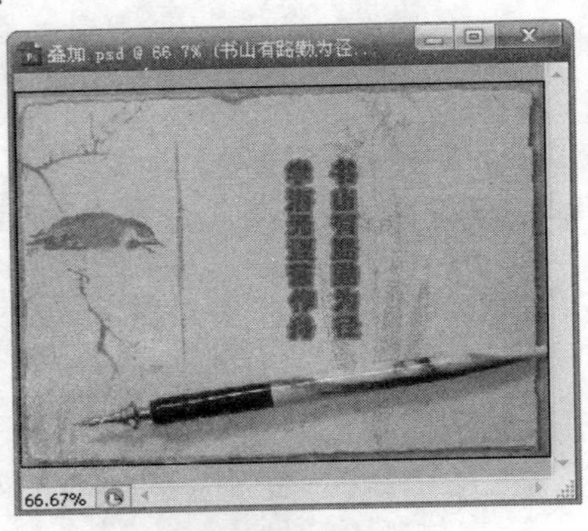

图 3-4-26 设置大小

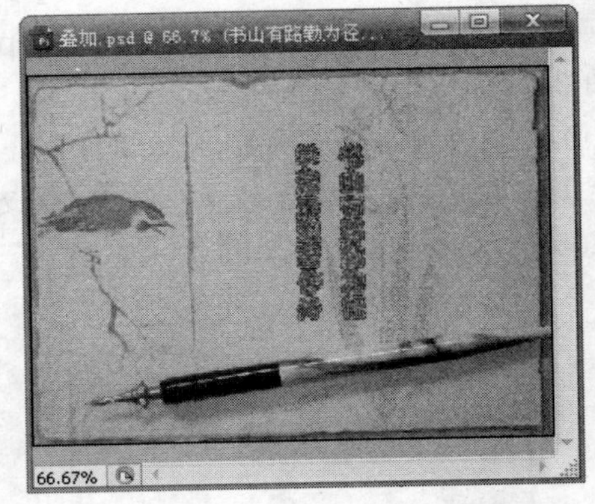

图 3-4-27 完成描边

08 单击【确定】按钮，即完成操作。

小知识

在【描边】样式中，【颜色】指定阴影、发光或高光的颜色。可以单击颜色框并选取颜色。【位置】指定描边效果的位置是【外部】、【内部】还是【居中】。

本章总结

在 Photoshop 中，图层就像一层隔板，将不同的图像隔离开来，分别放在不同的图层中，然后以它为单位可以独立对其中每个或某些图层中的图像进行编辑，而不会影响其他图层图像。

【调整图层】可将颜色和色调调整应用于图像，不会永久更改像素值，但它会影响它们下面的图层；【填充图层】可以用纯色、渐变或图案填充图层，与【调整图层】不同的是【填充图层】不会影响它们下面的图层。【形状图层】可以通过工具箱中的形状工具或者钢笔工具来创建，但蒙版内容无法被编辑，只能利用形状工具调整形状或移动位置。

在 Photoshop 中，图层管理也是一个比较重要的内容，图层的管理包括图层的复制、删除、栅格化、链接、合并和移动等，正确掌握这些操作可以省去图像处理中的不少麻烦，使你对图像的处理更加得心应手。

除此之外，在 Photoshop CS3 中利用【图层样式】为图层添加特殊效果可以使我们得到更漂亮的图片，除了直接使用 Photoshop CS3 提供的现有的效果样式对图像进行编辑，我们还可以对这些样式进行自定义编辑，然后再应用于图像。

有问必答

问：Adobe Photoshop CS3 的图层操作中，有一种叫做智能对象的容器是什么？请详细说明。

答：智能对象是一种容器，实际上是一个嵌入在另一个文件中的文件。可以在其中嵌入栅格化的图像数据或矢量图像数据。这些数据将保留其所有原始特性，仍然完全可以进行编辑。在 Photoshop 中通过转换一个或多个图层来创建智能对象，它使你能够灵活地在 Photoshop 中以非破坏性方式缩放、旋转图层和将图层变形。智能对象将源数据存储在 Photoshop 文档内部后，你就可以随后在图像中处理该数据的复合。当你依据一个或多个选定图层创建一个智能对象时，实际上是在创建一个嵌入在原始（父）文档中的新（子）文件。智能对象非常有用，它可以执行非破坏性变换，保留 Photoshop 不会以本地方式处理的数据，编辑一个图层，即可更新智能对象的多个实例。

巩固练习

1．以下用于设置图层效果，单击此按钮可以弹出一个快捷菜单，在菜单里进行设置的是（　）。

A．添加图层样式　　B．图层样式　　C．图层缩览图　　D．总体不透明度

2．下列选项中不属于调整图层的优点是（　）。

A．能够将调整应用于多个图像

B．可以在直接选定图层后，在上面进行绘制图形，改变透明度等操作的图层

C．可以通过进行单一调整来校正多个图层，而不是分别调整每个图层

D．在调整图层的图像蒙版上绘画可将调整应用于图像的一部分

3．当锁定的图层组中有图层应用了个别锁定选项时，锁定图标呈（　　）。

A．灰色　　B．红色　　C．白色　　D．粉红

4．用（　　）键配合可以快速地选择多个图层，所选择的图层在图层调版中的位置都是相邻的，（　　）键可用于选择相邻或不相邻的图层。

A．Ctrl　　B．Alt　　C．Shift　　D．1

5．以下图层样式选项中对尺寸小且具有复杂等高线的阴影最有用的是（　　）。

A．阻塞　　B．使用全局光　　C．抖动　　D．消除锯齿

填空题

1．常见的图层主要有______、______、______、______、______五种类型。

2．______用于设置图层效果，单击此按钮可以弹出一个快捷菜单，在菜单里对图层进行设置。

3．______指定每个颜色通道的色调色阶数。

4．图层的管理包括图层的______、______、______、______、______和______等。

5．______、______、______、______、______、______、______的默认行为是仅从现用图层上的像素进行颜色取样。这意味着你可以在单个图层中涂抹或取样。

判断题

1．【调整图层】可将颜色和色调调整应用于图像，会永久更改像素值。（　　）

2．在 Photoshop CS3 中，默认情况下【图层】调板是显示在右下脚的，如果没有显示，可以按【F7】键打开调板。（　　）

3．通过合并多个调整，图像数据的损失不会有所减少。每次直接调整像素值时，你都不会损失图像数据。（　　）

4．【填充图层】可以用纯色、渐变或图案填充图层。与【调整图层】不同的是【填充图层】不会影响它们下面的图层。（　　）

5．【形状图层】无法通过工具箱中的钢笔工具来创建，创建方法与普通的图层创建有很大区别。（　　）

Study

Chapter 04

文字编辑

学习导航

文字编辑在 Photoshop CS3 中是一项很重要的部分，在文字编辑过程中可以直接在图像中进行，文字编辑时可以对文字进行任意变形，并加入其他的特殊效果等。文字处理在各种物品包装、海报设计等成品创作中是必不可少的，因此文字编辑在我们的生活中是一个很重要的工具。

本章要点

- ◎ 文字工具简介
- ◎ 创建文字图层
- ◎ 文字调整
- ◎ 编辑文字

4.1 文字工具简介

学习文字工具之前我们先对文字工具作一个了解，以方便我们在后面学习中的使用和称呼。

4.1.1 概念

文字工具是用于在图像上添加文字，使图像更加生动形象。在 Photoshop CS3 中文字工具共有 4 种，它们分别是【横排文字工具】、【直排文字工具】、【横排文字蒙版工具】和【直排文字蒙版工具】，如图 4-1-1 所示。

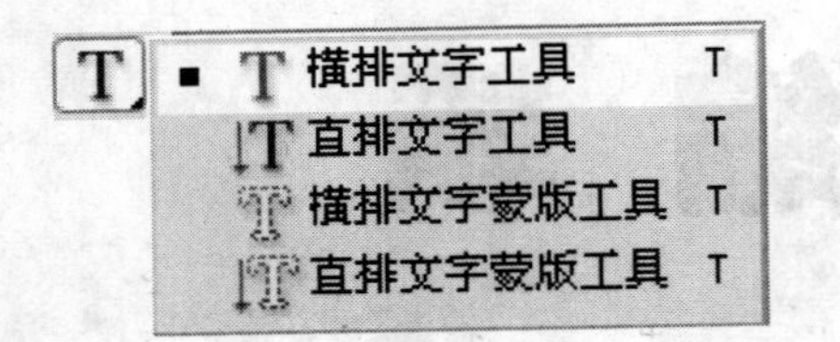

图 4-1-1 文字工具

【横排文字工具】和【直排文字工具】用于创建文字，【横排文字蒙版工具】和【直排文字蒙版工具】主要用于创建文字选区。

在文字工具被选择后在主菜单栏下面的文字工具属性栏，各种文字工具的属性很相似，下面我们以其中的【横排文字工具】的属性栏为代表来介绍文字工具的属性。如图 4-1-2 所示。

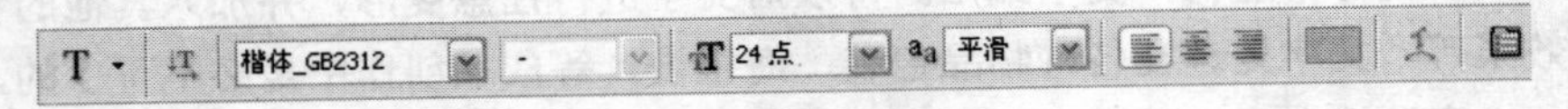

图 4-1-2 文字工具属性栏

在属性栏中的各选项的作用如下：

- 【更改文本方向】 将文本方向在水平和垂直两个方向相互转换。
- 【设置字体系列】 用于选择文字字体。
- 【设置字体样式】 用于选择文字样式，只有在设置英文字体时才有效，且字体不同下拉列表选项也不同。
- 【设置字体大小】 设置字号，可以直接输入值。
- 【设置消除锯齿的方法】 设置消除文字锯齿，其中【无】不应用消除锯齿；【锐利】使文字显得最锐利；【犀利】使文字显得稍微锐利；【浑厚】使文字显得更粗重；【平滑】使文字显得更平滑。
- 【左对齐文本】 文字左对齐，使段落右端参差不齐。
- 【居中对齐文本】 文字居中对齐，使段落两端参差不齐。
- 【右对齐文本】 文字右对齐，使段落左端参差不齐。
- 【设置文本颜色】 可打开拾色器，设置字体颜色。
- 【创建文字变形】 可以用于将文字变形。
- 【显示/隐藏字符和段落调板】用于显示或隐藏【字符】和【段落】调板。

4.1.2 文字的输入位置

在Photoshop中，在使用文字工具时，可以直接在图像上的任意地方直接输入文字，但是文字输入不是在图像所在的图层上输入。在输入文字时，系统会自动产生一个新的图层，文字的输入位置是在建立的新图层上，这样输入的文字就可以随意进行移动、翻转等操作。文字图层如图4-1-3所示。

图4-1-3 创建文字产生的图层

在Photoshop中，要将文字固定在一个地方，可以将文字图层通过栅格化处理转换为普通图层后，与需要固定的位置的图层进行合并。

4.2 创建文字

在Photoshop CS3中，创建文字的方法有很多种，常用的有在某个点创建、在段落内创建和在Photoshop中沿路径创建三种方式。在设计工作中运用文字工具编辑图像时可以灵活地选择不同的方式。

4.2.1 创建点文字

点文字是一个水平或垂直文本行，它从你在图像中点击选择的位置开始，适用于向图像中添加少量文字时。

创建水平点文字时使用【横排文字工具】，创建垂直点文字时用【直排文字工具】，使用文字工具创建点文字的方法如下：

经典实例

【光盘：源文件\第4章\创建点文字.PSD】

01 打开【光盘：源文件\第4章\日落.jpg】，效果如图4-2-1所示。

02 选择【横排文字工具】按钮T，在属性栏设置文字的字体、像素大小和颜色等。在图像单击选择输入点输入文字，如图4-2-2所示。

图4-2-1 打开图像

图4-2-2 水平点文字

03 在工具箱中用鼠标右击【横排文字工具】，选择【直排文字工具】按钮 IT。

04 设置属性栏参数，在图像上单击选择输入点输入文字，调整文字的位置，如图 4-2-3 所示。

05 分别选择文字图层，各选择一种样式，如图 4-2-4 所示。

图 4-2-3 两种点文字输入

图 4-2-4 文字添加样式后的图像

小知识

如果要对文字的形状进行重新编辑，可以选择图层然后选择相应的工具，但要注意要将文字选中。

4.2.2 段落文字

段落文字使用以水平或垂直方式控制字符流的边界。当你想要创建一个或多个段落（比如为宣传手册创建）时，采用这种方式输入文本十分有用。段落文字也分横排和直排两种，下面我们介绍两种段落文字的创建。

经典实例

1. 横排段落文字

【光盘：源文件\第 4 章\横排段落文字.PSD】

01 打开【光盘：源文件\第 4 章\日出.jpg】，效果如图 4-2-5 所示。

02 选择【横排文字工具】，按住鼠标左键在打开的图像中拖出一个段落文字区域，如图 4-2-6 所示。

图 4-2-5 打开图像

图 4-2-6 选择段落文字区域

03 设置属性栏内的各参数，选择【居中对齐文本】，然后输入文字，创建多个段落用【Enter】键分段，如图 4-2-7 所示。

图 4-2-7 输入文字

2. 直排段落文字

【光盘：源文件\第 4 章\直排段落文字.PSD】

01 打开【光盘：源文件\第 4 章\日出.jpg】。

02 选择【直排文字工具】，按住鼠标拖出一个选区。

03 设置各参数后输入文字，创建多个段落时用【Enter】键分段，如图 4-2-8 所示。

图 4-2-8 直排段落文字

4.2.3 沿路径创建文字

沿路径创建文字是指 Photoshop 中，在路径上输入的文字沿开放或闭合路径的边缘流动。如果以水平方式输入文本，字符将与基线平行；如果以垂直方式输入文本，字符将垂直于基线。在任何一种情况下，文本都会按将点添加到路径时所采用的方向流动。

沿路径创建文字的方法如下：

1. 在闭合的路径上创建文字

闭合路径可以用形状工具来创建，部分选择工具也能创建闭合路径，如圆形路径可以用【椭圆选框工具】来创建。下面是操作方法：

经典实例

【光盘：源文件\第 4 章\在闭合的路径上创建文字.PSD】

01 执行【文件】|【新建】命令，设置各参数，建立一个空白文件。

02 选择工具箱中的【椭圆选框工具】，在空白文件中创建一个圆形选区，在选区单击鼠标右键弹出一下拉菜单，如图 4-2-9 所示。

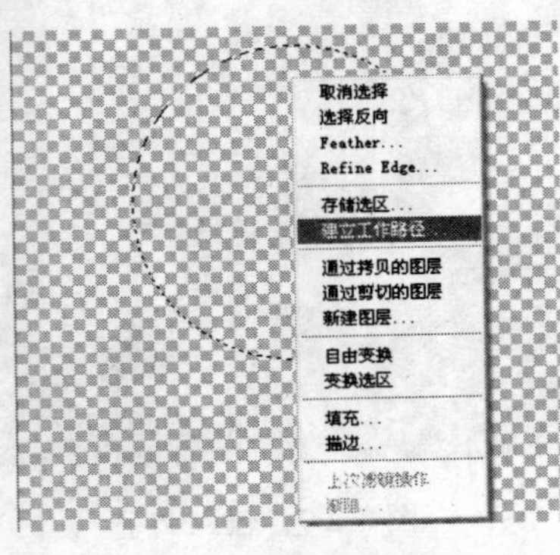

图 4-2-9 选择建立路径

03 选择【建立工作路径】命令，打开【建立工作路径】对话框，如图 4-2-10 所示。

04 输入【容差】像素，单击【确定】按钮。

05 选择工具箱中的【横排文字工具】，将鼠标在路径上单击，这时路径上会出现一个插入起始点。

06 输入文字，文字则自动沿着圆显示在图像上，如图 4-2-11 所示。

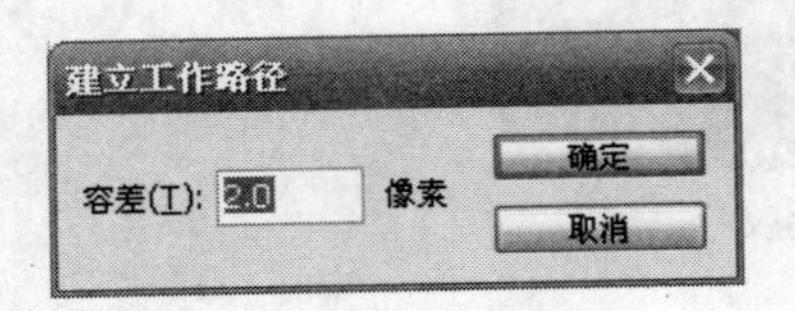

图 4-2-10 【建立工作路径】对话框

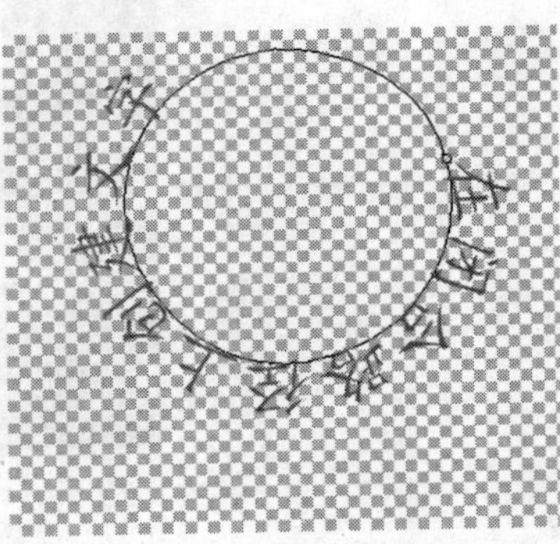

图 4-2-11 闭合路径创建文字

2. 在非闭合的路径上创建文字

经典实例

【光盘：源文件\第 4 章\在非闭合的路径上创建文字.PSD】

操作方法如下：

01 执行【文件】|【新建】命令，设置各参数，建立一个空白文件。

02 选择工具箱中的【钢笔工具】按钮，并单击选择【路径】按钮。

03 在新建的文件窗口中用鼠标单击确定路径起点和其他各点，建立一条非闭合的路径，如图 4-2-12 所示。

04 点击选择工具箱中的【横排文字工具】，将文字输入点定于路径的起始点。

05 在路径上输入文字，如图 4-2-13 所示。

图 4-2-12 创建非闭合路径

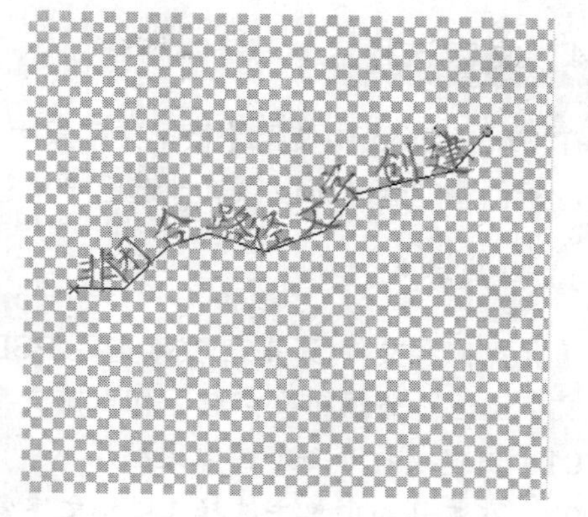

图 4-2-13 沿路径创建文字

3. 在路径上翻转或移动文字

选择【直接选择工具】或【路径选择工具】，并将该工具放在文字上，指针会变为带箭头的 I 型光标 。

如果要移动文本，按下鼠标左键并沿路径拖移文字。拖移时请小心，以避免跨越到路径的另一侧。如果要将文本翻转到路径的另一边，就按下鼠标左键并横跨路径拖移文字。在路径上翻转并移动文字，如图 4-2-14 所示。

图 4-2-14 在路径上翻转并移动文字

4. 移动文字路径

选择【路径选择工具】或【移动工具】，然后按住鼠标左键，并将路径拖移到新的位置。如果使用路径选择工具，请确保指针未变为 带箭头的 I 型光标；否则，将会沿着路径移动文字，如图 4.2.15 所示。

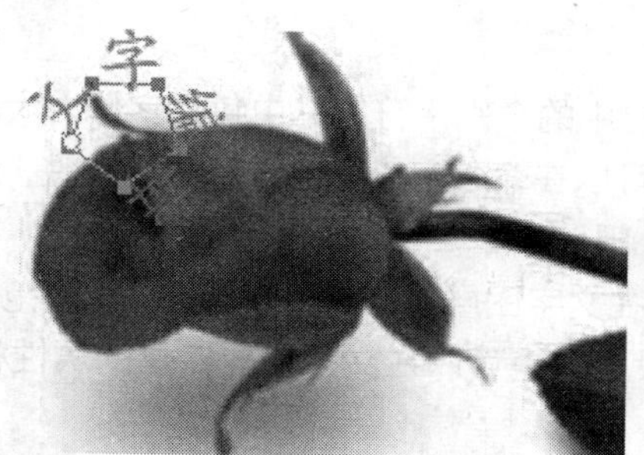

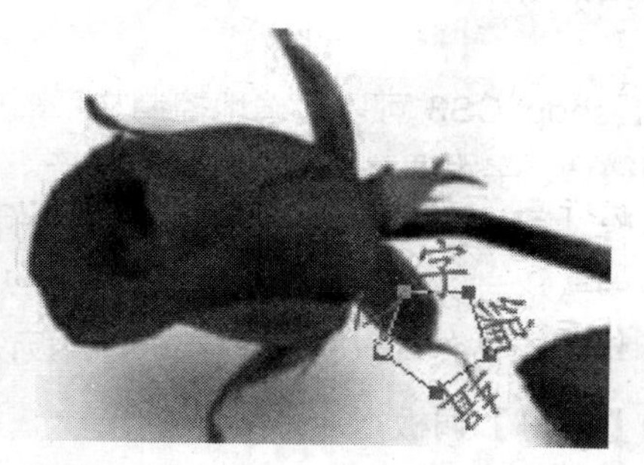

图 4-2-15 移动文字路径

4.2.4 文字选区

在 Photoshop 中使用【横排文字蒙版工具】或【直排文字蒙版工具】可以创建文字形状的选区，所创建的选区可以像其他选区一样被移动、复制、自由变换等。

经典实例

【光盘：源文件\第 4 章\文字选区.PSD】

文字选区也分横排文字选区和直排文字选区，下面我们介绍它们的使用方法：

01 创建或打开一个图像文档。

02 在工具箱中单击选择【横排文字蒙版工具】按钮，在属性栏设置字体、字号等参数。

03 在图像上单击一插入点或按住左键拖出一个文字输入界定框，输入文字，这时在图像上会出现一红色蒙版，如图 4-2-16 所示。

04 单击属性栏内的【提交所有当前编辑】按钮，或者选择另外一种工具，文字选区将出现在图像上，如图 4-2-17 所示。

图 4-2-16 插入文字时图像上的红色蒙版

图 4-2-17 文字选区

4.3 文字的调整

在 Photoshop CS3 中，对于输入后的文字，如果需要可以对它们的字体、大小、颜色等进行重新调整，下面我们介绍操作步骤与方法。

4.3.1 字符格式

Photoshop CS3 可以精确地控制文字图层中的个别字符，其中包括字体、大小、颜色、行距、字距微调、字距调整、基线偏移及对齐。可以在输入字符之前设置文字属性，也可以重新设置这些属性，以更改文字图层中所选字符的外观。

设置字体格式必须先选择个别字符，可以在文字图层中选择一个字符、一定范围的字符或所有字符。字符的格式可以通过【字符】调板设置，也可以在文字输入工具的属性栏中设置。

1. 【字符】调板

文字的【字符】调板可以通过执行【窗口】|【字符】命令打开，也可以在工作区点击【字

符】按钮 ，打开【字符】调板，还可以选择文字工具，在其属性栏中单击【显示/隐藏字符和段落调板】，如图 4-3-1 所示。

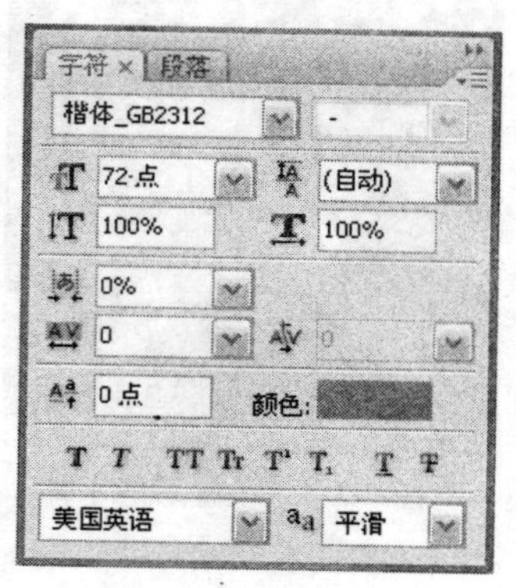

图 4-3-1　【字符】调板

经典实例

下面介绍各种文字调整的操作：

2. 文字的字体、字号和消除锯齿

【光盘：源文件\第 4 章\文字编辑.PSD】

打开【光盘：源文件\第 4 章\宝剑.jpg】。

01　在图像中插入“直排段落文字”，这里我们要将前两个字设置为幼圆、36 点、平滑。

02　选择文字图层，选择文字编辑工具，用鼠标单击文字所在区域，使文字处于编辑状态。

03　按住鼠标左键拖动选择需要编辑的文字，如图 4-3-2 所示。

04　单击文字工具属性栏中的【设置字体系列】的下拉按钮，弹出下拉菜单，并再选择【幼圆】。如图 4-3-3 所示。

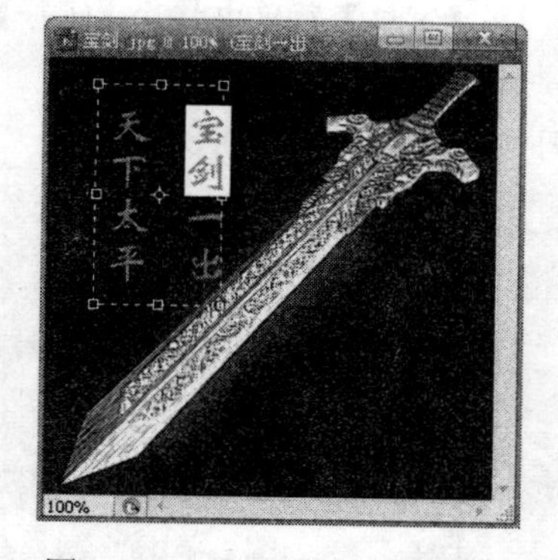

图 4-3-2　选择需要编辑的文字

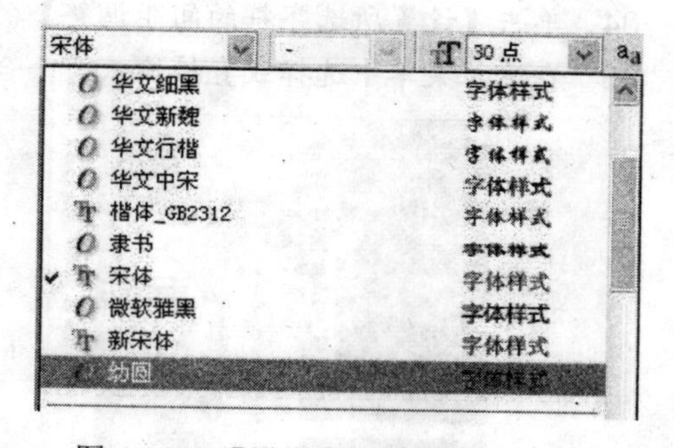

图 4-3-3　【设置字体系列】下拉菜单

05　单击【设置字体大小】的下拉按钮选择 36 点，或者直接在【设置字体大小】的数字显示处输入 36。

06　单击【设置消除锯齿的方法】的下拉按钮，选择【平滑】，单击【输入】按钮。设置后的效果如图 4-3-4 所示。

图 4-3-4　设置后的字体

3. 字距和行距

【光盘：源文件\第 4 章\字距和行距.PSD】

改变字距和行距，操作步骤如下：

01　打开【光盘：源文件\第 4 章\桥.jpg】。

02　选择【横排段落文字】工具，输入文字，如图 4-3-5 所示。

图 4-3-5　输入文字

03　选择文字图层，选中需要修改字距的文字【断章】，在【窗口】菜单中打开【字符】调板。

04　单击【设置所选字符的间距调整】的下拉菜单，如图 4-3-6 所示。

05　在下拉菜单中选择或直接输入一个合适的值，调整后的效果如图 4-3-7 所示。

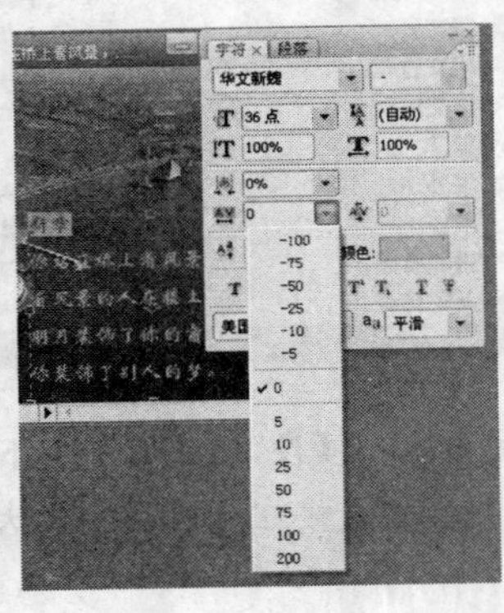

图 4-3-6　【设置所选字符的间距调整】下拉菜单

图 4-3-7　调整字距后的效果

06　选择全部文字，打开【字符】调板，单击【设置行距】的下拉按钮，如图 4-3-8 所示。

07　选择或输入合适的行距，调整后的图像如图 4-3-9 所示。

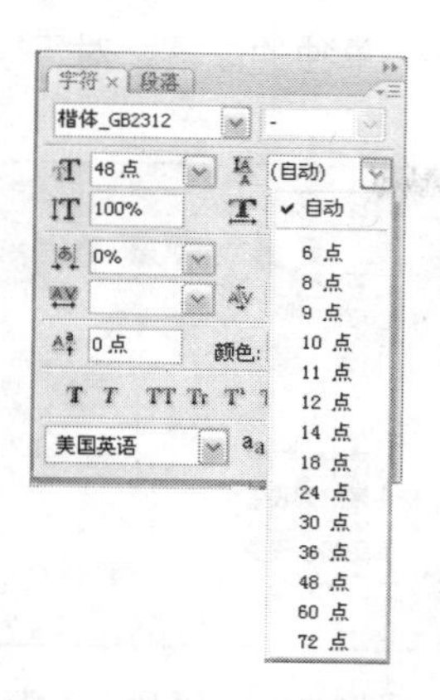
图 4-3-8　【设置行距】

图 4-3-9　调整后的图像

4．缩放文字及文字基线调整

缩放和文字基线调整也都是在【字符】调板中进行的，下面介绍它的操作方法。

01　打开【光盘：源文件\第 4 章\字距和行距.PSD】，选中图像中的第 2 和第 3 行文字，打开【字符】调板，在【水平缩放】输入 130%，

02　选择图像中的第 4 和第 5 行文字，打开【字符】调板，在【垂直缩放】处输入 60%，效果如图 4-3-10 所示。

03　选择要调整的基线文字，如图像中的第 1 行第 2 个字。

04　打开【字符】调板，并在【设置基线偏移】处输入负数，效果如图 4-3-11 所示。

图 4-3-10　水平缩放和垂直缩放

图 4-3-11　基线偏移

5．设置文字上标和下标

01　选中要设置为上标的文字，如第 2 行的第 2 字，打开【字符】调板，单击【上标】按钮。

02　选择要设置下标的文字，如最后一行的第 2、3 字，打开【字符】调板，单击【下标】按钮，如图 4-3-12 所示。

图 4-3-12　文字的上标的下标

4.3.2　段落格式

段落是末尾带有回车符号的任何范围的文字。使用【段落】调板可以设置适用于整个段落

的选项，如对齐、缩进和文字行间距。对于点文字，每行即是一个单独的段落，对于段落文字，一段可能有多行，由定界框的尺寸而定。

【段落】的调板可以通过执行【窗口】|【段落】命令打开，可以在工作区单击按钮¶打开，也可以在文字工具的属性栏单击【显示/隐藏字符和段落调板】来打开。打开后的段落调板如图 4-3-13 所示。

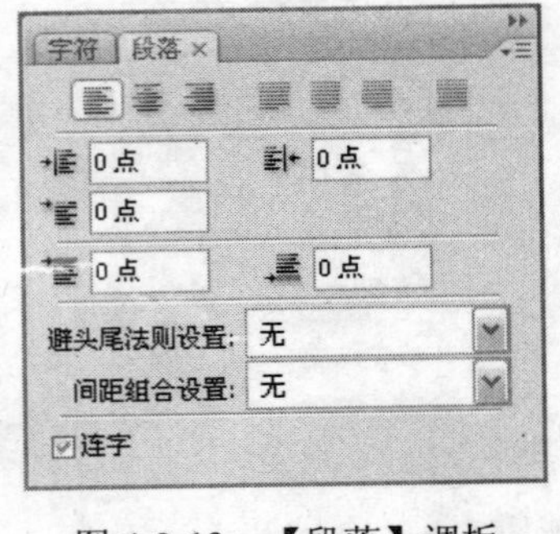

图 4-3-13 【段落】调板

下面我们介绍【段落】的使用方法。

经典实例

1. 建立段落文字

【光盘：源文件\第 4 章\建立段落文字.PSD】

01 打开【光盘：源文件\第 4 章\樱花.jpg】。

02 在工具箱单击选择【横排文字工具】按钮，设置文字的格式及属性。

03 在图像上按住鼠标左键拖出一个缩放调整框，如图 4-3-14 所示。

图 4-3-14 缩放调整框

04 输入段落文字，系统会根据缩放调整框的大小自动换行，单击【样式】调板选择一种样式，如图 4-3-15 所示。

图 4-3-15 段落文字

2. 文字对齐

使用【段落】调板，可以将文字与某个段落的边缘对齐，其操作步骤如下：

01 选择需要对齐的段落文字。

02 打开【段落】调板，选中一段文字，然后选择对齐方式，三种对齐方式（左对齐、居中对齐和右对齐）的效果如图 4-3-16 所示。

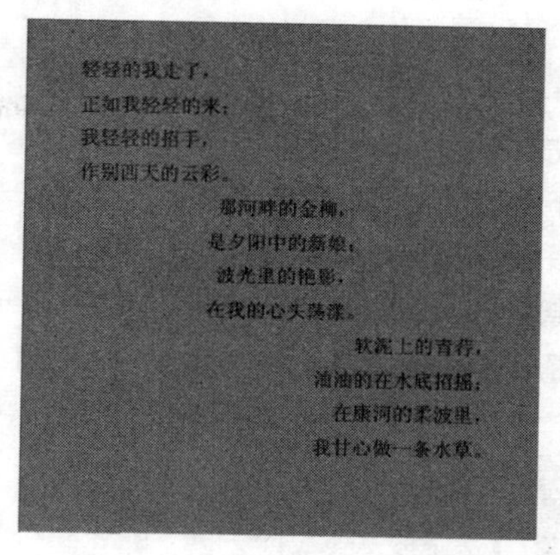

图 4-3-16 对齐后的段落文字

3. 段落缩进与段落间距调整

01 选择需要缩进的段落文字。

02 打开段落调板，设置【左缩进】、【右缩进】或【首行缩进】，第一段为【左缩进】是 20，第二段为【右缩进】是 20，第三段为【首行缩进】是 20，如图 4-3-17 所示。

03 选择需要调整段落间距的段落文字。

04 打开【段落】调板，在【段前添加空格】文本框和【段后添加空格】文本框中输入合适的参数，第一段在【段后添加空格】是 20，第三段在【段前添加空格】是 20，如图 4-3-18 所示。

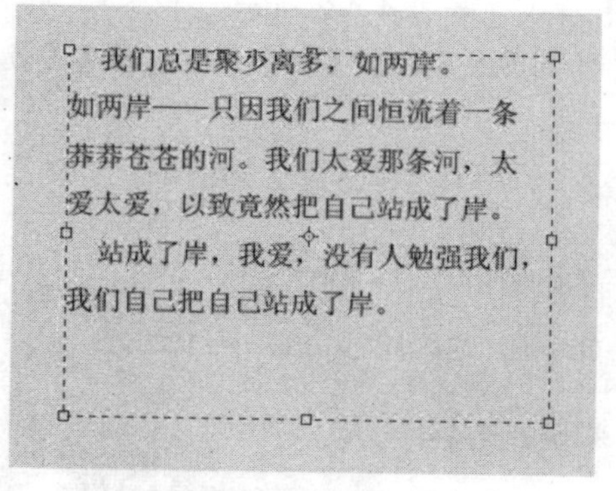

图 4-3-17 文字缩进

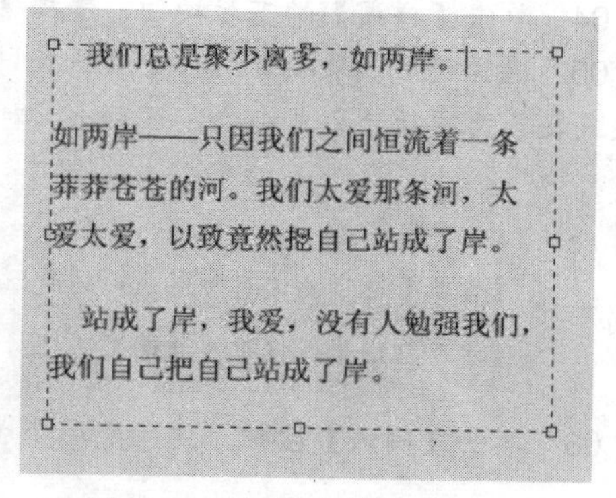

图 4-3-18 添加段前和段后空格

4.4 文字编辑

在 Photoshop CS3 中，文字编辑可以使文字产生很多特殊效果，以满足我们在设计工作中的需要。学好这一节内容有助于我们设计出精彩文字图像。

4.4.1 文字变形

文字可以扭曲成各种形状，选择的变形样式是文字图层的一个属性。可以随时更改图层的变形样式以更改变形的整体形状，变形选项还可以精确控制变形效果的取向及透视。

经典实例

【光盘：源文件\第 4 章\文字变形.PSD】

文字变形的操作步骤如下：

01 打开【光盘：源文件\第 4 章\凡人.jpg】，在工具箱选择【横排文字编辑工具】。

02 在图像中选择插入点输入文字，创建一个文字图层，如图 4-4-1 所示。

03 选中文字，在工具属性栏中单击【创建文字变形工具】按钮，打开【变形文字】对话框，如图 4-4-2 所示。

图 4-4-1 创建文字图层

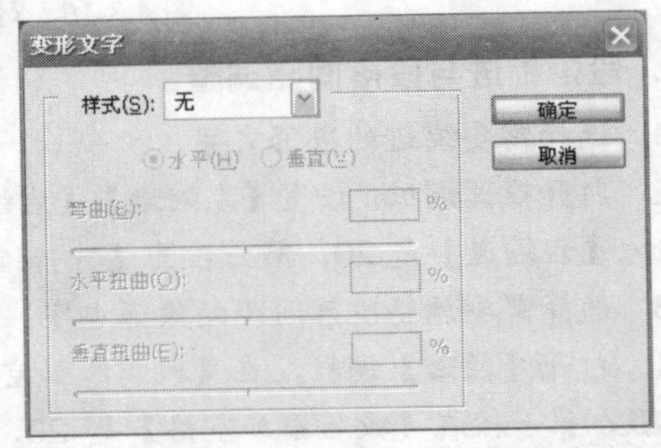

图 4-4-2 【变形文字】对话框

04 单击【样式】的下拉按钮，选择【扇形】样式，如图 4-4-3 所示。

05 选择变形效果的方向为【水平】，移动变形选项【弯曲】、【水平扭曲】或【垂直扭曲】滑块或在各选项后的文本框输入百分比，对变形应用透视。

提示

【弯曲】选项指定对图层应用的变形程度，范围为-100％～+100％。

【水平扭曲】或【垂直扭曲】选项对变形应用透视，范围都是-100％～+100％。

06 单击【确认】按钮，文字变形完成，效果如图 4-4-4 所示。

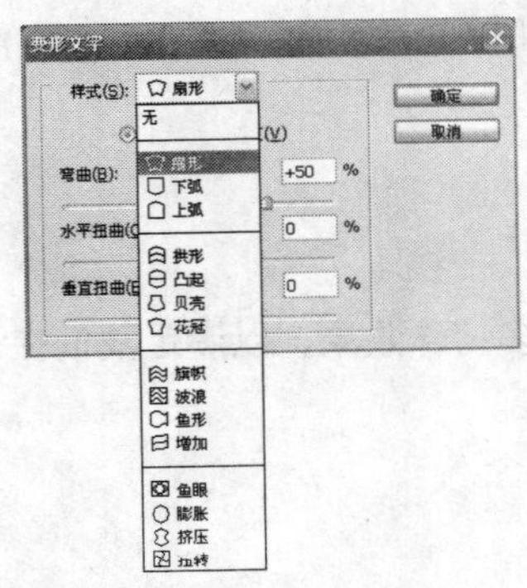

图 4-4-3 选择文字变形样式

图 4-4-4 变形后的文字

第 4 章 文字编辑

小知识

取消图层文字变形的方法如下：

选择已应用了变形的文字图层，选择一个文字工具，然后点击选项栏中的【变形】按钮，打开【文字变形】对话框，或执行【图层】|【文字】|【 文字变形】菜单命令，打开【文字变形】对话框，在【样式】弹出式菜单中选取【无】，然后单击【确定】按钮。

4.4.2　关于文字图层

创建文字图层后，可以编辑文字并对其应用图层命令。可以更改文字取向、应用消除锯齿、在点文字与段落文字之间转换、基于文字创建工作路径或将文字转换为形状。可以像处理正常图层那样，移动、重新叠放、拷贝和更改文字图层的图层选项。

文字图层进行更改并且编辑文字的方法如下：

- 栅格化文字图层，将文字形状转化为像素图像后，通过【编辑】菜单应用除【透视】和【扭曲】外的变换命令。
- 使用图层样式。
- 使用填充快捷键。前景色填充，按【Alt+Backspace】组合键；背景色填充，按【Ctrl+Backspace】组合键。
- 使文字变形以适应各种形状。

4.4.3　栅格化文字图层

文字图层是一种矢量图层，某些命令和工具（如滤镜效果和绘画工具）不可用于文字图层。必须在应用命令或使用工具之前栅格化文字。栅格化将文字图层转换为正常图层后，其内容不能再作为文本编辑。

经典实例

【光盘：源文件\第 4 章\栅格化文字图层.PSD】

栅格化文字图层的操作步骤如下：

01　打开【光盘：源文件\第 4 章\跑车.jpg】，创建文字图层，如图 4-4-5 所示。

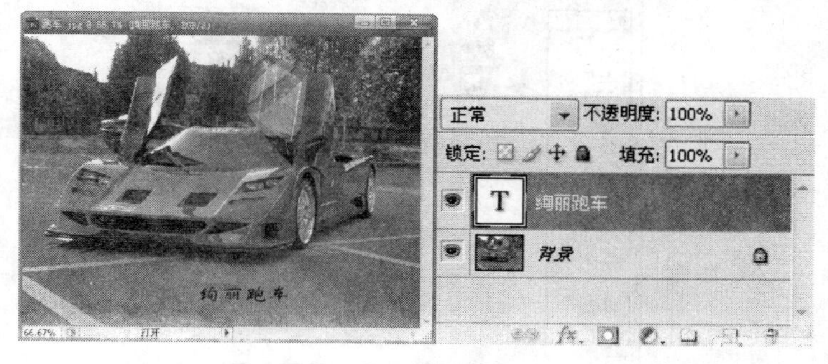

图 4-4-5　创建文字图层

02　打开【图层】调板，选中文字图层，在文字图层上单击鼠标右键，弹出子菜单，在子菜单中选择【栅格化文字】命令，或执行【图层】|【栅格化】|【文字】菜单命令。栅格化后的文字图层如图 4-4-6 所示。

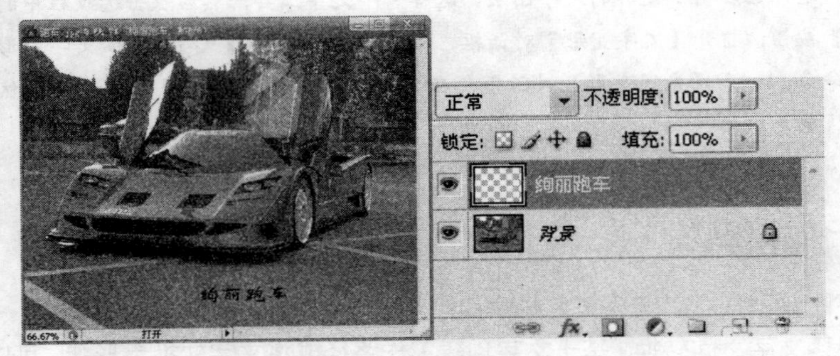

图 4-4-6　栅格化文字

小知识

文字图层栅格化后可以执行一切普通图层的操作，如应用滤镜效果或使用画笔工具，但是栅格化后的文字图层的内容不能再作为文本编辑。

4.4.4　应用图层样式

应用图层样式可以添加很多文字效果，文字图层在栅格化前后都能进行添加样式处理，效果也一样。

经典实例

【光盘：源文件\第 4 章\应用图层样式.PSD】

应用图层样式的编辑步骤如下：

01　打开【光盘：源文件\第 4 章\栅格化文字图层.PSD】。

02　在【图层】调板上选中文字图层，将鼠标移到图层上，单击鼠标右键，在弹出的菜单中选择【混合选项】命令，打开【图层样式】对话框。

03　单击勾选图层的混合选项，可设置各选项的值，设置后的对话框如图 4-4-9 所示。

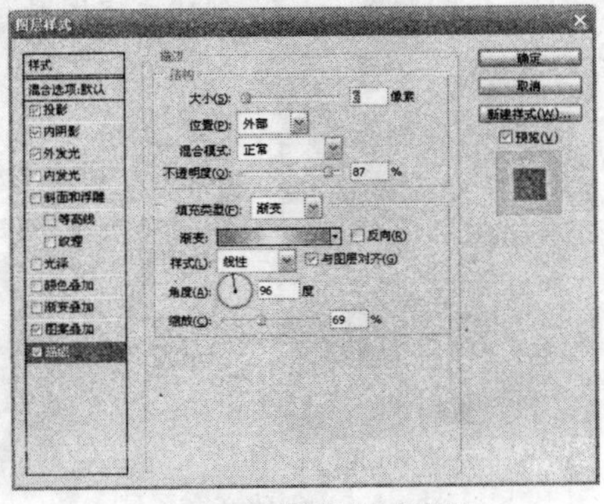

图 4-4-9　图层样式设置

小知识

在应用文字图层样式时可以直接在【样式】调板中选择已有的预设样式。

04 单击【确认】按钮，完成操作，使用样式后的图像如图 4-4-10 所示。

图 4-4-10 使用图层样式后的图像

本章总结

文字处理在各种物品包装、海报设计等成品创作中是必不可少的，因此作为专业的图像处理软件，Photoshop CS3 的文字编辑占了很大的比重，文字编辑可以直接在图像中进行，可以对文字进行任意变形，加入其他的特殊效果等。

文字工具是用于在图像上添加文字，并将文字应用于图像，使图像更加生动、形象的工具。使用文字工具时，可以直接在图像上的任意地方直接输入文字，但是文字输入仅仅是在当前图层上进行的。

创建文字的方法有很多种，常见的有：在某个点创建、在段落内创建和在 Photoshop 中沿路径创建三种方式。对于输入后的文字，可以对它们的字体、大小、颜色等进行重新调整。文字编辑可以使文字产生很多特殊效果，以满足我们在设计工作中的需要。

创建文字图层后，可以对其应用图层命令，更改文字取向、应用消除锯齿、在点文字与段落文字之间转换、基于文字创建工作路径或将文字转换为形状。可以像处理正常图层那样，移动、重新叠放、拷贝和更改文字图层的图层选项。

应用【图层样式】可以添加很多文字效果，文字图层在栅格化前后都能进行添加样式处理，效果也一样。某些命令和工具（如滤镜效果和绘画工具）不可直接用于文字图层，必须在应用命令或使用工具之前栅格化文字，此时 Photoshop 将提示是否进行此项操作，完成操作过程，将文字图层转换为正常图层，此后它的内容不能再作为文本编辑。

有问必答

问：Adobe Photoshop CS3 有对文字快速处理的工具栏吗？如果有应该怎样打开和使用呢？

答：Photoshop CS3 有对文字快速处理的工具栏，在默认工作区时，它在整个工作区的右中下侧，如A图标或¶图标，均用于对文字的快速处理。当你想要对文字进行快速综合处理时，此项功能无疑是最省时高效的。单击此图标按钮，就会弹出相应的调板菜单。在它的调板菜单中，用户可以对文字的字符、段落和形状进行综合设置。显而易见，对于有多个操作步骤的文字处理，此项菜单给用户带来了极大的方便。

巩固练习

选择题

1.【文字工具】是用于在以下哪个选项中添加文字，使图像更加生动形象？（　）

A．图层　　B．图层样式　　C．图像　　D．蒙版

2.【文字工具】被选择后，在主菜单栏下面的文字工具属性栏，各种文字工具的属性很相似。（　）

A．正确　　B．不正确

C．不可以判断　　D．以上结果都不正确

3．在输入文字时，系统会自动产生一个下列选项中哪一项，使文字的输入的位置建立在其上，并可以对输入的文字进行随意移动操作？（　）。

A．图像　　B．矩形框　　C．图层　　D．什么也没产生

4．在 Photoshop CS3 中，要将文字固定在一个地方，可以将文字图层通过以下哪种操作使文字图层转换为普通图层后，与需要固定的位置的图层进行合并？（　）

A．格式化　　B．栅格化处理　　C．左键双击　　D．新建图层

5．文字变形中不能变形包含以下选项中哪种格式的文字，并且格式设置的文字图层，也不能变形使用不包含轮廓数据的字体（如位图字体）的文字图层？（　）

A．仿粗体　　B．宋体　　C．西方字符　　D．楷体

填空题

1.在 Photoshop CS3 中文字工具共有 4 种，它们分别是________、________、________、和________。

2.段落文字使用以________或________方式控制字符流的边界，当你想要创建一个或多个段落（比如为宣传手册创建）时，采用这种方式输入文本十分有用。

3．________使段落右端参差不齐，________使段落两端参差不齐，________使段落左端参差不齐。

4．当 Photoshop 找到不认识的字和其他可能的错误时，可以点击________、________、________、________和________各项之一。

5．在用图层样式时，使用填充快捷键。如用前景色填充时按________和________组合键；用背景色填充时按________和________组合键来达到该目的。

1．文字工具是仅用于在【文字图层】上添加文字，使【文字图层】更加生动形象。( )

2．在 Photoshop CS3 中，要将文字固定在一个地方，可以将【文字图层】通过栅格化处理转换为【普通图层】后，与需要固定的位置的图层进行合并。 ( )

3.如果要对文字的形状进行重新编辑,可以在选择图层后选择相应的工具,然后对 文字形状进行编辑。 ( )

4．在进行【直排段落文字】处理时，设置各参数后输入文字，创建多个段落时可用【Enter】键分段。 ( )

5．设置字体格式必须先选择个别字符，可以在文字图层中选择一个字符、一定范围的字符，但不能选择所有字符。 ( )

Study

Chapter

05

通道与蒙版

学习导航

通道是存储不同类型信息的灰度图像，用于保存图像的颜色数据，一般情况下分为颜色信息通道、Alpha 通道和专色通道三种类型。在 Photoshop CS3 中一幅图像可以拥有 56 个通道。

蒙版主要用来显示或隐藏图层的部分，或保护部分区域而避免部分区域被编辑。下面我们具体介绍其使用方法和效果。

本章要点

- 信息存放
- 通道调板
- Alpha 通道
- 专色通道
- 通道的应用
- 通道的编辑
- 快速蒙版
- 图层蒙版
- 矢量蒙版
- 蒙版的编辑

5.1 通道的概述

在 Photoshop 中，打开一幅图像，系统会自动创建颜色信息通道。作为图像的组成部分，通道与图像的格式是密不可分的，图像颜色、格式的不同决定了通道的数量和模式，在通道面板中可以直观地看到。

5.1.1 Photoshop CS3 中涉及的主要通道

在 Photoshop CS3 中常常用到的通道有复合通道、颜色信息通道、专色通道、Alpha 通道和单色通道。它们各自有着不同的功能和用途，使用不同的通道编辑图像时可以使操作更加方便。

1. 颜色信息通道

颜色信息通道是在打开新图像时自动创建的。图像的颜色模式决定了所创建的颜色通道的数目。

当我们在 Photoshop 中编辑图像时，实际上就是在编辑颜色通道。这些通道把图像分解成一个或多个色彩成分，图像的模式决定了颜色通道的数量，RGB 模式有 3 个颜色通道，CMYK 图像有 4 个颜色通道，灰度图只有一个颜色通道，它们包含了所有将被打印或显示的颜色。

2. 专色通道

指定用于专色油墨印刷的附加印版。专色通道是一种特殊的颜色通道，它可以使用除了青色、洋红（有人叫做品红）、黄色、黑色以外的颜色来绘制图像。

3. Alpha 通道

Alpha 通道将选区存储为灰度图像。可以添加 Alpha 通道来创建和存储蒙版，这些蒙版用于处理或保护图像的某些部分。

Alpha 通道是计算机图形学中的术语，指的是特别的通道。有时，它特指透明信息，但通常的意思是“非彩色”通道。这是我们真正需要了解的通道，可以说我们在 Photoshop 中制作出的各种特殊效果都离不开 Alpha 通道，它最基本的用处在于保存选取范围，并不会影响图像的显示和印刷效果。当图像输出到视频，Alpha 通道也可以用来决定显示区域。

4. 单色通道

这种通道的产生比较特别，也可以说是非正常的。如在 RGB 图像的通道面板中随便删除其中一个通道，就会发现所有的通道都变成“黑白”的，原有的彩色通道即使不删除也变成灰度的了。

5. 复合通道

复合通道不包含任何信息，实际上它只是同时预览并编辑所有颜色通道的一个快捷方式。它通常被用来在单独编辑完一个或多个颜色通道后使通道面板返回到它的默认状态。对于不同模式的图像，其通道的数量是不一样的。在 Photoshop 之中，通道涉及三个模式。对于一个 RGB 图像，有 RGB、R、G、B 四个通道 ；对于一个 CMYK 图像，有 CMYK、C、M、Y、K 五个通道；对于一个 Lab 模式的图像，有 Lab、L、a、b 四个通道。

5.1.2 选区和蒙版以及颜色信息的存放

通道可以操纵和控制某个特定部分,也可以用于存放选区和蒙版。如果一个选区范围被保存,在通道中就会生成一个蒙版,若要重新使用选区,可以先建蒙版再转换为选取范围。蒙版和选区之间的相互转换是通过通道来完成的。

通道是用来保存颜色信息的,在 RGB 模式图像中,每一个像素的颜色信息数据都是由红、绿和蓝三个通道来记录的,也就是这三个颜色通道共同组合而定义成为 RGB 通道。

5.1.3 通道调板

在 Photoshop CS3 中,【通道】调板的主要作用是用来创建和管理通道,并监视编辑效果的。调板中会列出所有通道,通道内容的缩览图会显示在调板上,并在对通道进行编辑时被系统自动更新。

你可以通过执行【窗口】|【通道】菜单命令打开【通道】调板,也可以在打开的【图层】调板或【路径】调板中单击【通道】选项卡,打开的【通道】调板如图 5-1-1 所示。

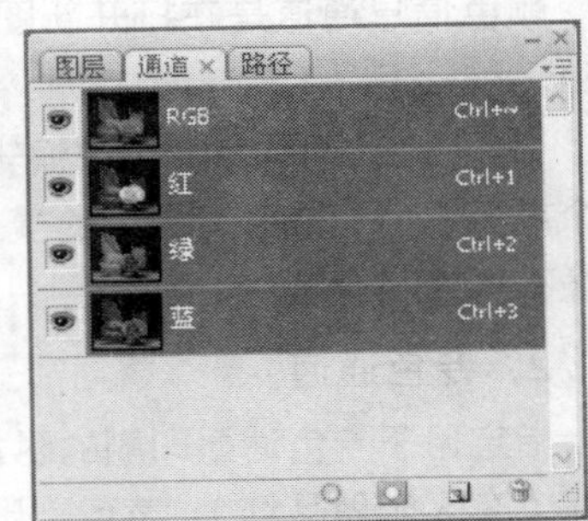

图 5-1-1 【通道】调板

【通道】调板中的各项按钮功能如下:

- 【指示通道可视性】 用于显示和隐藏通道。
- 【通道缩览图】 显示通道内容,在通道中进行编辑时,缩览图也会改变。
- 【将通道作为选区载入】 用于将当前通道中的内容转换为选区载入。
- 【将选区存储为通道】 将当前图像中的选区储存到新的通道中。
- 【创建新通道】 用于建立通道,所建立的通道默认情况下为 Alpha 通道。
- 【删除当前通道】 用于删除不需要的通道。

5.2 通道应用

通道应用于图像中可以产生很多特殊效果,也可以用于辅助修饰图像,如辅助修饰图像中的污点等。下面我们介绍其使用方法:

5.2.1 辅助修饰图像

在 Photoshop 中,有一些图像的颜色不是很容易区别开,处理时可能会产生误处理,但将颜色转换为单一的颜色后就能轻易地对它们进行颜色的区分了。

经典实例

【光盘:源文件\第 5 章\污点处理.PSD】

01 打开【光盘:源文件\第 5 章\鲜花.jpg】,如图 5-2-1 所示。

图 5-2-1　【RGB】通道显示的带污点的图片

02　借助【通道】调板，让图片显示单一的通道效果。【红】通道显示如图 5-2-2 所示，【绿】通道显示如图 5-2-3 所示，【蓝】通道显示如图 5-2-4 所示。

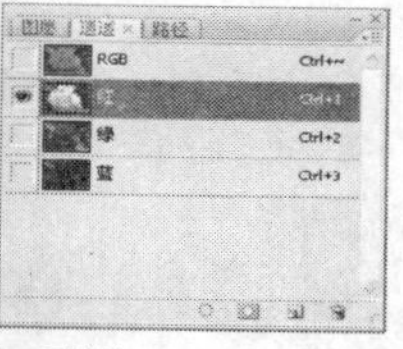

图 5-2-2　显示【红】通道

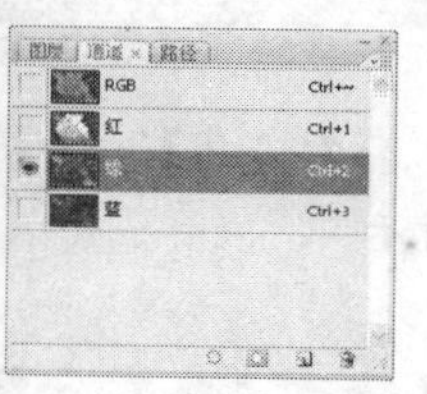

图 5-2-3　显示【绿】通道

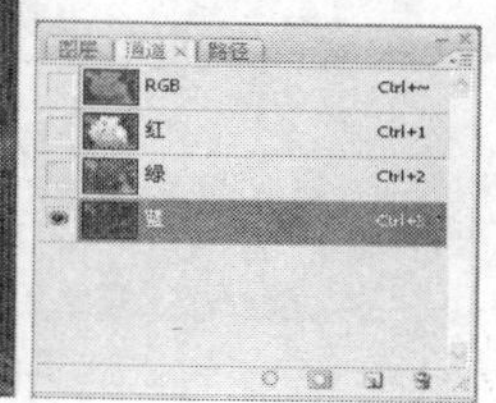

图 5-2-4　显示【蓝】通道

03　选择一个容易区分颜色的通道，这里我们选择【红】通道。

04　在工具箱中选择【图章仿制工具】，选择相似的颜色——白色，然后进行复制，当污点消失后图片自然恢复，如图 5-2-5 所示。

图 5-2-5　修复后的 RGB 图像效果

5.2.2 辅助制作特殊效果

在颜色通道中辅助制作特殊效果也是利用了单一的颜色之便，让图像在选择选区过程中能更好地区别和选择。下面我们介绍一些操作方法。

经典实例

【光盘：源文件\第 5 章\辅助制作特殊效果.PSD】

01 打开【光盘：源文件\第 5 章\上海明珠塔.jpg】和【光盘：源文件\第 5 章\小鸟.jpg】，如图 5-2-6 所示。

图 5-2-6 打开两幅图像

02 选择【多边形套索工具】，将属性栏的羽化半径设置为 5，以第 2 幅图像中的小鸟为创建选区，如图 5-2-7 所示。

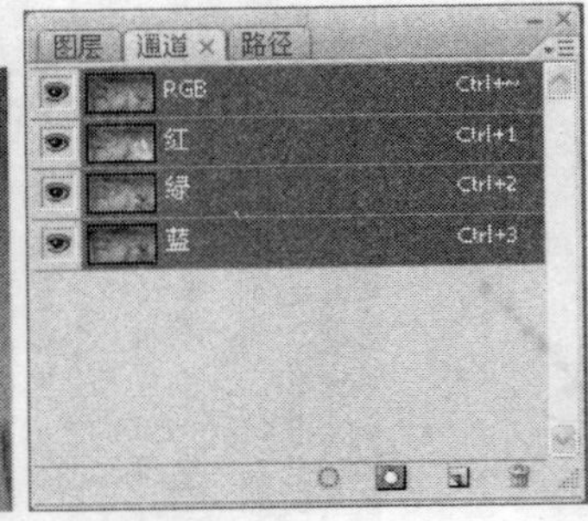

图 5-2-7 创建选区

03 按下【Ctrl+C】键复制选区，选择第 1 幅图片。

04 按下【Ctrl+V】键，将从第 2 幅图像中复制的图像粘贴到第 1 幅图像，如图 5-2-8 所示。

图 5-2-8 粘贴图像

05　执行【编辑】|【自由变换】命令，调整粘贴图像的大小，单击属性栏后的输入按钮✓或按【Enter】键，确认变换。

06　选择【通道】调板，选择【红】通道，如图5-2-9所示。

图5-2-9　【红】通道下的图像

07　选择【减淡工具】，在红通道中将粘贴的图像的颜色调整到与周围环境相融合，如图5-2-10所示。

图5-2-10　调整图像颜色

08　选择【RGB】通道，粘贴的图片自然融于图像中，如图5-2-11所示。

图5-2-11　处理后的【RGB】图像

5.2.3　Alpha通道

Alpha通道是单独创建的一种通道，用于保存选区，也可以存储和载入信息。Alpha通道实际上是一种灰度图像，其中黑色部分透明，灰色部分半透明，而白色部分不透明。

经典实例

【光盘：源文件\第5章\Alpha通道.PSD】

01　打开【光盘：源文件\第5章\菊花.jpg】，如图5-2-12所示。

02　选择工具箱中的【魔棒工具】，选择背景，然后单击鼠标右键，在弹出的菜单中选择【选择反向】，创建选区，如图 5-2-13 所示。

图 5-2-12　打开图像

图 5-2-13　创建选区

03　在选区单击鼠标右键，弹出其子菜单，如图 5-2-14 所示。

04　选择【存储选区】命令，打开【存储选区】对话框，在【名称】文本框输入名称（如果不输入名称，系统将会默认通道名称为 Alpha 加一个数字），如图 5-2-15 所示。

图 5-2-14　选区子菜单

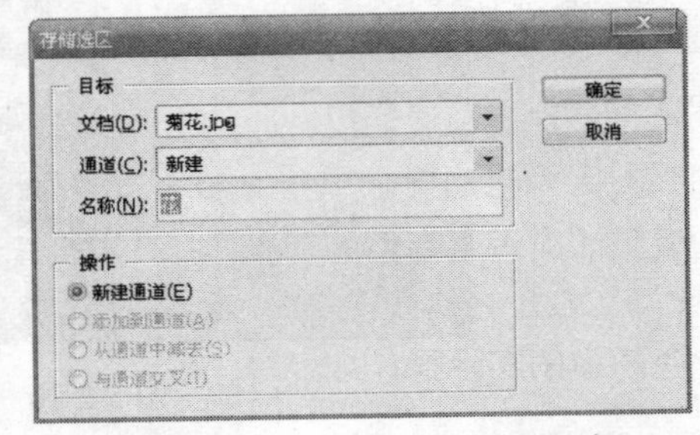

图 5-2-15　【存储选区】对话框

05　单击【确定】按钮，选区保存到通道中并显示在通道调板上，如图 5-2-16 所示。

06　在图像上单击鼠标右键，在子菜单中选择【取消选择】命令。

07　在通道调板中单击选择 Alpha 通道【花】，单击【将通道载入选区】按钮，即可将通道载入选区。载入选区后背景色变为红色蒙版，如图 5-2-17 所示。

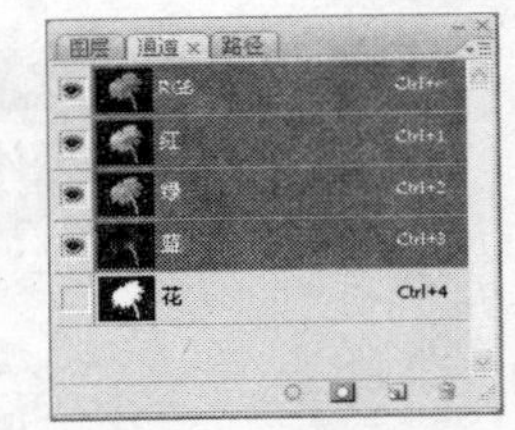

图 5-2-16　新建的 Alpha 通道

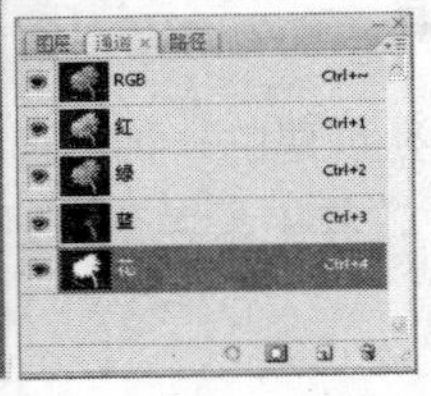

图 5-2-17　载入选区的通道

08　单击【指示通道可视性】的按钮眼睛，图像变为存储选区前的样式。

小知识

存储选区和载入已有的存储选区都可以用菜单命令来执行，执行【选择】|【存储选区】或【载入选区】就可以完成上面的操作。在执行【选择】|【载入选区】时也会打开【载入选区】对话框，如果有多个通道时要在【通道】文本框的下拉菜单内选择通道的名称，如图 5-2-18 所示。

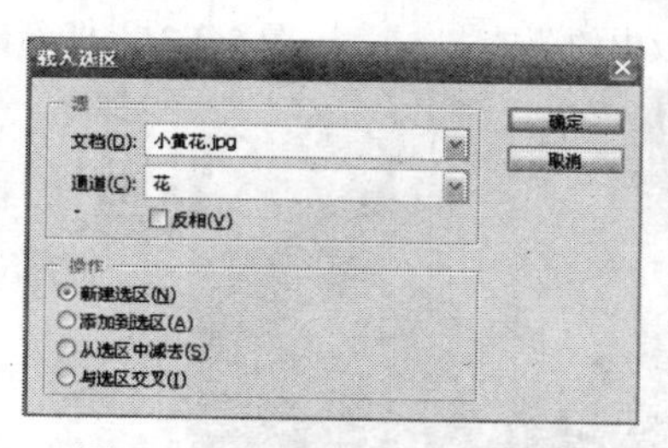

图 5-2-18　【载入选区】对话框

5.2.4　专色通道

专色是特殊的预混油墨，用于替代或补充印刷色(CMYK) 油墨。在印刷时每种专色都要求专用的印版。因为光油要求单独的印版，故它也被认为是一种专色。

如果要印刷带有专色的图像，则需要创建存储这些颜色的专色通道。为了输出专色通道，请将文件以 DCS 2.0 格式或 PDF 格式存储。

专色通道的实际操作如下：

经典实例

1. 新建专色通道

01　打开【光盘：源文件\第 5 章\草莓.jpg】，如图 5-2-19 所示。

图 5-2-19　打开图像

02　打开【通道】调板，单击【通道】调板右上角的一个能打开【通道】菜单的带三横的小三角按钮，弹出其下隐藏的菜单，如图 5-2-20 所示。

03　选择【新建专色通道】命令，打开【新建专色通道】对话框，如图 5-2-21 所示。

04　单击【确定】按钮，创建一个专色通道，用渐变工具对通道的颜色进行调整，如图 5-2-22 所示。

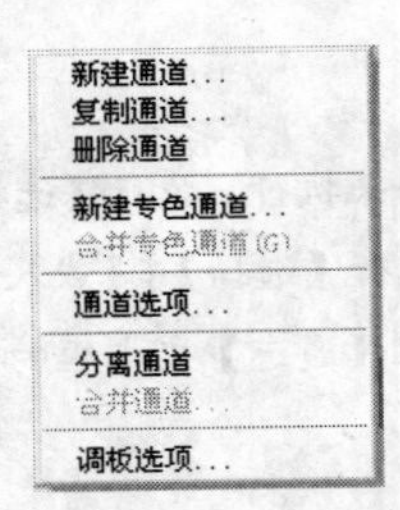

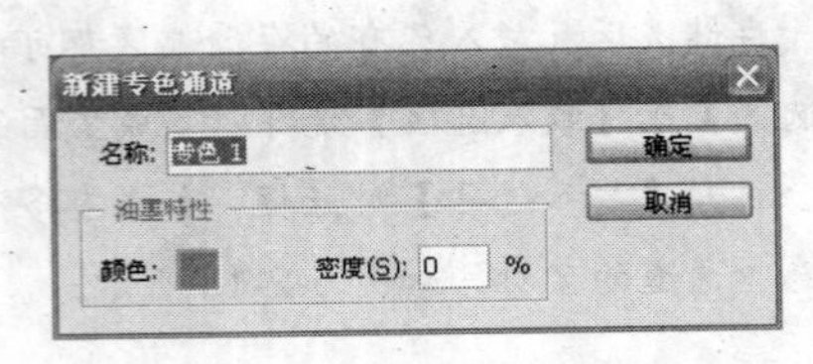

图 5-2-20　【通道】调板中的菜单　　图 5-2-21　【新建专色通道】对话框

图 5-2-22　专色通道的渐变填充效果

2. 转换通道

Alpha 通道可以转换为专色通道，下面我们介绍其转换方法：

01　打开【光盘：源文件\第 5 章\草莓.jpg】。

02　单击【通道】调板中的【创建新通道】按钮，创建一个 Alpha 通道，如图 5-2-23 所示。

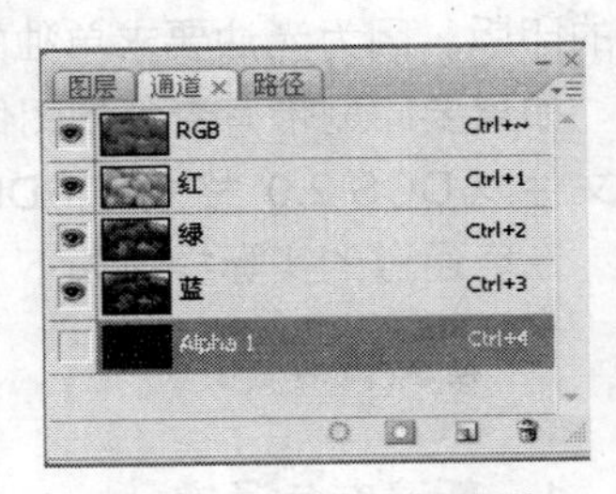

图 5-2-23　创建新通道

03　双击【通道】调板中的【通道缩览图】，或单击【通道】调板右上角带三横的小三角按钮，选择【通道选项】命令，打开【通道选项】对话框，如图 5-2-24 所示。

04　单击选择【色彩指示】中的【专色】选项，单击【确定】按钮，完成通道转换。转换后的【通道】调板如图 5-2-25 所示。

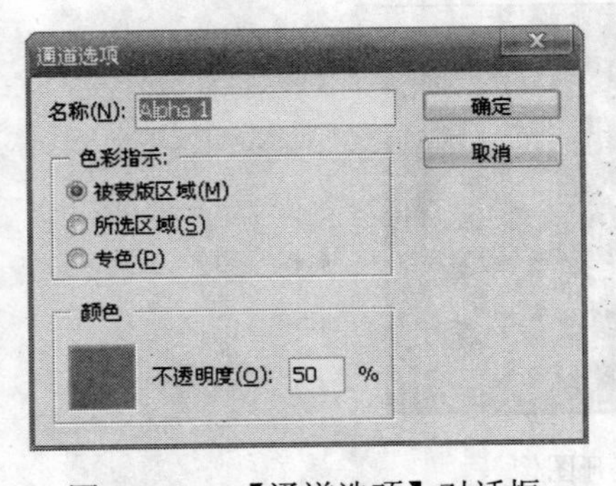

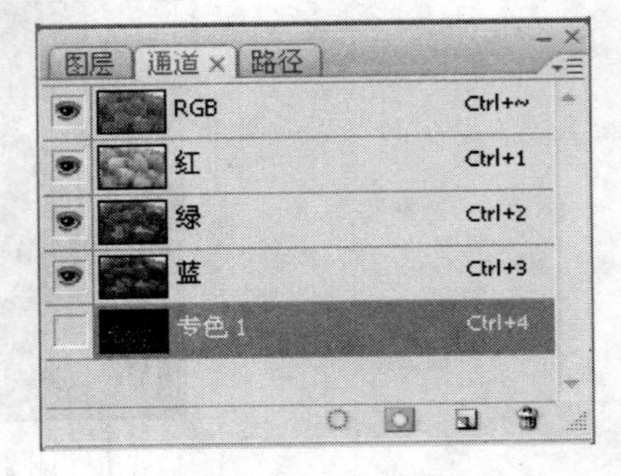

图 5-2-24　【通道选项】对话框　　图 5-2-25　通道转换

在处理专色通道时应注意以下几点：

- 对于具有锐边并挖空下层图像的专色图形，请考虑在页面排版或图形应用程序中创建附加图片。
- 要将专色作为色调应用于整个图像，请将图像转换为“双色调”模式，并在其中一个双色调印版上应用专色。最多可使用 4 种专色，每个印版一种。

- 专色名称打印在分色片上。
- 在完全复合的图像顶部压印专色。每种专色按照在【通道】调板中显示的顺序进行打印，最上面的通道作为最上面的专色进行打印。
- 除非在多通道模式下，否则不能在【通道】调板中将专色移动到默认通道的上面。
- 不能将专色应用到单个图层。
- 在使用复合彩色打印机打印带有专色通道的图像时，将按照【密度】设置指示的不透明度打印专色。
- 可以将颜色通道与专色通道合并，将专色分离成颜色通道的成分。

5.3　通道的编辑

通道的编辑一般都是在【通道】调板中进行的，利用【通道】调板可以对通道进行新建、复制、删除及合并等操作。可以对通道的亮度和对比度进行调整，对单一原色的通道执行滤镜功能，可以合成很多特殊的效果。下面我们介绍它们的操作。

5.3.1　新建通道

要对图像应用通道处理，首先必须知道它的创建方式，在前面介绍的操作中，我们也提到了通道的一些创建方法，但是不很全面，新建通道的方法有 4 种，下面我们介绍这 4 种方法，操作步骤见前面的例子。

- 方法一：在图像中创建一个选区，在选区单击鼠标右键，在弹出的菜单中选择【存储选区】命令，弹出【存储选区】对话框后，输入名称等设置后点击【确认】按钮，通道创建完成。
- 方法二：在图像中创建一个选区，执行【选择】|【存储选区】菜单命令，弹出【存储选区】对话框，输入设置后按【确认】按钮。
- 方法三：打开【通道】调板，单击通道调板中的【创建新通道】按钮，通道自然创建成功。
- 方法四：打开【通道】调板，单击调板右上角带三横的小三角按钮，从弹出的菜单中选择【新建通道】或【新建专色通道】创建，输入名称设置后单击【确定】按钮完成新建。

5.3.2　通道的复制

通道的复制可以在编辑通道前将通道复制备份，避免编辑图像通道时出现错误而不能恢复，或者将 Alpha 通道复制到新图像，以创建选区库，将选区载入当前图像等。

如果要在图像之间复制 Alpha 通道，通道必须具有相同的像素尺寸，不能将通道复制到位图模式的图像中。下面我们介绍复制操作。

经典实例

01　打开一幅 RGB 图像。

02 打开【通道】调板，在【通道】调板中，选择要复制的通道。

03 单击鼠标右键，选择【复制通道】或单击【通道】调板右上角带三横的小三角按钮▾☰，从弹出的菜单中选择【复制通道】。打开【复制通道】对话框，如图 5-3-1 所示。

04 在打开的【复制通道】对话框中键入复制后的通道的名称，如不输入名称，系统将自动命名。

05 如果要在反转复制的通道中选中并蒙版的区域，请选择【反相】。

06 单击【确定】按钮，复制完成，如图 5-3-2 所示。

图 5-3-1 【复制通道】对话框

图 5-3-2 复制后的通道

提示

在【复制通道】对话框中，选取一个目标。只有与当前图像具有相同像素尺寸的打开的图像才可用。要在同一文件中复制通道，请选择通道的当前文件。选取【新建】将通道复制到新图像中，这样将创建一个包含单个通道的多通道图像，并键入新图像的名称。

5.3.3 通道的删除

复杂的 Alpha 通道将极大增加图像所需的磁盘空间，存储图像前，可以将不再需要的专色通道或 Alpha 通道删除。常见的删除方式有 5 种，下面分别介绍它们：

- 在【通道】调板中选择需要删除通道，按住【Alt 】键，并单击【删除通道】图标🗑。
- 在【通道】调板中选择需要删除通道，单击【删除通道】图标🗑，选择【是】。
- 在【通道】调板中选择需要删除通道，将调板中的通道直接拖移到【删除通道】图标🗑上。
- 在【通道】调板中选择需要删除通道，单击【通道】调板右上角带三横的小三角按钮▾☰，从其子菜单中选择【删除通道】命令。
- 在【通道】调板中选中需要删除的通道，单击鼠标右键，在弹出的子菜单中选择【删除通道】命令。

提示

在从带有图层的文件中删除颜色通道时，将合并可见图层并丢弃隐藏图层。之所以这样做，是因为删除颜色通道会将图像转换为多通道模式，而该模式不支持图层。当删除 Alpha 通道、专色通道或快速蒙版时，不对图像进行合并。

5.3.4　通道的分离和合并

分离通道可以将合并图像的通道进行分离，可以将一个图像文件分离成为几个灰度模式的文件。当需要在不能保留通道的文件格式中保留单个通道信息时，分离通道非常有用。

多个灰度图像可以合并成一个图像的通道。要合并的图像必须是在灰度模式下，具有相同的像素尺寸并且处于打开状态。已打开的灰度图像的数量决定了合并通道时可用的颜色模式。例如，如果打开了三个图像，可以将它们合并为一个 RGB 图像；如果打开了四个图像，则可以将它们合并为一个 CMYK 图像。下面我们介绍分离和合并通道的步骤。

经典实例

1．通道的分离

01　打开【光盘：源文件\第 5 章\蝶恋花.jpg】，如图 5-3-3 所示。

02　打开【通道】调板，单击【通道】调板右上角带三横的小三角按钮，弹出【通道】调板的下拉菜单，如图 5-3-4 所示。

图 5-3-3　打开图像文件

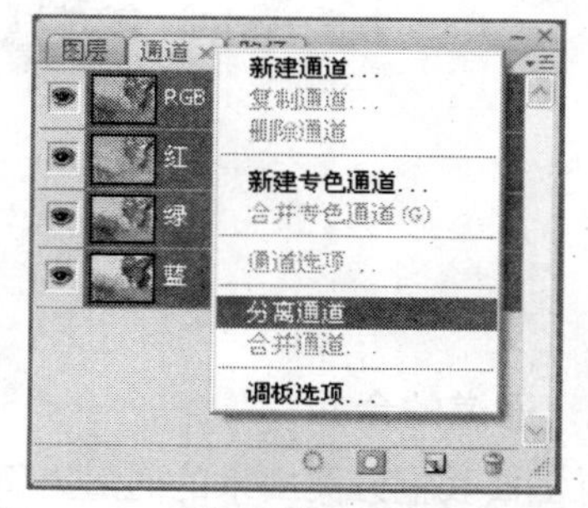

图 5-3-4　【通道】调板的下拉菜单

03　在弹出的下拉菜单中选择【分离通道】命令，得到三个分离的图层，如图 5-3-5 所示。

04　选择一个分离出的通道文件，执行【图像】|【模式】|【位图】菜单命令，打开【位图】对话框，如图 5-3-6 所示。

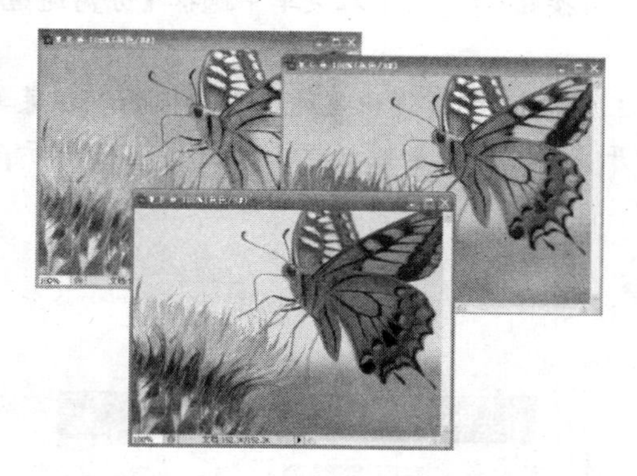

图 5-3-5　分离的图层

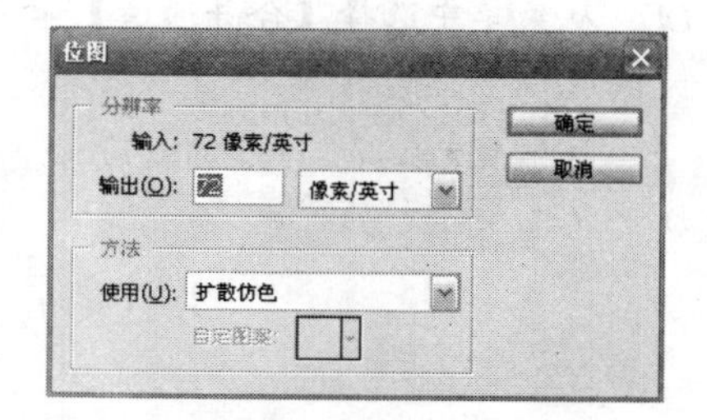

图 5-3-6　【位图】对话框

05　在【输出】文本框中输入需要的输出数字，在【使用】文本框改变使用方法，这里我们用系统的原始默认设置。单击【确定】按钮，得到位图效果如图 5-3-7 所示。

06 执行【图像】|【模式】|【灰度】菜单命令，弹出【灰度】对话框，如图 5-3-8 所示。

图 5-3-7 【位图】效果

图 5-3-8 【灰度】对话框

07 单击【是】按钮，将位图模式转换为灰度模式。

08 将三张分离出来的图层图像都做同样的处理，得到的效果如图 5-3-9 所示。

图 5-3-9 处理后的效果

2. 通道的合并

以上面我们分离出来的通道为例，我们进行通道的合并。

01 单击其中一幅图像使其成为当前图像。

02 选择通道然后单击鼠标右键，选择【复制通道】命令，复制这个通道，如图 5-3-10 所示。

03 单击【通道】调板右上角带三横的小三角按钮，在下拉菜单中选择【分离通道】，将复制后的两个通道分离。

04 单击【通道】调板右上角带三横的小三角按钮，弹出【通道】调板的下拉菜单。

05 从菜单中选择【合并通道】命令，打开【合并通道】对话框，如图 5-3-11 所示。

图 5-3-10 复制通道

图 5-3-11 【合并通道】对话框

06　在【模式】下拉列表中选择【CMYK 颜色】选项，单击【确定】按钮，打开【合并 CMYK 通道】对话框，如图 5-3-12 所示。

07　【指定通道】保持系统默认，也可以在下拉列表中改变选项，单击【确定】按钮，合并后的图像名称是系统自动产生的，如图 5-3-13 所示。

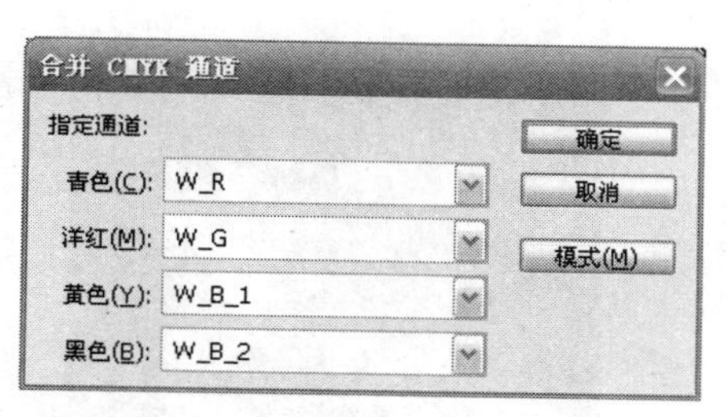

图 5-3-12　【合并 RGB 通道】对话框

图 5-3-13　文件合并后

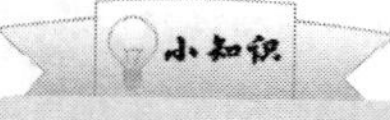

图像文件分离后可以改变每一个被分离出来的图层名称，合并通道时不同通道的像素必须一样，不然就不能进行合并。

5.4　蒙版的使用

蒙版可以用来将图像的某个部分分离出来，保护被分离的部分在编辑时不被编辑。在基于一个选区创建蒙版时，没有被选中的区域成为蒙版蒙住的区域，可以防止被编辑或修改。下面我们介绍蒙版的使用方法。

5.4.1　蒙版的分类

在 Photoshop 中可以使用蒙版来显示或隐藏图层的部分，或保护区域以免被编辑，有临时蒙版和永久蒙版之分。

临时蒙版主要为快捷蒙版，可以在工具箱上创建；永久性蒙版有两种类型：一种是图层蒙版，它是与分辨率相关的位图图像，它们是由绘画或选择工具创建的；另一种是矢量蒙版，它是与分辨率无关的图像，并且由钢笔或形状工具创建。

在图层调板中，图层蒙版和矢量蒙版都显示为图层缩览图右边的附加缩览图。对于图层蒙版，此缩览图代表添加图层蒙版时创建的灰度通道，矢量蒙版缩览图代表从图层内容中剪下来的路径。

5.4.2　快速蒙版

使用【快速蒙版】模式，一般先从选区开始，然后给它添加或从中减去选区，以建立蒙版。也可以完全在【快速蒙版】模式下创建蒙版。受保护区域和未受保护区域以不同颜色进行区分。当离开【快速蒙版】模式时，未受保护区域成为选区。

经典实例

1. 【快速蒙版】的创建

01 打开【光盘：源文件\第 5 章\玫瑰相思.jpg】，如图 5-4-1 所示。

02 单击选择工具箱中的快速选择工具【Quick Selection Tool】按钮，选中图中的花，如图 5-4-2 所示。

图 5-4-1 打开图像

图 5-4-2 创建选区

03 双击工具箱中的【以快速蒙版模式编辑】按钮，打开【快速蒙版选项】对话框，如图 5-4-3 所示。

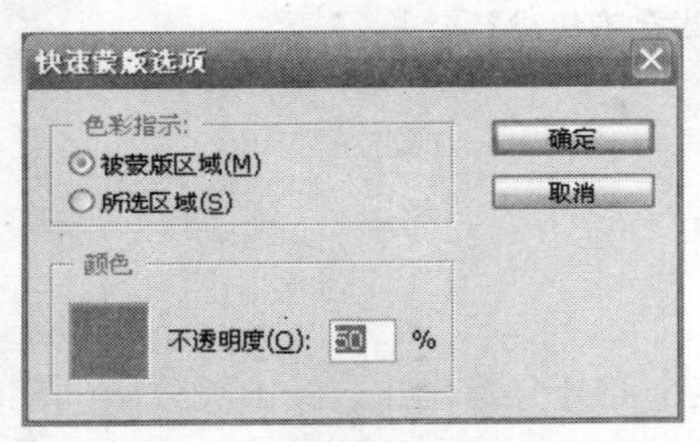

图 5-4-3 【快速蒙版选项】对话框

04 单击【所选区域】，单击【确认】按钮，其他设置不变，选择区域被蒙版蒙住，这时在【通道】调板上会产生一个【快速蒙版】通道，如图 5-4-4 所示。

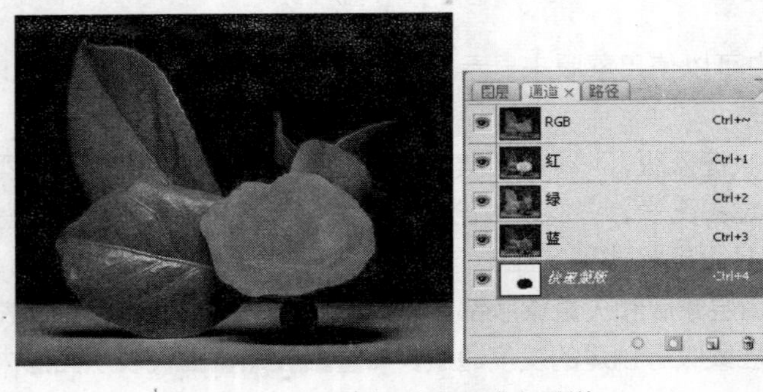

图 5-4-4 蒙版所选区域和通道

2. 【快速蒙版】的应用

这里我们以上面创建的快速蒙版为基础进行介绍。

01 选择【画笔工具】，在图像上按住鼠标使其他区域也呈现出蒙版的颜色，如图 5-4-5 所示。

02 单击工具箱中的【以标准模式编辑】，得到一个扩大的选区，如图 5-4-6 所示。

图 5-4-5　增加蒙版区域

图 5-4-6　快速蒙版编辑后

03　单击工具箱中的【以快速蒙版模式编辑】按钮 ，再次在选区使用快速蒙版。

04　执行【滤镜】|【纹理】|【马赛克拼贴】命令，打开【马赛克拼贴】对话框，如图 5-4-7 所示。

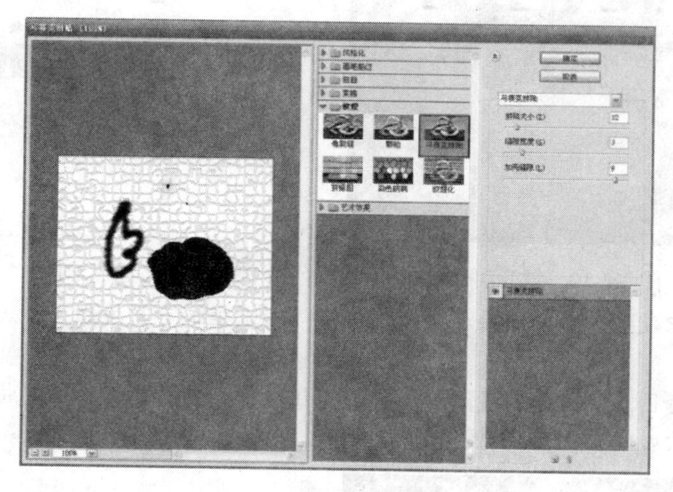
图 5-4-7　【马赛克拼贴】对话框

05　如果要修改滤镜效果，在【马赛克拼贴】对话框中可以进行修改，这里我们直接单击【确定】按钮，在蒙版存在的情况下图像的效果如图 5-4-8 所示。

06　单击工具箱中的【以标准模式编辑】，得到一个扩大的选区如图 5-4-9 所示。

图 5-4-8　执行滤镜效果后的图像

图 5-4-9　去掉蒙版后的效果

5.4.3 图层蒙版

图层蒙版主要用于使蒙版区域避免被编辑，也可以编辑图层蒙版，以便向蒙版区域中添加内容或从中减去内容。图层蒙版是一种灰度图像，因此用黑色绘制的区域将被隐藏，用白色绘制的区域是可见的，而用灰度梯度绘制的区域则会出现在不同层次的透明区域中。

下面我们介绍它的创建和使用方法。

经典实例

01 打开【光盘：源文件\第 5 章\鲜花.jpg】，如图 5-4-10 所示。

02 选择背景图层，单击鼠标右键，在弹出的菜单中选择【复制图层】命令，复制背景图层，如图 5-4-11 所示。

图 5-4-10 打开图像

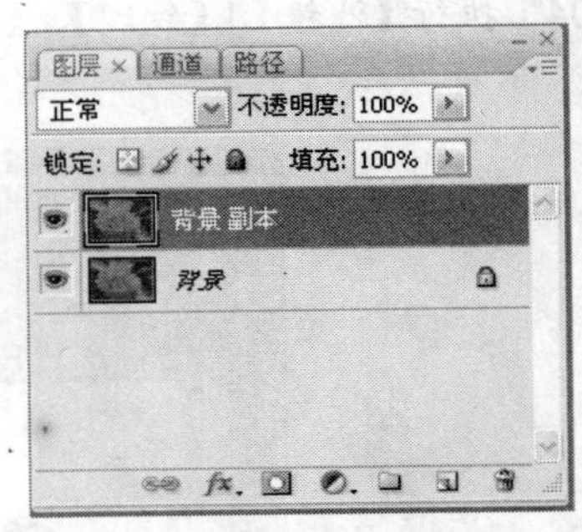

图 5-4-11 复制背景图层

03 单击选中复制的背景图层，单击选择【矩形选框工具】按钮，创建一个选区，如图 5-4-12 所示。

04 单击选择图层调板中的【添加蒙版】按钮，图层蒙版创建完成，【图层】调板的图层上出现【图层蒙版缩览图】，如图 5-4-13 所示。

图 5-4-12 创建选区

图 5-4-13 图层蒙版

05 单击【图层】调板中背景图层的眼睛图标隐藏背景图层。

06 选择工具箱中的【图章仿制】工具，单击选中【图层】调板中的【图层缩览图】，在选区进行图章仿制，如图 5-4-14 所示。

07 单击【图层蒙版缩览图】，将前景色改为黑色，继续使用【图章仿制】工具，在被蒙住的区域进行仿制，这时被蒙住的区域被仿制处的蒙版消失，可以仿制出与原选区一样大小的区域，如图 5-4-15 所示。

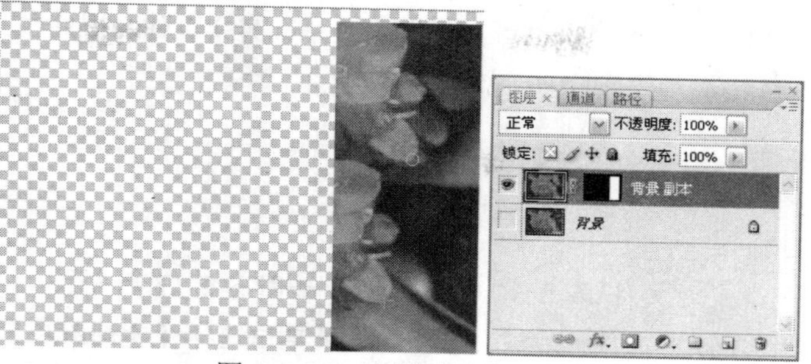

图 5-4-14 编辑图层选区

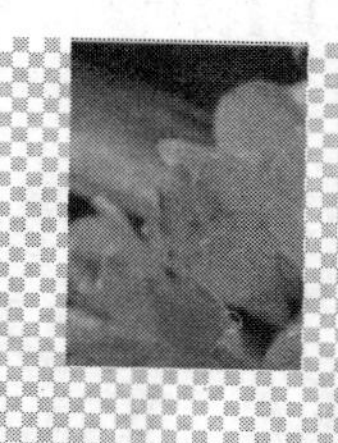

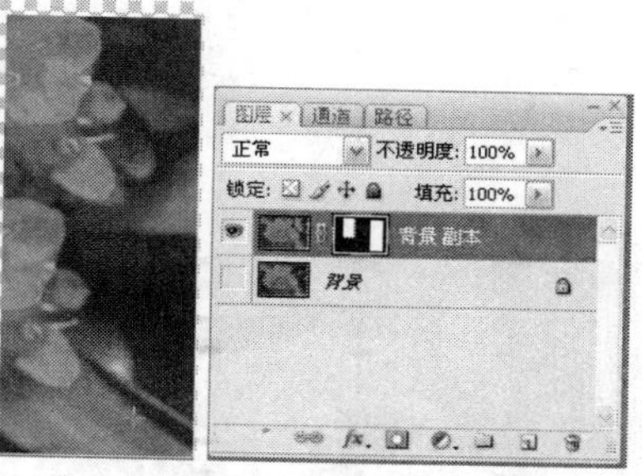

图 5-4-15 减小蒙版区域

08 在【图层】调板上选中蒙版缩览图，单击鼠标右键选择【应用图层蒙版】，将编辑应用到图像，如图 5-4-16 所示。

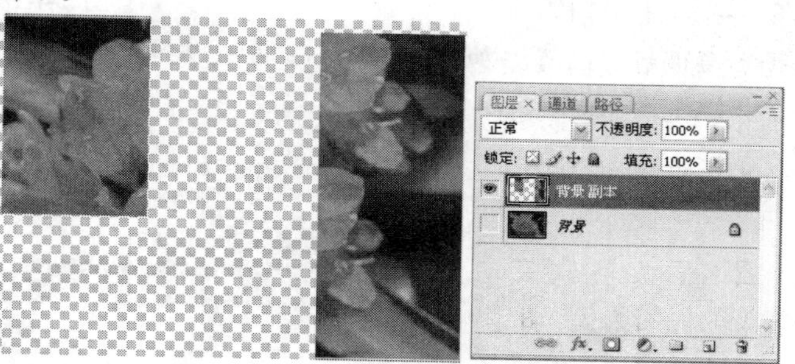

图 5-4-16 应用编辑

09 单击背景图层的眼睛标志，显示背景。

在编辑完图层蒙版后可以选择【删除图层蒙版】将蒙版删除，这时被蒙住的区域将不会有操作过程中的任何编辑，选择【应用图层蒙版】将编辑的图层蒙版转换为图层，被蒙住的区域将变成空白。

5.4.4 矢量蒙版

矢量蒙版可在图层上创建锐边形状，无论何时当你想要添加边缘清晰分明的设计元素时，矢量蒙版都非常有用。使用矢量蒙版创建图层之后，你可以向该图层应用一个或多个图层样式，如果需要，还可以编辑这些图层样式，并且立即会有可用的按钮、面板或其他 Web 设计元素。

矢量蒙版可以利用选区创建，也可以借助【形状工具】创建，下面我们介绍矢量蒙版的使用方法。

经典实例

1．利用选区创建

01 打开【光盘：源文件\第 5 章\玫瑰.jpg】，如图 5-4-17 所示。

02 选择背景图层，单击鼠标右键，在弹出的菜单中选择【复制图层】命令，复制背景图层。

03 单击选中复制的背景图层，单击选择【多边形套索工具】按钮，选中花朵，如图 5-4-18 所示。

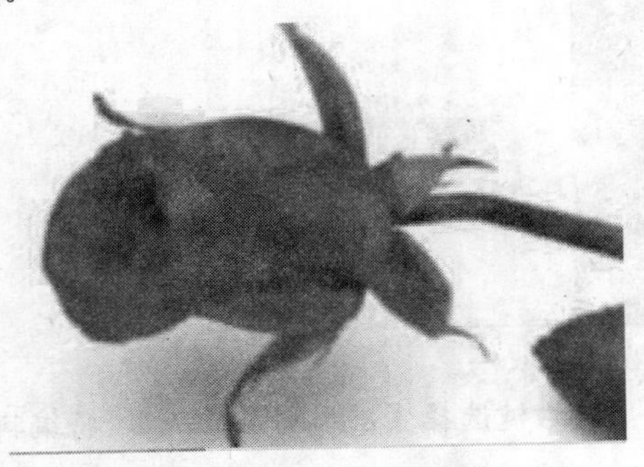

图 5-4-17 打开图像

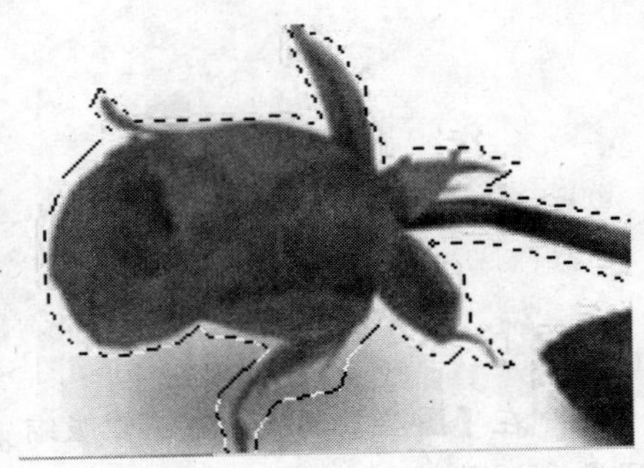

图 5-4-18 创建选区

04 单击选择图层调板中的【添加蒙版】按钮，矢量蒙版创建完成，【图层】调板的图层上出现【图层蒙版缩览图】，如图 5-4-19 所示。

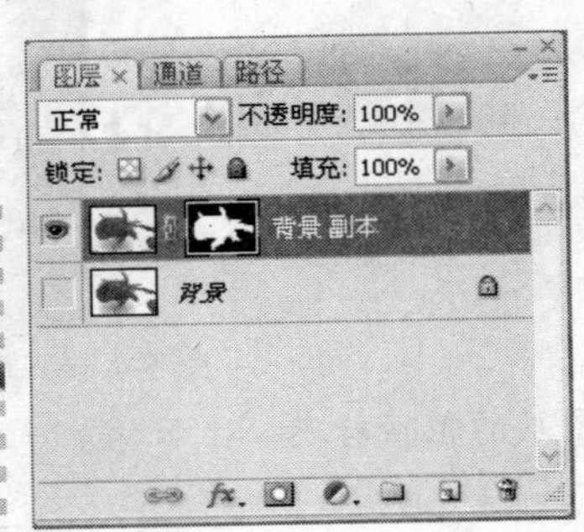

图 5-4-19 图层中的蒙版及图像中被选中的区域

05 再次单击选择【添加蒙版】按钮，矢量蒙版创建完成，如图 5-4-20 所示。

图 5-4-20 创建矢量蒙版

06　选择【自定形状工具】，在属性栏选择【路径】按钮。

07　选中矢量蒙版，在图像中按住鼠标左键拖动鼠标，在矢量蒙版上创建路径，如图 5-4-21 所示。

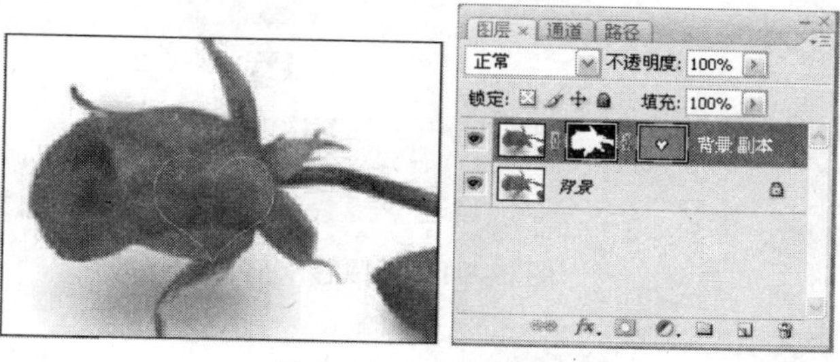

图 5-4-21　添加路径

2. 利用【形状工具】创建

01　打开【光盘：源文件\第 5 章\魔幻.jpg】。

02　在工具箱中单击选择【自定形状工具】按钮，在属性栏的【形状】处选择心形形状。

03　在图像中按住鼠标左键，拖出图形，这时【图层】调板中会出现新的形状图层，在新的形状图层上自带矢量蒙版，如图 5-4-22 所示。

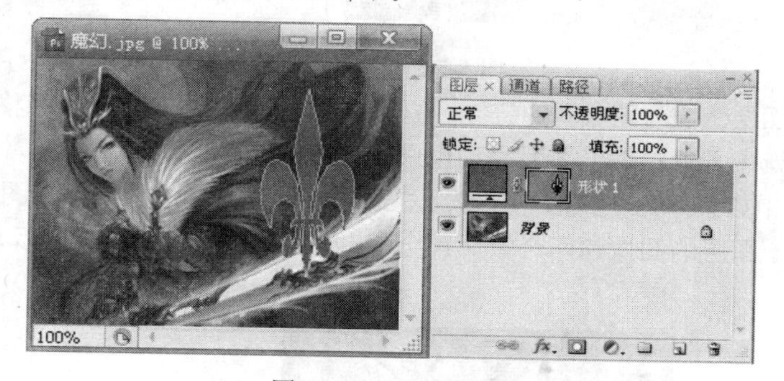

图 5-4-22　矢量蒙版

5.5　蒙版的编辑

在 Photoshop 中蒙版区域可以进行移动，需要对矢量蒙版进行编辑时，我们也可以对蒙版进行栅格化处理，将其转换为图层蒙版。当我们不再需用蒙版时，也可以对它们进行删除操作，还可以让蒙版区域增加一些样式等。下面我们介绍它的一些编辑操作。

5.5.1　蒙版的移动

在 Photoshop 中蒙版可以使用【移动】工具进行移动操作，矢量蒙版还可以使用【路径选择】工具移动。

当只有一个蒙版的时候，选择具有蒙版的图层，当蒙版与图像处于链接状态时，选择【移动】工具在图像上按住鼠标左键拖动就可以移动蒙版区域了，在蒙版的缩览图中也可以看出它的移动，移动前如图 5-5-1 所示，移动后如图 5-5-2 所示。

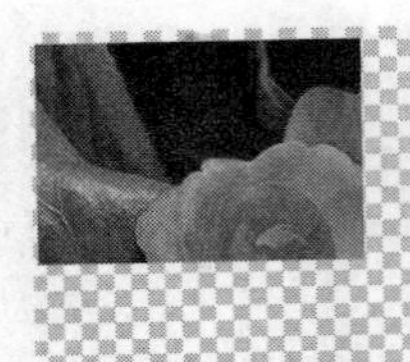

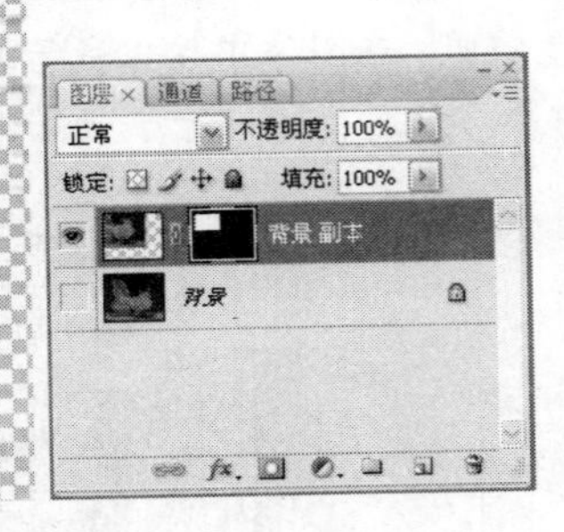

图 5-5-1　蒙版移动前

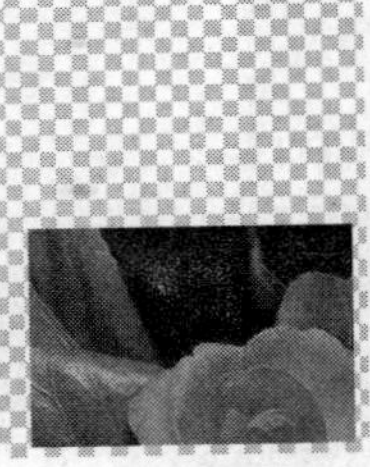

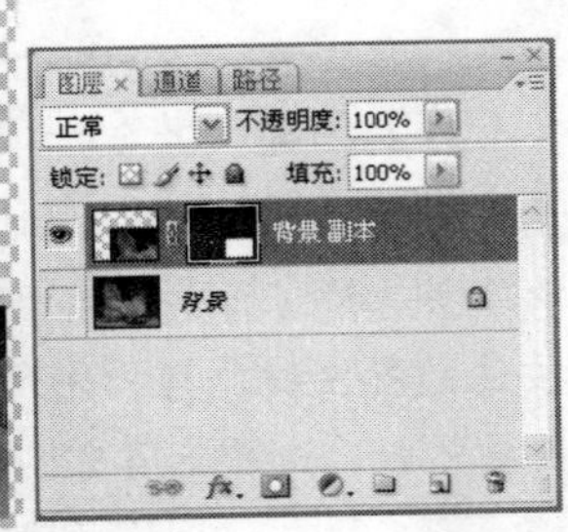

图 5-5-2　蒙版移动后

如果取消了图层图像与蒙版间的链接，在选中图层的缩览图时，用鼠标移动只会移动图层的图像位置，同样选中蒙版的缩览图时移动也只有蒙版的选区移动。

在一个图层中如果有两个蒙版，在蒙版处于链接的情况下，只要移动图层中的图像或两个蒙版中任意一个，图层的图像和两个蒙版都会移动，移动前如图 5-5-3 所示，移动后如图 5-5-4 所示。

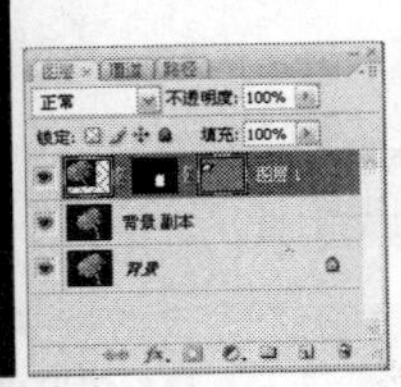

图 5-5-3　两个蒙版移动前

图 5-5-4　两个蒙版移动后

5.5.2　栅格化矢量蒙版

如果需要再对图像的矢量蒙版处的图像进行编辑，直接使用工具箱上的工具是不行的，但你可以试着使用编辑工具处理矢量蒙版，系统马上会提示你先将蒙版栅格化。下面我们介绍它的操作。

经典实例

01　打开【光盘：源文件\第 5 章\玫瑰相思.jpg】。

02　在工具箱中单击选择【自定形状工具】按钮，在属性栏的【形状】处选择心形形状。

03　在图像中按住鼠标左键，拖出图形，如图 5-5-5 所示。

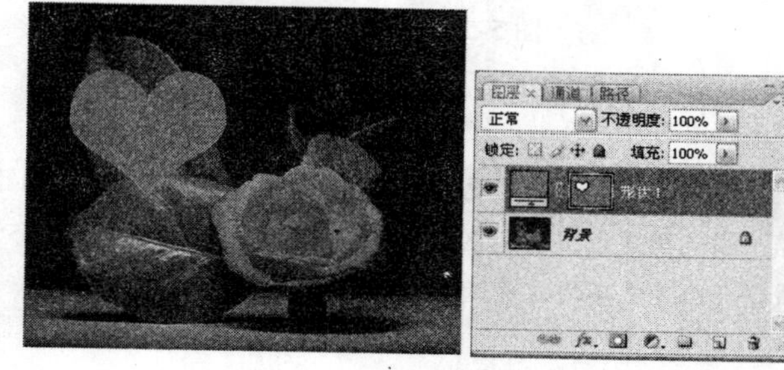

图 5-5-5　创建矢量蒙版

04　选择形状图层，在【图层】调板中的【矢量蒙版缩览图】上单击鼠标右键，在弹出的菜单中选择【栅格化矢量蒙版】，矢量蒙版转换为图层蒙版，如图 5-5-6 所示。

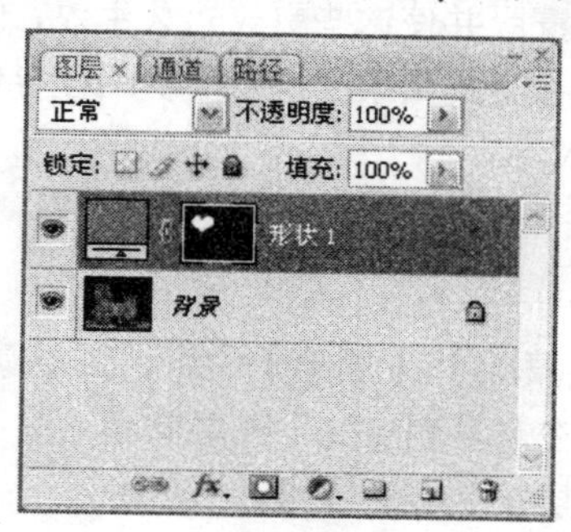

图 5-5-6　转换为图层蒙版

05　将前景色改为灰色，在工具箱中选择【画笔工具】，在图形上绘制图案，再将前景色改为黑色再绘制图案，如图 5-5-7 所示。

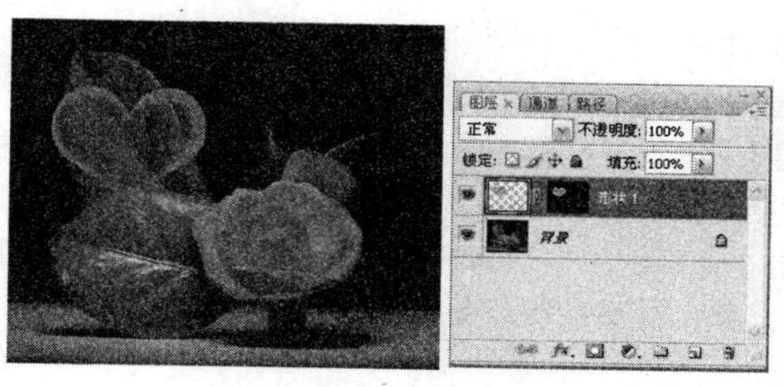

图 5-5-7　编辑蒙版

06　选中【图层蒙版缩览图】，将鼠标移至缩览图单击右键，在弹出的菜单中选择【删除图层蒙版】，图案被转换到图层并应用到图像中，如图 5-5-8 所示。

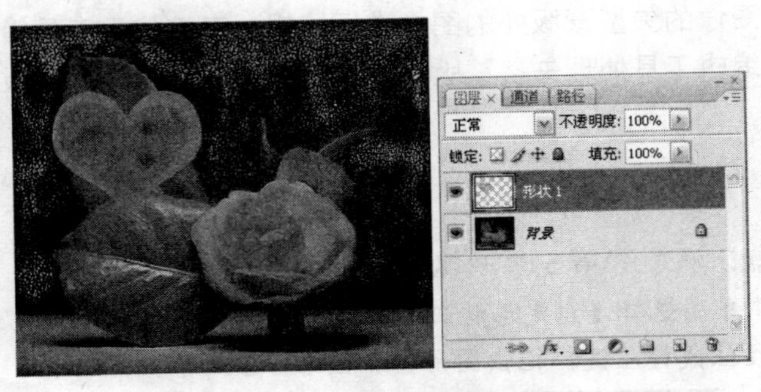

图 5-5-8　蒙版编辑后

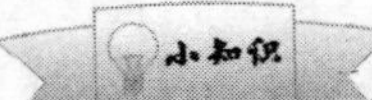

当蒙版处于现用状态时，前景色和背景色均采用默认灰度值。由于图层蒙版是一种灰度图像，因此用黑色绘制的区域将被隐藏，用白色绘制的区域可见，而用灰度绘制的区域则会出现在不同层次的透明区域中。

5.5.3　蒙版的删除

创建完蒙版后，你可以应用蒙版并使这些更改永久生效，也可以删除蒙版而不应用更改。由于图层蒙版是作为 Alpha 通道存储，矢量蒙版是以形状路径存储，所以应用和删除图层蒙版或删除矢量蒙版有助于减小文件大小。

要应用矢量蒙版必须先将矢量蒙版栅格化，转换成图层蒙版。下面介绍删除蒙版的方法。

1．图层蒙版的删除

（1）执行【图层】|【图层蒙版】|【删除】命令，图层蒙版被删除。

（2）打开【图层】调板，在需要删除的【图层蒙版缩览图】上单击鼠标右键，在弹出的菜单中选择【删除图层蒙版】，图层蒙版删除完成。

（3）打开【图层】调板，单击选择需要删除的图层蒙版的【图层蒙版缩览图】，切换到【通道】调板，需要删除的图层蒙版所建立的通道处于被选中状态，删除该通道，在删除该通道时会弹出是否删除图层蒙版的提示对话框，选择【是】按钮，图层蒙版被删除。

2．矢量蒙版的删除

（1）执行【图层】|【矢量蒙版】|【删除】命令，删除矢量蒙版。

（2）打开【图层】调板，在需要删除的【矢量蒙版缩览图】上单击鼠标右键，在弹出的菜单中选择【矢量图层蒙版】，矢量蒙版删除完成。

（3）打开【图层】调板，单击选择需要删除的矢量蒙版的【矢量蒙版缩览图】，切换到【路径】调板，需要删除的矢量蒙版所关联的路径就处于被选中状态，删除该路径，矢量蒙版也被删除。

5.5.4 其他编辑

在蒙版的编辑中，对于图层蒙版还有其他的处理，比如暂时停止使用蒙版、更改蒙版颜色、替换通道中的当前选区、将选区添加到当前通道内容、保留与通道内容交叉的新选区的区域等。

在使用时，只要选中【图层】中的【图层蒙版缩览图】，将鼠标移至【图层蒙版缩览图】，单击鼠标右键，在弹出的菜单中选择相应的命令即可。

在编辑蒙版时，用鼠标右键弹出的其他命令如图 5-5-9 所示。

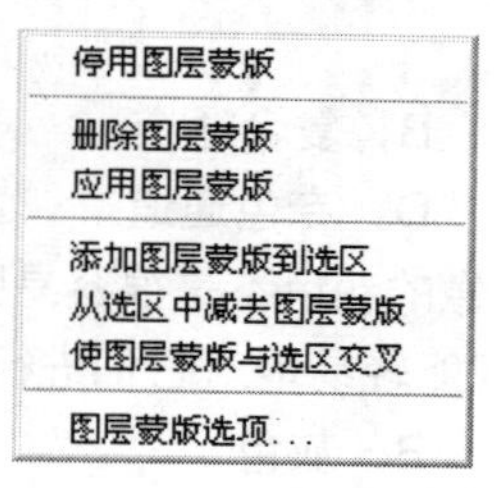

图 5-5-9 其他编辑蒙版命令

本章总结

通道是存储不同类型信息的灰度图像，用于保存图像的颜色数据，一般情况下分为颜色信息通道、Alpha 通道和专色通道三种类型。在 Photoshop CS3 中一幅图像可以拥有 56 个通道。

在 Photoshop CS3 中，打开一幅图像，系统会自动创建颜色信息通道作为图像的组成部分，通道与图像的格式是密不可分的，图像颜色、格式的不同决定了通道的数量和模式，在通道面板中可以直观地看到。通道应用于图像中可以产生很多特殊效果，也可以用于辅助修饰图像，如辅助修饰图像中的污点等。通道的编辑一般都是在【通道】调板中进行的，利用【通道】调板可以对通道进行新建、复制、删除及合并等操作。也可以对通道的亮度和对比度进行调整。对单一原色的通道执行滤镜功能，可以合成很多特殊的效果。

【蒙版】主要用来显示或隐藏图层的部分，或保护部分区域并避免部分区域被编辑。它将图像的某个部分分离出来，保护被分离的部分在编辑时不被编辑。在基于一个选区创建蒙版时，没有被选中的区域成为蒙版蒙住的区域，可以防止被编辑或修改。可以对蒙版区域进行移动，需要对矢量蒙版进行编辑时，我们也可以对蒙版进行栅格化处理，将其转换为图层蒙版。当我们不再需要蒙版时，也可以对它们进行删除操作，还可以让蒙版区域增加一些样式等。

有问必答

问：Adobe Photoshop CS3 提供了通道计算功能，它的含义是什么？应该如何使用呢？

答：通道计算混合图层和通道，使之成为可以使用与图层关联的混合效果，将图像内部和图像之间的通道组合成新图像。可以单击菜单选项中的【图像】|【计算】命令对通道执行计算操作， 虽然通过将通道拷贝到【图层】调板的图层中可以创建通道的新组合，但采用计算命令来混合通道信息会更迅速。

巩固练习

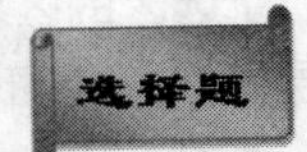

选择题

1．以下哪种通道实际上不包含任何信息，它只是同时预览并编辑所有颜色通道的一个快捷方式？（　）

A．颜色信息通道　　B．复合通道

C．单色通道　　D．专色通道

2．在 Photoshop 中，有一些图像的颜色不是很容易区别开，处理时可能会产生误处理，但将颜色转换为以下哪种颜色模式后就能轻易地对它们进行颜色的区分了？（　）。

A．RGB 颜色　　B．灰色

C．单一的颜色　　D．以上结果都不正确

3．以下通道中有一种单独创建的一种通道，它用于保存选区，也可以存储和载入信息；实际上就是一种灰度图像，其中黑色部分透明，灰色部分半透明，而白色部分不透明。它是（　）。

A．Alpha　　B．颜色信息通道

C．单色通道　　D．专色通道

4．以下通道操作中可以在编辑通道前将通道备份，避免编辑图像通道时出现错误而不能恢复的是（　）。

A．通道栅格化处理　　B．通道的复制

C．将通道设置为专色通道　　D．以上答案都不正确

5．已打开的灰度图像的数量决定了合并通道时可用的颜色模式，多个灰度图像可以合并成一个图像的通道。请问要合并的图像必须是在下列哪种模式下？（　）

A．灰度模式　　B．RGB 颜色

C．CMYK 颜色　　D．LAB 颜色

填空题

1．在 Photoshop CS3 中常常用到的通道有：复合通道、颜色信息通道、专色通道、Alpha 通道和单色通道________、________、________和________。

2．通道是用来保存颜色信息的，在 RGB 模式图像中，每一个像素的颜色信息数据都是由________、________和________三个通道来记录的，也就是这三个颜色通道共同组合而定义成为 RGB 通道。

3．通道的编辑一般都是在________中进行的，利用它可以对通道进行________、________、________及________等操作。

4．________可以用来将图像的某个部分分离出来，保护被分离的部分在编辑时不被编辑。

5．在图层调板中，________和________都显示为图层缩览图右边的附加缩览图。

1．如果要印刷带有专色的图像，则需要创建存储这些颜色的专色通道。为了输出专色通道，请将文件以 PSD 格式存储。（　）

2．通道应用于图像中可以产生很多特殊效果，也可以用于辅助修饰图像，如辅助修饰图像中的污点等。（　）

3．复杂的 Alpha 通道将极大增加图像所需的磁盘空间，存储图像前，可以将需要的专色通道或 Alpha 通道删除。（　）

4．多个灰度图像可以合并成一个图像的通道。要合并的图像必须是在灰度模式下，具有相同的像素尺寸并且处于打开状态。（　）

5．【图层蒙版】是作为 Alpha 通道存储，【矢量蒙版】是以形状路径存储，所以应用和删除【图层蒙版】或【矢量蒙版】不能减小文件大小。（　）

路径的应用

学习导航

在 Photoshop 中，使用路径可以绘制很多种不同的形状，这些形状可以转换为选区进行编辑。各种选区可以转换成路径，路径也可以转换为选区，路径可以是闭合的，也可以是不闭合的，甚至还可以是一个平面。

路径的图形是矢量的，放大后不会产生锯齿现象，其精细度也不会改变。下面我们介绍路径在 Photoshop CS3 中的应用。

本章要点

- 路径
- 钢笔工作组
- 形状编辑
- 路径管理
- 路径编辑

6.1 基本概念

在 Photoshop 中路径的应用很广泛，在学习路径之前，我们先对路径做一个简单的介绍，以便更深入地学习相关知识。

6.1.1 路径简介

在 Photoshop 中路径可以是一条直线、曲线、圆形、矩形或者是一任意的闭合或不闭合的特殊形状的线条。路径的实质是以矢量方式定义的线条轮廓，具有矢量图形的特性，容易被编辑，也容易控制曲线的形状。由于路径是矢量的，对它进行放大编辑时不会出现锯齿现象，而且它的精细度也不会下降。

路径是由线段、锚点及控制柄构成，通过鼠标锚点或操纵控制柄可以任意改变路径的形状。路径的构成如图 6-1-1 所示。

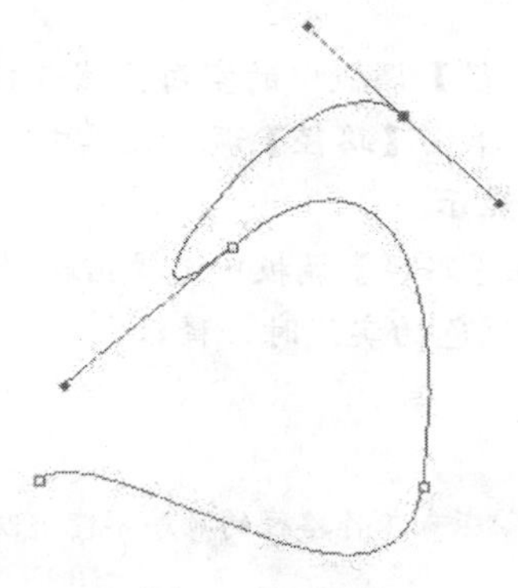

图 6-1-1　路径

- 线段　在一条路径中有很多线段，有曲线段，也有直线段，路径就是由多个不同的线段依次连接而成的。
- 锚点　路径中每条线段的两端的点都是锚点，由一个小正方形表示，实心的表示此点为当前选择的定位点。定位点有平滑点和拐点两种，平滑点可以平滑地连接两条线段的定位点，拐点用于非平滑连接两条线条的定位点。空心的点表示未被选中的锚点。
- 控制柄　在选择一个锚点后，该锚点上会显示 0～2 条控制柄，拖动控制柄的一端的小圆点可以改变与它关联的线段的形状和弯曲度。

路径可以由【钢笔工具】和形状工具组直接创建，也可以由其他工具通过转换创建，修改路径主要由钢笔工具组中的其他工具来操作。

6.1.2 路径调板

路径的很多操作可以在【路径】调板中进行，【路径】调板列出了每条存储的路径、当前工作路径和当前矢量蒙版的名称和缩览图像。要查看路径，必须先在【路径】调板中选择路径名。

在 Photoshop CS3 中，显示【路径】调板的方法有：

- 执行【窗口】|【路径】命令，打开【路径】调板。

● 在【图层】或【通道】调板的基础上选择【路径】调板，打开后的调板如图 6-1-2 所示。

图 6-1-2 【路径】调板

6.1.3 路径调板中的基本操作

熟悉路径调板中的基本操作有利于我们顺利地完成各项路径的编辑，提高我们的处理速度。

● 选择路径　直接单击【路径】调板中相应的路径名，一次只能选择一条路径，选中后路径呈蓝色。
● 取消选择路径　单击【路径】调板中的空白区域或按【Esc】键。
● 更改路径缩览图的大小　单击【路径】调板菜单中选取【调板选项】，然后选择大小或选择【无】关闭缩览图显示。
● 更改路径的堆叠顺序　在【路径】调板中选择该路径，然后按住鼠标左键上下拖移该路径。当所需位置上出现黑色的实线时，释放鼠标。

【路径】调板中矢量蒙版或工作路径的顺序不能更改。

6.1.4 关于形状和路径

矢量图形是使用形状或钢笔工具绘制的直线和曲线。矢量形状与分辨率无关，因此，它们在调整大小、打印到 PostScript 打印机、存储为 PDF 文件或导入到基于矢量的图形应用程序时，会保持清晰的边缘，不会出现锯齿现象。

路径是可以转换为选区或者使用颜色填充和描边的轮廓。形状的轮廓是路径。通过编辑路径的锚点，可以很方便地改变路径的形状。

在 Photoshop 中使用形状工具时，可以使用三种不同的模式进行绘制。在选定形状或钢笔工具时，可通过选择选项栏中的图标来选取一种模式。

● 形状图层　在单独的图层中创建形状。可以使用形状工具或钢笔工具来创建形状图层。因为可以方便地移动、对齐、分布形状图层以及调整其大小，所以形状图层非常适于为 Web 页创建图形。在 Photoshop 中，可以选择在图层中绘制多个形状。形状图层包含定义形状颜色的填充图层以及定义形状轮廓的链接矢量蒙版。形状轮廓是路径，它出现在【路径】调板中。
● 路径　在当前图层中绘制一个工作路径，可随后使用它来创建选区、创建矢量蒙版，或者使用颜色填充和描边以创建栅格图形。工作路径是一个临时的路径，可以将它存储起来转变为路径，路径出现在【路径】调板中。

- 填充像素　直接在图层中绘制，与绘画工具的功能非常类似，在此模式下工作时，不会创建矢量图形。使用填充像素绘制就像处理任何栅格图像一样来处理绘制的形状，但是在此模式下不能使用钢笔工具。

6.2 路径的创建

使用路径功能，我们可以方便地创建和保存一些复杂的选择区域以备将来的重复使用。在 Photoshop 里创建和保存路径就像创建和保存图层一样简单，使用起来也非常方便。

路径可以用选框工具组、套索工具组、魔棒工具组创建选区然后转换为路径，也可以直接使用钢笔工具组及形状工具组等创建。

6.2.1 选择工具

使用【选择工具】可以创建规则的路径，也可以创建一些不规则的路径，它的创建方式不是直接创建，而是通过创建选区，然后再利用选区的形状创建路径，创建的路径形状与选区一样。

使用【选择工具】创建路径的方法有：

- 使用鼠标右键，在鼠标右键弹出的对话框中选择【建立工作路径】命令。
- 使用【路径】调板，单击【从选区生成工作路径】按钮。
- 使用【路径】调板，单击调板右上角带三横的小三角按钮，从弹出的菜单中选择【建立工作路径】命令。

经典实例

利用【选择工具】创建一条工作路径，并将其存储为一般路径。

01　打开【光盘：源文件\第 6 章\玫瑰相思.jpg】。

02　选择【矩形选框工具】，在图像上按住鼠标左键，拖动鼠标，创建一个选区，如图 6-2-1 所示。

03　在图像上单击鼠标右键，弹出可以对选区操作的命令菜单，如图 6-2-2 所示。

图 6-2-1　创建选区

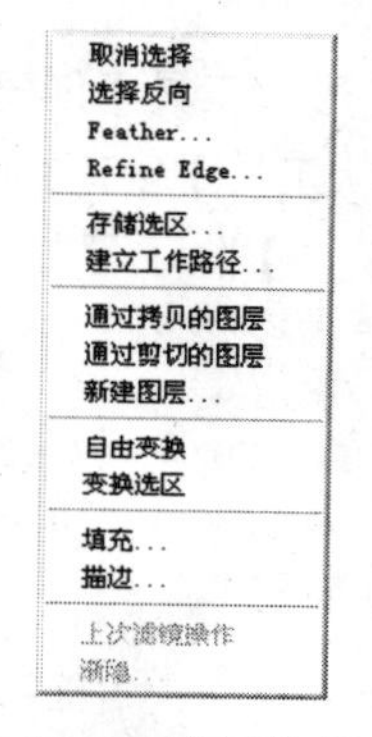

图 6-2-2　选区的菜单

04 单击执行【建立工作路径】命令，打开【建立工作路径】对话框，如图 6-2-3 所示。

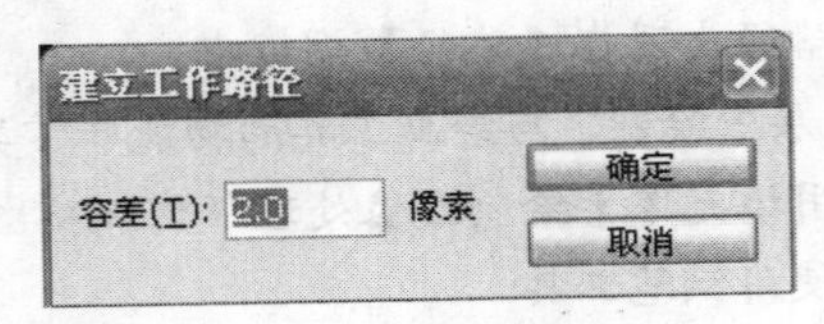

图 6-2-3 【建立工作路径】对话框

05 在【容差】文本框设置颜色选取范围，选取值在 0～255 之间，这里我们用默认值 2。

06 单击【确定】按钮，工作路径建立成功，这时在【路径】调板上会出现一个工作路径，如图 6-2-4 所示。

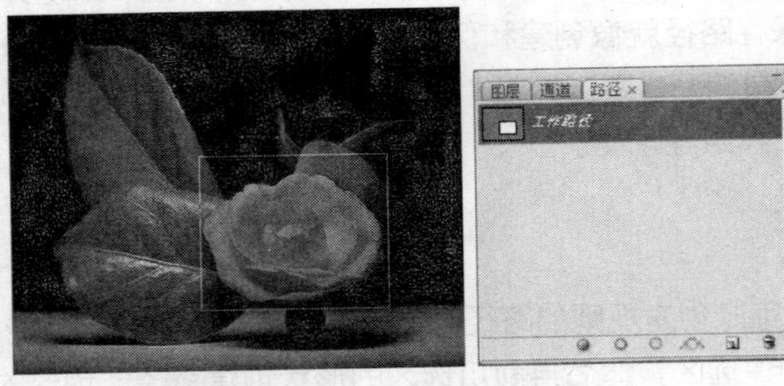

图 6-2-4 建立工作路径

07 双击【路径】调板中的工作路径，弹出【存储路径】对话框，如图 6-2-5 所示。

08 单击【确定】按钮，路径创建完成，【路径】调板上的工作路径转换为普通路径，如图 6-2-6 所示。

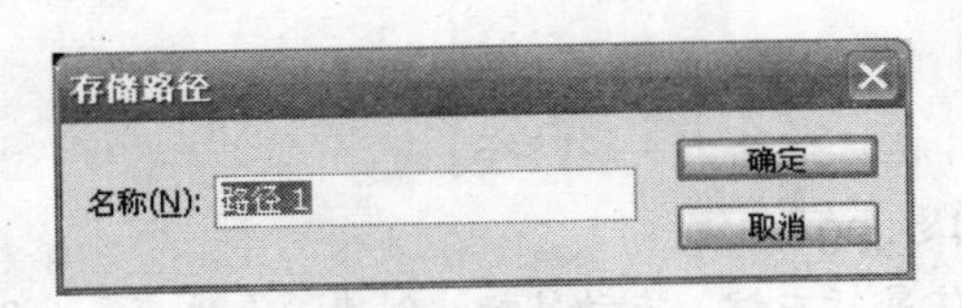

图 6-2-5 【存储路径】对话框

图 6-2-6 建立路径

6.2.2 形状工具

利用【形状工具】创建路径是一种比较常用的方法，创建方法比较简便，能直接创建而不用转换，【形状工具】创建的路径都是工作路径。【形状工具】创建路径时可以选择不同的形状，当然【形状工具】除了可以建立工作路径外还可以建立像素填充和矢量蒙版。

下面我们介绍【形状工具】创建路径。

1．绘制形状

【光盘：源文件\第 6 章\绘制形状.PSD】

利用自定义形状工具绘制一个心形图形，并添加一种样式。

01 打开【光盘：源文件\第 6 章\圣诞节.jpg】。

02 选择【自定形状工具】按钮，在工具属性栏中选择【路径】按钮。

03 单击形状的下拉按钮，选择心形，如图 6-2-7 所示。

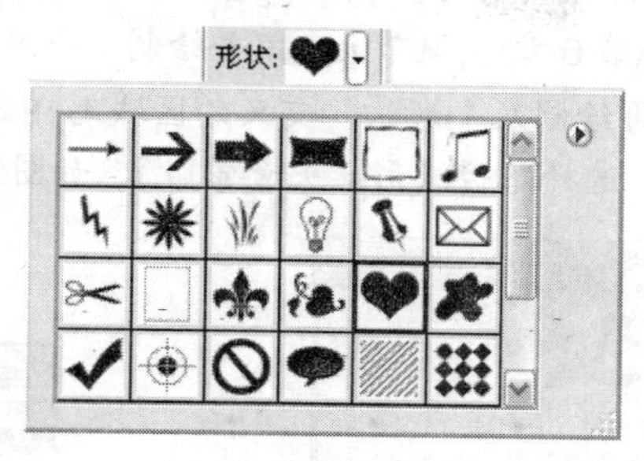

图 6-2-7 选择形状

04 单击颜色处的【设置新图层颜色】矩形框，选择红色，设置后的属性栏如图 6-2-8 所示。

图 6-2-8 【形状工具】属性栏

05 按住鼠标左键在图像中拖动，绘出图形，这时路径上会产生一个矢量蒙版，如图 6-2-9 所示。

图 6-2-9 绘制音符

06 单击属性栏中【样式】的下拉按钮，打开样式，如图 6-2-10 所示。

07 选择样式后图层中的音符图像如图 6-2-11 所示。

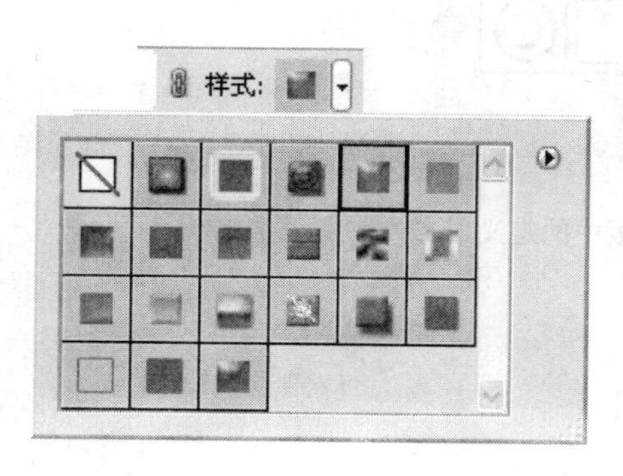

图 6-2-10 选择样式

图 6-2-11 应用样式后

2. 存储形状

【光盘：源文件\第 6 章\存储形状.PSD】

在一个图层绘制多个形状，并将形状存储起来。

01　打开【光盘：源文件\第 6 章\圣诞节.jpg】，并绘制一个音符形状，然后在属性栏选择【重叠形状区域除外】按钮，再绘制几个形状，交叉的区域无样式，如图 6-2-12 所示。

02　打开【路径】调板，选择路径【形状矢量蒙版】，如图 6-2-13 所示。

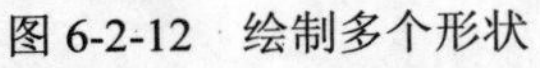
图 6-2-12　绘制多个形状

图 6.-2-33　选择矢量蒙版

03　执行【编辑】|【定义自定形状】菜单命令，打开【形状名称】对话框，如图 6-2-14 所示。

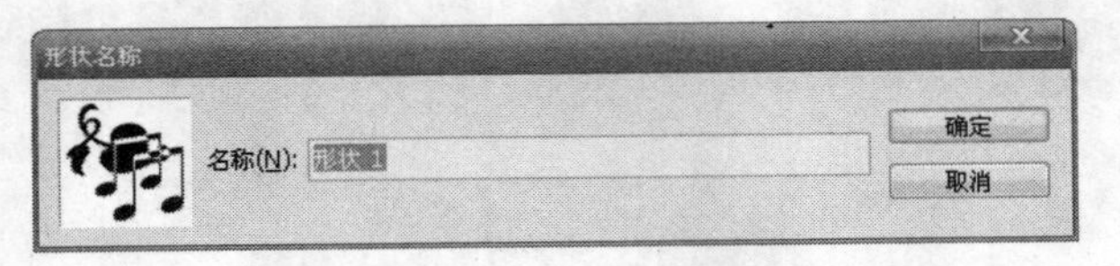

图 6-2-14　【形状名称】对话框

04　在【名称】文本框输入名称【圣诞快乐】，单击【确定】按钮，图形保存到【形状】的下拉列表面板，如图 6-2-15 所示。

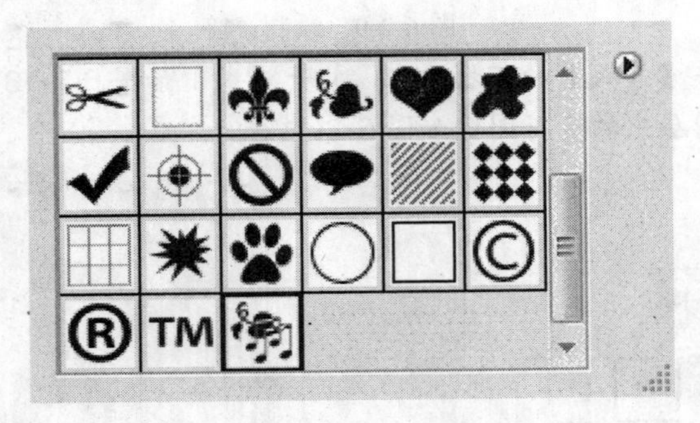

图 6-2-15　【形状】面板中的定义形态

3. 以图形创建路径

下面的操作都以前面的操作为基础操作。

【光盘：源文件\第 6 章\以图形创建路径.PSD】

绘制一种形状并以该形状建立路径。

01　打开【光盘：源文件\第 6 章\玫瑰相思.jpg】，如图 6-2-16 所示。

02　选择【自定形状工具】，在属性栏选择自定的形状【圣诞快乐】，选择一种样式。

03　在图像上绘制图形，如图 6-2-17 所示。

04　打开【路径】调板，选择矢量蒙版，单击鼠标右键，弹出蒙版操作菜单，如图 6-2-18 所示。

05　在弹出的菜单中选择【建立选区】命令，打开【建立选区】对话框，如图 6-2-19 所示。

图 6-2-16　打开图像

图 6-2-17　绘制自定图形

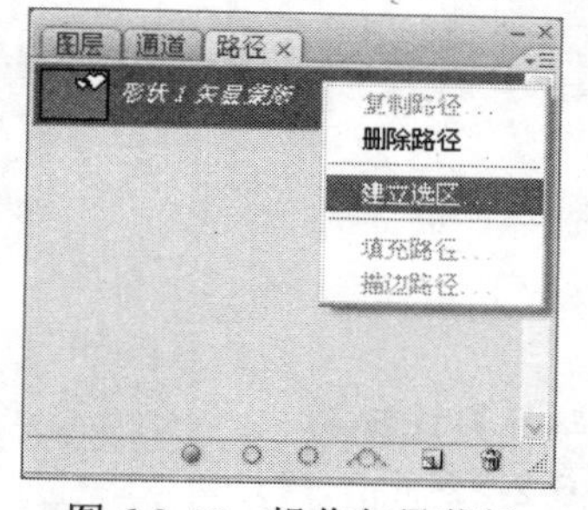

图 6-2-18　操作矢量蒙版

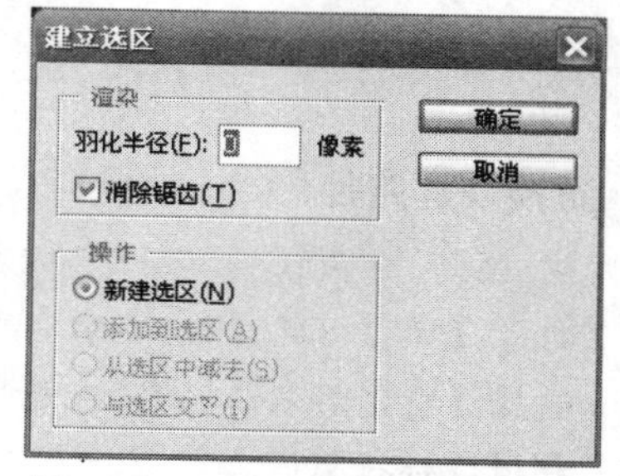

图 6-2-19　【建立选区】对话框

06　在【羽化半径】文本框中输入像素值 1，单击【确定】按钮，图像上出现选区，如图 6-2-20 所示。

图 6-2-20　形状转换为选区

07　在【路径】调板上单击【从选区生成工作路径】按钮，图形被转换为工作路径，移开图形即可看见新的路径，如图 6-2-21 所示。

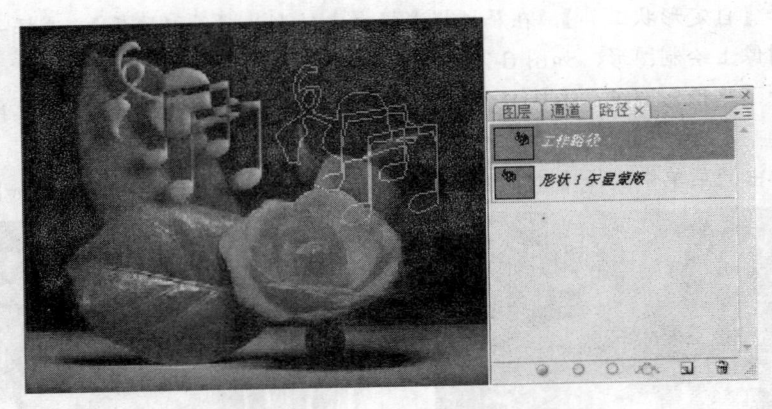

图 6-2-21　转换为工作路径

小知识

在用图形创建路径时也可以选择【路径】调板上图形的矢量蒙版，单击调板上右上角带三横的小三角按钮，在弹出的菜单中选择【存储路径】命令，将蒙版转换为普通路径。

4．直接创建路径

【光盘：源文件\第 6 章\以图形创建路径.PSD】

01　打开【光盘：源文件\第 6 章\甄洛.jpg】。

02　选择【自定形状工具】，在属性栏上单击选择【路径】按钮。

03　利用鼠标在图像上作图——“圣诞快乐”，如图 6-2-22 所示。

图 6-2-22　直接创建工作路径

6.2.3　钢笔工具组

钢笔工具组中【钢笔工具】和【自由钢笔工具】都可以用于路径的创建，利用它们可以绘制出直线或平滑流畅的曲线，在使用这些工具时再配合形状工具组中的工具，可以创建复杂的形状。

钢笔工具组的功能有：

- 可以用于绘制矢量图形，创建矢量蒙版。
- 可以直接在图像上绘图，而不产生图层。
- 可以直接用于绘制路径，将路径转换为选区。

经典实例

1. 绘制图形

用【钢笔工具】绘制图形的步骤：

01 打开【光盘：源文件\第 6 章\蝶恋花.jpg】。

02 单击选择【钢笔工具】按钮，在属性栏单击【形状图层】按钮，选择一种样式和一种颜色。

03 用变为【钢笔笔尖】的鼠标在图像中单击定义第一个锚点。

04 直接单击绘制其他锚点，在绘制一些锚点后按住鼠标左键拖动，绘制一些曲线，如图 6-2-23 所示。

05 按【Enter】键确认输入图形，所有锚点消失，如图 6-2-24 所示。

图 6-2-23　绘制形状

图 6-2-24　输入形状

2. 绘制路径

直接用【钢笔工具】绘制闭合或不闭合的路径。

01 打开【光盘：源文件\第 6 章\蝶恋花.jpg】，在工具箱中选择【钢笔工具】。

02 单击【钢笔工具】属性栏中的【路径】按钮。

03 为了方便绘图时可以预览路径段，单击属性栏中【自定形状工具】右边的下拉按钮，打开【钢笔选项】设置面板，选择【橡皮带】选框，如图 6-2-25 所示。

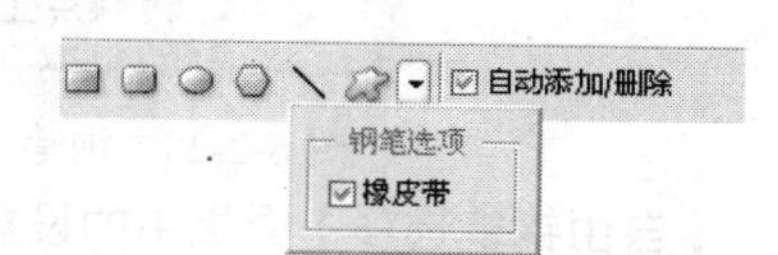

图 6-2-25　【钢笔选项】面板

04 在图像上定位锚点绘制图形，按【Enter】键输入路径，图像上路径消失，在【路径】调板重新选中路径，图像上将显示创建的工作路径，如图 6-2-26 所示。

图 6-2-26　闭合与不闭合路径

05　绘制一条直线，向绘制曲线的方向按住鼠标左键拖出一条直线，继续锚下一个点，图像上将出现曲线，如图 6-2-27 所示。

图 6-2-27　绘制曲线

3. 使用【自由钢笔工具】绘图

01　新建一个 RGB 文件。

02　右键单击工具箱中的【钢笔工具】，选择【自由钢笔工具】按钮，如图 6-2-28 所示。

03　单击属性栏中的【自定形状工具】右边的小三角形按钮，打开【自由钢笔选项】面板，如图 6-2-29 所示。

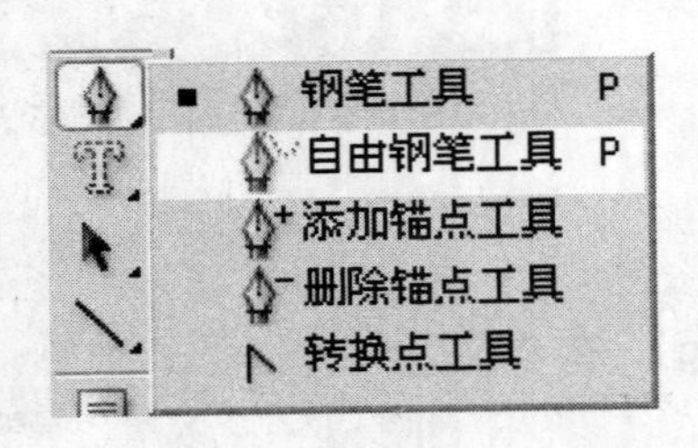

图 6-2-28　钢笔工具组

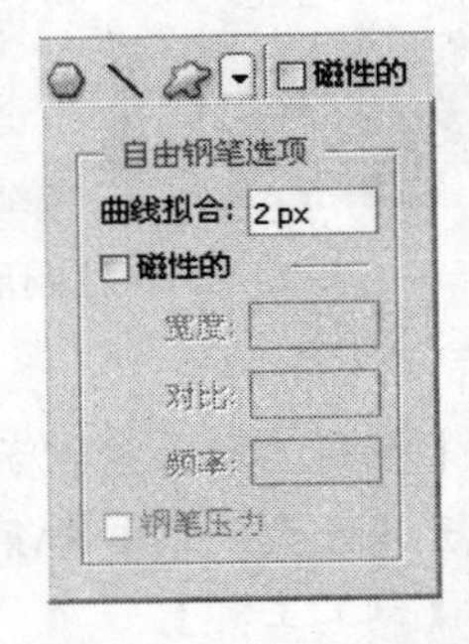

图 6-2-29　【自由钢笔选项】面板

【自由钢笔选项】面板中的设置如下：

- 【曲线拟合】　控制最终路径对鼠标或光笔移动的灵敏度。其值越高，创建的路径锚点越少，路径越简单。
- 【磁性的】　用于绘制与图像中定义区域的边缘对齐的路径。可以定义对齐方式的范围和灵敏度，以及所绘路径的复杂程度。
- 【宽度】　磁性钢笔只检测距指针指定距离内的边缘。范围是 1～256 之间的像素值。
- 【对比】　指定将该区域看作边缘所需的像素对比度。范围为 1～100 之间的百分比值，此值越高，图像的对比度越低。
- 【频率】　指定钢笔设置锚点的密度。范围是 0～100 之间的值，此值越高，路径锚点的密度越大。
- 【钢笔压力】　使用光笔绘图板时，钢笔压力的增加将使宽度减小。

04　在【曲线拟合】文本框输入像素值。

05　按住鼠标左键，在新建文件中绘制图形，绘制完成时松开鼠标即可，如图 6-2-30 所示。

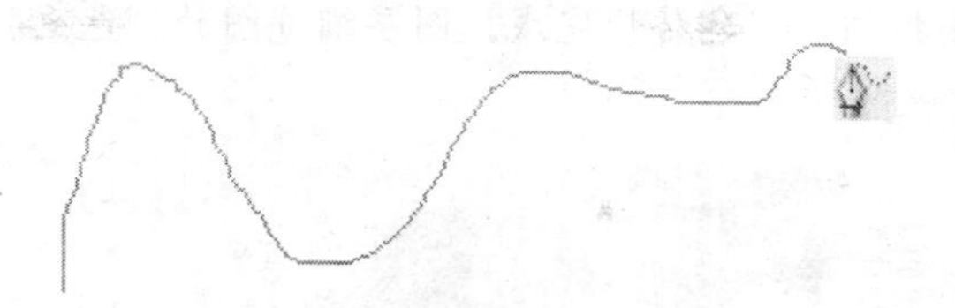

图 6-2-30　绘制图形

6.2.4　编辑形状

形状是链接到矢量蒙版的填充图层，通过编辑形状的填充图层，可以很容易地改变形状的轮廓，也可以将其填充更改为其他颜色、图案或渐变。下面我们介绍形状的编辑。

经典实例

1．更改颜色

【光盘：源文件\第 6 章\更改颜色.PSD】

更改颜色的操作步骤如下：

01　打开【光盘：源文件\第 6 章\水果.jpg】，选择【自定形状工具】在图像上绘制一个图形，如图 6-2-31 所示。

02　打开【图层】调板，双击【图层】调板中形状图层的【图层缩览图】，如图 6-2-32 所示。

图 6-2-31　绘制图形

图 6-2-32　双击【图层缩览图】

03　双击【图层缩览图】后会弹出【拾取实色】对话框，在对话框中选择一种颜色，如图 6-2-33 所示。

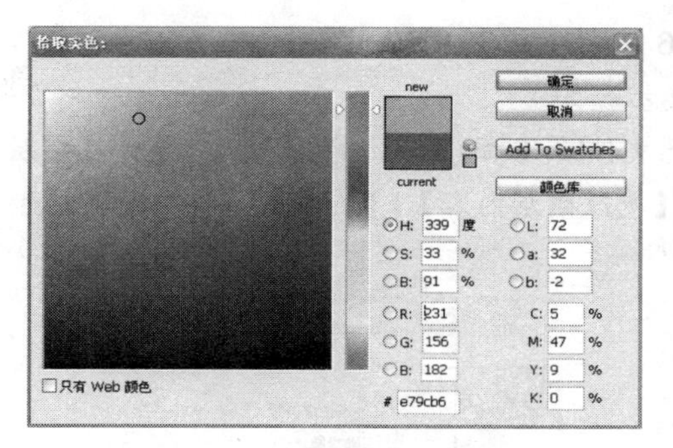

图 6-2-33　选择颜色

新手学 Photoshop CS3 图像处理实例完美手册

04　单击【确定】按钮，颜色替换完成。图层缩览图的颜色也将变为新更改的颜色，如图 6-2-34 所示。

图 6-2-34　颜色更改

2．渐变填充形状

【光盘：源文件\第 6 章\渐变填充形状.PSD】

使用渐变填充的操作步骤如下：

01　打开【光盘：源文件\第 6 章\更改颜色.PSD】，打开【图层】调板，选择将要填充的形状图层。

02　执行【图层】|【更改图层内容】|【渐变】命令，打开【渐变填充】对话框，如图 6-2-35 所示。

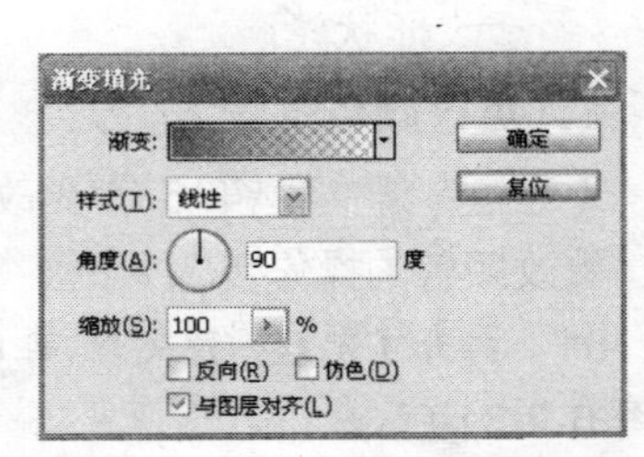

图 6-2-35　【渐变填充】对话框

03　单击【渐变】的下拉列表按钮，选择一种渐变方式，在【样式】处选择一种样式设置其他选项。

04　单击【确定】按钮，得到的渐变效果如图 6-2-36 所示。

图 6-2-36　渐变效果

3．图案填充

【光盘：源文件\第 6 章\图案填充.PSD】

使用图案填充的操作步骤如下：

01　打开【光盘：源文件\第 6 章\更改颜色.PSD】，打开【图层】调板，选择形状图层。

02　执行【图层】|【更改图层内容】|【图案】菜单命令，打开【图案填充】对话框，如图 6-2-37 所示。

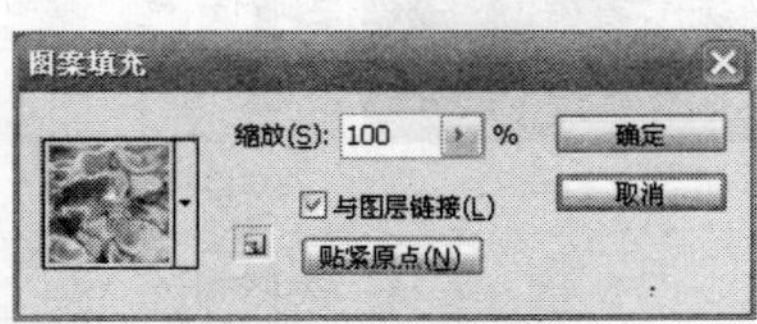

图 6-2-37　【图案填充】对话框

03　选择一种图案，设置其他选项的参数。

04　单击【确定】按钮，得到的图案效果如图 6-2-38 所示。

图 6-2-38　图案效果

4．修改形状轮廓

【光盘：源文件\第 6 章\修改形状轮廓.PSD】

修改形状轮廓的操作步骤如下：

01　打开【光盘：源文件\第 6 章\更改颜色.PSD】，打开【图层】调板，选择形状图层。

02　将【图层】调板切换到【路径】调板并单击选中调板中的矢量蒙版缩览图。

03　单击工具箱中的【直接选择工具】按钮。

04　将鼠标指针移动到图像中的形状边缘上，按住鼠标左键拖移出自己需要的效果，在图像上单击输入修改，如图 6-2-39 所示。

图 6-2-39　修改轮廓

6.3　路径的管理

当使用【钢笔工具】或【形状工具】创建工作路径时，新的路径以工作路径的形式出现在【路径】调板中。工作路径是临时的，必须存储它以免丢失其内容。如果没有存储便取消选择了的工作路径，当再次开始绘图时，新的路径将取代现有路径。

6.3.1　【路径】调板缩览图更改

在使用 Photoshop 应用路径操作时，如果对【路径】缩览图的大小不满意的话，可以对其大小进行修改。更改【路径】调板的【路径】缩览图的操作步骤如下：

经典实例

01 单击【路径】调板右上角后面带有三横的小三角按钮，弹出调板菜单。

02 从弹出的菜单中选择【调板选项】命令，打开【路径调板选项】对话框，如图 6-3-1 所示。

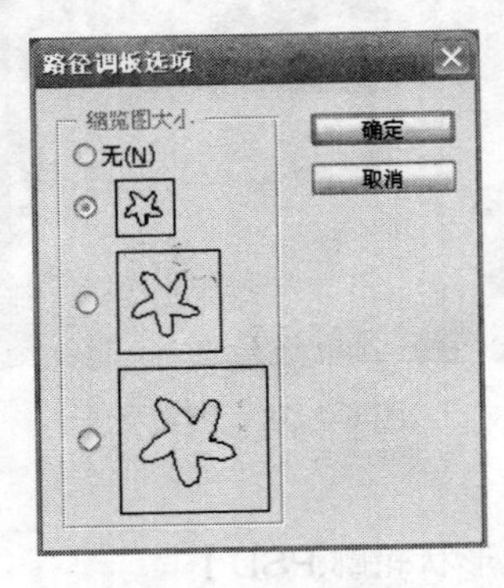

图 6-3-1 【路径调板选项】对话框

03 选择合适的缩览图大小，单击【确定】按钮完成更改。

小知识

在使用【路径】调板改变缩览图大小时也可以在【路径】调板的空白处单击鼠标右键，并在弹出的菜单中选择大小，如图 6-3-2 所示。

图 6-3-2 选择路径缩览图大小

6.3.2 用【路径】调板创建路径

在【路径】调板中可以创建新的路径，所创建的新路径都不是临时路径，创建方法也有几种。下面我们介绍创建路径的操作步骤：

经典实例

01 打开【光盘：源文件\第 6 章\戒指.jpg】。

02 打开【路径】调板，单击调板右上角后面带有三横的小三角按钮，弹出调板菜单。

03 在弹出的菜单中选择【新建路径】命令，打开【新建路径】对话框，如图 6-3-3 所示。

04 输入路径名，单击【确定】按钮，即可完成创建，如图 6-3-4 所示。

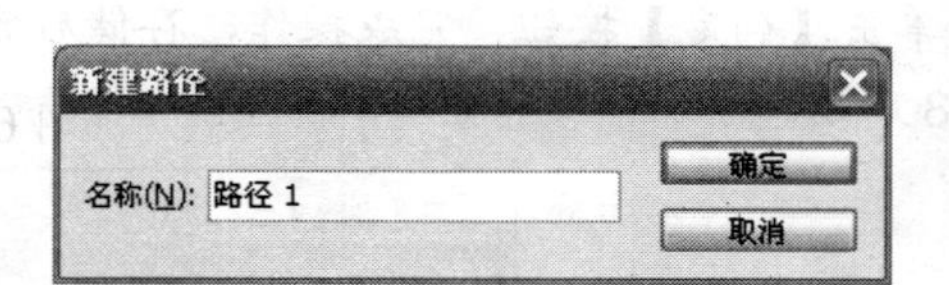

图 6-3-3　【新建路径】对话框

图 6-3-4　创建新路径

创建【路径】调板可以使用【路径】调板右下方的【创建新路径】按钮，直接单击该按钮创建路径时系统将新创建的路径自动命名为【路径 1】，也可以按住【Alt】键，并单击【创建新路径】按钮打开【新建路径】对话框为路径命名。

6.3.3　存储工作路径

工作路径是临时的路径，可以通过存储将它转化为普通路径。存储路径的操作步骤如下：

经典实例

【光盘：源文件\第 6 章\存储工作路径.PSD】

01　打开【光盘：源文件\第 6 章\玫瑰.jpg】，如图 6-3-5 所示。

图 6-3-5　打开图像文件

02　选择工具箱中的【钢笔工具】或【形状工具】，单击工具属性栏中的【路径】按钮，设置其他参数。

03　在图像窗口绘制路径，这时在【路径】调板上会产生一个工作路径，如图 6-3-6 所示。

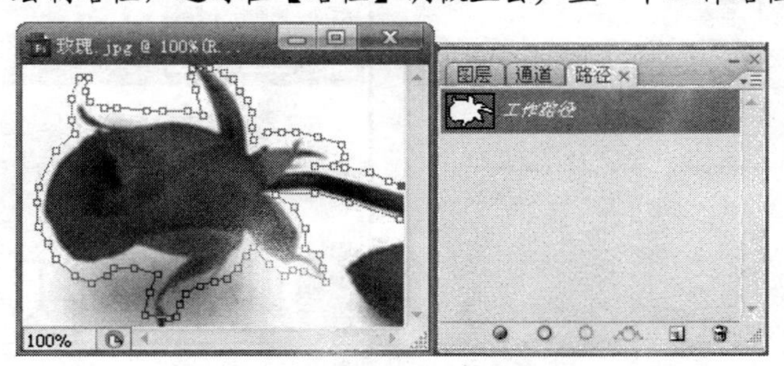

图 6-3-6　创建工作路径

04　单击【路径】调板右上角后面带有三横的小三角按钮，从弹出调板菜单中选择【存储路径】命令，打开【存储路径】对话框，如图 6-3-7 所示。

05　在【名称】文本框输入路径名称，单击【确定】按钮，完成操作，存储后的路径名称字体与原工作路径字体有所不同，如图 6-3-8 所示。

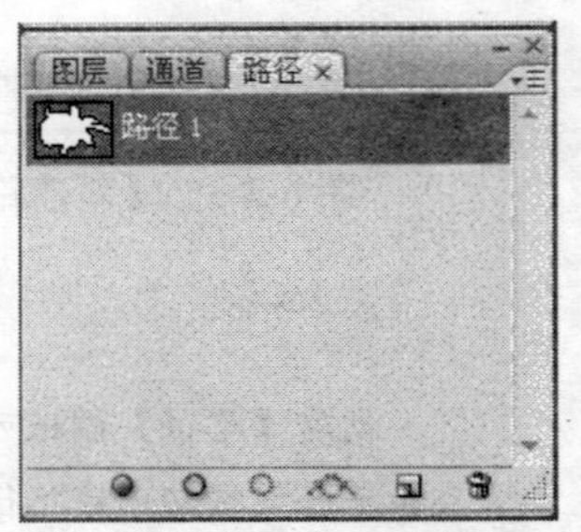

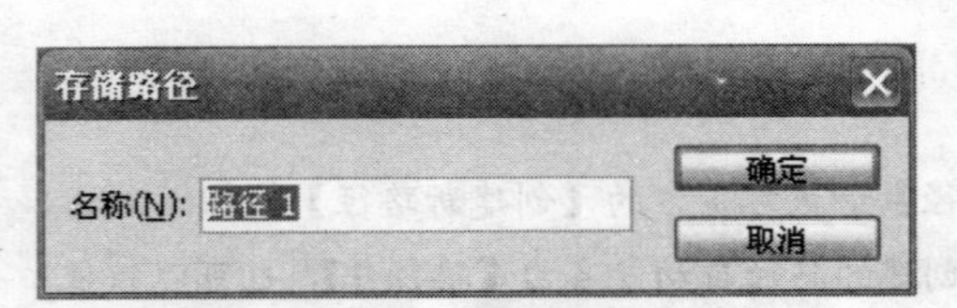

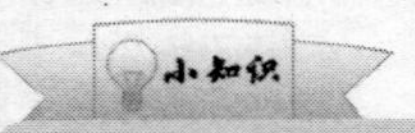

图 6-3-7　【存储路径】对话框　　　图 6-3-8　存储后的路径

小知识

存储工作路径也可以直接双击工作路径，打开【存储路径】对话框，或选中工作路径，按住鼠标左键，将路径拖到调板底部的【创建新路径】按钮上，系统将自动生成路径的名称。按下【Alt】键拖动时也可以打开【存储路径】对话框。

6.3.4　重命名存储路径

路径可以重新命名，在操作时为了方便我们区分各种路径，可以对它们进行重新命名，工作路径在存储之前不能修改其名称。重命名的操作步骤如下：

经典实例

【光盘：源文件\第 6 章\重命名存储路径.PSD】

01　打开【光盘：源文件\第 6 章\存储工作路径.PSD】，然后打开【路径】调板，双击将要重命名的路径，在路径名称处将会出现一个文本框。

02　在文本框输入要改为的名称，单击空白处或按【Enter】键输入，重命名完成，如图 6-3-9 所示。

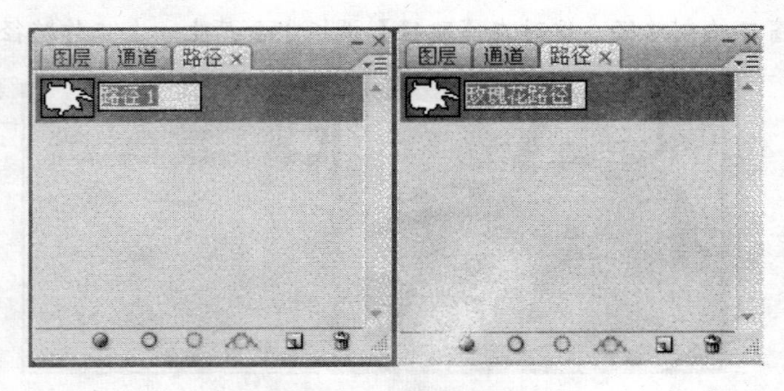

图 6-3-9　重命名路径

6.3.5　路径的删除

当我们不再需要一个路径的时候，我们可以将其删除。删除路径的操作步骤如下：

经典实例

01　打开【光盘：源文件\第 6 章\重命名存储路径.PSD】，然后打开【路径】调板，选中将要删除的路径。

02　单击鼠标右键，从弹出的菜单中选择【删除路径】命令，如图 6-3-10 所示。

小知识

删除路径的其他方法：

删除路径可以在选中路径后单击调板中的【删除当前路径】按钮，在弹出的对话框中单击【是】按钮。

将鼠标移动到要删除的路径上，按住鼠标左键直接拖到调板的【删除当前路径】按钮上删除。

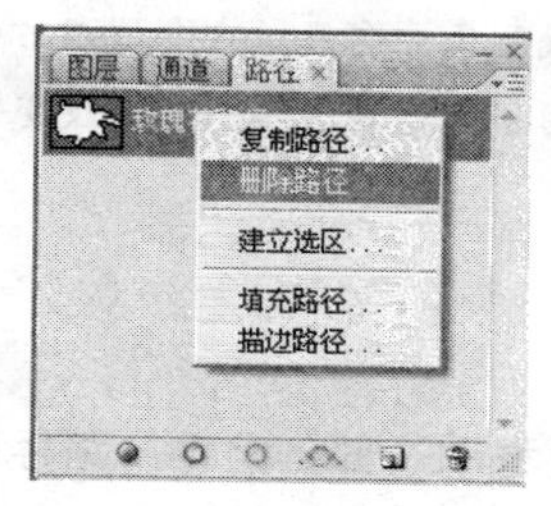

图 6-3-10　删除路径命令

6.4　路径的编辑

在 Photoshop CS3 中也可以对路径进行移动、调整、删除等许多编辑操作。下面我们就将介绍这些操作。

6.4.1　选择路径

选择路径组件或路径段将显示选中部分的所有锚点，包括全部的方向线和方向点（如果选中的是曲线段）。方向点显示为实心圆，选中的锚点显示为实心方形，而未选中的锚点显示为空心方形。

经典实例

01　单击选择【路径选择工具】，单击路径组件中的任何位置选择路径组件，或选择【直接选择工具】，并单击段上的某个锚点，或在段的一部分上拖移选框，选择路径段。如果路径由几个路径组件组成，则只有指针所指的路径组件被选中。

02　要选择其他的路径组件或段，可选择【路径选择工具】或【直接选择工具】，然后按住【Shift】键并选择其他的路径或段。选择路径段时被选择的段的锚点为实心，如图 6-4-1 所示。

图 6-4-1　用【直接选择工具】选择路径段

小知识

关于路径段、组件和点：

路径由一个或多个直线段或曲线段组成。锚点标记路径段的端点。在曲线段上，每个选中的锚点显示一条或两条方向线，方向线以方向点结束。方向线和方向点的位置决定曲线段的大小和形状。移动这些图素将改变路径中曲线的形状。

6.4.2　移动路径

路径可以整体移动，也可以只移动一部分组件、路径段或者点。

经典实例

移动路径的操作步骤为：

1．整体移动路径

01　选择【路径选择工具】，将鼠标移动到图像的路径上。

02　按住鼠标左键拖移路径，并将路径移到合适的位置即可，如图 6-4-2 所示。

图 6-4-2　移动路径

2．移动路径段或点

01　选择【直接选择工具】选择一个路径段。

02　在选择的路径段上按住鼠标左键，拖动鼠标即可，如图 6-4-3 所示。

图 6-4-3　移动路径段

提示

移动路径段会改变路径。

6.4.3　删除路径段

利用【直接选择工具】或【删除锚点工具】可以删除路径段或删除路径点。

【直接选择工具】或【删除锚点工具】删除路径的方法如下：

经典实例

01　选择【直接选择工具】选择要删除的路径段或点，然后按【Backspace】键，删除完成。这时，如果删除的路径段或点是闭合的路径，删除后路径将成为不闭合的状态，如图 6-4-4 所示。

图 6-4-4　删除闭合路径段

02　选择【删除锚点工具】直接单击要删除的锚点即可。这时，如果删除的路径段或点是闭合的路径，删除后路径依旧是闭合的，如图 6-4-5 所示。

图 6-4-5　删除闭合路径段

6.4.4 添加锚点

添加锚点可以使路径更加精确，更加方便修改路径。

添加锚点的操作步骤如下：

01 选择【添加锚点工具】，并将指针放在要添加锚点的路径上。

02 单击路径添加锚点，此方法不更改线段的形状；或拖移以定义锚点的方向线，此方法会更改线段的形状。

提示

如果已在【钢笔工具】或【自由钢笔工具】的选项栏中选择了【 自动添加/删除】，则在单击直线段时，将会添加锚点，而在单击现有锚点时，则会将该锚点删除。

6.4.5 复制路径组件或路径

如果我们需要相同的路径时可以选择复制路径，复制路径的方法如下：

- 要在移动路径组件时拷贝它，请在【路径】调板中选择路径名，并使用路径选择工具点按路径组件。然后按住【Alt】键并拖移所选路径。
- 要拷贝路径但不重命名它，可将【路径】调板中的路径名拖移到调板底部的【新路径】按钮。
- 要拷贝并重命名路径，请按住【Alt】键，将【路径】调板中的路径拖移到调板底部的【新路径】按钮。或选择要拷贝的路径，然后从【路径】调板菜单中选取【复制路径】。在【复制路径】对话框中输入路径的新名称，并单击【确定】按钮。
- 要将路径或路径组件拷贝到另一路径中，请选择要拷贝的路径或路径组件并选取【编辑】|【拷贝】。然后选择目标路径，并选取【编辑】|【粘贴】。

6.4.6 将选区转换为路径

使用选择工具创建的任何选区都可以定义为路径。【建立工作路径】命令可以消除选区上应用的所有羽化效果。它还可以根据路径的复杂程度和在【建立工作路径】对话框中选取的容差值来改变选区的形状。

转换路径的操作步骤如下：

经典实例

01 打开【光盘：源文件\第 6 章\玫瑰.jpg】，在工具箱中单击一个选择工具，建立一个选区，如图 6-4-6 所示。

02 单击【路径】调板底部的【从选区生成工作路径】按钮，或按住 Alt 键并点击【路径】调板底部的【从选区生成工作路径】按钮，从【路径】调板菜单中选取【建立工作路径】。

03　打开【建立工作路径】对话框，设置容差，或使用默认值。如图 6-4-7 所示。

图 6-4-6　创建选区

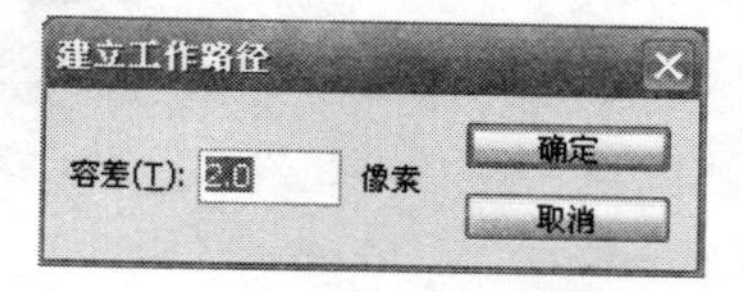

图 6-4-7　【建立工作路径】对话框

容差值的范围为 0.5 ~ 10 之间的像素，用于确定【建立工作路径】命令对选区形状微小变化的敏感程度。容差值越高，用于绘制路径的锚点越少，路径也越平滑。如果路径用作剪贴路径，并且在打印图像时遇到问题，则应使用较高的容差值。

04　单击【确定】按钮，路径出现在【路径】调板的底部，如图 6-4-8 所示。

路径与选区的不同之处在于选区为闪动的虚线，而路径是矢量的实线。

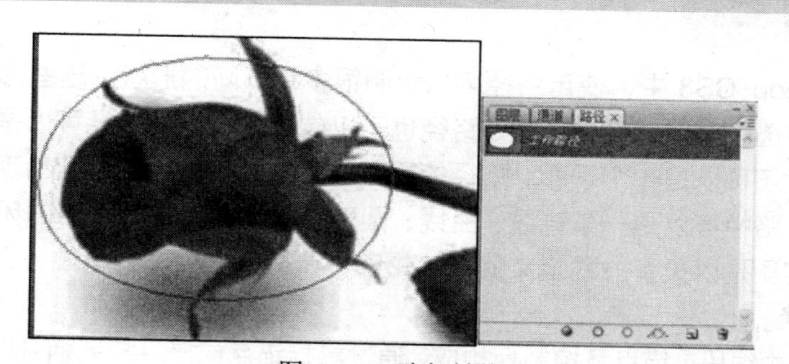

图 6-4-8　路径转换

6.4.7　变换路径

路径可以翻转、放大、缩小等，以改变路径的大小和形状。

经典实例

变换路径的操作步骤如下：

01　打开【光盘：源文件\第 6 章\玫瑰.jpg】，然后建立一条路径。

02　执行【编辑】|【自由变换路径】菜单命令，添加自由变换框，如图 6-4-9 所示。

03　利用鼠标在变换框的边缘拖动，变换路径，如图 6-4-10 所示。

04　按【Enter】键输入变换，或单击属性栏的输入按钮✓。

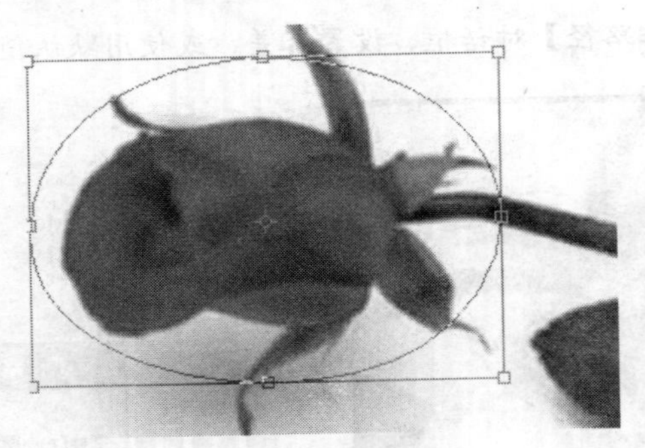

图 6-4-9　变换路径框

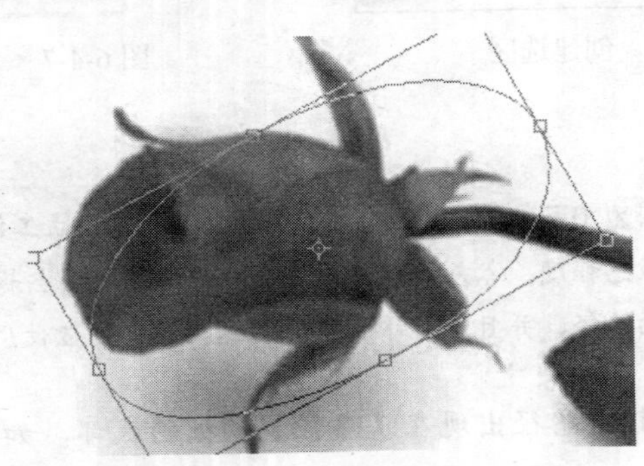

图 6-4-10　变换路径

本章总结

在 Photoshop CS3 中，使用路径可以绘制很多种不同的形状，这些形状可以转换为选区进行编辑。各种选区可以转换成路径，路径也可以转换为选区，路径可以是闭合的，也可以是不闭合的，甚至还可以是一个平面。路径的图形是矢量的，放大后不会出现锯齿现象，其精细度也不会改变。路径可以是一条直线、曲线、圆形、矩形或者是一任意的闭合或不闭合的特殊形状的线条。实质是以矢量方式定义的线条轮廓，具有矢量图形的特性，容易被编辑，也容易控制曲线的形状。

【路径】是由线段、锚点及控制柄构成，通过鼠标锚点或操纵控制柄可以任意改变路径的形状。使用路径功能，我们可以方便地创建和保存一些复杂的选择区域以备将来的重复使用。

当使用【钢笔工具】或【形状工具】创建工作路径时，新的路径以工作路径的形式出现在【路径】调板中。工作路径是临时的，必须存储它以免丢失其内容。如果没有存储便取消选择了的工作路径，当再次开始绘图时，新的路径将取代现有路径。

有问必答

问：在本章中，我们介绍了将选区转化成路径，那么我们可不可以对路径进行转化？又应该如何转化呢？

答：我们可以对路径进行转化，路径提供平滑的轮廓，可以将它们转换为精确的边框。即选区边框，也可以使用【直接选择工具】进行微调，将选区边框转换为路径。任何闭合路径都可以定义为选区边框。可以从当前的选区中添加或减去闭合路径，也可以将闭合路径与当前的选区结合。可以使用当前设置将路径转换为选区边框，首先在【路径】调板中选择路径。然后单击【路径】调板底部的【将路径作为选区载入】按钮或在 Windows 下按住【Ctrl】键并单击【路径】调板中的路径缩览图，完成路径的转化。

巩固练习

选择题

1．以下不属于路径的实质的是（　　）。

A．以矢量方式定义的线条轮廓　　B．具有矢量图形的特性，容易被编辑

C．具有新建选区的功能　　D．也容易控制曲线的形状

2．路径调板中顺序不能更改的是（　　）。

A．填充路径　　B．矢量蒙版

C．工作路径　　D．B 和 C

3．利用【形状工具】创建路径是一种比较常用的方法，创建方法比较简便，能直接创建而不用转换，【形状工具】创建的路径都是（　　）。

A．工作路径　　B．填充路径

C．描边路径　　D．简单路径

4．下列选项中不属于钢笔工具组的功能的是（　　）。

A．可以用于绘制矢量图形，创建矢量蒙版

B．可以直接在图像上绘图，而不产生图层

C．可以在直接选定图层后，改变透明度等操作的图层

D．可以直接用于绘制路径，将路径转换为选区

5．以下自由钢笔选项中，表示它的值越高，创建的路径锚点越少，路径越简单，并能控制最终路径对鼠标或光笔移动的灵敏度的是（　　）。

A．钢笔压力　　B．频率

C．对比　　D．曲线拟合

填空题

1．在 Photoshop 中路径可以是________、________、________、________或者是一任意的________或________的特殊形状的线条。

2．路径调板中的基本操作有________、________、________、________四种，其中________它一次只能选择一条路径，选中后路径呈蓝色。

3．路径是由________、________及________构成，通过鼠标锚点或操纵控制柄可以任意改变路径的形状。

4. 路径可以用__________、__________、__________组创建选区然后转换为路径，也可以直接使用钢笔工具组及形状工具组等创建。

5. 钢笔工具组中__________和__________都可以用于路径的创建，利用它们可以绘制出直线或平滑流畅的曲线，在使用这些工具时再配合形状工具组中的工具，可以创建复杂的形状。

判断题

1. 在图像上【定位锚点】绘制图形，按【Tab】键输入路径，图像上路径消失。（ ）

2. 利用【形状工具】创建路径是一种比较常用的方法，创建方法比较简便，能直接创建而不用转换，【形状工具】创建的路径都是工作路径。（ ）

3. 路径的很多操作可以在【路径】调板中进行，【路径】调板列出了每条存储的路径、当前【工作路径】和当前【矢量蒙版】的名称和缩览图像。要查看路径，必须先在【路径】调板中双击缩览图。（ ）

4. 钢笔工具组中【钢笔工具】和【自由钢笔工具】都可以用于路径的创建，利用它们可以绘制出直线或平滑流畅的曲线，在使用这些工具时再配合形状工具组中的工具，可以创建复杂的形状。（ ）

5. 由于路径是矢量的，对它进行放大时会出现锯齿现象，但是它的精细度不会随之下降。（ ）

Study

Chapter 07

历史记录与动作

学习导航

在实际操作中，可能会因为某些修改而产生误操作，因此 Photoshop CS3 提供了还原菜单命令，并有一个记录各步操作的历史记录调板，可以对在处理过程中的错误进行恢复。

在 Photoshop CS3 中，系统提供了批处理功能，可以让我们在需要对多个图像进行相同的处理时，就要用到 Photoshop CS3 中的批处理功能。下面我们在这一章中介绍它们的使用方法。

本章要点

- 图像恢复
- 历史记录
- 使用调板
- 使用快照
- 动作使用
- 动作的编辑和应用

7.1 图像恢复

在 Photoshop CS3 中，图像的恢复是将在处理图像的操作退回到上一步或上几步，也可以直接退回到初始状态。在进行恢复操作时可以执行菜单命令，也可以利用单击调板中记录的操作步骤，退回到相应的步骤。

7.1.1 恢复命令

在 Photoshop 中，几乎所有操作都可以通过菜单命令来完成，只是操作起来相对较麻烦。图像恢复可以通过编辑菜单或文件菜单进行操作，大多数操作都可以还原，可以将图像恢复到上次存储的状态。

1. 恢复命令

启动【恢复】命令的方法如下：

- 菜单：【文件】|【恢复】
- 快捷键：【F12】

通过【恢复】命令可以将文件还原到上一次存储的状态。

恢复操作命令会记录在【历史记录】调板上，恢复操作可以删除或取消恢复，恢复命令不能选择恢复的步骤。

2. 还原状态更改/重做状态更改

执行【编辑】|【还原状态更改】菜单命令，快捷键为【Ctrl+Z】，可以还原到前一次对图像所执行的操作。如果操作不能还原，则此命令变为灰色不能执行。

执行【编辑】|【重做状态更改】命令，快捷键仍为【Ctrl+Z】，重新执行前一次对图像的操作。

执行【编辑】|【首选项】|【常规】命令，可以设置或更改【还原状态更改】/【重做状态更改】之间的快捷键。

3. 前进一步/后退一步

执行【编辑】|【后退一步】命令，快捷键为【Alt+Ctrl+Z】，可以还原到上一步，此命令可以执行多次。

执行【编辑】|【前进一步】命令，快捷键为【Shift+Ctrl+Z】，将还原的步骤重新执行，同时配合执行前进和后退操作，可以将文件还原成处理前后的多个状态。

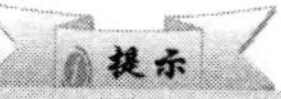

执行【编辑】|【首选项】|【常规】命令，可以设置或更改【还原状态更改】/【重做状态更改】之间的快捷键。

7.1.2 【历史记录】调板

【历史记录】调板是用来记录操作步骤的，如果内存够大，【历史记录】调板会将所有的操作步骤都记录下来，以便返回任何一个步骤，查看任何一步操作的图像效果。

打开【历史记录】调板的方法如下：

- 执行【窗口】|【历史记录】命令，打开【历史记录】调板。
- 单击工作区右边的按钮，打开【历史记录】调板，如图 7-1-1 所示。

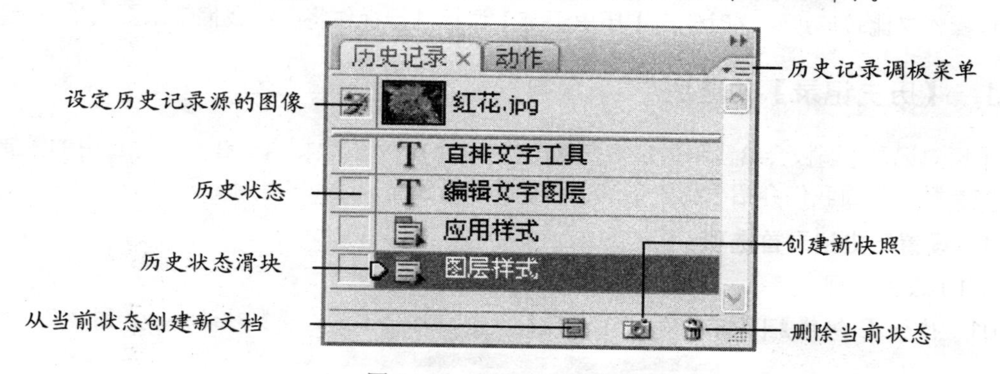

图 7-1-1 【历史记录】调板

使用【历史记录】调板恢复图像操作只需要在调板中单击记录的历史状态就行。【历史记录】调板的主要作用为记录和处理操作步骤，还可以借助【历史记录画笔工具】完成一部分操作。

【历史记录】调板在图像处理中的应用主要有：

- 处理图像时恢复图像的操作。
- 可以执行有选择性地删除一个或多个步骤。
- 创建图像的快照，建立图像任何状态下的副本。
- 可以用【历史记录画笔工具】将一个图像状态或快照的副本绘制到当前窗口。

在使用【历史记录】调板时，需要注意以下几点：

- 程序范围内的更改（如对调板、颜色设置、动作和首选项的更改）不是对某个特定图像的更改，因此不会反映在【历史记录】调板中。
- 默认情况下，【历史记录】调板会列出以前的 20 个状态。可以通过设置首选项来更改记住的状态数。较旧的状态会被自动删除，以便为 Photoshop 释放出更多的内存。如果要在整个工作会话过程中保留一个特定的状态，可为该状态创建一个快照。
- 关闭并重新打开了文档后，将从调板中清除上一个工作会话中的所有状态和快照。
- 默认情况下，调板顶部会显示文档初始状态的快照。
- 状态将被添加到列表的底部。也就是说，最早的状态在列表的顶部，最新的状态在列表的底部。

- 每个状态会与更改图像所使用的工具或命令的名称一起列出。
- 默认情况下，当你选择某个状态时，它下面的各个状态将呈灰色。这样，你就可以方便地看到：如果从选中的状态继续工作，将会放弃哪些更改。
- 默认情况下，选择一个状态然后更改图像将会消除后面的所有状态。
- 如果你选择一个状态，然后更改图像，致使以后的状态被消除，可使用【还原】命令来还原上一步更改并恢复消除的状态。
- 默认情况下，删除一个状态将删除该状态及其后面的状态。如果选取了【允许非线性历史记录】选项，那么，删除一个状态的操作将只会删除该状态。

7.2 历史记录

在使用 Photoshop 进行图像处理时不可避免地会出现一些误操作，而使用菜单命令取消这些错误操作又比较麻烦，这时使用【历史记录】调板进行操作将会给我们带来更大的方便。

7.2.1 【历史记录】的选项

【历史记录】调板会给我们带来很多的方便，我们还可以根据自己在操作过程中的需要，改变一些参数。下面我们介绍【历史记录】调板的参数设置。

1. 设置历史记录首选项

（1）设置常规

01 执行【编辑】|【首选项】|【常规】命令，打开【首选项】对话框，如图 7-2-1 所示。

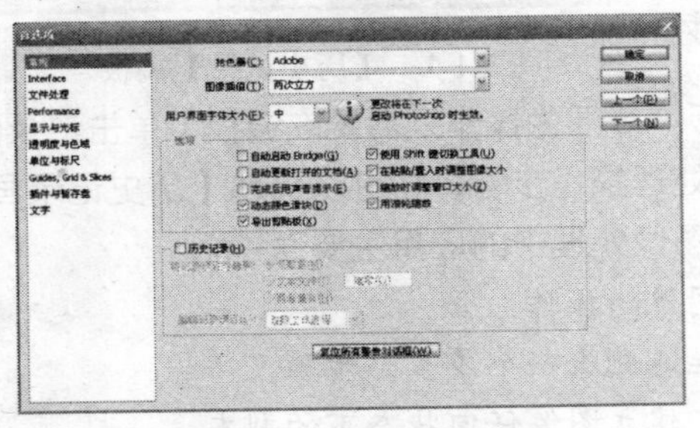

图 7-2-1 【首选项】对话框

02 单击选择对话框下的【历史记录】选项，可从禁用状态切换到启用状态，反之亦然。

03 在【历史记录】选项窗格中，选取需要的选项。

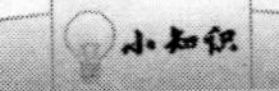

【历史记录】中的各选项：

元数据存储每个图像的元数据。

文本文件将文本导出到外部文件。将提示你为日志文件命名，并选择要在其中存储该文件的位置。

两者兼有将元数据存储在文件中，并创建一个文本文件。

如果要将文本文件存储在其他位置或存储另一个文本文件，请单击【选取】按钮，指定要在何处存储文本文件，为文件命名（如有必要），然后单击【保存】按钮。

04　单击【编辑记录项目】后面的下拉按钮，在下拉菜单中选择一个选项。

【编辑记录项目】中的各选项：

仅限工作进程保留每次启动或退出 Photoshop 以及每次打开和关闭文件时的记录（包括每个图像的文件名）。

简明除了【会话】信息外，还包括出现在【历史记录】调板中的文本。

详细除了【简明】信息外，还包括出现在【动作】调板中的文本。如果需要一个记录对文件所做全部更改的完整历史记录，请选取【详细】。

05　设置完成后单击【确定】按钮。

（2）设置历史记录状态

01　执行【编辑】|【首选项】|【Performance】命令，或在【首选项】对话框左边单击选择【Performance】选项，如图 7-2-2 所示。

02　在【History Cache】组内的【History States】选项的文本框中输入历史记录的操作步骤数，默认情况下为 20 步。

03　单击【确定】按钮设置完成。

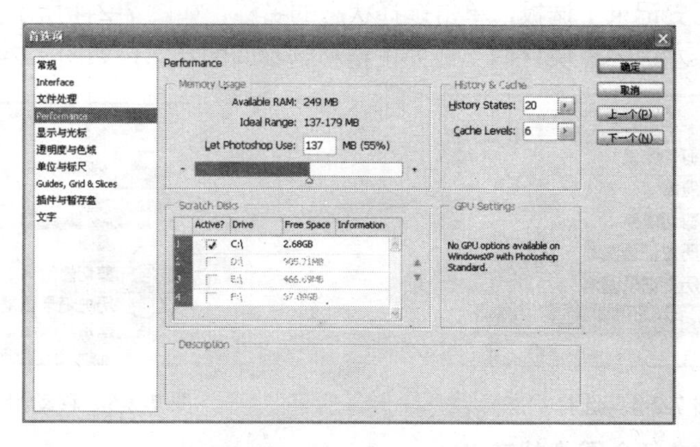

图 7-2-2　【首选项】的【Performance】选项

2. 设置历史记录选项

在【历史记录选项】对话框中，可以设置调板的一些功能属性。设置步骤如下：

01　打开【历史记录】调板。

02　单击【历史记录】调板右上方后面带有三横的小三角按钮，在弹出的菜单中选择【历史记录选项】命令，打开【历史记录选项】对话框，如图 7-2-3 所示。

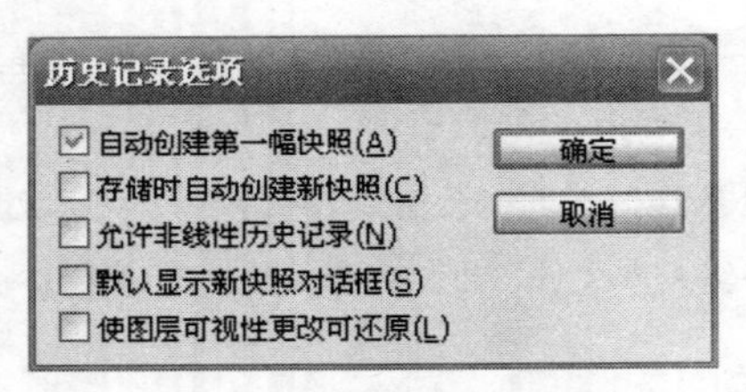

图 7-2-3 【历史记录选项】对话框

03 通过【历史记录选项】对话框内的各个复选框可以控制对应操作。

【历史记录选项】对话框中各复选框的意义如下：

- 自动创建第一幅快照 在打开文档时自动创建图像初始状态的快照。
- 存储时自动创建新快照 每次存储时生成一个快照。
- 允许非线性历史记录 对选定状态进行更改，而不会删除它后面的状态。通常情况下，选择一个状态并更改图像时，所选状态后的所有状态都将被删除。这样，【历史记录】调板将可按照所做编辑步骤的顺序来显示这些步骤的列表。通过以非线性方式记录状态，可以选择某个状态、更改图像并且只删除该状态。更改将附加到列表的结尾。
- 默认显示新快照对话框 强制 Photoshop 提示你输入快照名称，即使在你使用调板上的按钮时也是如此。

04 单击【确定】按钮，完成设置。

7.2.2 使用调板处理图像状态

前面我们介绍了可以使用【历史记录】恢复图像的状态，现在我们具体介绍它在调板中的操作。

1. 恢复到前一个图像状态

01 打开【历史记录】调板，单击选择状态的名称，如图 7-2-4 所示。

02 将该状态左边的滑块向上或向下拖移到不同的状态，如图 7-2-5 所示。

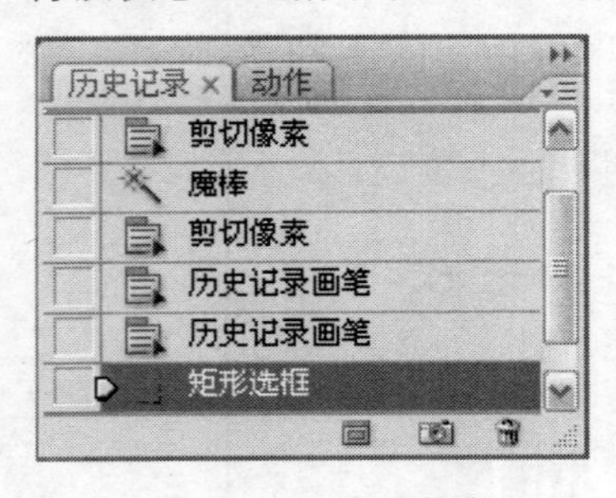

图 7-2-4 选择状态

图 7-2-5 移动滑块改变状态

2. 删除一个或多个图像状态

01 选择一个状态，单击调板右上方后面带有三横的小三角形按钮，弹出调板菜单，选择【删除】命令，或选中状态单击鼠标右键，在弹出的菜单中选择【删除】命令，以删除此更改及随后的更改。

02 将状态拖移到【删除】图标上以删除该更改及其后面的那些更改，或选中状态然后单击【删除】图标，在弹出确认对话框中单击选择【是】。

03 选择一个状态，单击调板右上方后面带有三横的小三角形按钮，弹出调板菜单，选择【清除历史记录】命令，也可利用鼠标右键执行，从历史记录调板中删除状态列表但不更改图像。此选项不会减少 Photoshop 使用的内存量。选中的状态后面的操作将被删除。

04 按住【Alt】键，然后从调板菜单中选取【清除历史记录】，以便清理状态列表而不更改图像。如果看到 Photoshop 内存不足的信息，清除状态操作将很有用，因为该命令将从还原缓冲区中删除状态并释放内存。此项无法还原【清除历史记录】命令。

以上操作都是在【历史记录选项】的默认情况下进行的，如果【历史记录选项】又改变的话，部分操作的结果将发生改变。

7.2.3 创建快照

【创建新快照】命令可以建立图像任何状态的临时副本（或快照），新快照添加在历史记录调板顶部的快照列表中。选择一个快照使你可以从图像的那个版本开始工作。

快照与【历史记录】调板中列出的状态有类似之处，但它们还提供了一些其他优点：

- 我们可以命名快照，使它更易于识别。
- 在整个工作会话过程中，你可以随时存储快照。
- 你很容易就可以比较效果。例如，可以在应用滤镜前后创建快照，然后选择第一个快照，并尝试在不同的设置情况下应用同一个滤镜。在各快照之间切换，找出你最喜爱的设置。
- 利用快照，可以很容易恢复你的工作。你可以在尝试使用较复杂的技术或应用一个动作时，先创建一个快照。如果对结果不满意，你可以选择该快照来还原所有步骤。

提示

快照不会与图像一起存储，关闭某个图像将会删除其快照。同时，除非你选择了【允许非线性历史记录】选项；否则，如果选择某个快照并更改图像，则会删除【历史记录】调板中当前列出的所有状态。

方法一：自动创建快照

此方法不能在创建时命名及选择快照内容。

01 打开历史记录调板，选择一种状态，如图 7-2-6 所示。

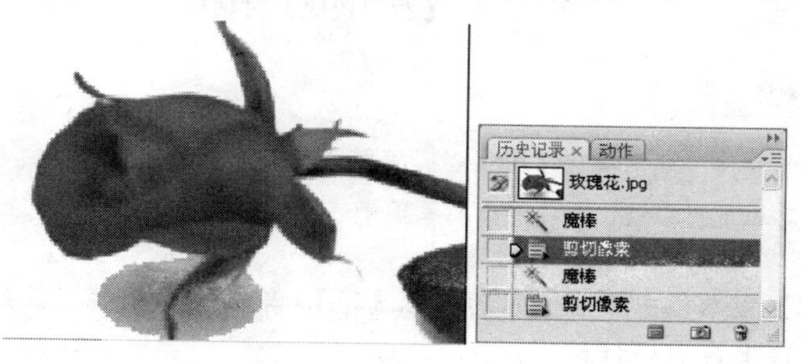

图 7-2-6 选择状态

02 单击【历史记录】调板上的【创建新快照】按钮，快照建立完成，如图 7-2-7 所示。

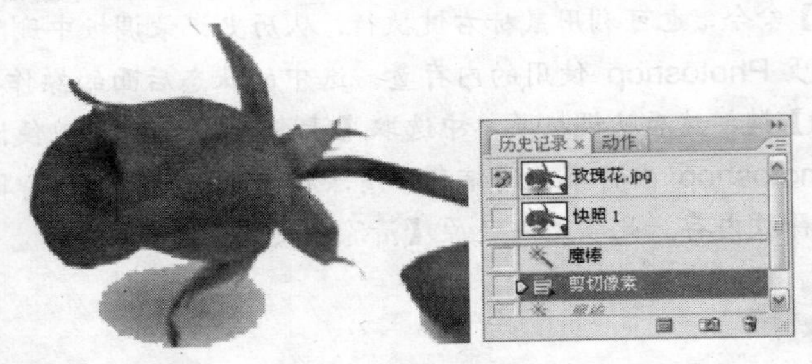

图 7-2-7 创建快照

如果在【历史记录】选项中选择了【存储时自动创建新快照】，请从【历史记录】调板菜单中选取【新建快照】。

方法二：在创建快照时设置选项

01 打开历史记录调板，选择一种状态，如图 7-2-8 所示。

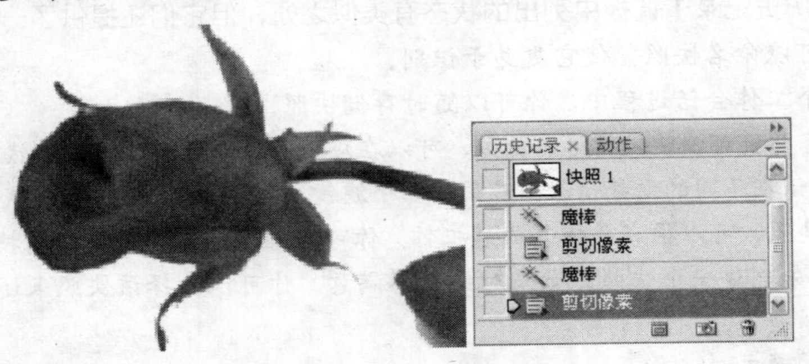

图 7-2-8 选择状态

02 单击调板右上方后面带有三横的小三角按钮，打开【历史记录】调板菜单，选择【新建快照】，打开【新建快照】对话框，如图 7-2-9 所示。

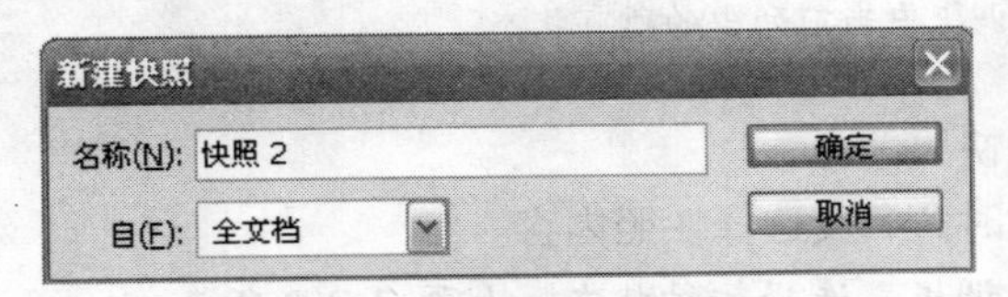

图 7-2-9 【新建快照】对话框

这一步操作可以用按住【Alt】键，并单击【创建新快照】按钮，也可以在选中的状态处单击鼠标右键，并在弹出的菜单中选择【新建快照】命令。

03 在【名称】文本框中输入快照的名称【花】，单击【自】的下拉菜单按钮，在下拉菜单中选取快照内容，这里我们保持默认。

提示

【自】中的各快照内容如下：

全文档　建立图像中处于该状态的所有图层的快照。

合并的图层　建立一个快照，该快照将合并图像中处于该状态的所有图层。

当前图层　只建立图像中处于该状态的当前选定图层的快照。

04　单击【确定】按钮完成快照的创建，新建快照如图 7-2-10 所示。

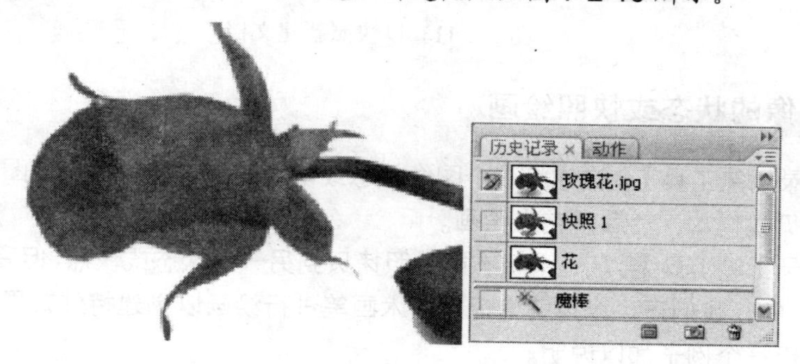

图 7-2-10　新建快照【花】

7.2.4　处理快照

快照可以进行删除、重命名处理，还可以以快照创建一个新文档。下面我们介绍它的处理过程。

1．快照的选择

要选择某个快照，直接单击该快照的名称，或将快照左边的滑块向上或向下拖移到另一个快照。

2．快照的重命名

选择将要重命名某个快照，双击该快照，快照名称进入可输入状态，输入一个名称，按【Enter】键确认。

3．快照的删除

删除快照的方法如下：

- 选择将要删除的快照，单击调板右上方后面带有三横的小三角按钮，从弹出的调板菜单中选择【删除】命令。
- 选择将要删除的快照，单击【删除】图标，在弹出的删除提示对话框中选择【是】按钮，或将该快照拖移到【删除】图标上。
- 选择将要删除的快照，按下【Alt】键，单击【删除】图标。
- 将鼠标移到将要删除的快照上点击鼠标右键，在弹出的菜单中选择【删除】命令，在弹出的删除提示对话框中选择【是】按钮。

4．以快照新建文档

选择将要创建成文档的快照，单击调板右上方后面带有三横的小三角按钮，从弹出的调板菜单中选择【新建文档】命令，或者将鼠标移到快照上单击鼠标右键，在弹出的菜单中选择【新建文档】命令。新建的文档名为快照名，如图 7-2-11 所示。

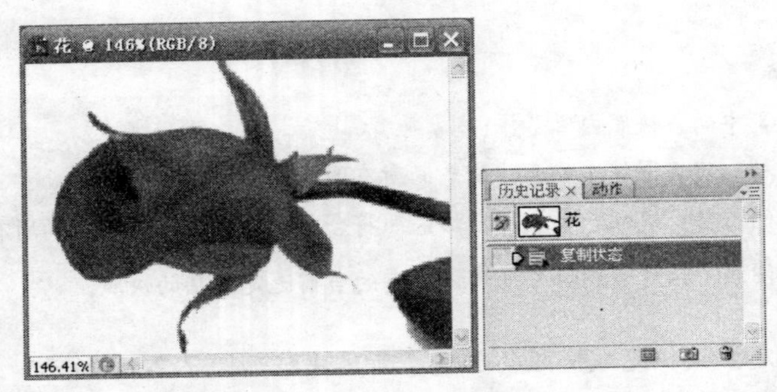

图 7-2-11　以快照新建文档

7.2.5　用图像的状态或快照绘画

【历史记录画笔工具】允许你将一个图像状态或快照的副本绘制到当前图像窗口中。该工具创建图像的拷贝或样本，然后用它来绘画。

【历史记录画笔工具】会从一个状态或快照拷贝到另一个状态或快照，但只是在相同的位置。在 Photoshop 中，我们还可以用历史记录艺术画笔进行绘画以创建特殊效果。

下面我们用一个例子加以说明。

经典实例

01　打开【光盘：源文件\第 7 章\蝶恋花.jpg】，单击工具箱中的【历史记录画笔工具】按钮 。

02　设置工具属性各选项。

03　在【历史记录】调板中，单击要用作【历史记录画笔工具】来源的状态或快照（快照 2）左边的方框，在状态或快照前将出现【历史记录画笔工具】的图标，如图 7-2-12 所示。

04　按住鼠标左键在图像上拖移，用【历史记录画笔工具】绘图，效果如图 7-2-13 所示。

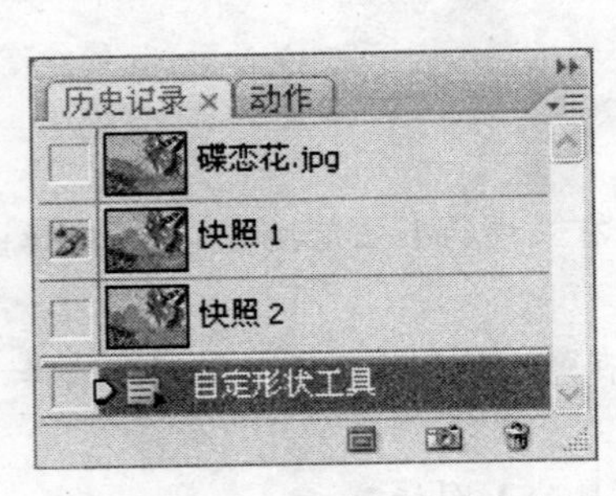

图 7-2-12　【历史记录】调板

图 7-2-13　【历史记录画笔工具】绘图后效果

7.3　动作使用

动作就是播放单个文件或一批文件的一系列命令，是快捷批处理的基础，可以自动处理拖移到其图标上的所有文件。

7.3.1 【动作】调板

使用【动作】调板可以记录、播放、编辑和删除个别动作，还可以用来存储和载入动作文件。

显示【动作】调板，可以执行【窗口】|【动作】，或在工作区单击【动作】图标。打开后的调板如图7-3-1所示。

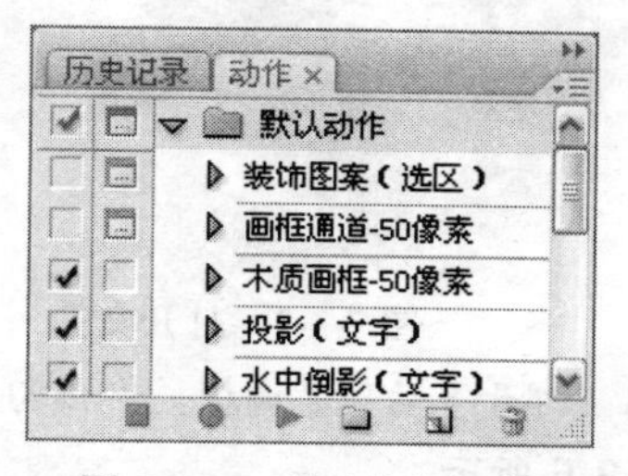

图 7-3-1 【动作】调板

【动作】调板的部分操作：

- 要展开或折叠组、动作和命令，请在【动作】调板中单击组、动作或命令左侧的三角形。按住【Alt】键并单击该三角形，可展开或折叠一个组中的全部动作或一个动作中的全部命令。
- 要以【按钮模式】显示动作，请单击调板右上方后面带有三横的小三角按钮，从打开的【动作】调板菜单中选取【按钮模式】，再次选取【按钮模式】可返回到列表模式，【按钮模式】不能查看个别命令或组。以【按钮模式】显示的【动作】调板如图7-3-2所示。

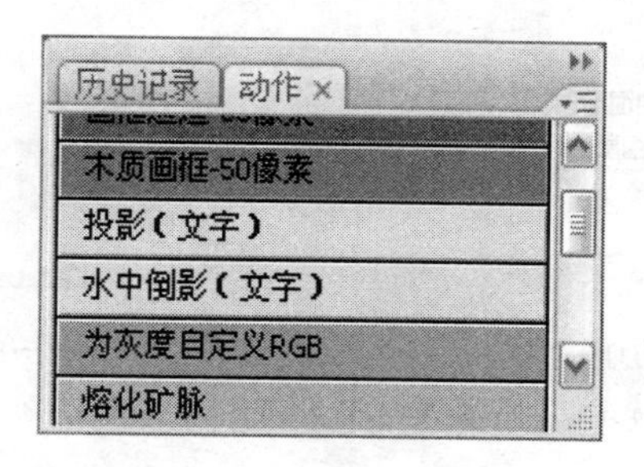

图 7-3-2 以【按钮模式】显示调板

- 要选择【动作】调板中的动作，请单击动作名称。在Photoshop中，按住【Shift】键并单击动作名称可以选择多个连续的动作；按住【Ctrl】键，并单击动作名称可以选择多个不连续的动作。

7.3.2 播放动作

播放动作就是执行现用文档中记录的一系列命令。可以排除动作中的某些命令或播放单个命令。如果动作包括模态控制，可以在对话框中指定值或在动作暂停时使用模态工具。在按钮模式下，单击一个按钮将执行整个动作，但不执行先前已排除的命令。

下面介绍动作播放、回放和暂停。

经典实例

1. 在文件上播放动作

01 打开【光盘：源文件\第7章\玫瑰.jpg】，如图7-3-3所示。

02 单击工具箱中的【椭圆选框工具】，创建一个选区，如图7-3-4所示。

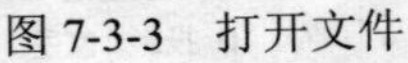

图 7-3-3 打开文件

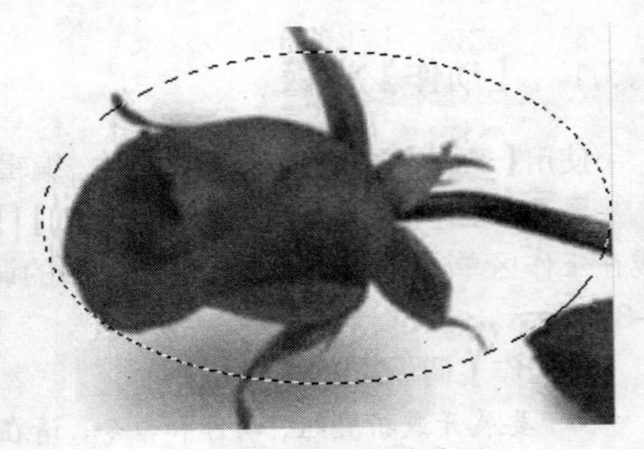

图 7-3-4 创建选区

03 打开【动作】调板，单击勾选【装饰图案】动作前的【切换项目开/关】，并选中该动作，如图 7-3-5 所示。

04 单击【动作】调板中的【播放】按钮▶，或从调板菜单中选取【播放】。

05 播放动作羽化时会弹出一个【羽化选区】对话框，在该对话框中【羽化半径】文本框中输入 10，如图 7-3-6 所示。

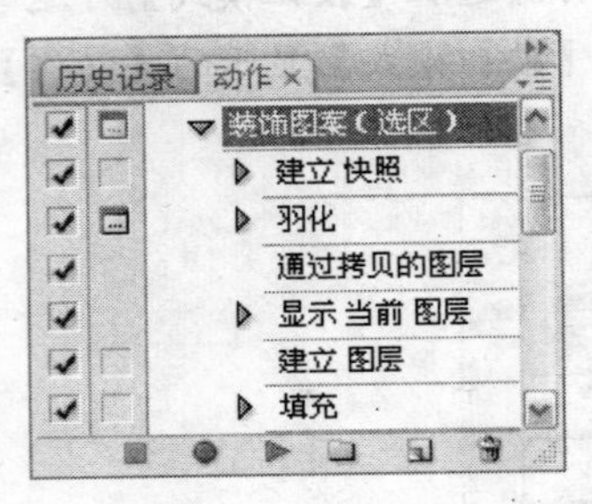

图 7-3-5 选择动作

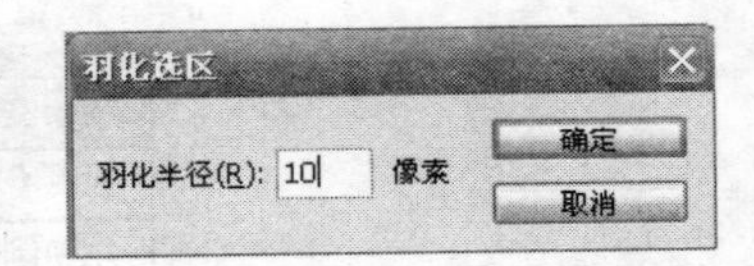

图 7-3-6 【羽化选区】对话框

06 动作播放完后图像效果，如图 7-3-7 所示。

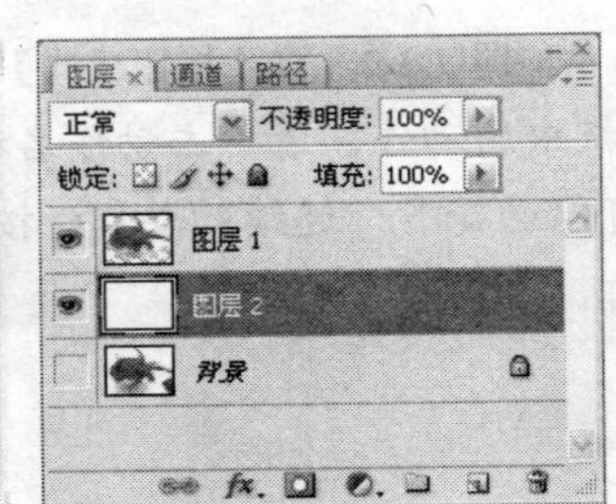

图 7-3-7 动作播放后的图像效果、图层和历史记录

2. 播放动作中的单个命令

01 选择要播放的命令。

02 按住【Ctrl】键并单击【动作】调板中的【播放】按钮。

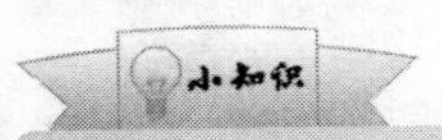

还原整个动作 在播放动作前，在【历史记录】调板中拍摄一幅快照，然后选择该快照以还原动作。

3. 指定回放速度

可以调整动作的回放速度或将其暂停，以便对动作进行调试。

01 单击调板右上方后面带有三横的小三角按钮，打开调板菜单，从【动作】调板菜单中选取【回放选项】，打开【回放选项】对话框，如图7-3-8所示。

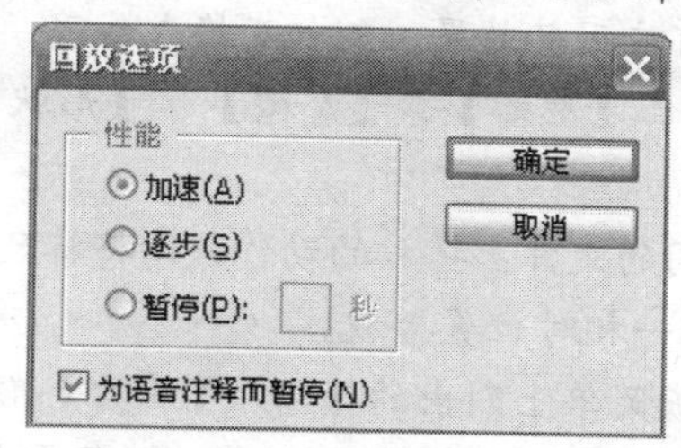

图7-3-8 【回放选项】对话框

02 单击选择一个性能，默认情况下选择的是【加速】。

提示

【回放选项】的性能：

【加速】 以正常的速度播放动作。

【逐步】 完成每个命令并重绘图像，然后再执行动作中的下一个命令。

【暂停】 指定Photoshop在执行动作中的每个命令之间暂停的时间。

03 选择【为语音注释而暂停】，确保在播放动作中的每个语音注释后，再开始执行动作中的下一步。如果想在正在播放语音注释时继续动作，请取消选择该选项。

04 单击【确定】按钮。

7.4 动作的录制和处理

录制动作可以让我们按照自己的需要设置动作，方便我们进行批量处理图像。下面我们介绍动作的录制操作。

7.4.1 录制概述

录制动作并不困难，我们可以根据自己在工作中的需要来录制一些动作以方便我们快速处理图像。

记录动作的原则如下：

- 可以在动作中记录大多数（而非所有）命令。
- 可以记录用【选框】、【移动】、【多边形】、【套索】、【魔棒】、【裁剪】、【切片】、【魔术橡皮擦】、【渐变】、【油漆桶】、【文字】、【形状】、【注释】、【吸管】和【颜色取样器】工具执行的操作，也可以记录在【历史记录】、【色板】、【颜色】、【路径】、【通道】、【图层】、【样式】和【动作】调板中执行的操作。
- 结果取决于文件和程序设置变量，如现用图层和前景色。【色彩平衡】在灰度文件上创建的效果也是如此。

- 如果记录的动作包括在对话框和调板中指定设置，则动作将反映在记录时有效的设置。如果在记录动作的同时更改对话框或调板中的设置，则会记录更改的值。
- 模态操作和工具以及记录位置的工具都使用当前为标尺指定的单位。模态操作或工具要求按【Enter】键才可应用其效果，例如变换或裁剪。记录位置的工具包括【选框】、【切片】、【渐变】、【魔棒】、【套索】、【形状】、【路径】、【吸管】和【注释】工具。
- 如果记录将在大小不同的文件上播放的动作，请将标尺单位设置为百分比。这样，动作将始终在图像中的同一相对位置播放。
- 可以记录【动作】调板菜单上列出的【播放】命令，使一个动作播放另一个动作。

创建新动作时，所用的命令和工具将添加到动作中，直到停止记录为止。

7.4.2 录制新动作

录制新动作是建立批处理命令的开始，要建立批处理命令，就需要录制动作，所有动作的录制都将在动作调板中进行。

经典实例

录制新动作的操作步骤如下：

01 打开【光盘：源文件\第 7 章\荷花.BMP】图像文件。

02 打开【动作】调板，单击【创建新组】按钮，打开【新建组】对话框，如图 7-4-1 所示。

03 在【名称】文本框输入名字，单击【确定】按钮，创建一个组，如图 7-4-2 所示。

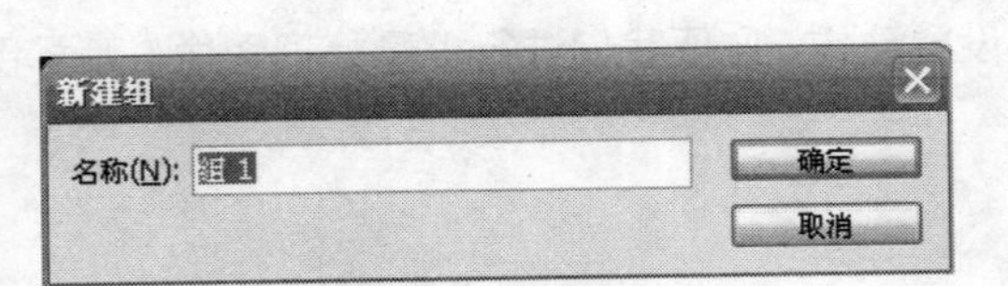

图 7-4-1 【新建组】对话框

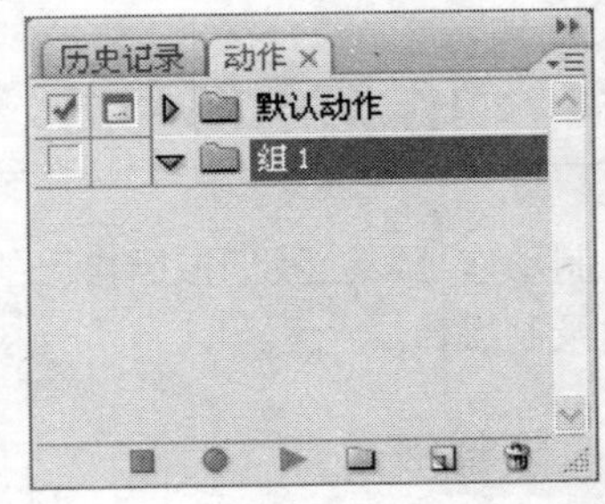

图 7-4-2 新建组

04 在动作调板中单击【创建新动作】按钮，或从【动作】调板菜单中选取【新建动作】，打开【新建动作】对话框，如图 7-4-3 所示。

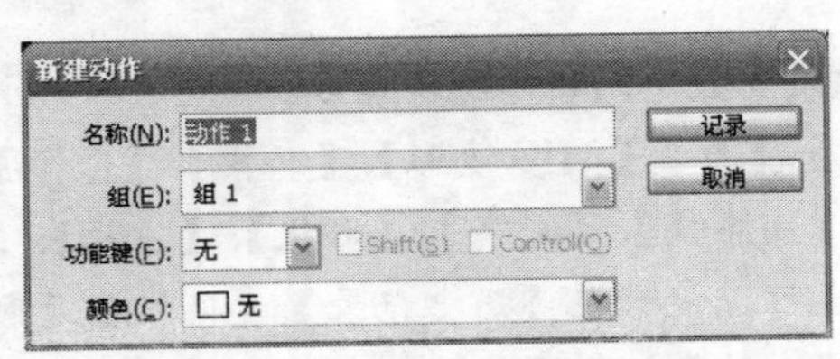

图 7-4-3 【新建动作】对话框

05 输入动作的名称，选择动作位置、颜色，为动作设置键盘快捷键。

为动作设置键盘快捷键时，可以选取功能键、【Ctrl】键和【Shift】键的任意组合，但是不能使用【F1】键，也不能将【F4】或【F6】键与【Ctrl】键一起使用。

06　单击【记录】按钮，【动作】调板中的【记录】按钮变成红色，开始记录时的调板如图7-4-4所示。

图7-4-4　开始记录时的调板

当记录【存储为】命令时，不要更改文件名。如果输入了新的文件名，Photoshop将记录此文件名并在每次运行该动作时都使用此文件名。在存储之前，如果浏览到另一个文件夹，可以指定另一位置而不必指定文件名。

07　对图形进行操作，这时系统将记录对图形所执行的动作。

08　要停止记录，则单击【停止】按钮，或从【动作】调板菜单中选取【停止记录】，或者按【Esc】键。记录完成后如图7-4-5所示。

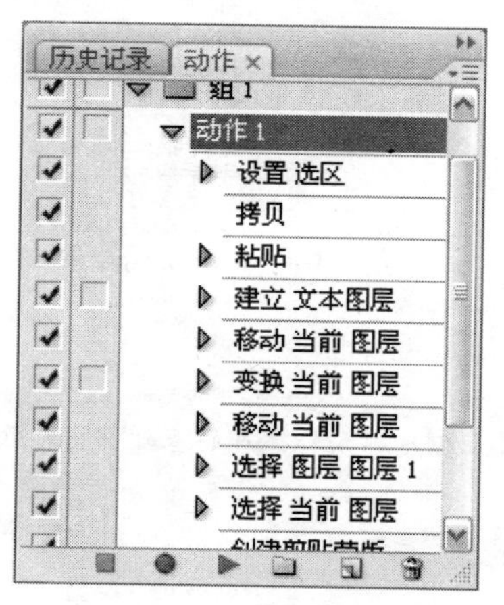

图7-4-5　新记录的动作

要在同一动作中继续开始记录，请从【动作】调板菜单中选取【开始记录】。

7.4.3 记录路径

【插入路径】命令可以将复杂的路径作为动作的一部分包含在内。播放动作时，工作路径被设置为所记录的路径。在记录动作时或动作记录完毕后可以插入路径。

经典实例

记录路径的操作步骤如下：

01 选择一个命令，在该命令之后记录路径，或选择一个动作，在该动作的最后记录路径。

02 从【路径】调板中选择现有的路径。

03 从【动作】调板菜单中选取【插入路径】。

如果在单个动作中记录多个【插入路径】命令，则每一个路径都会替换目标文件中的前一个路径。要添加多个路径，请在记录每个【插入路径】命令之后，使用【路径】调板记录【存储路径】命令。播放插入复杂路径的动作可能需要大量的内存。如果遇到问题，请增加 Photoshop 的可用内存量。

04 插入路径后，【动作】调板中会列出插入路径的位置、大小和其他参数等信息，如图 7-4-6 所示。

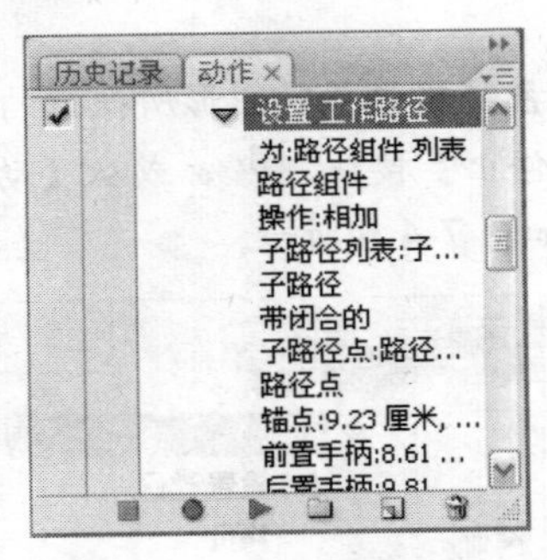

图 7-4-6 记录路径信息

以上步骤都是建立在创建新动作操作的基础上的，后面几节内容也会和这里的内容有所关联。

7.4.4 插入停止

动作可以包含停止，以便执行无法记录的任务。完成任务后，即可单击【动作】调板中的【播放】按钮完成动作。

在记录动作时或动作记录完毕后可以插入停止，也可以在动作停止时显示一条短信息。例如，可以提醒自己在动作继续前需要做的操作。

在 Photoshop CS3 中，可以选择将【继续】按钮包含在消息框中。这样就可以检查文件中的某个条件，如果不需要执行任何操作则继续。

经典实例

01　选取插入停止的位置：选择一个动作的名称，在该动作的最后插入停止，或选择一个命令，在该命令之后插入停止。

02　单击【动作】调板右上角后面有带三横的小三角按钮，打开调板菜单，在调板菜单中选择【插入停止】命令，打开【记录停止】对话框，如图 7-4-7 所示。

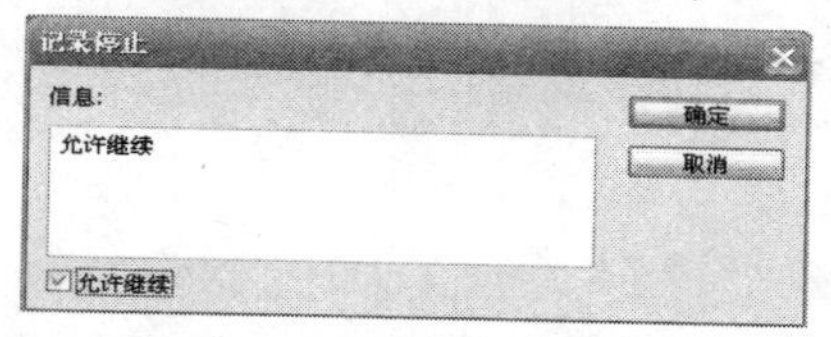

图 7-4-7　【记录停止】对话框

03　键入希望显示的提示信息， 如果希望该选项继续执行动作而不停止，则选择【允许继续】。

04　单击【确定】按钮，操作完成。

【允许继续】复选框在选中和不选中两种情况下，播放动作时弹出的信息对话框会不相同。【允许继续】选中和未选中产生的不同【信息】对话框如图 7-4-8 所示。

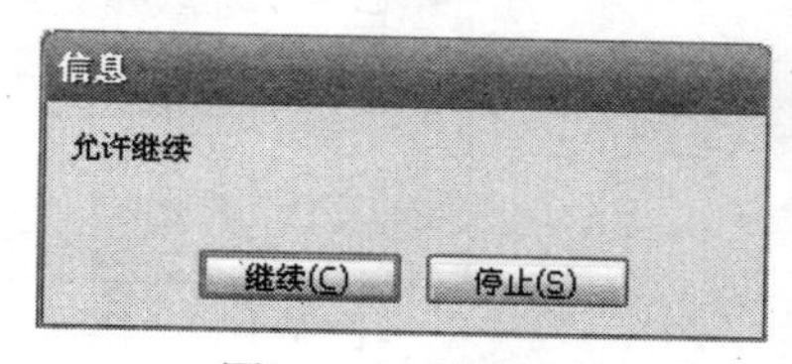

图 7-4-8　选中和未选中的不同【信息】对话框

7.4.5　设置模态控制

模态控制可使动作暂停以便在对话框中指定值或使用模态工具。只能为启动对话框或模态工具的动作设置模态控制。如果不设置模态控制，则播放动作时不出现对话框，并且不能更改已记录的值。

模态控制由【动作】调板中的命令、动作或组左侧的【切换对话开/关】对话框图标表示。红色的对话框图标表示动作或组中的部分（而非全部）命令是模态的。在 Photoshop 中，只能在列表模式（而非按钮模式）下设置模态控制。

设置模态控制的操作步骤如下：

01　打开【动作】调板，如图 7-4-9 所示。

02　单击调板命令名称左侧的【切换对话开/关】框以显示对话框图标，设置完成，再次单击可删除模态控制。如图 7-4-10 所示。

图 7-4-9 【动作】调板

图 7-4-10 设置模态控制

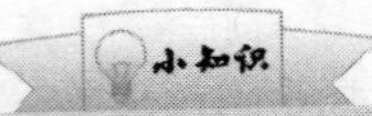

单击动作名称左侧的框，可以打开或停用动作中所有命令的模态控制。单击组名左侧的框，可以打开或停用组中所有动作的模态控制。

7.4.6 排除或包括命令

在播放动作中，可以排除不想作为已记录动作的一部分播放的命令。在 Photoshop 中，只能在列表模式（而非按钮模式）下才能执行排除命令。

排除或包括命令的操作步骤如下：

01 打开【动作】调板，单击要处理的动作左侧的三角形，展开动作中的命令列表，如图 7-4-11 所示。

02 单击要排除的特定命令左侧【切换项目开/关】的选中标记，再次单击可以包括该命令，如图 7-4-12 所示。

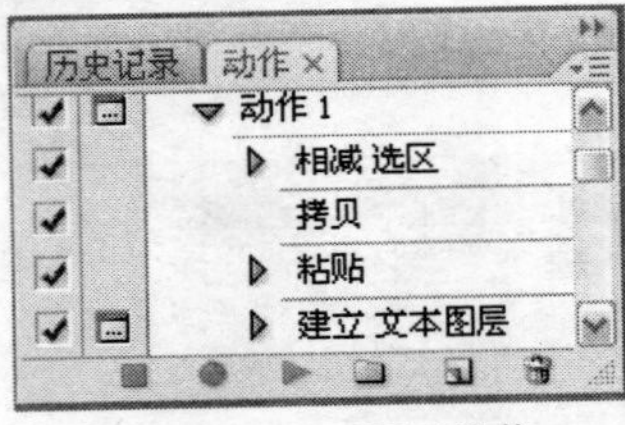

图 7-4-11 展开动作

图 7-4-12 排除命令

单击要排除或包括的动作名称左侧的选中标记，可排除或包括一个动作中的所有命令，当排除某个命令时，其选中标记将消失。另外，动作的选中标记将变成红色（见图 7-4-12），表示动作中的某些命令已被排除。

要排除动作中的所有命令，也可以单击该动作命令左侧的【切换项目开/关】选中标记，并在弹出的提示框中单击【确定】按钮，如图 7-4-13 所示。

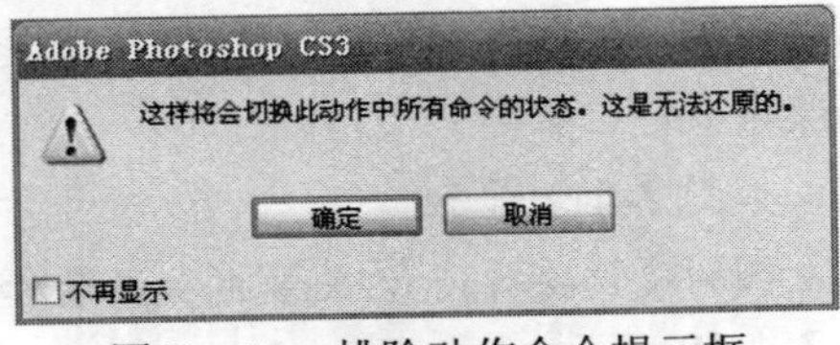

图 7-4-13 排除动作命令提示框

7.4.7　添加动作命令与再次记录动作

在 Photoshop 中，使用动作录制后还可以再添加一些动作命令和再一次记录动作，使用添加动作命令与【再次记录】命令可以使记录的动作更加适合我们的工作需要。

添加动作命令的操作步骤如下：

01　打开【动作】调板，展开动作。

02　单击选择调板中需要的动作，如图 7-4-14 所示。

03　单击调板下方的【开始记录】按钮，执行需要插入的命令。

04　插入结束后单击【停止】按钮，停止记录动作。添加动作后的调板如图 7-4-15 所示。

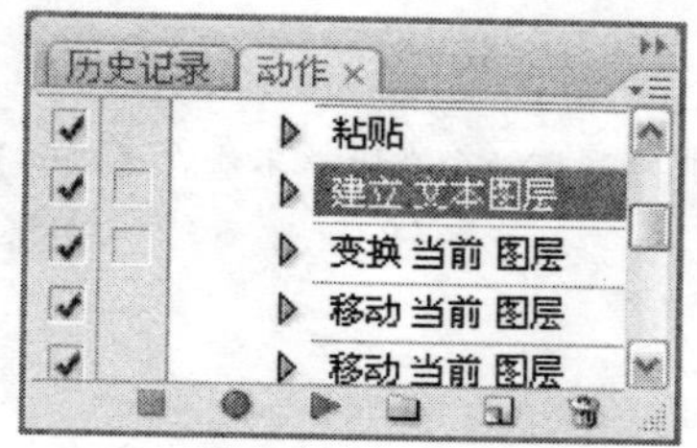

图 7-4-14　选择动作

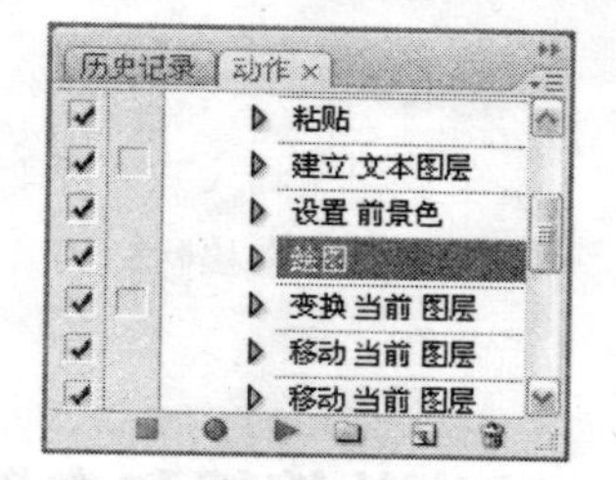

图 7-4-15　添加动作后

再次记录动作的操作步骤如下：

01　选择一个动作。

02　单击【动作】调板右上方的小三角形，打开调板菜单，并选择【再次记录】命令。

03　对于对话框，更改设置，然后单击【确定】按钮记录设置。

7.4.8　插入不可记录的命令

插入不可记录的命令无法记录绘画和色调工具、工具选项、【视图】命令和【窗口】命令。但是，使用【插入菜单项目】命令可以将许多不可记录的命令插入到动作中。

在记录动作时或动作记录完毕后可以插入命令。插入的命令直到播放动作时才执行，因此插入命令时文件保持不变。命令的任何值都不记录在动作中。如果命令打开一个对话框，在播放期间将显示该对话框，并且暂停动作，直到单击【确定】或【取消】按钮为止。

使用【插入菜单项目】命令的操作步骤如下：

01　选择一个动作名称或命令，在该动作或命令的最后插入项目，这里我们选择【动作 1】。

02　单击打开【动作】调板菜单，并在菜单中选择【插入菜单项目】命令，打开【插入菜单项目】对话框，如图 7-4-16 所示。

图 7-4-16　【插入菜单项目】对话框

03　【插入菜单项目】对话框打开后，在菜单中选取一个命令，此时【菜单项】后面会显示选择的菜单命令名称，如图 7-4-17 所示。

04　单击【确定】按钮，命令插入完成，在【动作 1】最后出现插入的命令，如图 7-4-18 所示。

图 7-4-17　记录菜单命令

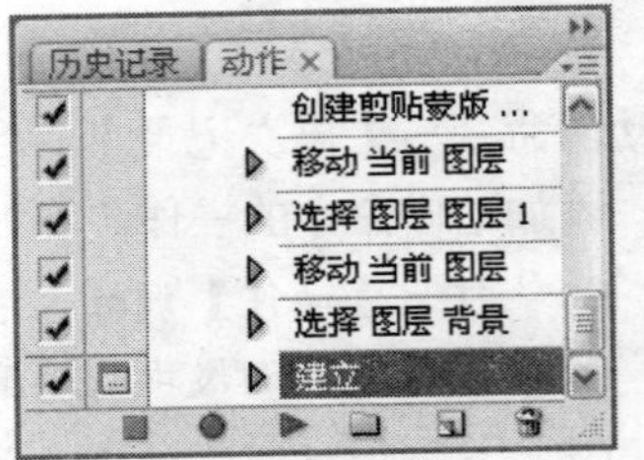

图 7-4-18　新插入的命令

在使用【插入菜单项目】命令插入一个打开对话框的命令时，不能在【动作】调板中停用模态控制。

7.5　动作的编辑和应用

如果在录制完成后，记录了一些我们需要重复执行的操作步骤或者不需要的操作动作，我们可以通过对它进行编辑来减少操作或重复操作。应用编辑过后的【动作】，使我们在进行批处理时更加方便和顺利。

7.5.1　重新排列动作中的命令

在【动作】调板中，如果对动作命令的顺序不满意，可以通过重新排列，让批处理命令执行时更符合我们的要求。

重新排列动作很简单，与图层的重新排列相似，也是将命令拖移至同一动作中或另一动作中的新位置，当突出显示行出现在所需的位置时，松开鼠标按键，如图 7-5-1 所示。

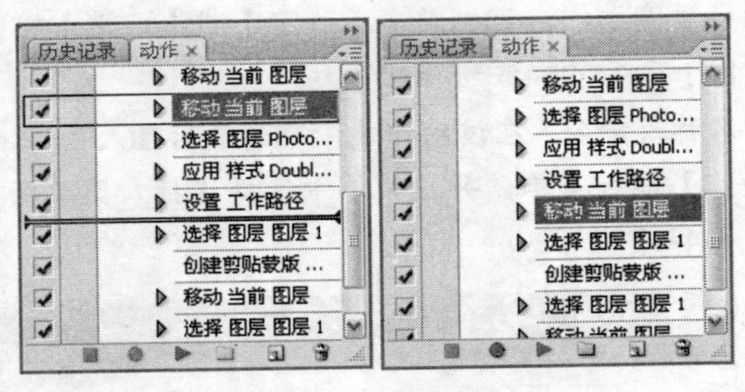

图 7-5-1　重排动作中的命令

7.5.2　复制、删除动作或命令

对在应用时需要重复的操作动作或命令，我们可以进行复制，不需要的操作命令我们也可以将其删除。

1．复制动作或命令

01 打开动作调板，选择要复制的动作或命令。

02 按住【Alt】键并将动作或命令拖移到【动作】调板中的新位置。当突出显示行出现在需要的位置时，松开鼠标按键，复制完成，如图 7-5-2 所示。

图 7-5-2 复制命令

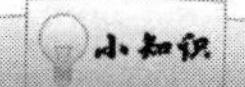

其他复制动作或命令的方法如下：

选择动作或命令，然后，从【动作】调板菜单中选取【复制】，拷贝的动作或命令即出现在原稿之后。

将动作或命令拖移至【动作】调板底部的【创建新动作】按钮，拷贝的动作或命令即出现在原稿之后。

在 Photoshop 中，除了可以复制动作和命令外，还可以复制组。

2．删除动作或命令

删除动作或命令的操作步骤如下：

01 打开【动作】调板，在【动作】调板中，选择要删除的动作或命令。

02 在【动作】调板上单击【删除】图标，从弹出的提示对话框中选择【确定】按钮，删除动作或命令，如图 7-5-3 所示。

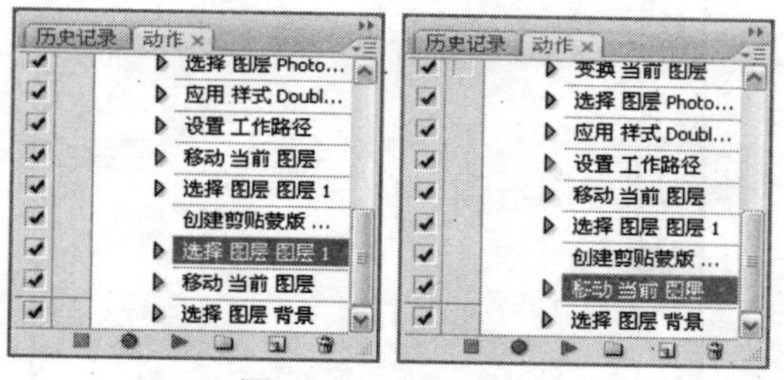

图 7-5-3 删除命令

按住 Alt 键并单击【删除】图标，删除选中的动作或命令，但不显示确认提示对话框。

删除还可以将动作或命令拖移至【动作】调板上的【删除】图标，这时删除选中的动作或命令不会显示确认提示对话框。也可以从【动作】调板菜单中选取【删除】。

7.5.3 更改动作选项

在我们建立了多个不同动作时，为了更好地区分各个动作，我们可以分别给各个动作命名，还可以添加动作的快捷键。

命名方法如下：

01 打开【动作】调板，选择动作，然后从【动作】调板菜单中选择【动作选项】，打开【动作选项】对话框，如图 7-5-4 所示。

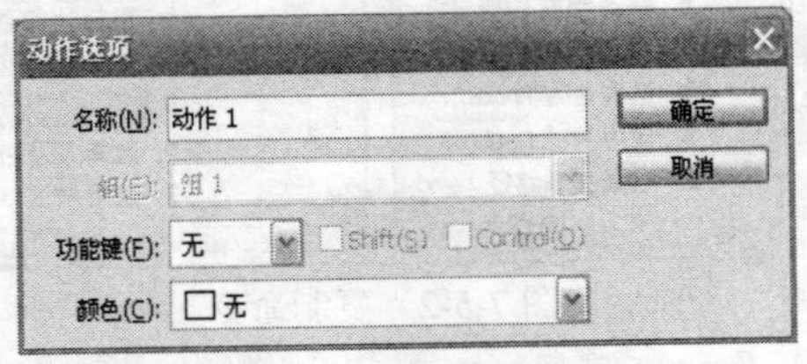

图 7-5-4 【动作选项】对话框

02 为动作键入一个新名称，或更改选项。

03 单击【确定】按钮。

7.5.4 存储和载入动作

默认情况下，【动作】调板显示预定义的动作（随应用程序提供）和创建的所有动作。也可以将其他动作载入【动作】调板。

1. 存储动作组

存储动作组的操作方法如下：

01 在【动作】调板中选择一个组。

02 从【动作】调板菜单中选择【存储】，打开【存储】对话框，如图 7-5-5 所示。

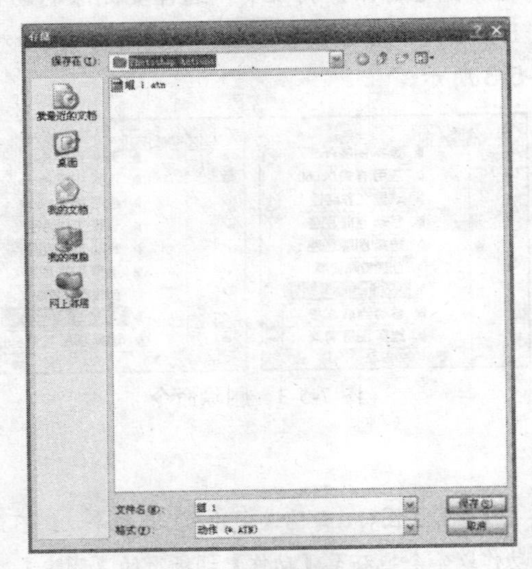

图 7-5-5 【存储】对话框

03 为该组键入名称，选取一个位置，然后单击【保存】按钮。

小知识

可以将该组存储在任何位置。然而，如果将该文件放置在 Photoshop 程序文件夹内的 Presets/Photoshop Actions 文件夹中，则在重新启动应用程序后，该组将显示在【动作】调板菜单的底部。

选取【存储动作】命令时，按【Ctrl+Alt】组合键，将动作存储在文本文件中。可以使用这个文件查看或打印动作的内容。不过，不能将该文本文件重新载入 Photoshop。

2. 载入动作组

载入动作组的操作步骤如下：

01　打开【动作】调板。

02　单击从【动作】调板中的调板菜单，在菜单中选择【载入】，打开【载入】对话框，如图 7-5-6 所示。

03　找到并选择动作组文件，然后单击【载入】按钮。

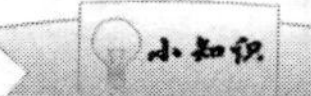

载入动作组也可以从【动作】调板菜单的底部选择动作组。

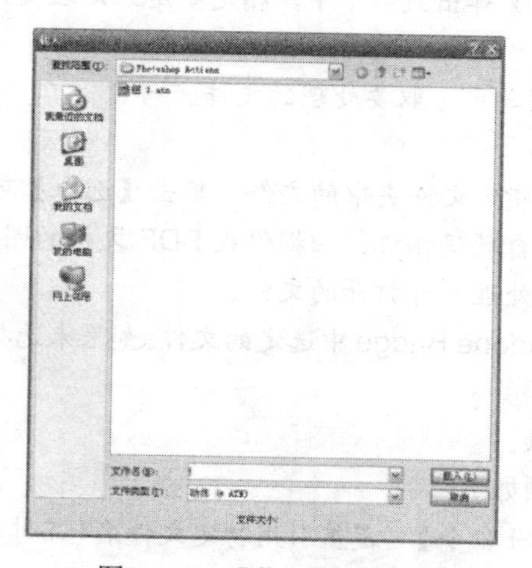

图 7-5-6　【载入】对话框

7.5.5　批处理

【批处理】命令可以对一个文件夹中的文件运行动作。如果你有带文档输入器的数码相机或扫描仪，也可以用单个动作导入和处理多个图像。扫描仪或数码相机可能需要支持动作的取入增效工具模块。

当对文件进行批处理时，可以打开、关闭所有文件并存储对原文件的更改，或将修改后的文件版本存储到新的位置（原始版本保持不变）。如果要将处理过的文件存储到新位置，则可能希望在开始批处理前先为处理过的文件创建一个新文件夹。

要使用多个动作进行批处理，请创建一个播放所有其他动作的新动作，然后使用新动作进行批处理。要批处理多个文件夹，可在一个文件夹中创建要处理的其他文件夹的别名，然后选择【包含所有子文件夹】选项。

为了提高批处理性能，应减少所存储的历史记录状态的数量，并在【历史记录】调板中取消选择【自动创建第一幅快照】选项。

对文件进行批处理的操作步骤如下：

01 执行【文件】|【自动】|【批处理】命令，打开【批处理】对话框，如图 7-5-7 所示。

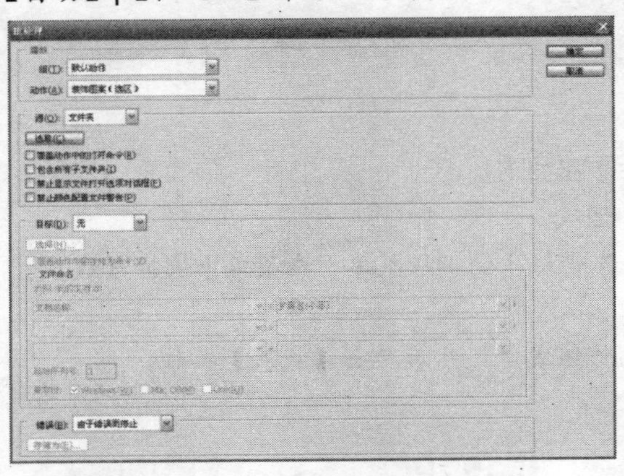

图 7-5-7 【批处理】对话框

02 在【组】和【动作】弹出式菜单中，指定要用来处理文件的动作。菜单会显示【动作】调板中可用的动作。

03 从【源】弹出式菜单中选取要处理的文件。

【源】菜单中的选项如下：

- 【文件夹】 处理指定文件夹中的文件。单击【选取】可以查找并选择文件夹。
- 【导入】 处理来自数码相机、扫描仪或 PDF 文档的图像。
- 【打开的文件】 处理所有打开的文件。
- 【Bridge】 处理 Adobe Bridge 中选定的文件。如果未选择任何文件，则处理当前 Bridge 文件夹中的文件。

04 设置【处理】选项。

【处理】选项中的选项如下：

- 【覆盖动作中的打开命令】 覆盖引用特定文件名（而非批处理的文件）的动作中的【打开】命令。如果记录的动作是在打开的文件上操作的，或者动作包含它所需的特定文件的【打开】命令，则取消选择【覆盖动作中的打开命令】。如果选择此选项，则动作必须包含一个【打开】命令，否则源文件将不会打开。
- 【包含所有子文件夹】 处理指定文件夹的子目录中的文件。
- 【禁止颜色配置文件警告】 关闭颜色方案信息的显示。
- 【禁止显示文件打开选项对话框】 隐藏【文件打开选项】对话框。当对相机原始图像文件的动作进行批处理时，这是很有用的。

05 从【目标】菜单中选取处理文件的目标。

【目标】菜单中的选项如下：

- 【无】 使文件保持打开而不存储更改（动作包括【存储】命令时除外）。
- 【存储并关闭】 将文件存储在它们的当前位置，并覆盖原来的文件。
- 【文件夹】 将处理过的文件存储到另一位置。单击【选取】可指定目标文件夹。

06 如果动作中包含【存储为】命令，请选取【覆盖动作中的存储为命令】，确保将文件存储在指定的文件夹中（如果选取【存储并关闭】，则存储在它们的原始文件夹中）。

使用【覆盖动作中的存储为命令】选项时，动作必须包含【存储为】命令，无论它是否指定存储位置或文件名，动作没有包含【存储为】命令将不会存储任何文件。

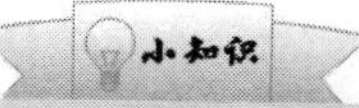

某些【存储】选项（如 JPEG 压缩或 TIFF 选项）在【批处理】命令中不可用。要使用这些选项，要在动作中记录它们，然后使用【覆盖动作中的存储为命令】选项，确保将文件存储在【批处理】命令中指定的位置。

本章总结

在实际对 Photoshop 进行操作时，可能会因为某些修改而产生误操作，需要撤销某个或某些操作步骤，因此 Photoshop CS3 提供了还原命令，并有一个记录各步操作的历史记录调板，可以对在处理过程中的错误进行恢复。图像的恢复是将在处理图像的操作退回到上一步或上几步，也可以直接退回到初始状态。在进行恢复操作时可以执行菜单命令，也可以利用单击调板中记录的操作步骤，退回到相应的步骤。

在 Photoshop CS3 中，系统提供了批处理功能，可以让我们在需要对多个图像进行相同的处理。【动作】就是播放单个文件或一批文件的一系列命令，是快捷批处理的基础，而快捷批处理是小应用程序，可以自动处理拖移到其图标上的所有文件。动作的录制可以让我们按照自己的需要设置动作，方便我们进行批量处理图像。录制新动作是建立批处理命令的开始，要建立批处理命令，就会需要录制动作，所有动作的录制都将在动作调板中进行。在录制完成后，动作记录了一些我们需要重复执行的操作步骤或者不需要的操作动作，我们可以通过对它进行编辑来减少操作或重复操作。应用编辑过后的动作，使我们在进行批处理时更加方便和顺利。对录制好的动作进行播放时，工作路径被设置为所记录的路径，完成相应的批处理。

有问必答

问：动作实际上是一个批处理文件，那么是否意味着我们对批处理文件就束手无策了呢？如果不是，我们可以实现哪些操作呢？

答：【动作】就是播放单个文件或一批文件的一系列命令，在录制好【动作】以后，我们还可以管理动作。可以重新排列动作中的命令，将命令拖移至同一动作中或另一动作中的新位置。可以复制动作或命令、删除动作或命令、重命名动作、存储和载入动作、存储动作组、载入动作组等。

巩固练习

1．下列不属于【历史记录】调板在图像中的主要应用的是（　）。

A．处理图像时恢复图像的操作

B．可以新建填充图层

C．创建图像的快照，建立图像任何状态下的副本

D．可以用【历史记录画笔】工具将一个图像状态或快照的副本绘制到当前窗口

2．【历史记录选项】选项中，可以对选定状态进行更改，而不会删除它后面的状态的选项是（　）。

A．自动创建第一幅快照　　B．存储时自动创建新快照

C．允许非线性历史记录　　D．默认显示新快照对话框

3．下列选项不属于快照与【历史记录】的优点的是（　）。

A．可以命名快照，使它更易于识别

B．在整个工作会话过程中，你可以随时存储快照

C．你很容易进行效果比较

D．可以在尝试使用较复杂的技术或应用一个动作时，先创建一个快照。但如果你对结果不满意，将不能选择该快照来还原所有步骤

4．在播放动作中的单个命令时，选择要播放的命令后可以按住某个键并单击【动作】调板中的【播放】按钮，它是（　）。

A．【Ctrl】　　B．【Alt】　　C．【Shift】　　D．【Tab】

5．下列调板之一是用来记录操作步骤的，如果内存够大，它会将所有的操作步骤都记录下来，以便返回任何一个步骤，查看任何一步操作的图像效果的是（　）。

A．【动作】调板　　B．【颜色】调板

C．【历史记录】调板　　D．【样式】调板

1．恢复操作命令会记录在【历史记录】调板上，恢复操作可以删除或取消恢复，恢复命令不能选择恢复________或________、________或________的步骤。

2．【历史记录】中的各选项中________用于存储每个图像的元数据；________将文本导出到外部文件。将提示你为日志文件命名，并选择要在其中存储该文件的位置；________将元数据存储在文件中，并创建一个文本文件。

3.【回放选项】的性能有________、________、________三项。

4.【历史记录画笔】工具允许你将________或________绘制到当前图像窗口中。

5.______就是播放单个文件或一批文件的一系列命令，是快捷批处理的基础，而______是小应用程序，可以自动处理拖移到其图标上的所有文件。

判断题

1. 在 Photoshop CS3 中，图像的恢复是将在处理图像的操作退回到上一步或上几步，也可以直接恢复到任意状态。　（　）

2.【快照】不会与图像一起存储，关闭某个图像将会删除其快照。　（　）

3.【历史记录画笔】工具可以从一个状态或快照拷贝到另一个状态或快照，位置可以选择。　（　）

4. 使用【历史记录】调板恢复图像操作只需要在调板中单击记录的历史状态就行。（　）

5. 在使用【历史记录】调板时，每个状态会与更改图像所使用的工具或命令的名称将分开列出。　（　）

Study

Chapter 08

图像的颜色处理

学习导航

处理好图像的颜色是一幅好作品的保证，因此图像的颜色搭配十分重要。在 Photoshop CS3 中，系统提供了很多色彩及色调的命令，色彩和色调主要用于对图像的亮度、对比度、饱和度和色相进行适当的调整，让图像的颜色更加完美，内容更加丰富多彩。

本章要点

- 颜色的设定
- 图像色彩调整命令
- 自动色阶
- 自动颜色
- 色彩平衡
- 色相/饱和度
- 颜色匹配
- 可选颜色
- 颜色色调调整命令
- 色阶
- 自动对比度
- 曲线
- 亮度/对比度
- 去色
- 替换颜色
- 通道混合器

8.1　颜色设定

在 Photoshop CS3 中使用各种绘图工具时，会遇到绘制颜色的设定，Photoshop 软件提供了多种颜色选取和设定方式。通常绘图工具画出的颜色是由工具箱中的前景色决定的，橡皮擦擦除后的颜色为背景色。

默认情况下前景色为黑色，背景色为白色，单击前景色或背景色附近的双向箭头可以切换背景色和前景色，单击前景色或背景色附近的小黑白图标可以将背景色和前景色切换到默认状态。前景色和背景色在工具箱处于双列和单列时的情况如图 8-1-1 所示。

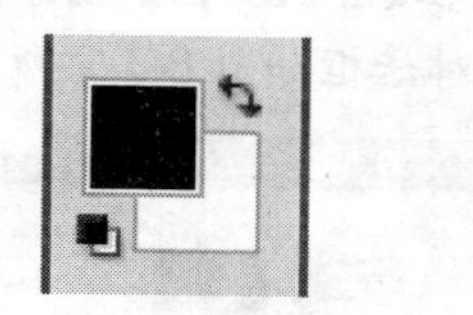

图 8-1-1　双列和单列时的前景色与背景色

8.1.1　Adobe 拾色器

可以通过从色谱中选取或者通过以数字形式定义颜色，在 Adobe 拾色器中选择颜色。通过 Adobe 拾色器，我们可以设置前景色、背景色和文本颜色。

在 Photoshop 中，还可以使用拾色器来执行以下操作：

- 在某些颜色和色调调整命令中设置目标颜色。
- 在【渐变编辑器】中设置终止色。
- 在【照片滤镜】命令中设置滤镜颜色。
- 在填充图层、某些图层样式和形状图层中设置颜色。

在 Adobe 拾色器中选择颜色时，会同时显示 HSB、RGB、Lab、CMYK 和十六进制数的数值。

在 Adobe 拾色器中，颜色设置方式有：

- 基于 HSB（色相、饱和度、亮度）或 RGB（红色、绿色、蓝色）颜色模式选择颜色，或者根据颜色的十六进制值来指定颜色。
- 基于 Lab 颜色模式选择颜色。
- 基于 CMYK（青色、洋红、黄色、黑色）颜色模式指定颜色。

可以将 Adobe 拾色器配置为只能从 Web 安全色或几个自定颜色系统中选取。Adobe 拾色器中的色域可显示 HSB 颜色模式、RGB 颜色模式和(Photoshop) Lab 颜色模式中的颜色分量。

1．拾色器的打开

打开拾色器的方法有：

- 在工具箱中，单击前景色或背景色选择框。
- 在【颜色】调板中，单击【设置前景色】或【设置背景色】选择框。
- 在文本工具选项栏中，单击色板。
- 在【图层】调板中，单击填充图层或形状图层中的色板。
- 在【渐变编辑器】中，双击某个色标。
- 在形状或钢笔工具的选项栏中，单击色板。
- 在某些图层样式（如【外发光】和【内发光】）的【图层样式】对话框中，单击【设置颜色】框。
- 在某些颜色和色调调整命令的对话框中，双击某个吸管或单击某个色板。并非所有的吸管都可用于设置目标颜色，例如，在【替换颜色】命令中双击吸管并不会打开 Adobe 拾色器。打开后的颜色【拾色器】对话框如图 8-1-2 所示。

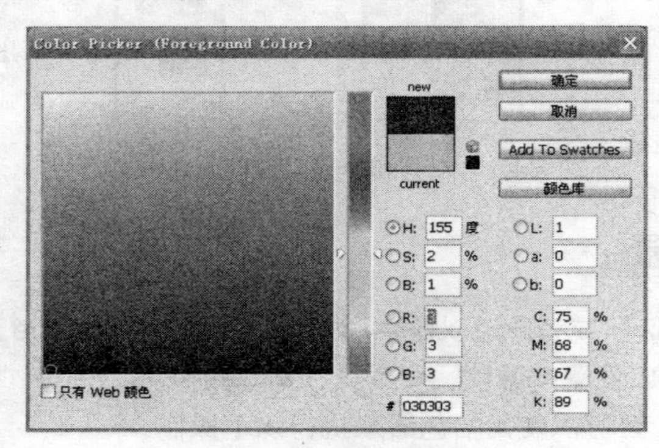

图 8-1-2 【拾色器】对话框

2. 颜色选择

在 HSB 颜色、RGB 颜色和 Lab 颜色模式下，可以使用【拾色器】对话框中的色域或颜色滑块来选择颜色。沿滑块拖移白色三角形或在颜色滑块内在产生的色域内单击。当我们选择颜色时，会有一个圆形标记指出该颜色在色域中的位置。

在使用色域和颜色滑块调整颜色时，会对数值进行相应的调整。颜色滑块右侧的颜色矩形在矩形的上部显示新颜色。原来的颜色显示在矩形的下部。如果颜色不是 Web 安全颜色或溢色，将出现警告。

可以在 Adobe 拾色器的外部选择颜色。当我们将指针移到文档窗口上时，指针会变成【吸管】工具。然后，可以通过在图像中单击来选择颜色。选中的颜色将显示在 Adobe 拾色器中。在图像中单击，然后按住鼠标按钮移动，可将吸管工具移到桌面上的任何位置。可通过松开鼠标按钮来选择颜色。

如果有印刷色谱，则可以对照色谱中颜色的配比，在颜色定义区输入颜色，这样可以避免显示器的误差。

单击拾色器右边的【颜色库】按钮，可以打开【颜色库】调板，在颜色库中也可以选择自定颜色。打开的【颜色库】对话框，如图 8-1-3 所示。

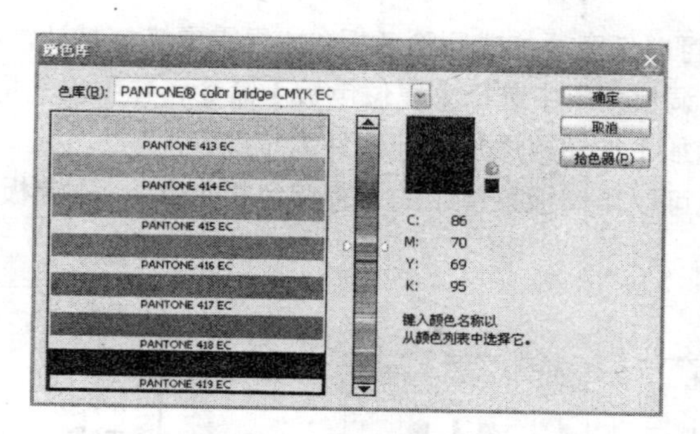

图 8-1-3　【颜色库】对话框

8.1.2　颜色调板

【颜色】调板的打开方法与其他的调板一样，默认情况下【颜色】调板是显示在工作区的。【颜色】调板也用于颜色设置，它是通过移动滑快改变颜色比例来配制颜色的，不同于拾色器的是它增加了灰度及 Web 颜色设置。

替换颜色模式直接单击颜色调板右边带有三横的小三角按钮，在弹出的菜单中选择需要设置的颜色模式，如图 8-1-4 所示。

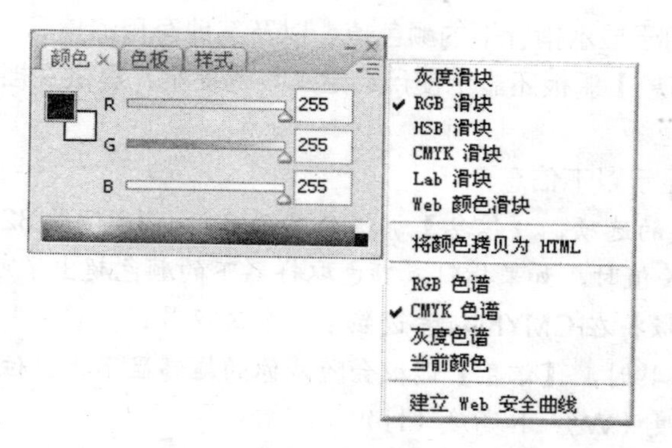

图 8-1-4　设置颜色

提示

【颜色】调板中设置的颜色如果不能在印刷中实现，在【颜色】调板中就会出现一个带有叹号的三角图标⚠。

8.1.3　色板调板

【色板】调板与【颜色】调板有一些相同的功能，它们都可以改变工具箱中的背景色和前景色的颜色。

【色板】调板的打开和其他的调板一样，也是执行【窗口】|【色板】菜单命令或在工作区的【颜色】或【样式】调板上方单击【色板】选项卡，打开后的调板如图 8-1-5 所示。

使用【色板】调板时，无论当前在使用什么工具，只要将鼠标移动到【色板】上，都会变成吸管的形状，单击鼠标就可以改变前景色，如果按下【Ctrl】键则可改变背景色。

在【色板】调板中可以任意添加或删除色板，如果需要恢复默认情况可以单击调板右上方的小三角符号，在弹出的调板菜单中选择【复位色板】命令，在弹出的提示对话框中单击【确定】按钮，也可以单击【追加】按钮再添加其他软件内定颜色。

如果要存储色板也可以用调板菜单中的【存储色板】命令，【色板】调板的菜单如图 8-1-6 所示。

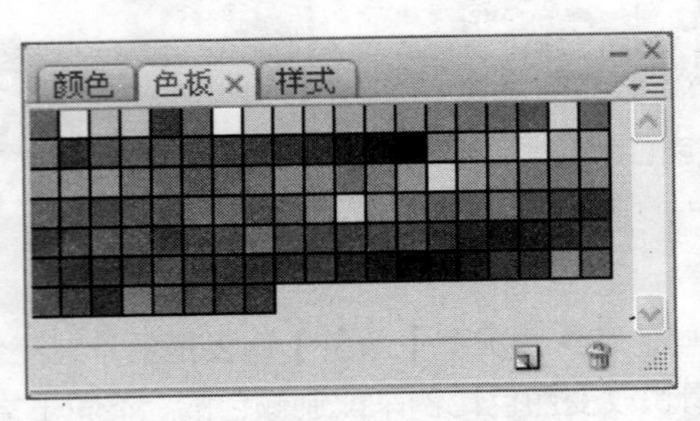

图 8-1-5 【色板】调板

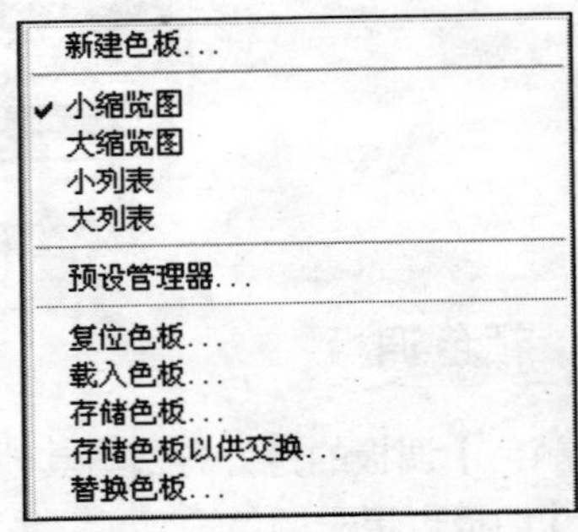

图 8-1-6 【色板】调板的菜单

8.1.4 【信息】调板

【信息】调板可用于显示指针下的颜色值，以及其他有用的信息（取决于所使用的工具）。在 Photoshop 中，【信息】调板还显示使用选定工具的提示、提供文档状态信息，并可以显示 8 位、16 位或 32 位值。

【信息】调板会显示以下信息：

- 取决于你指定的选项，【信息】调板会显示 8 位、16 位或 32 位值。
- 在显示 CMYK 值时，如果指针或颜色取样器下的颜色超出了可打印的 CMYK 色域，则【信息】调板将在 CMYK 值旁边显示一个惊叹号。
- 当使用选框工具时，【信息】调板会随着你的拖移显示指针位置的 x 坐标和 y 坐标以及选框的宽度（W）和高度（H）。
- 在使用裁剪工具或缩放工具时，【信息】调板会随着你的拖移显示选框的宽度（W）和高度（H）。该调板还显示裁剪选框的旋转角度。
- 在使用直线工具、钢笔工具或渐变工具，或者在移动选区时，【信息】调板会随着你的拖移显示开始位置的 x 坐标和 y 坐标，X 的变化（DX）、Y 的变化（DY）、角度（A）以及距离。
- 在使用二维变换命令时，【信息】调板会显示宽度（W）和高度（H）的百分比变化、旋转角度（A）以及水平切线（H）或垂直切线（V）的角度。
- 在使用任意颜色调整对话框（如【曲线】）时，【信息】调板会显示指针和颜色取样器下的像素的前后颜色值。
- 如果启用了【显示工具提示】选项，你将看到有关使用工具箱中的选定工具的提示。
- 取决于所选的选项，【信息】调板会显示状态信息，如文档大小、文档配置文件、文档尺寸、暂存盘大小、效率、计时以及当前工具。

执行【窗口】|【信息】命令，或在工作区中单击【信息】选项卡可以打开【信息】调板。选择不同的工具，【信息】调板显示的内容会有部分不同。打开后的【信息】调板如图 8-1-7 所示。

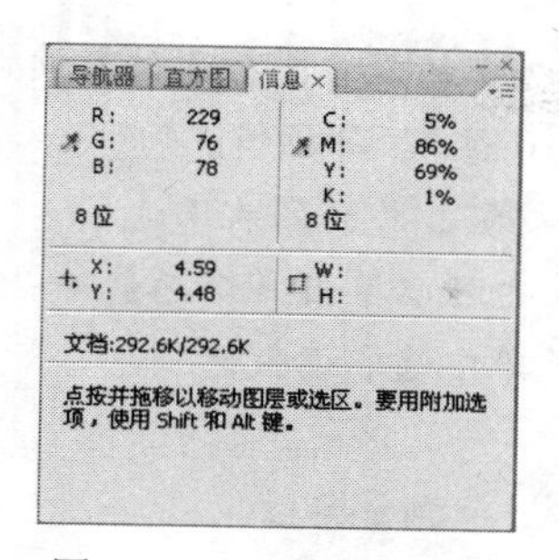

图 8-1-7　【信息】调板

小知识

信息调板中各符号的意义如下：

显示指针下的颜色的数值。

显示指针的 x 和 y 坐标。

随着拖移显示选框或形状的宽度(W) 和高度(H)，或显示现用选区的宽度和高度。

经典实例

更改【信息】调板选项：

01　单击调板右上角后面的“三角形”图标，打开【信息】调板菜单。

02　在菜单中选择【调板选项】命令，打开【信息调板选项】对话框，如图 8-1-8 所示。

03　在【信息调板选项】对话框中，在【第一颜色信息】下单击模式的下拉按钮，为【第一颜色信息】选取一种模式。

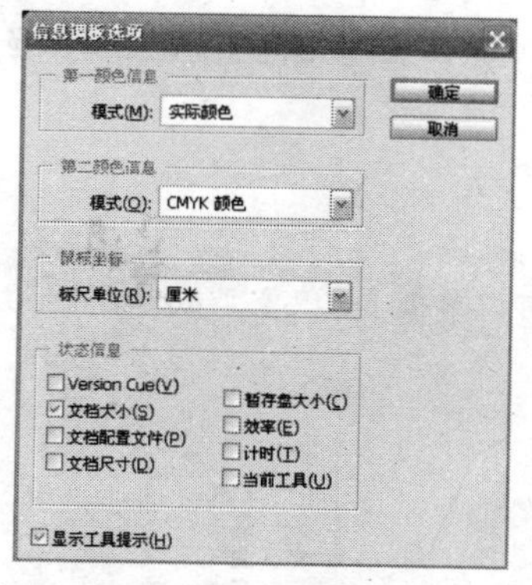

图 8-1-8　【信息调板选项】对话框

【第一颜色信息】的模式有以下几项：

- 实际颜色显示图像的当前颜色模式下的值。
- 校样颜色显示图像的输出颜色空间的值。
- 颜色模式显示该颜色模式下的颜色值。
- 油墨总量显示指针当前位置的所有 CMYK 油墨的总百分比，取决于【CMYK 设置】 对话框中设置的值。
- 不透明度显示当前图层的不透明度。该选项不适用于背景。

- 可以通过单击【信息】调板中的吸管图标来设置读数选项。除了【第一颜色信息】选项外，还可以显示8位、16位或32位值。

04 对于【第二颜色信息】，从第2步的列表中选取一个显示选项。对于第二读数，也可以单击【信息】调板中的吸管图标，并从弹出式菜单中选取读数选项，如图8-1-9所示。

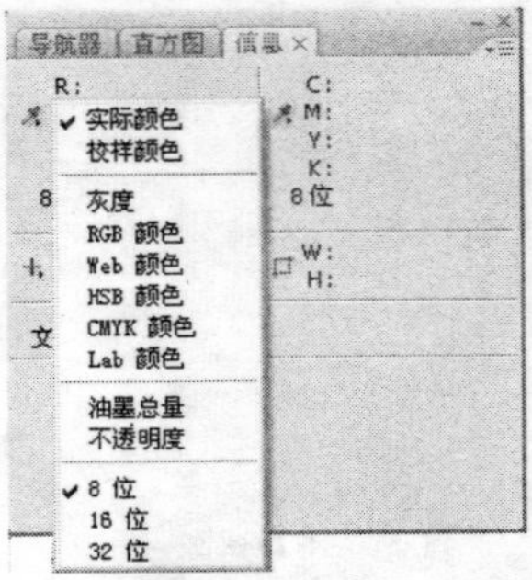

图8-1-9 单击吸管图标选取读数模式

05 对于【标尺单位】，选取一个测量单位。

06 在【状态信息】下，从以下各项中进行选择，以便在【信息】调板中显示文件信息：

【状态信息】的各选项如下：

- 文档大小　显示有关图像中的数据量的信息。
  左边的数字表示图像的打印大小，它近似于以Adobe Photoshop格式拼合并存储的文件大小。右边的数字指明文件的近似大小，其中包括图层和通道。
- 文档配置文件　显示图像所使用颜色配置文件的名称。
- 文档尺寸　显示图像的尺寸。
- 暂存盘大小　显示有关用于处理图像的RAM量和暂存盘的信息。左边的数字表示当前正由程序用来显示所有打开的图像的内存量。右边的数字表示可用于处理图像的总RAM量。
- 效率　显示执行操作所花时间的百分比，而非读写暂存盘所花时间的百分比。如果此值低于100%，则Photoshop正在使用暂存盘，因此操作速度会较慢。
- 计时　显示完成上一次操作所花的时间。
- 当前工具　显示现用工具的名称。

07 选择【显示工具提示】，以便在【信息】调板底部显示使用选定工具的提示。

08 单击【确定】按钮。

要更改测量单位，可以单击【信息】调板中的十字线图标，然后从菜单中进行选取，如图8-1-10所示。

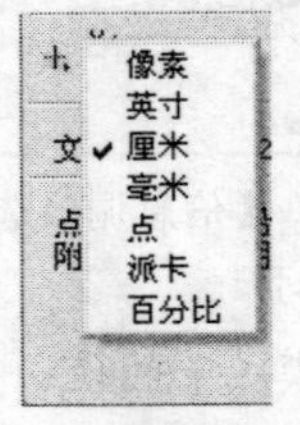

图8-1-10 修改测量单位

8.1.5 其他颜色确定方法

在Photoshop CS3中，除了以上几种颜色的设定及查看颜色信息外，还可以使用【吸管工具】采集色样以指定新的前景色或背景色和使用【颜色取样工具】对不同位置的颜色数进行测量。

经典实例

1. 【吸管工具】

使用【吸管工具】从现用图像中选取颜色。

01　打开【光盘：源文件\第 8 章\瀑布.jpg】图像文件，单击工具箱中的【吸管工具】按钮，选择【吸管工具】。

02　单击属性栏中【取样大小】的下拉按钮，从【取样大小】下拉菜单中选取一个选项。如图 8-1-11 所示。

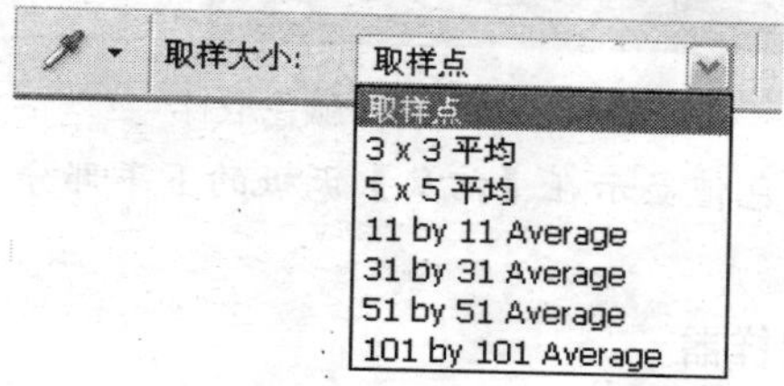

图 8-1-11　取样大小

提示

【取样大小】下拉菜单中的各选项功能分别如下：

【取样点】读取所点击区域像素的精确值。

【3×3 平均】或【5×5 平均】读取所点击区域内指定数量像素的平均值。

03　设置前景色，直接在图像内单击，或者将指针放置在图像上，按住鼠标按钮并在屏幕上的任何位置拖移。前景色选取框会随着拖移动态地变化，松开鼠标按钮，即可拾取新颜色。

04　设置背景色，按住 Alt 键并在图像内单击。或者将指针放置在图像上，按【Alt】键，按住鼠标按钮并在屏幕上的任何位置拖移。背景色选取框会随着你的拖移动态地变化，松开鼠标按钮，即可拾取新颜色。

2. 【颜色取样器工具】

可以使用【吸管工具】查看单个位置的颜色，或者使用最多 4 个【颜色取样器】来显示图像中一个或多个位置的颜色信息。

使用颜色取样去查看图像中的颜色值。

01　打开【光盘：源文件\第 8 章\杜鹃花.BMP】图像文件，执行【窗口】|【信息】命令，打开【信息】调板。

02　单击工具箱中【颜色取样器工具】按钮，在选项栏中选【取样大小】。

03　在图像上单击要放置取样器的位置，最多可在图像上放置 4 个颜色取样器。如图 8-1-12 所示。

提示

【取样大小】下拉菜单中各选项的功能分别如下：

- 【取样点】读取单一像素的值。
- 【3×3 平均】读取一个 3×3 像素区域的平均值。
- 【5×5 平均】读取一个 5×5 像素区域的平均值。

图 8-1-12 颜色取样

04 颜色取样器内的颜色值显示在【信息】调板的下半部分，【颜色】调板还是会在移动吸管时显示像素的颜色值。

3. 移动或删除颜色取样器

颜色取样器的移动方法：选择【颜色取样器工具】，按住鼠标左键直接将取样器拖移到新位置。

颜色取样器的删除方法：

- 选择【颜色取样器工具】，将取样器拖出文档窗口，或按住【Alt】键，直到指针变成剪刀形状，然后单击取样器。
- 选择【颜色取样器工具】，直接单击属性栏中的【清除】按钮，删除所有颜色取样器。
- 选择【颜色取样器工具】，按住【Alt+Shift】组合键并单击取样器。可以将在调整对话框处于打开状态时的颜色取样器删除。

8.2 色调调整

对图像的色调进行调整可以更灵活地处理图像的颜色，色调的调整包括【色阶】、【自动色阶】、【自动对比度】、【自动颜色】、【曲线】、【色彩平衡】和【亮度/对比度】命令。

8.2.1 【色阶】命令

【色阶】命令通过为单个颜色通道设置像素分布来调整色彩平衡，使用【色阶】命令在调整时主要是以【色阶】对话框来处理的。

【色阶】对话框允许通过调整图像的阴影、中间调和高光的强度级别，从而校正图像的色调范围和色彩平衡。【色阶】直方图用作调整图像基本色调的直观参考。

经典实例

使用色阶调整色调范围。

01 打开【光盘：源文件\第 8 章\杜鹃花.BMP】图像文件，如图 8-2-1 所示。

02 执行【图像】|【调整】|【色阶】命令或执行【图层】|【新建调整图层】|【色阶】命令，在【新建图层】对话框中点击【确定】按钮，打开【色阶】对话框，如图 8-2-2 所示。

图 8-2-1　打开图像文件

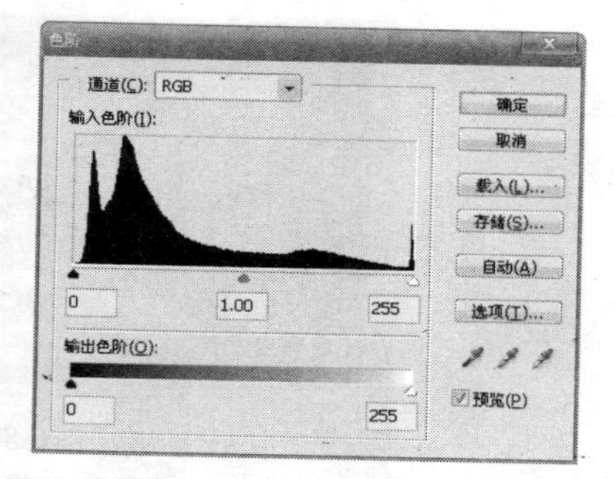

图 8-2-2　【色阶】对话框

03　单击【通道】下拉菜单按钮，从菜单中选取选项，调整特定颜色通道的色调，这里包括 RGB、红、绿和蓝。

提示

若要同时编辑一组颜色通道，请在选取【色阶】命令之前，按住【Shift】键并在【通道】调板中选择这些通道。之后，【通道】菜单会显示目标通道的缩写，例如，CM 表示青色和洋红。该菜单还包含所选组合的个别通道。必须分别编辑专色通道和 Alpha 通道。切记，此方法对于【色阶】调整图层不适用。

04　要手动调整阴影和高光，将黑色和白色【输入色阶】滑块拖移到直方图的任意一端的第一组像素的边缘。

提示

【输入色阶】滑块将黑色和白色映射到【输出】滑块的设置。默认情况下，【输出】滑块位于色阶 0（像素为全黑）和色阶 255（像素为全白）。因此，在【输出】滑块的默认位置，如果移动黑色输入滑块，则会将像素值映射为色阶 0，而移动白色滑块则会将像素值映射为色阶 255。

其余的色阶将在色阶 0 ~ 255 之间重新分布。这种重新分布情况将会增大图像的色调范围，实际上增强了图像的整体对比度。

05　要调整灰度，则使用中间的【输入】滑块来调整灰度系数。

提示

向左移动中间的【输入】滑块可使整个图像变亮。此滑块将较低（较暗）色阶向上映射到【输出】滑块之间的中点色阶。如果【输出】滑块处在它们的默认位置（0 ~ 255），则中点色阶为 128。在此示例中，阴影将扩大以填充从 0 ~ 128 的色调范围，而高光则会被压缩。将中间的【输入】滑块向右移动会产生相反的效果，使图像变暗。

06　单击【确定】按钮，完成调整，图像调亮与调暗后的图像如图 8-2-3 和图 8-2-4 所示。

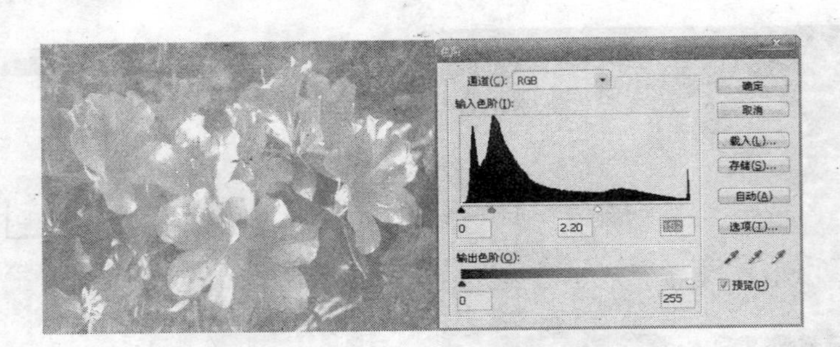

图 8-2-3　图像变亮效果

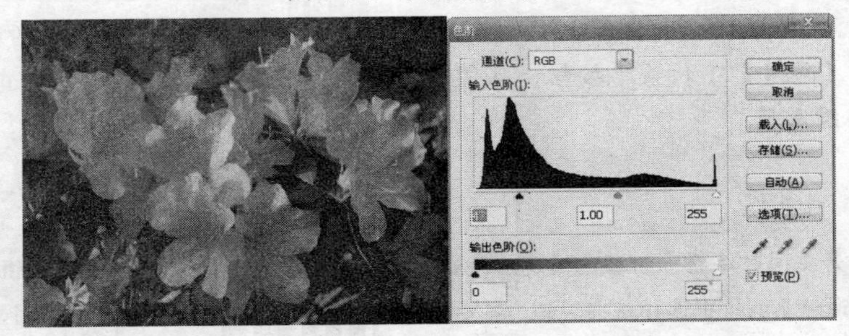

图 8-2-4　图像变暗效果

8.2.2　【自动色阶】命令

【自动色阶】用于去除图像中不正常的高亮区和暗区，把最亮的像素变为白色，最暗的像素变为黑色。使用【自动色阶】可以不用打开【色阶】对话框而对图像中的不正常的高光和阴影部分进行初步处理。

使用【自动色阶】命令的操作步骤如下：

经典实例

01　打开【光盘：源文件\第 8 章\玫瑰相思.jpg】图像文件，如图 8-2-5 所示。

02　执行【图像】|【调整】|【自动色阶】菜单命令，执行该命令后的效果如图 8-2-6 所示。

图 8-2-5　打开图像文件

图 8-2-6　自动色阶处理效果

8.2.3　【自动对比度】命令

【自动对比度】可用于自动调整图像的高亮区域和阴影区域，将图像中最亮的像素用白色代替，最暗的像素用黑色代替，使高亮区域更亮，暗区更暗。

使用【自动对比度】的操作步骤如下：

经典实例

01　打开【光盘：源文件\第 8 章\生日聚会.jpg】(色彩对比不要太强烈)。

02　执行【图像】|【调整】|【自动对比度】菜单命令，图像自动完成对比度调整，调整前后如图 8-2-7 所示。

图 8-2-7　自动对比度调整前后

8.2.4　【自动颜色】命令

【自动颜色】命令用于快速调整图像的整体颜色，使色彩平衡达到最佳效果。【自动颜色】命令的执行方式可以微调。

使用【自动颜色】命令操作步骤如下：

经典实例

01　打开【光盘：源文件\第 8 章\花朵.BMP】图像文件，如图 8-2-8（a）所示。

02　执行【图像】|【调整】|【自动颜色】命令，执行调整后的效果如图 8-2-8（b）所示。

(a) 打开图像

(b) 【自动颜色】效果

图 8-2-8　【自动颜色】调整效果

8.2.5　【曲线】命令

【曲线】命令可以调整图像的整个色调范围。可以在图像的整个色调范围（从阴影到高光）

内最多调整 14 个不同的点。也可以使用【曲线】对图像中的个别颜色通道进行精确的调整。

【曲线】命令的执行是通过调整【曲线】对话框来实现的，在【 曲线】对话框中更改曲线的形状可改变图像的色调和颜色。

在【曲线】对话框中，将曲线向上或向下弯曲将会使图像变亮或变暗，具体情况取决于对话框是设置为显示色阶还是百分比。曲线上比较陡直的部分代表图像对比度较高的部分；相反，曲线上比较平缓的部分代表对比度较低的区域。

执行【曲线】命令的操作步骤如下：

经典实例

【光盘：源文件\第 8 章\曲线命令.PSD】

01　打开【光盘：源文件\第 8 章\水花相映.jpg】图像文件，如图 8-2-9 所示。

图 8-2-9　打开图像

02　执行【图像】|【调整】|【曲线】命令，或执行【图层】|【新建调整图层】|【曲线】命令，在【新建图层】对话框中单击【确定】按钮，打开【曲线】对话框，如图 8-2-10 所示。

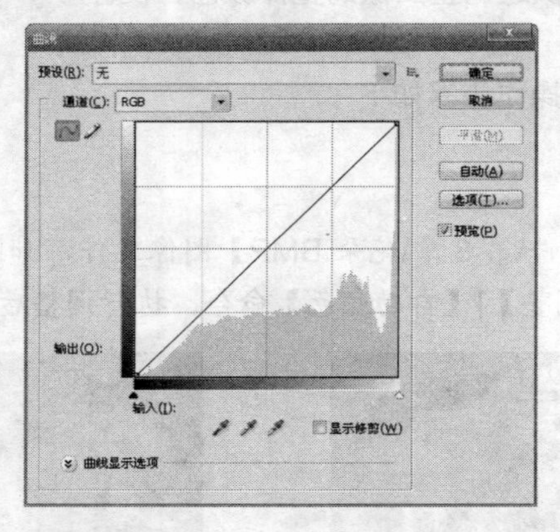

图 8-2-10　【曲线】对话框

03　单击【通道】菜单中选取要调整的一个或多个通道，调整图像的色彩平衡。

小知识

若要同时编辑一组颜色通道，请在选取【曲线】之前，按住【Shift】键并在【通道】调板中选择通道。之后，【通道】菜单会显示目标通道的缩写，例如，C、M 表示青色和洋红。该菜单还包含所选组合的个别通道。注意，此方法不适合用【曲线】命令调整图层。

04 直接在曲线上单击或按住【Ctrl】键（仅限 RGB 图像）单击图像中的像素，在曲线上添加点。

05 调整曲线的形状，单击某个点并拖移曲线，直至图像达到要求或单击曲线上的某个点，然后在【输入】和【输出】文本框中输入值，也可以选择【曲线】对话框底部的铅笔，拖移以绘制新曲线，如图 8-2-11 所示。

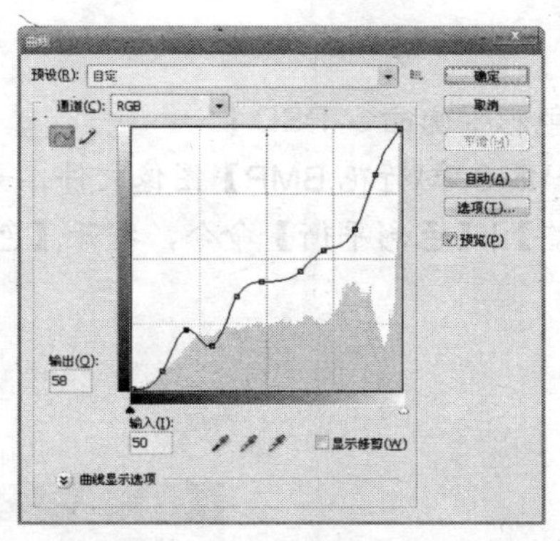

图 8-2-11 调整曲线形状

小知识

可以按住【Shift】键将曲线约束为直线，然后单击以定义端点。完成后，如果想使曲线平滑，单击【平滑】按钮。

06 单击【确定】按钮，完成色调的调整，如图 8-2-12 所示。

图 8-2-12 颜色调整后

曲线的键盘快捷方式如下：

- 在图像中按住【Ctrl】键并单击，可以设置【曲线】对话框中指定的当前通道中曲线上的点。
- 在图像中按住【Shift+Ctrl】组合键并单击，可以在每个颜色成分通道中（但不是在复合通道中）设置所选颜色曲线上的点。
- 按住 Shift 键并点击曲线上的点可以选择多个点。所选的点以黑色填充。
- 在网格中点击，或按【Ctrl+D】键，可以取消选择曲线上的所有点。
- 按箭头键可移动曲线上所选的点。
- 按【Ctrl+Tab】组合键可以在曲线上的控制点中向前移动。
- 按【Shift+Ctrl+Tab】组合键可以在曲线上的控制点中向后移动。

8.2.6 【色彩平衡】命令

【色彩平衡】命令可以改变图像的色阶分布，分别对指定色彩进行加量和减量，使图像整体色彩接近理想效果。该命令的运算很快，适合尺寸较大的文件。

经典实例

【光盘：源文件\第 8 章\色彩平衡命令.PSD】

01 打开【光盘：源文件\第 8 章\荷花.BMP】图像文件，如图 8-2-13 所示。

02 执行【图像】|【调整】|【色彩平衡】命令，打开【色彩平衡】对话框，如图 8-2-14 所示。

图 8-2-13 打开图像

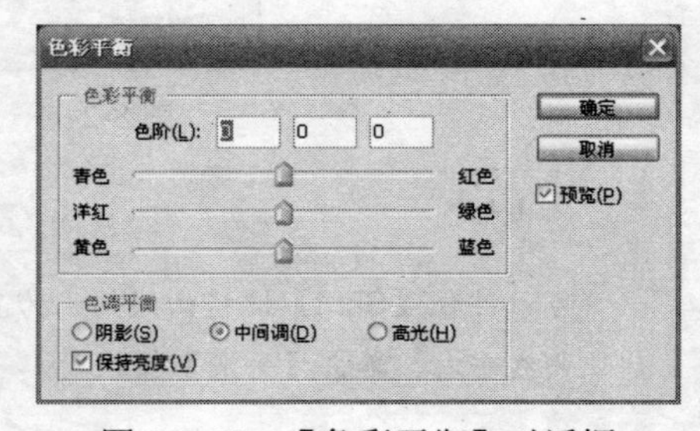

图 8-2-14 【色彩平衡】对话框

03 在【色彩平衡】设置栏拖动滑块，对照图像上的预览确定色阶，也可以直接在色阶后面的文本框输入数字，范围是–100 ~ +100 之间。

04 单击设置【色调平衡】设置栏内的【阴影】、【中间调】、【高光】和【保持亮度】，在默认情况下，【中间调】和【保持亮度】处于选中状态。

05 单击【确定】按钮，完成命令，效果如图 8-2-15 所示。

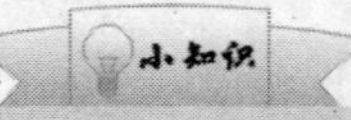

【色彩平衡】命令不能用于单一的【通道】，在使用【色彩平衡】命令时至少选择两个通道或选择一个复合通道。

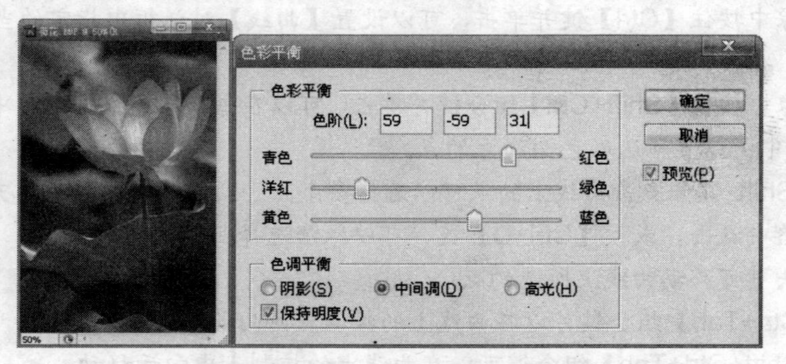

图 8-2-15 使用【色彩平衡】调整

8.2.7 【亮度/对比度】命令

【亮度/对比度】命令用于修改图像的亮度和对比度，图片太暗或有些模糊，都可以使用它来进行修改。

【亮度/对比度】命令的操作步骤如下：

经典实例

【光盘：源文件\第 8 章\亮度、对比度命令.PSD】

01 打开【光盘：源文件\第 8 章\生日聚会.jpg】图像文件，如图 8-2-16 所示。

02 执行【图像】|【调整】|【亮度/对比度】命令，打开【亮度/对比度】对话框，如图 8-2-17 所示。

图 8-2-16 打开图像

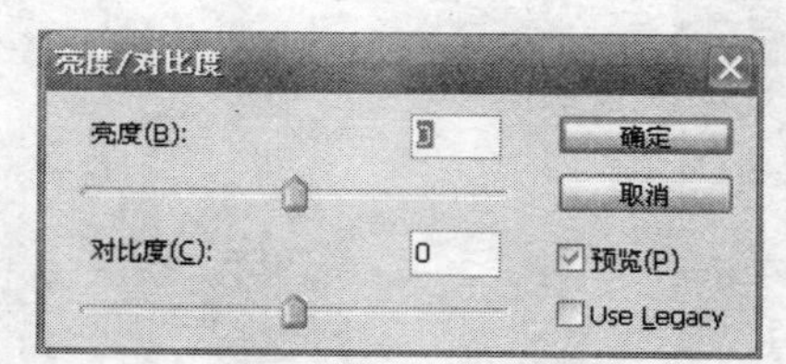

图 8-2-17 【亮度/对比度】对话框

03 对照图像的预览效果，左右拖动【亮度】和【对比度】的滑块，左移减弱，右移增强，也可以在【亮度】或【对比度】的文本框输入数字，【亮度】的取值范围是–150 ~ +150，【对比度】为–50 ~ 100。

04 单击【确定】按钮，操作完成，处理后的图像如图 8-2-18 所示。

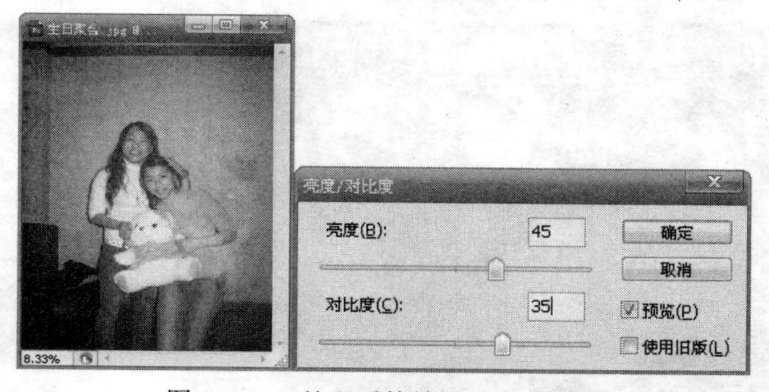

图 8-2-18 处理后的效果及命令设置

8.3 色彩调整

通过色彩调整，可以减少图像处理过程中的颜色丢失，色彩调整命令主要有【黑/白】、【色相/饱和度】、【去色】、【颜色匹配】、【替换颜色】、【可选颜色】、【通道混合器】、【渐变映射】、【照片滤镜】、【阴影/高光】和【曝光度】。下面我们分别介绍它们的使用。

8.3.1 【黑/白】命令

【黑/白】命令可以对图像中不同的颜色进行亮度的调整，然后转换成黑白图像，也可以将图像转变为其他颜色与白色之间的搭配图像。

使用【黑/白】命令的操作步骤如下：

经典实例

【光盘：源文件\第 8 章\黑白命令.PSD】

01 打开【光盘：源文件\第 8 章\牡丹.BMP】图像文件，如图 8-3-1 所示。

02 执行【图像】|【调整】|【黑白】命令，打开【黑白】对话框，如图 8-3-2 所示。

图 8-3-1 打开图像

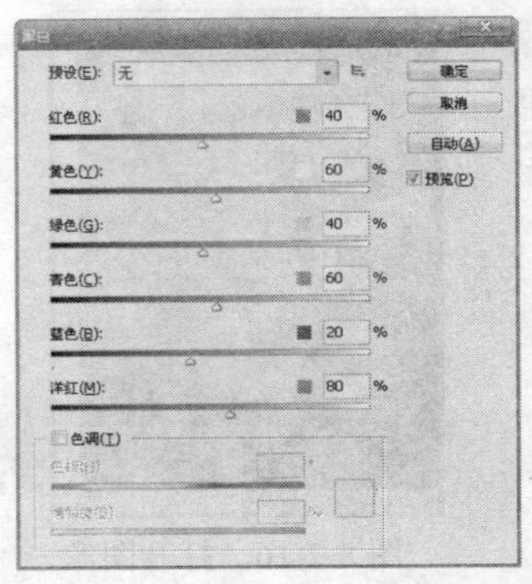

图 8-3-2 【黑白】对话框

03 移动不同滑块，改变各颜色在图像中的对比度。也可以在图像上拖移，改变对比度。

04 单击选择【色调】复选框，在【色调】设置栏，分别移动滑块，改变色调和饱和度。

05 单击【确定】按钮，操作完成，图像变为单一颜色，如图 8-3-3 所示。

图 8-3-3 【黑/白】调整

8.3.2 【色相/饱和度】命令

使用【色相/饱和度】命令，可以调整图像中特定颜色分量的色相、饱和度和亮度，或者同时调整图像中的所有颜色。在 Photoshop 中，此命令尤其适用于微调 CMYK 图像中的颜色，以便它们处在输出设备的色域内。

使用【色相/饱和度】命令的操作步骤如下：

经典实例

【光盘：源文件\第 8 章\色相饱和度命令.PSD】

01　打开【光盘：源文件\第 8 章\牵牛花.BMP】，如图 8-3-4 所示。

02　执行【图像】|【调整】|【色相/饱和度】命令，或执行【图层】|【新建调整图层】|【色相/饱和度】命令，在【新建图层】对话框中点击【确定】按钮，打开【色相/饱和度】对话框，如图 8-3-5 所示。

图 8-3-4　打开图像

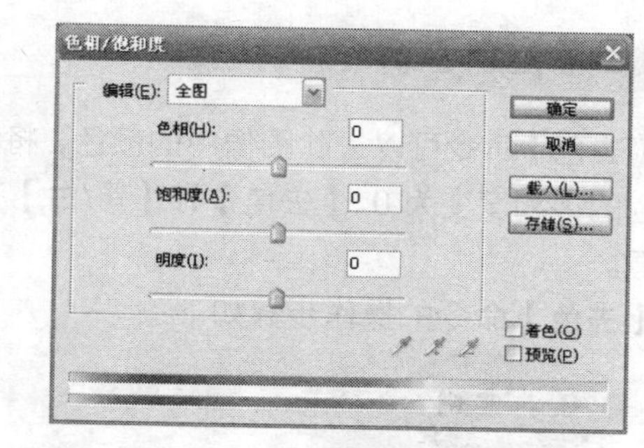

图 8-3-5　【色相/饱和度】对话框

03　单击选择【预览】复选框，以便在使用时可以看到图像产生的效果。

04　单击【编辑】下拉菜单，在【编辑】下拉菜单中选择要调整哪些颜色，选择【全图】可以一次调整所有颜色。

05　在【色相】处，输入一个值，或拖移滑块，输入值的范围–180 ~ +180。

06　在【饱和度】处，输入一个值，或左右拖移滑块。

提示

将滑块向右拖移增加饱和度，向左拖移减少饱和度。饱和度的取值范围是–100（饱和度减少的百分比，使颜色变暗）~ +100（饱和度增加的百分比）。

07　在【明度】处，输入一个值，或者左右移动滑块。

提示

向右拖移滑块以增加亮度（向颜色中增加白色），向左拖移以降低亮度（向颜色中增加黑色）。明度的取值范围可以是–100（黑色的百分比）~ +100（白色的百分比）。

小知识

按【Alt】键可将【取消】按钮更改为【复位】。单击【复位】按钮可取消【色相/饱和度】对话框中的设置。此操作可用于后面的色彩及色调调整。

08　单击【确定】按钮，完成操作，调整全图像素的效果如图 8-3-6 所示。

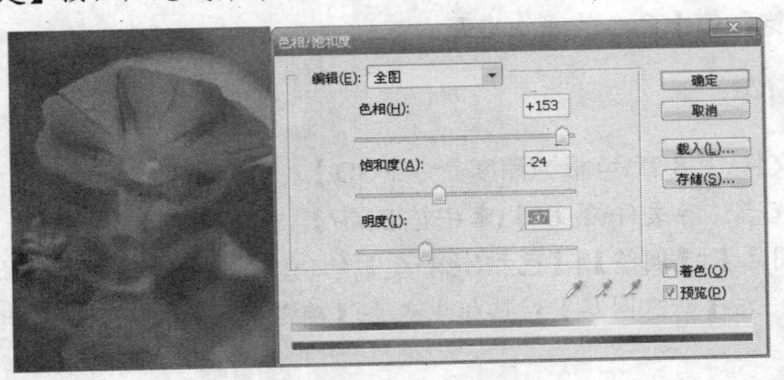

图 8-3-6　调整后的效果

8.3.3　【去色】命令

【去色】命令可以去除图像中的颜色，将其转换为相同模式的灰度图像，转换后的图像中所有颜色的饱和度变为 0。【去色】和【黑/白】有部分相似之处，它们都可以将彩色图像转换为黑白图像。

【去色】命令的操作步骤如下：

经典实例

【光盘：源文件\第 8 章\去色命令.PSD】

01　打开【光盘：源文件\第 8 章\菊花.jpg】图像文件，如图 8-3-7 所示。

02　执行【图像】|【调整】|【去色】命令，图像由彩色变为黑白，如图 8-3-7 所示。

图 8-3-7　打开图像

图 8-3-8　去色后的图像

8.3.4　【匹配颜色】命令

【匹配颜色】命令匹配不同图像之间、多个图层之间或者多个颜色选区之间的颜色。它还允许你通过更改亮度和色彩范围以及中和色痕来调整图像中的颜色。【匹配颜色】命令仅适用于 RGB 模式。

使用【匹配颜色】命令时，指针将变成吸管工具。在调整图像时，使用吸管工具可以在【信息】调板中查看颜色的像素值。此调板会在使用【匹配颜色】命令时向你提供有关颜色值变化的反馈。

【匹配颜色】命令将一个图像（源图像）的颜色与另一个图像（目标图像）中的颜色相匹配。当你尝试使不同照片中的颜色保持一致，或者一个图像中的某些颜色（如皮肤色调）必须与另一个图像中的颜色匹配时，此命令非常有用。

除了匹配两个图像之间的颜色以外，【匹配颜色】命令还可以匹配同一个图像中不同图层之间的颜色。

匹配不同图像中的颜色的操作步骤如下：

经典实例

【光盘：源文件\第 8 章\匹配颜色命令.PSD】

01　打开【光盘：源文件\第 8 章\牡丹.BMP】和【光盘：源文件\第 8 章\花朵.BMP】图像文件，如图 8-3-9 所示。

图 8-3-9　打开两幅图像

02　选择“花朵.jpg”，执行【图像】|【调整】|【匹配颜色】命令，打开【匹配颜色】对话框，如图 8-3-10 所示。

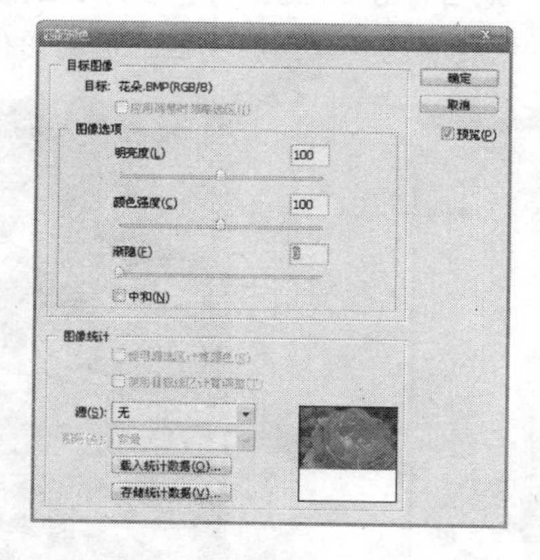

图 8-3-10　【匹配颜色】对话框

小知识

可在图像中建立要匹配的选区。如将一个图像中的颜色区域（例如，脸部皮肤色调）与另一个图像中的颜色区域相匹配时，这一点非常有用。如果未建立选区，则【匹配颜色】命令将匹配图像之间的全部“图像统计”数据。

03　在【匹配颜色】对话框中，从【图像统计】区域中的【源】菜单中，选取要将其颜色与目标图像中的颜色相匹配的“牡丹”图像。

04　选择【中和】选项，自动移去目标图像中的色痕。选中【预览】选项，图像会随着调整而更新。

05　移动【明亮度】滑块，增加或减小目标图像的亮度，或者在【亮度】文本框中输入一个值。范围为 1～200，默认值是 100。

06　调整【颜色强度】滑块，调整目标图像的色彩饱和度，或者在【颜色强度】文本框中输入一个值。范围为 1～200，默认值为 100。

小知识

如果在图像中建立了选区，在【匹配颜色】对话框可以选择以下操作：

- 在【目标图像】 区域中选择【应用调整时忽略选区】。此选项会忽略目标图像中的选区，并将调整应用于整个目标图像。
- 在【图像统计】 区域中选择【使用源选区计算颜色】，将在源图像中建立的选区中的颜色来计算调整。取消选择该选项，忽略源图像中的选区，使用整个源图像中的颜色来计算调整。
- 在【图像统计】 区域中选择【使用目标选区计算调整】，将在目标图像中建立的选区中的颜色来计算调整。取消选择该选项，忽略目标图像中的选区，使用整个目标图像中的颜色来计算调整。

07　移动【渐隐】滑块，控制应用于图像的调整量，向右移动该滑块可减小调整量，或者在【渐隐】文本框输入一个值，范围为 0～100。调整后的【匹配颜色】对话框如图 8-3-11 所示。

08　单击【确定】按钮，完成颜色匹配，颜色匹配后的图像如图 8-3-12 所示。

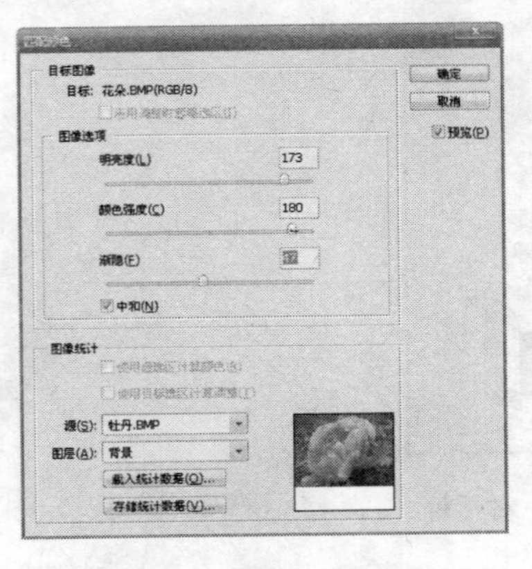

图 8-3-11　调整后的对话框

图 8-3-12　颜色匹配后的图像

8.3.5　【替换颜色】命令

使用【替换颜色】命令，可以选择图像中的颜色，然后替换。可以设置选定区域的色相、饱和度和亮度，或者可以使用拾色器来选择替换颜色。

使用【替换颜色】命令的操作步骤如下：

经典实例

【光盘：源文件\第 8 章\替换颜色.PSD】

01　打开【光盘：源文件\第 8 章\百合.BMP】图像文件，如图 8-3-13 所示。

02　执行【图像】|【调整】|【替换颜色】命令，打开【替换颜色】对话框，如图 8-3-14 所示。

图 8-3-13　打开图像

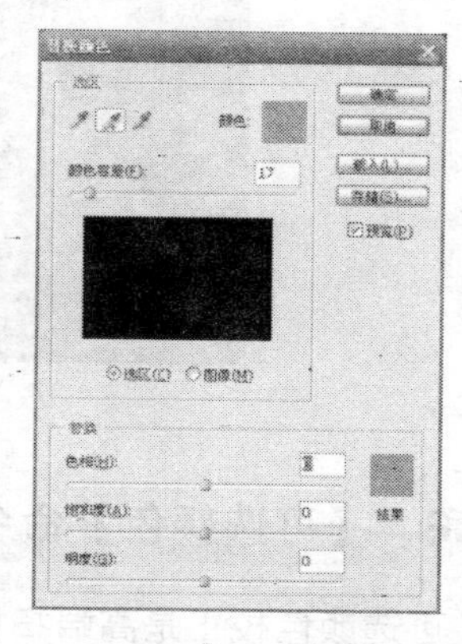

图 8-3-14　【替换颜色】对话框

03　在【选区】组内单击选择【选区】显示选项。

提示

选区的显示选项如下：

- 【选区】 在预览框中显示蒙版。被蒙版区域是黑色，未蒙版区域是白色。部分被蒙版区域（覆盖有半透明蒙版）会根据不透明度显示不同的灰色色阶。
- 【图像】 在预览框中显示图像。在处理放大的图像或仅有有限屏幕空间时，该选项非常有用。

04　在图像或预览框中使用【吸管工具】单击以选择由蒙版显示的区域。或单击【选区】的色板，使用拾色器设置要替换的目标颜色，在拾色器中选择颜色时，预览框中的蒙版会更新。

小知识

在使用【吸管工具】选择由蒙版显示的区域时可按住 Shift 键并点击或使用【添加到取样】吸管工具添加区域；按住 Alt 键单击或使用【从取样中减去】吸管工具移去区域。

05　拖移【颜色容差】滑块或输入一个值来调整蒙版的容差，控制选区中包括哪些相关颜色的程度。

06　在【替换】组内拖移【色相】、【饱和度】和【明度】滑块（或者在文本框中输入值），或双击【结果】 色板并使用拾色器选择替换颜色，更改选定区域的颜色。

07 单击【确定】按钮，完成颜色替换，替换后的图像如图 8-3-15 所示。

图 8-3-15 颜色替换后的图像

8.3.6 【可选颜色】命令

可选颜色校正是高端扫描仪和分色程序使用的一种技术，用于在图像中的每个主要原色成分中更改印刷色数量。可以有选择地修改任何主要颜色中的印刷色数量，而不会影响其他主要颜色。

使用【可选颜色】命令的操作步骤如下：

经典实例

【光盘：源文件\第 8 章\可选颜色命令.PSD】

01 打开【光盘：源文件\第 8 章\桃花.jpg】图像文件，如图 8-3-16 所示。

图 8-3-16 打开图像

02 在【通道】调板中选择了复合通道。【可选颜色】命令只有在查看复合通道时才可用。

03 执行【图像】|【调整】|【可选颜色】命令，或执行【图层】|【新建调整图层】|【可选颜色】命令，在【新建图层】 对话框中单击【确定】按钮，打开【可选颜色】对话框，如图 8-3-17 所示。

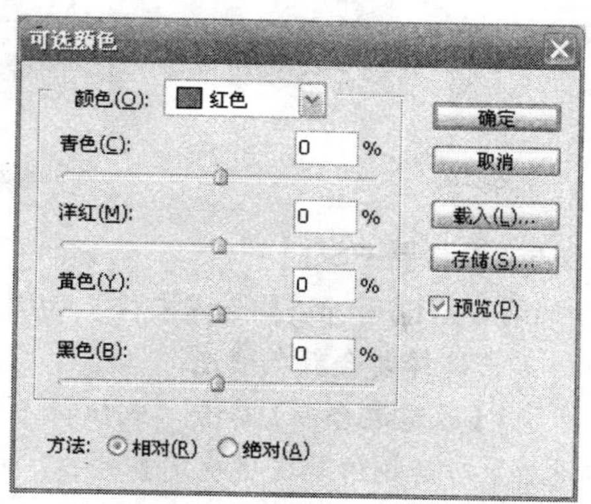

图 8-3-17　【可选颜色】对话框

04　单击颜色的下拉菜单按钮，从【颜色】下拉菜单中选取要调整的颜色。这组颜色由加色原色和减色原色与白色、中性色和黑色组成。

05　在【方法】后面选择一个【相对】复选框。

提示

【相对】按照总量的百分比更改现有的青色、洋红、黄色或黑色的量。

【绝对】采用绝对值调整颜色。

06　拖移滑块以增加或减少所选颜色中的像素。设置后的【可选颜色】对话框如图 8-3-18 所示。

07　单击【确定】按钮，完成操作，颜色修改后的图像如图 8-3-19 所示。

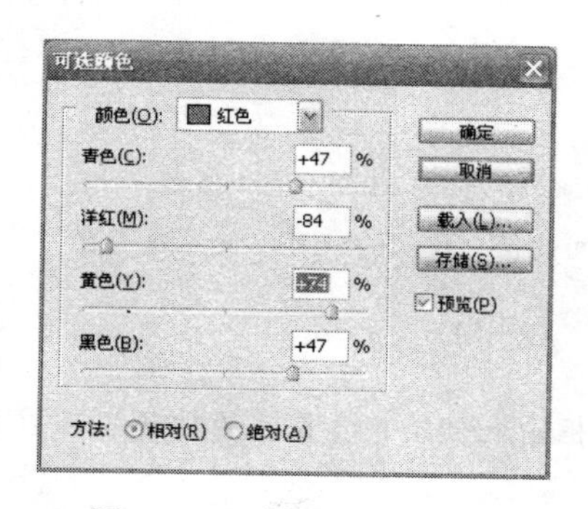

图 8-3-18　设置后的对话框

图 8-3-19　颜色修改后的图像

8.3.7　【通道混合器】命令

使用【通道混合器】命令，可以通过从每个颜色通道中选取它所占的百分比来创建高品质的灰度图像。还可以创建高品质的棕褐色调或其他彩色图像。使用【通道混合器】，还可以进行用其他颜色调整工具不易实现的创意颜色调整。

【道混合器】使用图像中现有（源）颜色通道的混合来修改目标（输出）颜色通道。颜色通道是代表图像（RGB 或 CMYK）中颜色分量的色调值的灰度图像。在使用【通道混合器】时，你是在通过源通道向目标通道加减灰度数据。向特定颜色成分中增加或减去颜色的方法不同于使用【可选颜色】命令时的情况。

使用【通道混合器】的操作步骤如下：

经典实例

【光盘：源文件\第 8 章\通道混合器.PSD】

01　打开【光盘：源文件\第 8 章\青松.jpg】图像文件，如图 8-3-20 所示。

02　在【通道】调板中，单击选择复合颜色通道。

03　执行【图像】|【调整】|【通道混合器】命令，或执行【图层】|【新建调整图层】|【通道混合器】命令，在【新建图层】对话框中单击【确定】按钮，打开【通道混合器】对话框，如图 8-3-21 所示。

图 8-3-20　打开图像

图 8-3-21　【通道混合器】对话框

04　在【输出通道】下拉列表中选择一个或多个现有通道，这里我们选择【红】通道。

05　在【源通道】选区，左右拖移滑块。

向左拖移可减小该通道在输出通道中所占的百分比，向右拖移可增加该百分比，或在文本框中输入一个介于-200% 和+200% 之间的值。使用负值可以使源通道在被添加到输出通道之前反相。

06　拖移【常数】滑块，或在【常数】选项的文本框输入数值，设置后的对话框如图 8-3-22 所示。

图 8-3-22　对话框的调整

提示

此选项用于调整输出通道的灰度值。调整范围为–200 ~ +200，负值增加更多的黑色，正值增加更多的白色。–200%值使输出通道成为全黑，+200%值使输出通道成为全白。

07　单击【确定】按钮，完成操作，图像效果如图 8-3-23 所示。

图 8-3-23　调整后的图像

小知识

如果在【通道混合器】对话框中最下面选择了【单色】对话框，则调整后图像将是黑白色的灰度图像。

8.3.8　【渐变映射】命令

【渐变映射】命令将相等的图像灰度范围映射到指定的渐变填充色。如果指定双色渐变填充，例如，图像中的阴影映射到渐变填充的一个端点颜色，高光映射到另一个端点颜色，而中间调映射到两个端点颜色之间的渐变。

【渐变映射】命令的操作步骤如下：

经典实例

【光盘：源文件\第 8 章\渐变映射命令.PSD】

01　打开【光盘：源文件\第 8 章\玫瑰花.jpg】图像文件，如图 8-3-24 所示。

02　执行【图像】|【调整】|【渐变映射】命令，或执行【图层】|【新建调整图层】|【渐变映射】命令，在【新建图层】对话框中单击【确定】按钮，打开【渐变映射】对话框，如图 8-3-25 所示。

03　单击显示在【渐变映射】对话框中的渐变填充右边的三角形。

04　在打开的渐变列表中单击选择所需的渐变填充，然后在对话框的空白区域中单击以取消该列表。

图 8-3-24　打开图像

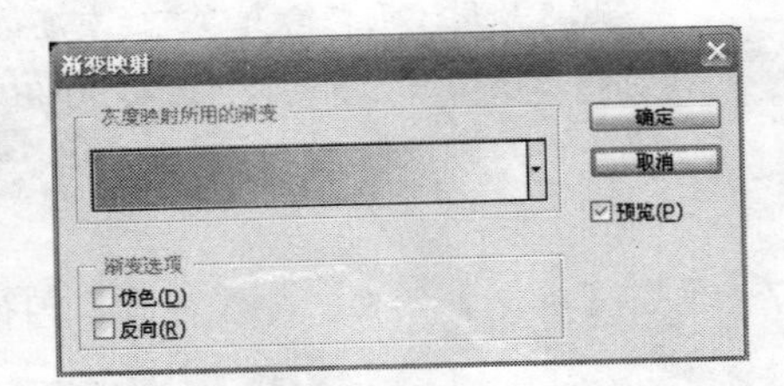

图 8-3-25　【渐变映射】对话框

要编辑当前显示在【渐变映射】对话框中的渐变填充，可单击该渐变填充。然后，修改现有的渐变填充，或者使用【渐变编辑器】创建新的渐变填充。默认情况下，图像的阴影、中间调和高光分别映射到渐变填充的起始（左端）颜色、中点和结束（右端）颜色。

05　单击选择【渐变选项】中的任意一个选项，也可不选择。设置后的【渐变映射】对话框如图 8-3-26 所示。

06　单击【确定】按钮，完成操作，设置后的图像如图 8-3-27 所示。

提示

【渐变映射】对话框中的【渐变选项】如下：

·【仿色】添加随机杂色以平滑渐变填充的外观并减少带宽效应。

·【反向】切换渐变填充的方向，从而反向渐变映射。

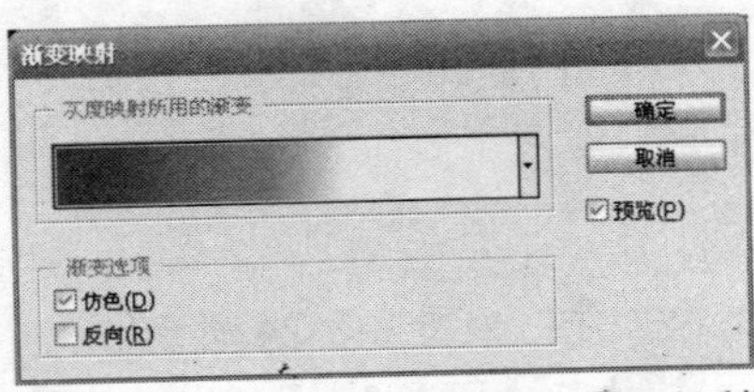

图 8-3-26　设置后的【渐变映射】对话框

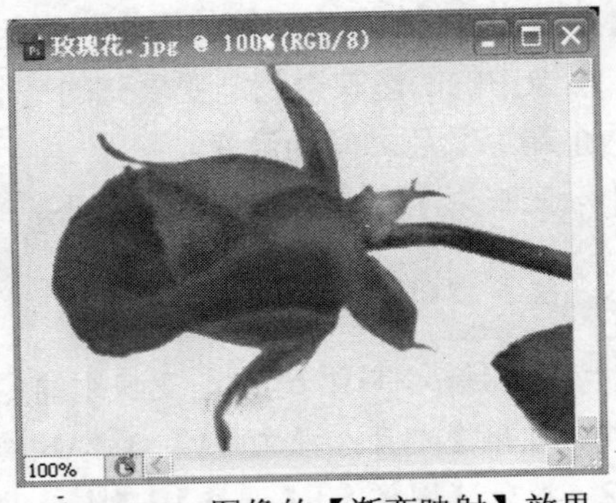

图 8-3-27　图像的【渐变映射】效果

8.3.9　【照片滤镜】命令

【照片滤镜】命令是模仿相机镜头前添加彩色滤镜效果，通过调整镜头传输的光的色彩平衡和色温，达到胶片曝光的效果。

【照片滤镜】命令可以选择预设的颜色，以便对图像应用色相调整。如果要应用自定颜色调整，【照片滤镜】命令可以使用 Adobe 拾色器来指定颜色。【照片滤镜】有两种处理类型，一种是冷色调处理，另一种是暖色调处理。

【照片滤镜】的操作步骤如下：

经典实例

【光盘：源文件\第 8 章\照片滤镜命令.PSD】

01 打开【光盘：源文件\第 8 章\水花相映.jpg】图像文件，如图 8-3-28 所示。

02 执行【图像】|【调整】|【照片滤镜】命令，或执行【图层】|【新建调整图层】|【照片滤镜】命令，并在【新建图层】对话框中单击【确定】按钮，打开【照片滤镜】对话框，如图 8-3-29 所示。

图 8-3-28 打开图像

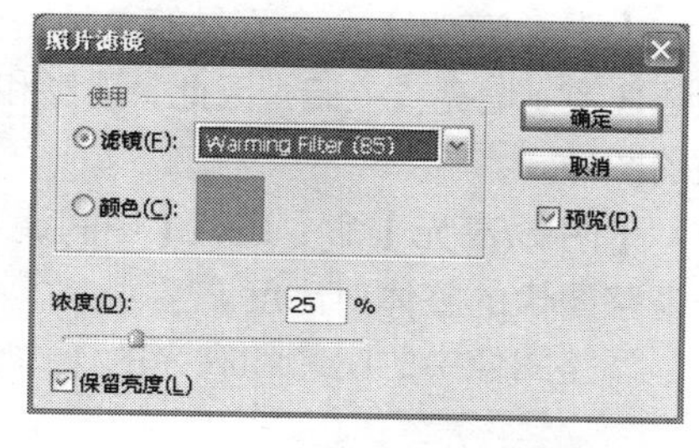

图 8-3-29 【照片滤镜】对话框

03 确保选中【预览】，以便查看使用某种颜色滤镜的效果。如果不希望通过添加颜色滤镜来使图像变暗，请确保选中了【保留亮度】选项。

04 在【照片滤镜】对话框中的【使用选区】选择预设滤镜的【滤镜】选项，或在【自定颜色滤镜】中选择【颜色】，并选择一种滤镜或自定义一种滤镜。

【照片滤镜】对话框中关于【滤镜】和【颜色】选项使用方法如下：

- 自定滤镜：选择【颜色】 选项，单击该色块，并使用 Adobe 拾色器为自定颜色滤镜指定颜色。
- 预设滤镜：选择【滤镜】选项并从【滤镜】菜单中选取预设：

【加温滤镜（85 和 LBA）】及【冷却滤镜（80 和 LBB）】用于调整图像中的白平衡的颜色转换滤镜。如果图像是使用色温较低的光（微黄色）拍摄的，则冷却滤镜（80） 使图像的颜色更蓝，以便补偿色温较低的环境光。相反，如果照片是用色温较高的光（微蓝色）拍摄的，则加温滤镜（85） 会使图像的颜色更暖，以便补偿色温较高的环境光。

【加温滤镜（81）】和【冷却滤镜（82）】使用光平衡滤镜来对图像的颜色品质进行细微调整。加温滤镜（81）使图像变暖（变黄），冷却滤镜（82）使图像变冷（变蓝）。

- 其他颜色：根据所选颜色预设给图像应用色相调整。所选颜色取决于如何使用【照片滤镜】命令。如果照片有色痕，则可以选取一种补色来中和色痕。还可以针对特殊颜色效果或增强应用颜色。

05 拖移【浓度】滑块或者在【浓度】文本框中输入一个百分比，调整应用于图像的颜色数量。浓度越高，颜色调整幅度就越大。设置后的对话框如图 8-3-30 所示。

06 单击【确定】按钮，完成设置，效果如图 8-3-31 所示。

图 8-3-30　设置后的对话框

图 8-3-31　处理后的图像

8.3.10 【阴影/高光】命令

【阴影/高光】命令适用于校正由强逆光而形成剪影的照片，或者校正由于太接近相机闪光灯而有些发白的焦点。在用其他方式采光的图像中，这种调整也可用于使阴影区域变亮。

【阴影/高光】命令不是简单地使图像变亮或变暗，它基于阴影或高光中的周围像素（局部相邻像素）增亮或变暗。因此，阴影和高光都有各自的控制选项，默认值设置为修复具有逆光问题的图像。

【阴影/高光】命令还有【中间调对比度】滑块、【修剪黑色】选项和【修剪白色】选项，用于调整图像的整体对比度。

调整图像中的阴影和高光的操作步骤如下：

经典实例

【光盘：源文件\第 8 章\阴影高光命令.PSD】

01　打开【光盘：源文件\第 8 章\明珠塔.jpg】图像文件，如图 8-3-32 所示。

02　执行【图像】|【调整】|【阴影/高光】命令，打开【阴影/高光】对话框，如图 8-3-33 所示。

图 8-3-32　打开图像

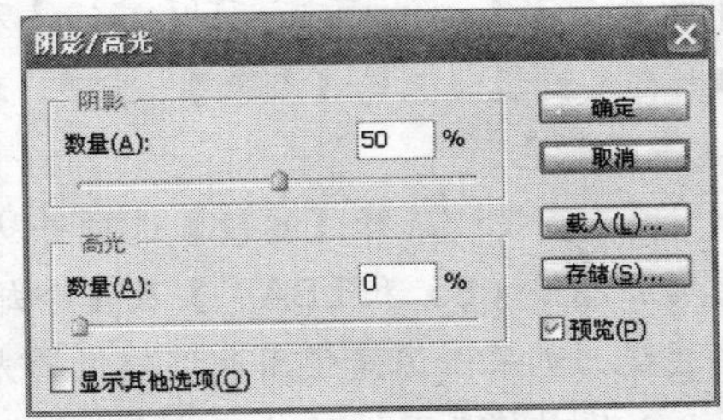

图 8-3-33　【阴影/高光】对话框

03　确保在该对话框中选定了【预览】选项，在进行调整时更新图像。

04　移动两个【数量】滑块，或者在【阴影】或【高光】的百分比文本框中输入一个值来调整光照校正量。设置后的对话框如图 8-3-34 所示。

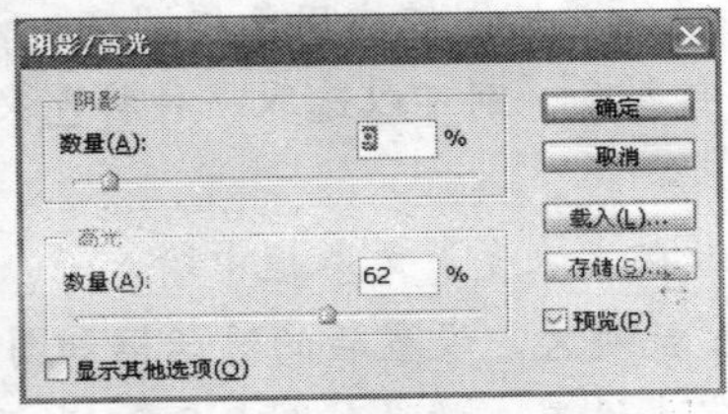

图 8-3-34　设置后的对话框

提示

【阴影】区【数量】值越大，为阴影提供的增亮程度越大，【高光】区【数量】值越大，为高光提供的变暗程度越大。可以调整图像中的阴影，也可以调整图像中的高光。

05 单击【存储】按钮存储当前设置，并使它们成为【阴影/高光】命令的默认设置。

06 单击【确定】按钮，图像效果如图 8-3-35 所示。

小知识

要还原原来的默认设置，按住【Shift】键的同时单击【存储为默认值】按钮。通过点击【存储】按钮将当前的设置存储到文件中，并稍后使用【载入】按钮来重新载入这些设置，可以重复使用【阴影/高光】设置。

小知识

为了更精细地进行控制，可以选择【显示其他选项】进行其他调整，单击【显示其他选项】后【阴影/高光】对话框会有变化，如图 8-3-36 所示。

图 8-3-35 图像处理后的效果

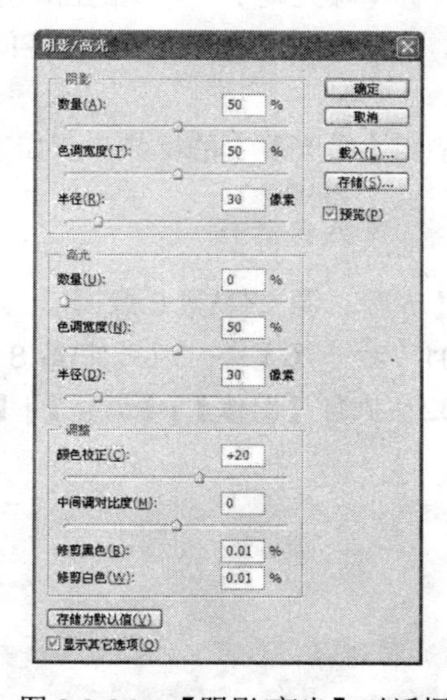

图 8-3-36 【阴影/高光】对话框

【阴影/高光】的其他命令选项：

- 【色调宽度】 控制阴影或高光中色调的修改范围。较小的值会限制只对较暗区域进行阴影校正的调整，并只对较亮区域进行【高光】校正的调整。较大的值会增大将进一步调整为中间调的色调的范围。色调宽度因图像而异。值太大可能会导致非常暗或非常亮的边缘周围出现色晕。当【阴影】或【高光】的【数量】的值太大时，也可能会出现色晕。

- 【半径】　控制每个像素周围的局部相邻像素的大小。相邻像素用于确定像素是在阴影还是在高光中。向左移动滑块会指定较小的区域，向右移动滑块会指定较大的区域。局部相邻像素的最佳大小取决于图像。
- 【色彩校正】　允许在图像的已更改区域中微调颜色。此调整仅适用于彩色图像。通常，增大这些值倾向于产生饱和度较大的颜色，而减小这些值则会产生饱和度较小的颜色。
- 【亮度】　调整灰度图像的亮度。此调整仅适用于灰度图像。向左移动【亮度】滑块会使灰度图像变暗，向右移动该滑块会使灰度图像变亮。
- 【中间调对比度】　调整中间调中的对比度。向左移动滑块会降低对比度，向右移动会增加对比度。也可以在【中间调对比度】文本框中输入一个值。负值会降低对比度，正值会增加对比度。增大中间调对比度会在中间调中产生较强的对比度，同时倾向于使阴影变暗并使高光变亮。
- 【修剪黑色】和【修剪白色】　指定在图像中会将多少阴影和高光剪切到新的极端阴影（色阶为 0）和高光（色阶为 255）颜色。值越大，生成的图像的对比度越大。剪贴值太大会减小阴影或高光的细节（强度值会被作为纯黑或纯白色剪切并渲染）。

8.3.11　【曝光度】命令

设计【曝光度】对话框的目的是为了调整 HDR 图像的色调，但它也可用于 8 位和 16 位图像。曝光度是通过在线性颜色空间（灰度系数 1.0）而不是图像的当前颜色空间执行计算而得出的。

使用【曝光度】的操作步骤如下：

经典实例

【光盘：源文件\第 8 章\曝光度命令.PSD】

01　打开【光盘：源文件\第 8 章\明珠塔.jpg】图像文件，如图 8-3-37 所示。

02　执行【图像】|【调整】|【曝光度】菜单命令，打开【曝光度】对话框，如图 8-3-38 所示。

图 8-3-37　打开图像

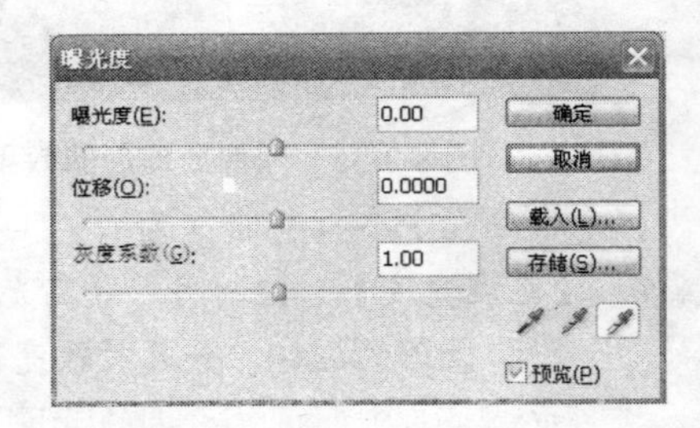

图 8-3-38　【曝光度】对话框

03　拖移对话框中的滑块，或在各文本框中输入数字。

提示

- 【曝光度】对话框中的各项如下:
- 【曝光度】 调整色调范围的高光端，对极限阴影的影响很轻微，范围为–20.00 ~ +20.00。
- 【位移】 使阴影和中间调变暗，对高光的影响很轻微，范围为–0.5000 ~ +5.000。
- 【灰度系数】 使用简单的乘方函数调整图像灰度系数，范围为 0.10 ~ 9.99。

04 单击【确定】按钮，完成设置，处理后的图片如图 8-3-39 所示。

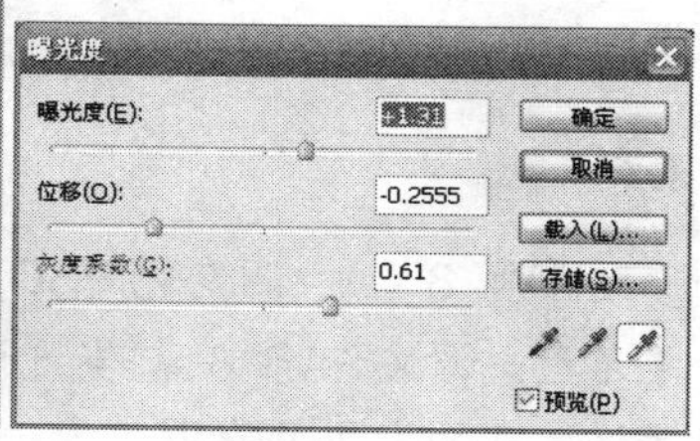

图 8-3-39 【曝光度】命令处理后的图像

8.4 其他颜色控制

在 Photoshop CS3 中，除了提供前面介绍的命令外，还有一些其他颜色控制命令，它们分别是【反相】、【色调均化】、【阈值】、【色调分离】和【变化】命令，下面我们介绍它们的使用方法。

8.4.1 【反相】控制

【反相】命令反转图像中的颜色。在处理过程中，可以使用该命令创建边缘蒙版，以便向图像的选定区域应用锐化和其他调整。在对图像进行反相时，通道中每个像素的亮度值都会转换为 256 级颜色值刻度上相反的值。

使用【反相】命令后颜色信息不会丢失，可以再次执行该命令恢复原图像。【反相】命令的操作步骤如下：

经典实例

【光盘：源文件\第 8 章\反相.PSD】

01 打开【光盘：源文件\第 8 章\菊花.jpg】图像文件，如图 8-4-1 所示。

02 执行【图像】|【调整】|【反相】命令，或执行选取【图层】|【 新建调整图层】|【反相】命令，在【新建图层】对话框中单击【确定】按钮。完成操作，反相后的图像如图 8-4-2 所示。

图 8-4-1　打开图像

图 8-4-2　反相后的图像

8.4.2　【色调均化】控制

【色调均化】命令重新分布图像中像素的亮度值，以便它们更均匀地呈现所有范围的亮度级。【色调均化】将重新映射复合图像中的像素值，使最亮的值呈现为白色，最暗的值呈现为黑色，而中间的值则均匀地分布在整个灰度中。

经典实例

【光盘：源文件\第 8 章\色调均化.PSD】

01　打开【光盘：源文件\第 8 章\岁月记忆.jpg】图像文件。

02　利用【椭圆选择】工具在图像中创建要均化色调的区域，不选择区域命令将作用于整个图像，如图 8-4-3 所示。

03　执行【图像】|【调整】|【色调均化】命令，打开【色调均化】对话框，如图 8-4-4 所示。

图 8-4-3　创建选区

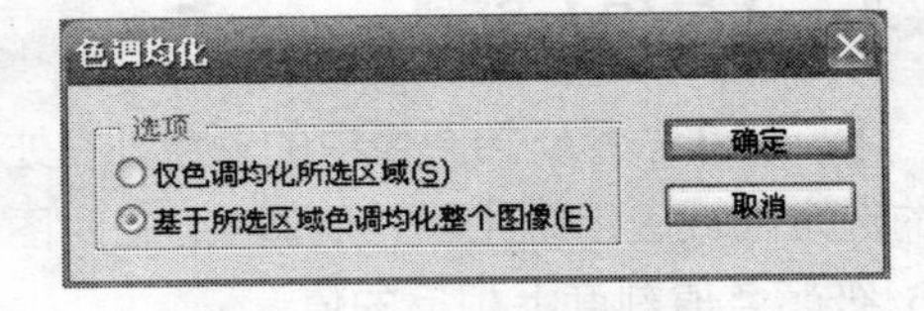

图 8-4-4　【色调均化】对话框

04　在【色调均化】对话框中的【选项】区选择【基于所选区域色调均化整个图像】。

提示

【色调均化】对话框中的选项如下：

【仅色调均化所选区域】　仅均匀地分布选区的像素。

【基于所选区域色调均化整个图像】　基于选区中的像素均匀地分布在所有图像像素上。

05　单击【确定】按钮，在图像上单击取消选区，完成操作，处理后的图像如图 8-4-5 所示。

图 8-4-5　【色调均化】后的图像效果

8.4.3　【阈值】控制

【阈值】命令可以根据图像的亮度值，将图像转换为黑白图像，使用时可以将某色阶指定为阈值，图像中比【阈值】暗的像素将变为黑色，比【阈值】亮的将变为白色。

使用【阈值】命令的操作步骤如下：

经典实例

【光盘：源文件\第 8 章\阈值.PSD】

01　打开【源文件\第 8 章\花朵.jpg】图像文件，如图 8-4-6 所示。

02　执行【图像】|【调整】|【阈值】命令，打开【阈值】对话框，如图 8-4-7 所示。

03　在对话框中选择【预览】复选框。

04　左右移动滑块，或在【阈值色阶】文本框输入数字（范围为 0~255），查看图像预览效果。

05　单击【确定】按钮，完成操作，图像效果如图 8-4-8 所示。

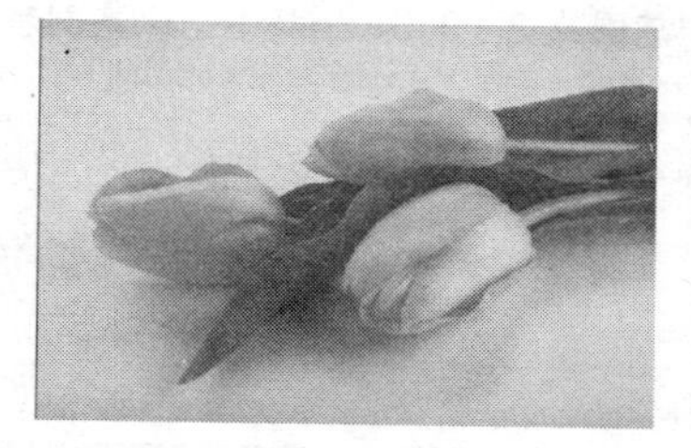

图 8-4-6　打开图像

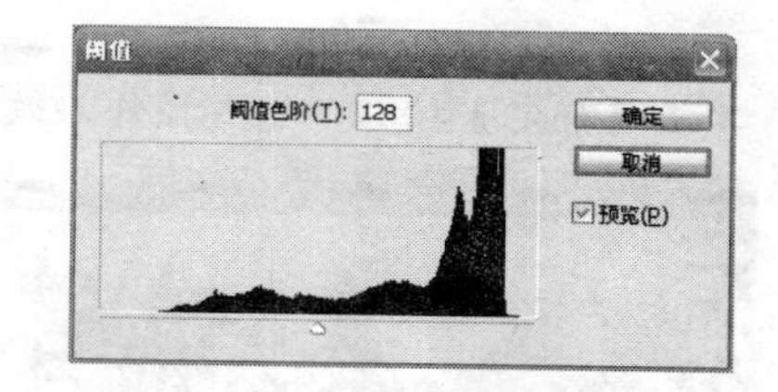

图 8-4-7　【阈值】对话框

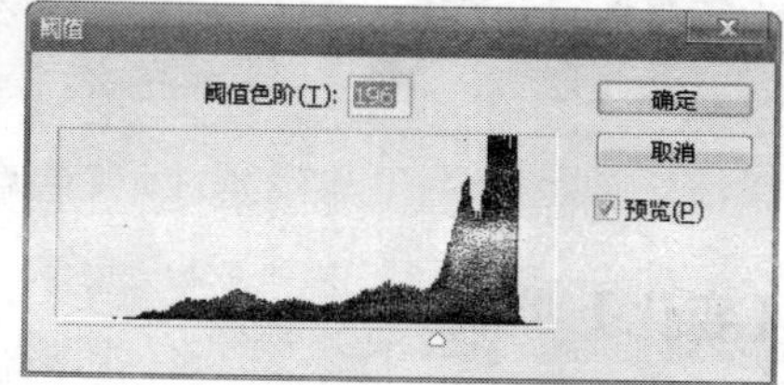

图 8-4-8　【阈值】处理效果

新手学 Photoshop CS3 图像处理实例完美手册

8.4.4 【色调分离】控制

使用【色调分离】命令，可以指定图像中每个通道的色调级（或亮度值）的数目，然后将像素映射为最接近的匹配级别。

在照片中创建特殊效果，如创建大的单调区域时，此命令非常有用。当减少灰色图像中的灰阶数量时，它的效果最为明显，但它也会在彩色图像中产生有趣的效果。

如果想在图像中使用特定数量的颜色，可将图像转换为灰度并指定需要的色阶数。然后将图像转换回以前的颜色模式，并使用想要的颜色替换不同的灰色调。

使用【色调分离】命令的操作步骤如下：

【光盘：源文件\第 8 章\色调分离.PSD】

01 打开【光盘：源文件\第 8 章\湖心岛.jpg】图像文件，如图 8-4-9 所示。

02 执行【图像】|【调整】|【色调分离】菜单命令，打开【色调分离】对话框，移动【色阶】滑块或在【色阶】文本框输入所需的色调色阶数。效果如图 8-4-10 所示。

图 8-4-9 打开图像

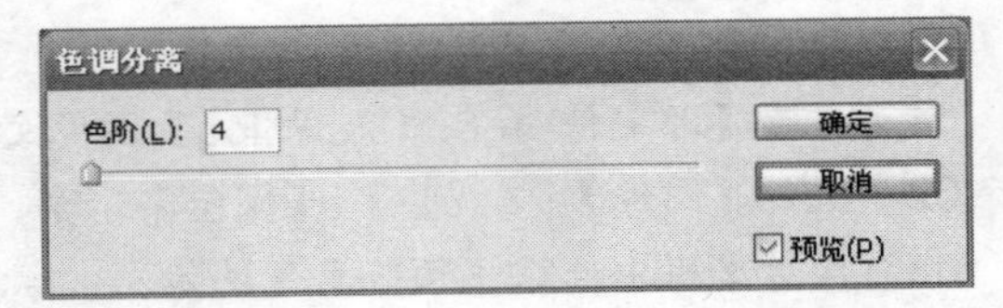

图 8-4-10 【色调分离】对话框

小知识

这里的【色阶】是反映图像变化的剧烈程度，范围为 2～255，值越小变化越剧烈。

03 单击【确定】按钮，完成操作，效果如图 8-4-11 所示。

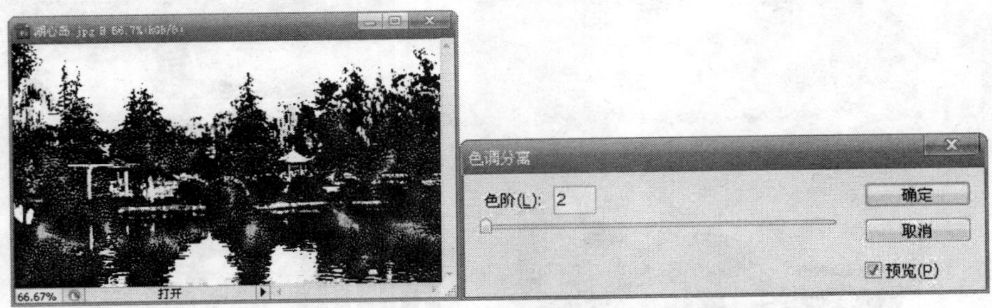

图 8-4-11 【色调分离】后的图像效果

8.4.5 【变化】控制

【变化】命令通过显示替代物的缩览图，使你可以调整图像的色彩平衡、对比度和饱和度。

对于不需要精确颜色调整的平均色调图像最为有用，不适用于索引颜色图像或 16 位/通道图像。

使用【变化】命令的操作步骤如下：

经典实例

【光盘：源文件\第 8 章\变化.PSD】

01　打开【光盘：源文件\第 8 章\山水间.jpg】图像文件。

02　选择【矩形选择工具】，创建一个选区，如图 8-4-12 所示。

03　执行【图像】|【调整】|【变化】命令，打开【变化】对话框，如图 8-4-13 所示。

图 8-4-12　创建选区

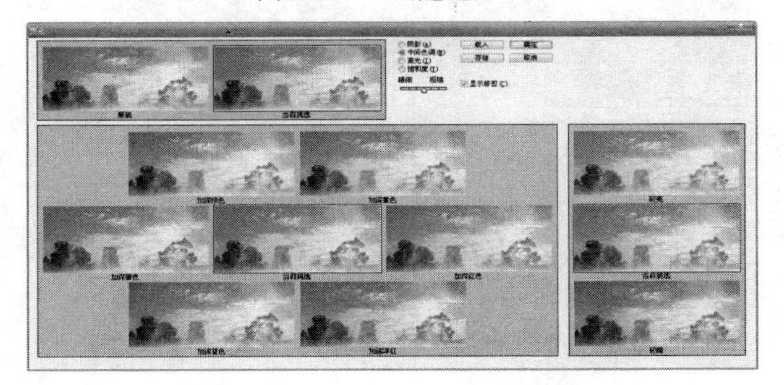

图 8-4-13　【变化】对话框

提示

对话框底部的两个缩览图显示原始选区（原图）和包含当前选定的调整内容的选区（当前挑选）。第一次打开该对话框时，这两个图像是一样的。随着调整的进行，“当前挑选”图像将随之更改以反映所进行的处理。

04　在对话框中选择图像中要调整的对象【中间色调】。

提示

对话框中图像的调整对象如下：

【阴影】、【中间色调】或【高光】分别调整较暗区域、中间区域或较亮区域。

饱和度更改图像中的色相强度。如果超出了最大的颜色饱和度，则颜色可能被剪切。

05 拖移【精细/粗糙】滑块，确定每次调整的量。将滑块向右移动一格可使调整量双倍增加。

06 单击图像中的颜色缩览图，将颜色添加到图像。

单击其相反颜色的缩览图，可以减去一种颜色，若要减去青色，请点击【加深红色】缩览图；若要调整亮度，可以单击对话框右侧的缩览图。单击缩览图产生的效果是累积的。

07 在图像中单击后如果要恢复图像的【当前挑选】图像，可以按住【Alt】键，将【取消】变为【复位】后单击【复位】按钮。调整后的【变化】对话框如图 8-4-14 所示。

08 调整好图像后单击【确定】按钮，将对象应用到图像，在图像上任意单击，取消选区，效果如图 8-4-15 所示。

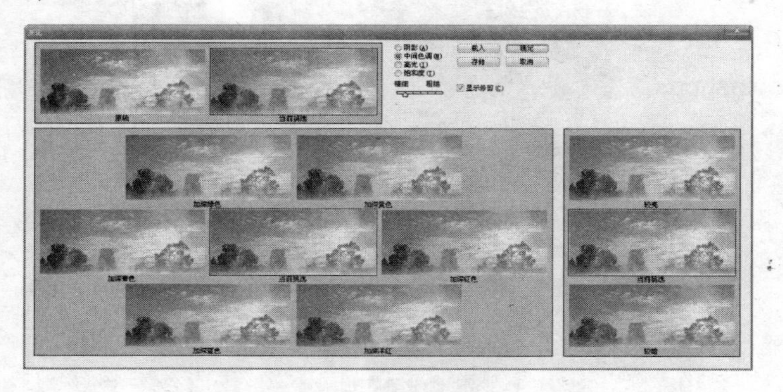

图 8-4-14 调整后的对话框

图 8-4-15 图像【变化】应用效果

本章总结

处理好图像的颜色是一幅好作品的保证，因此图像的颜色搭配十分重要。在 Photoshop CS3 中，系统提供了很多色彩及色调的命令，色彩和色调主要用于对图像的亮度、对比度、饱和度和色相进行适当的调整，让图像的颜色更加完美，内容更加丰富多彩。

在 Photoshop CS3 中使用各种绘图工具时，会遇到绘制颜色的选定，Photoshop 软件提供了多种颜色选取和设定方式。通常绘图工具画出的颜色是由工具箱中的前景色确定的，橡皮擦擦除后的颜色为背景色。默认情况下前景色为黑色，背景色为白色，单击前景色或背景色附近的双向箭头可以切换背景色和前景色，单击前景色或背景色附近的小黑白图标可以将背景色和前景色切换到默认状态。

对图像的色调进行调整可以更灵活地处理图像的颜色，包括【色阶】、【自动色阶】、【自动对比度】、【自动颜色】、【曲线】、【色彩平衡】和【亮度/对比度】命令。通过色彩调整，可以减少图像处理过程中的颜色丢失，色彩调整命令主要有【黑/白】、【色相/饱和度】、【去色】、【颜色匹配】、【替换颜色】、【可选颜色】、【通道混合器】、【渐变映射】、【照片滤镜】、【阴影/高光】和【曝光度】。

在 Photoshop CS3 中，除了提供前面介绍的命令外，还有一些其他颜色控制命令，它们分别是【反相】、【色调均化】、【阈值】、【色调分离】和【变化】命令，这些命令很重要，也很常用。

有问必答

问：在 Photoshop CS3 中为什么需要对色彩进行管理呢？应该怎么管理呢？

答：在整个出版领域，没有一种设备能够完全重现人眼可以看见的整个范围的真实颜色。每种设备都局限在一定的色彩分辨范围内，即所谓的色彩空间，只能生成某一范围或色域的颜色。由于色彩空间不同，在不同设备之间传递文档时，由于图像源的不同，计算机显示器的品牌不同，软件应用程序定义颜色的方式不同等原因，颜色在外观上会有很大差别。一种解决方式是使用一个可以在设备之间准确地解释和转换颜色的系统，即色彩管理系统（CMS）。它将创建颜色的色彩空间与将输出该颜色的色彩空间进行比较并做必要的调整，使不同的设备所表现的颜色尽可能一致。色彩管理系统在颜色配置文件的帮助下转换色彩，其中配置文件是对设备色彩空间的数学描述。由于没有一种颜色转换方式可以尽善尽美地用于所有类型的图形，色彩管理系统提供了一种渲染方法，或称转换方法，这样你就可以根据特定的图形元素应用适当的方法。

巩固练习

1．通常绘图工具画出的颜色是由工具箱中的前景色确定的，橡皮擦擦除后的颜色为（　　）。

A．前景色　　B．当前图层

C．背景色　　D．不能确定

2．若要同时编辑一组颜色通道，应在选取【色阶】命令之前，按住（　　）键然后在【通道】调板中选择这些通道。

A．【Shift】　　B．【F4】

C．【Ctrl】　　D．【Alt】

3．不透明度显示图层的不透明度，该选项不适用于（　　）。

A．当前图层　　B．图层 2

C．背景　　　　　　　　　　D．这种说法不正确

4．按（　）组合键可以在曲线上的控制点中向前移动。

A．【Ctrl+F】　　　　　　　B．【Shift +Alt】

C．【Ctrl+ Shift + Tab】　　D．【Ctrl+Tab】

5．下列命令中可以对图像中不同颜色进行亮度调整，然后转换成黑白图像，也可以将图像转变为其他颜色与白色之间的搭配图像命令是（　）。

A．【色阶】命令　　　　　　B．【去色】命令

C．【黑/白】命令　　　　　 D．【曲线对话框】

1．在 Adobe 拾色器中选择颜色时，会同时显示________、________、________、________和十六进制数的数值，这对于查看各种颜色模式描述颜色的方式非常有用。

2．在【曲线】命令中，曲线上比较陡直的部分代表图像对比度________的部分；相反，曲线上比较平缓的部分代表对比度________的区域。

3．【色阶】对话框允许通过调整图像的________、________和________的强度级别，从而校正图像的色调范围和色彩平衡。

4．【自动对比度】可用于自动调整图像的________和________，将图像中最亮的像素用白色代替，最暗的像素用黑色代替。

5．调整【颜色强度】滑块，调整________的色彩饱和度，或者在【颜色强度】文本框中输入一个值。范围为________，默认值为________。

判断题

1．【去色】命令通过为单个颜色通道设置像素分布来调整色彩平衡。（　）

2．【自动色阶】用于去除图像中不正常的高亮区和暗区，把最亮的像素变为白色，最暗的像素变为黑色。（　）

3．【色调分离】命令通过显示替代物的缩览图，使你可以调整图像的色彩平衡、对比度和饱和度。对于不需要精确颜色调整的平均色调图像最为有用，不适用于索引颜色图像或 16 位/通道图像。（　）

4．可选颜色校正是高端扫描仪和分色程序使用的一种技术，用于在图像中的每个主要原色成分中更改印刷色数量。可以有选择地修改任何主要颜色中的印刷色数量，而不会影响其他主要颜色。（　）

5．使用【照片滤镜】命令，可以通过从每个颜色通道中选取它所占的百分比来创建高品质的灰度图像。还可以创建高品质的棕褐色调或其他彩色图像。（　）

Study

Chapter 09

滤镜的应用

学习导航

滤镜作为 Photoshop 图像处理的“灵魂”，可以编辑当前图层或选区内的图像，并将其制作成各种特殊的效果。它的实质是一种软件处理模块，利用对图像像素的分析，根据滤镜的参数对像素色彩和亮度等属性进行调节，从而编辑图片使图像达到我们需要的特殊效果。

本章要点

- 滤镜的基本知识
- 内置滤镜
- 图像修饰滤镜
- 滤镜库

9.1 滤镜的基本知识

滤镜可以使 Photoshop 在处理图像时可以制作出很多艺术特效的图像，学习滤镜之前我们先对它做一个大概的介绍。在 Photoshop 中滤镜有两种，一种叫做内置滤镜，它是由 Adobe 公司开发 Photoshop 软件时添加的滤镜效果；另一种做叫外挂滤镜，它是由第三方公司开发的滤镜，有些第三方软件开发的滤镜可以在 Photoshop 中使用，要使用这些软件只需要将第三方的滤镜直接放在【增效工具】文件夹中，再次启动 Photoshop 即可。

9.1.1 滤镜命令的使用

可以使用滤镜来更改图像的外观，也可以使用某些滤镜来清除或修饰图片。要使用滤镜，可以从【滤镜】菜单中选取相应的子菜单命令。选取滤镜的原则如下：

- 滤镜应用于现用的可视图层或选区。
- 对于 8 位/通道的图像，可以通过【滤镜库】累积应用大多数滤镜。所有滤镜都可以单独应用。
- 不能将滤镜应用于位图模式或索引颜色模式的图像，有些滤镜只对 RGB 图像起作用。所有滤镜都可以应用于 8 位图像。
- 可以将下列滤镜应用于 16 位图像：【液化】、【平均模糊】、【两侧模糊】、【模糊】、【进一步模糊】、【方框模糊】、【高斯模糊】、【镜头模糊】、【动感模糊】、【径向模糊】、【样本模糊】、【镜头校正】、【添加杂色】、【去斑】、【蒙尘与划痕】、【 间值】、【减少杂色】、【纤维】、【镜头光晕】、【锐化】、【锐化边缘】、【进一步锐化】、【智能锐化】、【USM 锐化】、【浮雕效果】、【查找边缘】、【曝光过度】、【逐行】、【NTSC 颜色】、【自定】、【高反差保留】、【最大值】、【最小值】 以及【位移】。
- 可以将下列滤镜应用于 32 位图像：【平均模糊】、【两侧模糊】、【方框模糊】、【高斯模糊】、【动感模糊】、【径向模糊】、【样本模糊】、【添加杂色】、【纤维】、【镜头光晕】、【智能锐化】、【USM 锐化】、【逐行】、【NTSC 颜色】、【高反差保留】 以及【位移】。
- 有些滤镜完全在内存中处理。如果所有可用的 RAM 都用于处理滤镜效果，则可能看到错误信息。

9.1.2 滤镜命令的应用

在 Photoshop 的菜单栏内包含了一个【滤镜】菜单，使用菜单下的滤镜命令，并对相关参数设置，即可方便地实现对图像的滤镜加工。

经典实例

【光盘：源文件\第 9 章\滤镜命令的应用.PSD】

01　打开【光盘：源文件\第 9 章\蜘蛛网.jpg】图像文件，如图 9-1-1 所示。

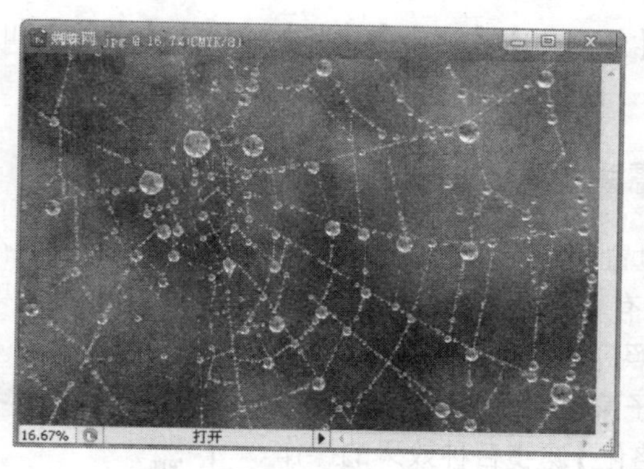

图 9-1-1 打开图像

02 选择【椭圆选择工具】，创建一个选区，如图 9-1-2 所示。执行【滤镜】命令，打开【滤镜】的菜单如图 9-1-3 所示。

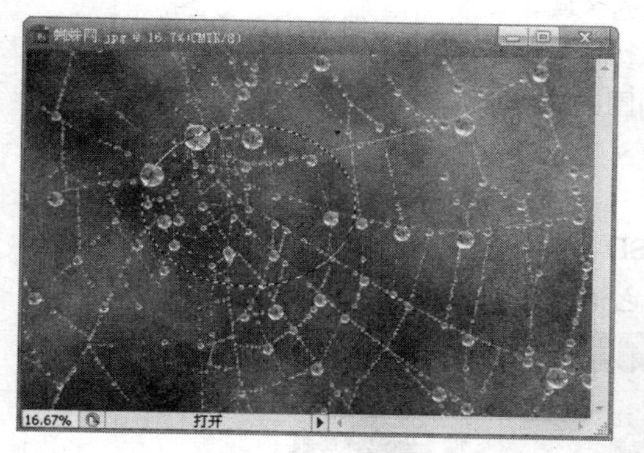

图 9-1-2 创建选区

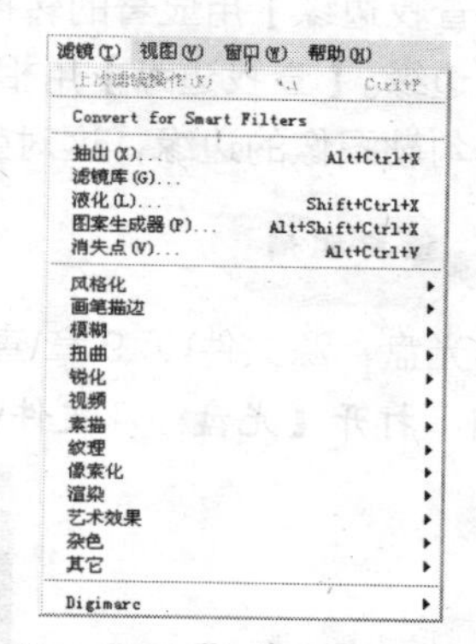

图 9-1-3 【滤镜】的菜单

03 直接用鼠标单击，选择一种滤镜效果，在图片上即可看见该滤镜的效果。例如我们选择【抽出】命令，即可观察到滤镜的效果，如图 9-1-4 所示。

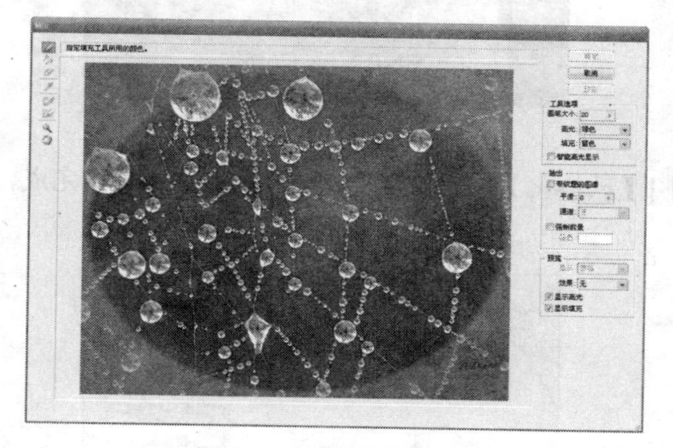

图 9-1-4 【抽出】效果

9.2 内置滤镜

在 Photoshop CS3 中内置滤镜包括【风格化】、【画笔描边】、【模糊】、【扭曲】、【锐化】、【视频】、【素描】、【纹理】、【像素化】、【渲染】、【艺术效果】、【杂色】和【其他】，每一种滤镜都有几种不同的效果。

9.2.1 【风格化】滤镜

【风格化】滤镜通过置换像素和通过查找并增加图像的对比度，在选区中生成绘画或印象派的效果。【风格化】滤镜有【查找边缘】、【等高线】、【风】、【浮雕效果】、【扩散】、【拼贴】、【曝光过度】、【凸出】和【照亮边缘】九种效果。

【风格化】滤镜的子菜单如图 9-2-1 所示。

下面我们介绍【风格化】滤镜各种效果的操作步骤。

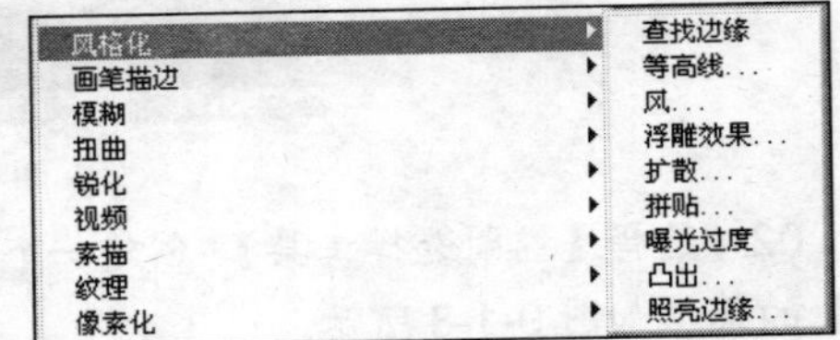

图 9-2-1 【风格化】滤镜

1.【查找边缘】效果

【查找边缘】用显著的转换标识图像的区域，并突出边缘。【查找边缘】用相对于白色背景的黑色线条勾勒图像的边缘，这对生成图像周围的边界非常有用。

经典实例

【光盘：源文件\第 9 章\查找边缘.PSD】

01 打开【光盘：源文件\第 9 章\粉色情调.jpg】图像文件，如图 9-2-2 所示。

图 9-2-2 打开图像文件

02 执行【滤镜】|【风格化】|【查找边缘】菜单命令，操作完成，执行命令后的图像如图 9-2-3 所示。

图 9-2-3 【查找边缘】效果

2.【等高线】效果

查找主要亮度区域的转换并为每个颜色通道淡淡地勾勒主要亮度区域的转换，以获得与等高线图中的线条类似的效果。

经典实例

【光盘：源文件\第 9 章\等高线.PSD】

01　打开【光盘：源文件\第 9 章\玫瑰.jpg】图像文件，如图 9-2-4 所示。

02　执行【滤镜】|【风格化】|【等高线】菜单命令，打开【等高线】对话框，如图 9-2-5 所示。

图 9-2-4　打开图像

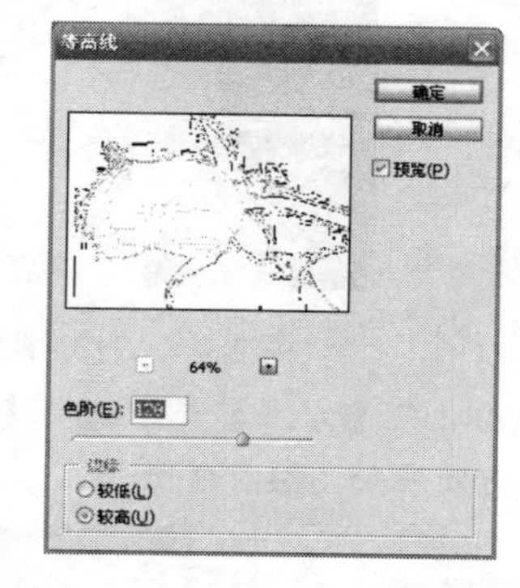

图 9-2-5　【等高线】对话框

03　移动【色阶】下的滑块，或在【色阶】文本框输入数字，设置色阶，在【边缘】选区选择一个选项。

04　单击【确定】按钮，完成滤镜操作，效果如图 9-2-6 所示。

在使用【查找边缘】和【等高线】等突出显示边缘的滤镜后，可应用【反相】命令用彩色线条勾勒彩色图像的边缘或用白色线条勾勒灰度图像的边缘。

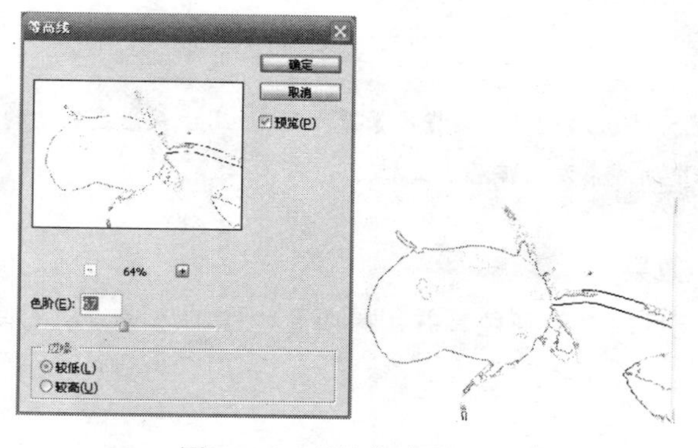

图 9-2-6　【等高线】效果

3.【风】效果

在图像中放置细小的水平线条来获得风吹的效果。

经典实例

【光盘：源文件\第 9 章\风效果.PSD】

01 打开【光盘：源文件\第 9 章\猫.jpg】图像文件，如图 9-2-7 所示。

02 执行【滤镜】|【风格化】|【风】菜单命令，打开【风】对话框，如图 9-2-8 所示。

图 9-2-7 打开图像文件

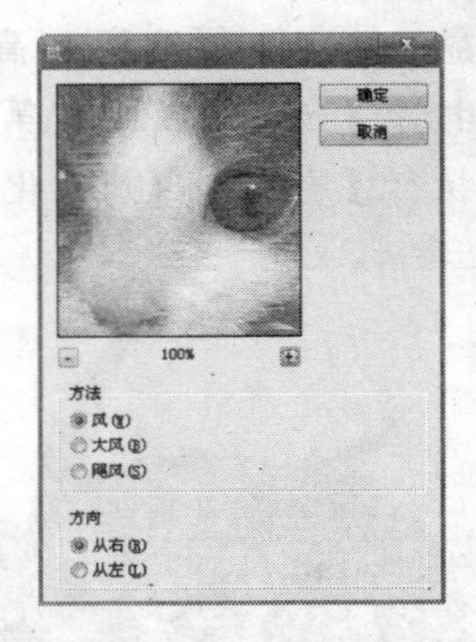

图 9-2-8 【风】对话框

03 在【方法】选区选择【大风】，【方向】选区选择【从右】选项，单击【确定】按钮，图像的效果如图 9-2-9 所示。

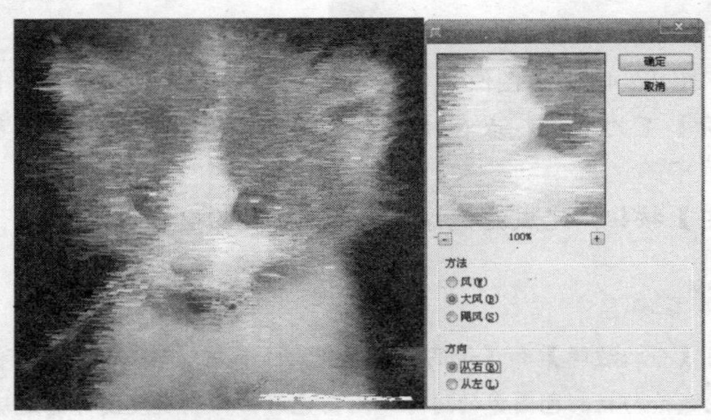

图 9-2-9 【风】的效果

小知识

【风】的方法区域选项包括【风】、【大风】（用于获得更生动的风效果）和【飓风】（使图像中的线条发生偏移）三种。

4.【浮雕效果】效果

通过将选区的填充色转换为灰色，并用原填充色描画边缘，从而使选区显得凸起或压低。

经典实例

【光盘：源文件\第 9 章\浮雕效果.PSD】

01 打开【光盘：源文件\第 9 章\芦荟.BMP】图像文件。

02 执行 【滤镜】|【风格化】|【浮雕效果】菜单命令，打开【浮雕效果】对话框，如图

9-2-10 所示。

03　拖移滑块或输入数字，设置各参数。

04　单击【确定】按钮，完成操作，【浮雕效果】处理后的效果如图 9-2-11 所示。

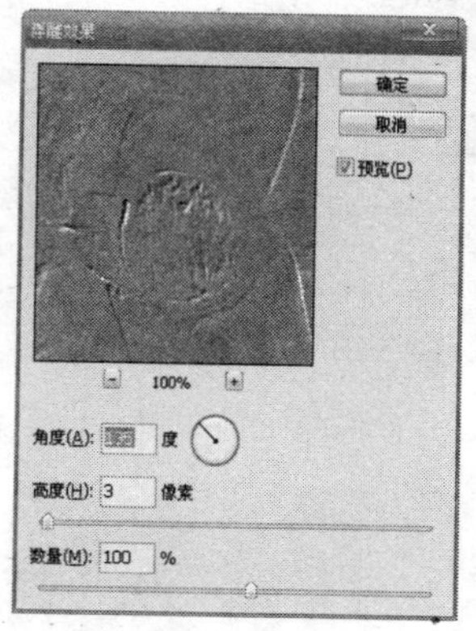

图 9-2-10　【浮雕效果】对话框

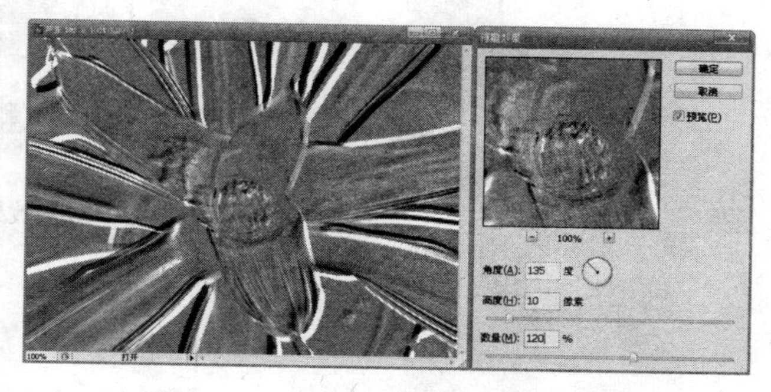

图 9-2-11　【浮雕效果】处理后的效果

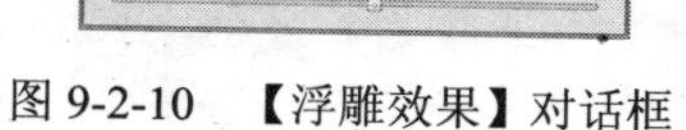

【浮雕效果】对话框中的选项包括浮雕【角度】(–360° ~ +360°，–360° 使表面凹陷，+360° 使表面凸起)、【高度】和选区中颜色【数量】的百分比(1% ~ 500%)。

5.【扩散】效果

【扩散】根据选中的选项搅乱选区中的像素以虚化焦点。

经典实例

【光盘：源文件\第 9 章\扩散效果.PSD】

01　打开【光盘：源文件\第 9 章\桃花.jpg】图像文件，执行【滤镜】|【风格化】|【扩散】命令，打开【扩散】对话框，如图 9-2-11 所示。

图 9-2-11　【扩散】对话框

02　选择一种【模式】，单击【确定】按钮完成操作，效果如图 9-2-12 所示。

图 9-2-12　【扩散】效果

小知识

扩散的模式有：

【正常】选项　使像素随机移动（忽略颜色值）。

【变暗优先】选项　用较暗的像素替换亮的像素。

【变亮优先】选项　用较亮的像素替换暗的像素。

【各向异性】选项　在颜色变化最小的方向上搅乱像素。

6.【拼贴】效果

将图像分解为一系列拼贴，使选区偏离其原来的位置。

经典实例

【光盘：源文件\第 9 章\拼贴效果.PSD】

01　打开【光盘：源文件\第 9 章\桃花.jpg】图像文件，执行【滤镜】|【风格化】|【拼贴】命令，打开【拼贴】对话框，如图 9-2-13 所示。

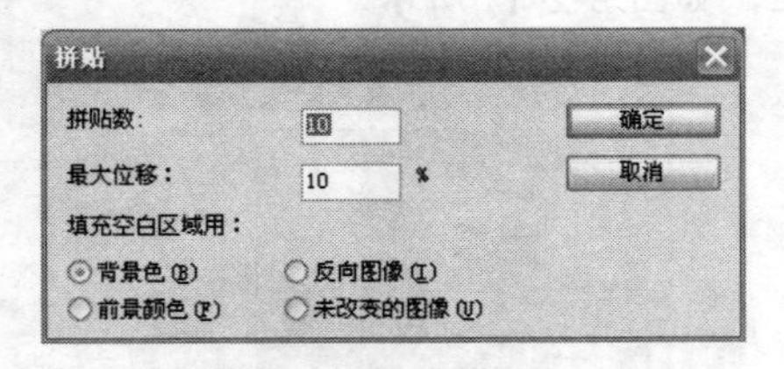

图 9-2-13　【拼贴】对话框

小知识

可以选取背景色、前景色、图像的反转版本或图像的未改变版本之一，以及对象填充拼贴之间的区域，它们使拼贴的版本位于原版本之上并露出原图像中位于拼贴边缘下面的部分。

02　设置各项参数，然后单击【确定】按钮，效果如图 9-2-14 所示。

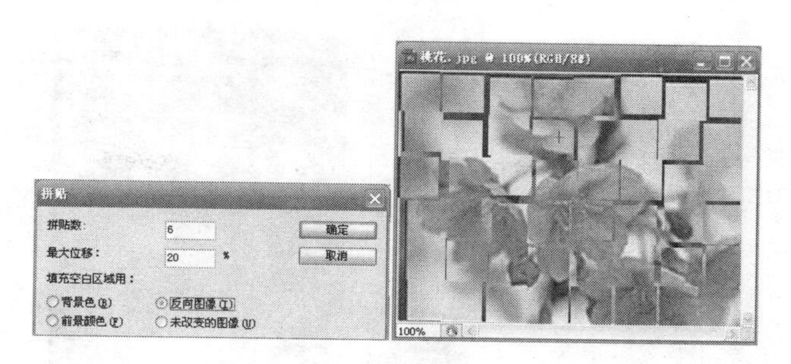

图 9-2-14　【拼贴】效果

6.【曝光过度】效果

【曝光过度】混合负片和正片图像，类似于显影过程中将摄影照片短暂曝光。

经典实例

【光盘：源文件\第 9 章\曝光过度效果.PSD】

01　打开【光盘：源文件\第 9 章\蝈蝈.jpg】图像文件。

02　执行【滤镜】|【风格化】|【曝光过度】命令，效果如图 9-2-15 所示。

图 9-2-15　【曝光过度】效果

7.【凸出】效果

【凸出】用于赋予选区或图层一种 3D 纹理效果。

经典实例

【光盘：源文件\第 9 章\凸出效果.PSD】

01　打开【光盘：源文件\第 9 章\碧瑶.jpg】，执行【滤镜】|【风格化】|【凸出】命令，打开【凸出】对话框，如图 9-2-16 所示。

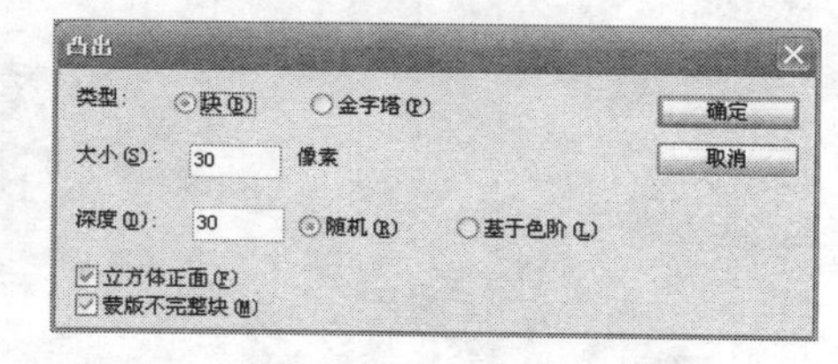

图 9-2-16　【凸出】对话框

02　设置【类型】为【块】，设置【大小】为 20 像素、【深度】为 20，同时选中【蒙版不完整块】复选框，单击【确定】按钮，效果如图 9-2-17 所示。

图 9-2-17 【凸出】效果

8.【照亮边缘】效果

标识颜色的边缘，并向其添加类似霓虹灯的光亮。可通过【滤镜库】将此滤镜与其他滤镜一起累积应用。

经典实例

【光盘：源文件\第 9 章\照亮边缘效果.PSD】

01 打开【光盘：源文件\第 9 章\粉红玫瑰/BMP】图像文件，执行【滤镜】|【风格化】|【照亮边缘】命令，打开【照亮边缘】对话框，如图 9-2-18 所示。

图 9-2-18 【滤镜库】

02 设置【边缘宽度】为 3，设置【边缘亮度】为 8，设置【平滑度】为 8，单击【确定】按钮，效果如图 9-2-19 所示。

图 9-2-19 【照亮边缘】效果

9.2.2 【画笔描边】滤镜

【画笔描边】滤镜使用不同的画笔和油墨描边效果创造出绘画效果的外观。有些滤镜添加颗粒、绘画、杂色、边缘细节或纹理。可以通过【滤镜库】来应用所有【画笔描边】滤镜。

【画笔描边】滤镜有【成角的线条】、【墨水轮廓】、【喷溅】、【喷色描边】、【强化的边缘】、【深色线条】、【烟灰墨】和【阴影线】8 种效果，如图 9-2-20 所示。

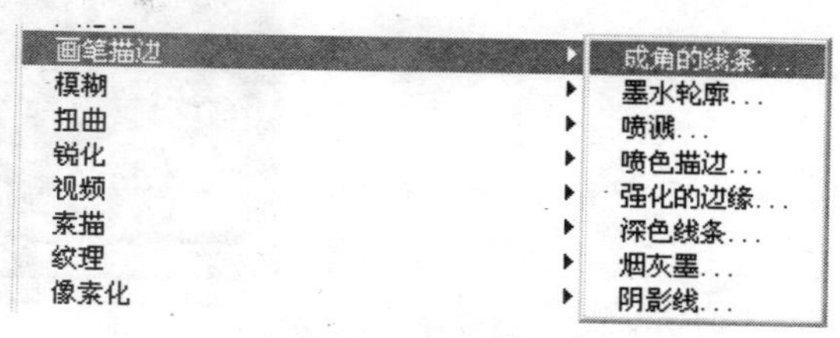

图 9-2-20　【画笔描边】滤镜

【画笔描边】滤镜的各种效果的使用方法大致相同，下面我们介绍它们的不同效果。

1.【成角的线条】效果

【成角的线条】使用对角描边重新绘制图像，用相反方向的线条来绘制亮区和暗区。

经典实例

【光盘：源文件\第 9 章\成角的线条效果.PSD】

01　打开【光盘：源文件\第 9 章\玫瑰相思.jpg】图像文件，如图 9-2-21 所示。

图 9-2-21　打开图像文件

02　执行【滤镜】|【画笔描边】|【成角的线条】命令，打开【成角的线条】对话框，如图 9-2-22 所示。

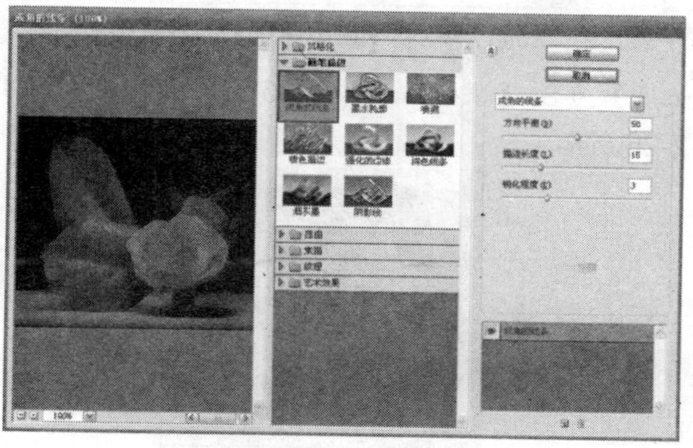

图 9-2-22　【成角的线条】对话框

03　设置【方向平衡】为 35、【描边长度】为 10、【锐化程度】为 9。

04　单击【确定】按钮，效果如图 9-2-23 所示。

图 9-2-23　【成角的线条】的效果

2.【墨水轮廓】效果

【墨水轮廓】以钢笔画的风格，用纤细的线条在原细节上重绘图像。

经典实例

【光盘：源文件\第 9 章\墨水轮廓效果.PSD】

01　打开【光盘：源文件\第 9 章\玫瑰相思.jpg】图像文件，如图 9-2-21 所示。

02　执行【滤镜】|【画笔描边】|【墨水轮廓】命令，打开【墨水轮廓】对话框，如图 9-2-24 所示。

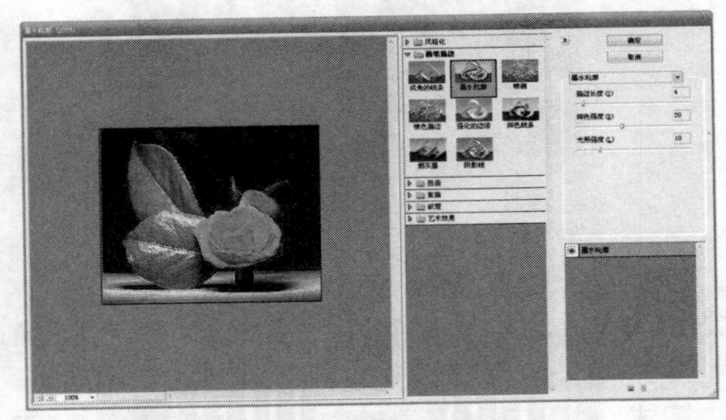

图 9-2-24 【墨水轮廓】对话框

03　设置【描边长度】为 8、【深色强度】为 35、【光照强度】为 16。单击【确定】按钮，处理后的效果如图 9-2-25 所示。

图 9-2-25 【墨水轮廓】效果

3.【喷溅】

【喷溅】模拟喷溅、喷枪的效果。增加该选项可简化总体效果。

经典实例

【光盘：源文件\第 9 章\喷溅.PSD】

01 打开【光盘：源文件\第 9 章\玫瑰相思.jpg】图像文件，如图 9-2-21 所示。

02 执行【滤镜】|【画笔描边】|【喷溅】命令，打开【喷溅】对话框，如图 9-2-26 所示。

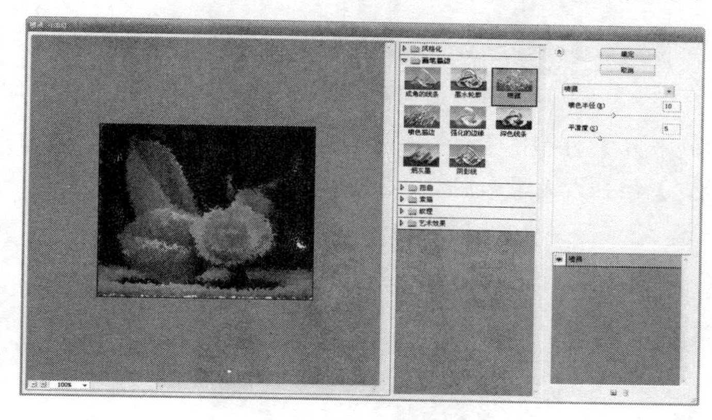

图 9-2-26 【喷溅】对话框

03 设置【喷色半径】为 15、【平滑度】为 10。

04 单击【确定】按钮，效果如图 9-2-27 所示。

图 9-2-27 【喷溅】的效果

4.【喷色描边】

【喷色描边】使用图像的主导色，用成角的、喷溅的颜色线条重新绘画图像。

经典实例

【光盘：源文件\第 9 章\喷色描边.PSD】

01 打开【光盘：源文件\第 9 章\玫瑰相思.jpg】图像文件，如图 9-2-21 所示。

02 执行【滤镜】|【画笔描边】|【喷色描边】命令，打开【喷色描边】对话框，如图 9-2-28 所示。

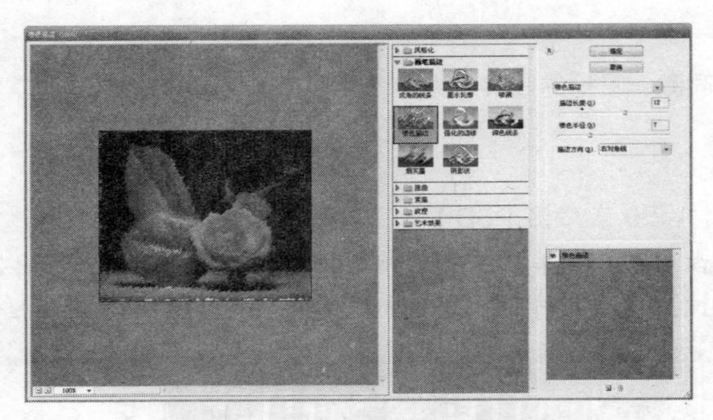

图 9-2-28　【喷色描边】对话框

03　设置【描边长度】为 16、【喷色半径】为 10、【描边方向】为左对角线。

04　单击【确定】按钮，效果如图 9-2-29 所示。

图 9-2-29　【喷色描边】的效果

5.【强化的边缘】

【强化的边缘】强化图像边缘。设置高的边缘亮度控制值时，强化效果类似白色粉笔；设置低的边缘亮度控制值时，强化效果类似黑色油墨。

经典实例

【光盘：源文件\第 9 章\强化的边缘.PSD】

01　打开【光盘：源文件\第 9 章\玫瑰相思.jpg】图像文件，如图 9-2-21 所示。

02　执行【滤镜】|【画笔描边】|【强化的边缘】命令，打开【强化的边缘】对话框，如图 9-2-30 所示。

图 9-2-30　【强化的边缘】对话框

03　设置【边缘宽度】为5、【边缘亮度】为45、【平滑度】为9。

04　单击【确定】按钮，效果如图9-2-31所示。

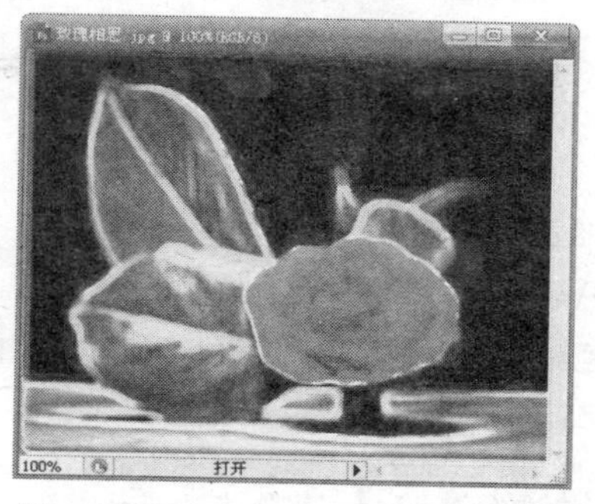

图9-2-31　【强化的边缘】的效果

6.【深色线条】

【深色线条】用短的、绷紧的深色线条绘制暗区；用长的白色线条绘制亮区。

经典实例

【光盘：源文件\第9章\深色线条.PSD】

01　打开【光盘：源文件\第9章\玫瑰相思.jpg】图像文件，如图9-2-21所示。

02　执行【滤镜】|【画笔描边】|【深色线条】命令，打开【深色线条】对话框，如图9-2-32所示。

图9-2-32　【深色线条】对话框

03　设置【平衡】为8、【黑色强度】为10、【白色强度】为3。

04　单击【确定】按钮，效果如图9-2-33所示。

图9-2-33　【深色线条】的效果

7.【烟灰墨】

【烟灰墨】以日本画的风格绘画图像，看起来像是用蘸满油墨的画笔在宣纸上绘画，使用非常黑的油墨来创建柔和的模糊边缘。

经典实例

【光盘：源文件\第 9 章\烟灰墨.PSD】

01 打开【光盘：源文件\第 9 章\玫瑰相思.jpg】图像文件，如图 9-2-21 所示。

02 执行【滤镜】|【画笔描边】|【烟灰墨】命令，打开【烟灰墨】对话框，如图 9-2-34 所示。

图 9-2-34 【烟灰墨】对话框

03 设置【描边宽度】为 15、【描边压力】为 4、【对比度】为 16。

04 单击【确定】按钮，效果如图 9-2-35 所示。

图 9-2-35 【烟灰墨】的效果

8.【阴影线】

【阴影线】保留原始图像的细节和特征，同时使用模拟的铅笔阴影线添加纹理，并使彩色区域的边缘变粗糙。【强度】选项（使用值为 1～3）确定使用阴影线的遍数。

经典实例

【光盘：源文件\第 9 章\阴影线.PSD】

01 打开【光盘：源文件\第 9 章\玫瑰相思.jpg】图像文件，如图 9-2-21 所示。

02 执行【滤镜】|【画笔描边】|【阴影线】命令，打开【阴影线】对话框，如图 9-2-36

所示。

图 9-2-36　【阴影线】对话框

03　设置【描边长度】为 12、【锐化程度】为 10、【强度】为 2。

04　单击【确定】按钮，效果如图 9-2-37 所示。

图 9-2-37　【阴影线】的效果

9.2.3　【模糊】滤镜

【模糊】滤镜柔化选区或整个图像，这对于修饰非常有用。它们通过平衡图像中已定义的线条和遮蔽区域的清晰边缘旁边的像素，使变化显得柔和。

【模糊】滤镜也有【表面模糊】、【动感模糊】、【方框模糊】等十余种效果，如图 9-2-38 所示。

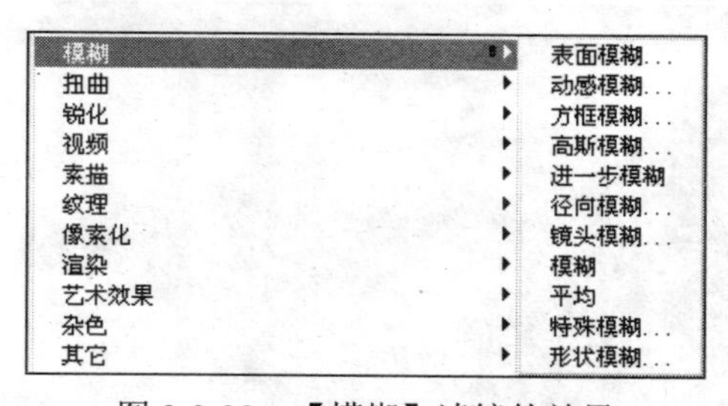

图 9-2-38　【模糊】滤镜的效果

小知识

要将【模糊】滤镜应用到图层的边缘，请取消选择【图层】调板中的【保留透明区域】选项。

1.【表面模糊】效果

【表面模糊】在保留边缘的同时模糊图像。此滤镜用于创建特殊效果并消除杂色或粒度。

经典实例

【光盘：源文件\第 9 章\表面模糊.PSD】

01　打开【光盘：源文件\第 9 章\水花相映.jpg】图像文件，如图 9-2-39 所示。

02　执行【滤镜】|【模糊】|【表面模糊】命令，打开【表面模糊】对话框，如图 9-2-40 所示。

图 9-2-39　打开图像文件

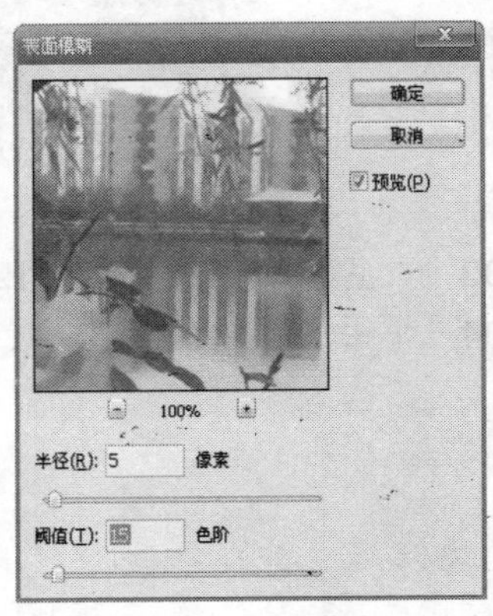

图 9-2-40　【表面模糊】对话框

03　设置【半径】为 10 像素、【阈值】为 165 色阶。

小知识

【半径】选项　指定模糊取样区域的大小。

【阈值】选项　控制相邻像素色调值与中心像素值相差多大时才能成为模糊的一部分。色调值差小于阈值像素被排除在模糊之外。

04　单击【确定】按钮，效果如图 9-2-41 所示。

图 9-2-41　【表面模糊】的效果

2.【动感模糊】效果

【动感模糊】沿指定方向（–360° ~+360° ）以指定强度（1 ~ 999）进行模糊。此滤镜的效果类似于以固定的曝光时间给一个移动的对象拍照。

经典实例

【光盘：源文件\第 9 章\动感模糊.PSD】

01　打开【光盘：源文件\第 9 章\水花相映.jpg】图像文件，执行【滤镜】|【模糊】|【动感模糊】命令，打开【动感模糊】对话框，如图 9-2-42 所示。

02　设置【角度】为 45，设置【距离】为 15 像素。单击【确定】按钮，效果如图 9-2-43 所示。

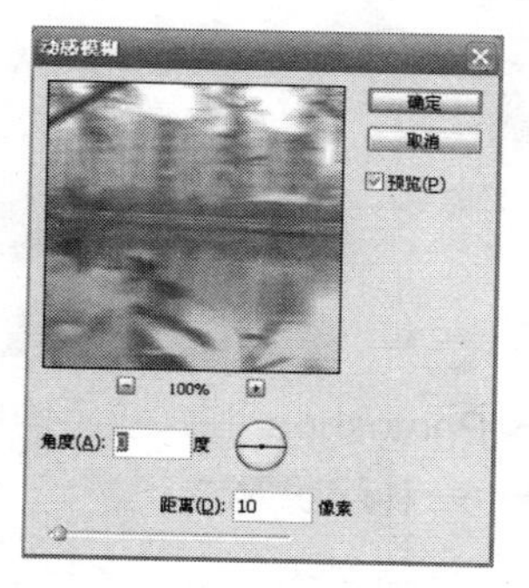

图 9-2-42　【动感模糊】对话框

图 9-2-43　【动感模糊】效果

距离的像素值越大，模糊程度也越大，其取值范围为 1～999，【距离】的像素为 1 时图像模糊不明显，像素为 999 时，图像的轮廓都会被模糊掉。

3.【方框模糊】效果

【方框模糊】基于相邻像素的平均颜色值来模糊图像。此滤镜用于创建特殊效果。可以调整用于计算给定像素的平均值的区域大小；半径越大，产生的模糊效果越好。

经典实例

【光盘：源文件\第 9 章\方框模糊.PSD】

01　打开【光盘：源文件\第 9 章\水花相映.jpg】图像文件，执行【滤镜】|【模糊】|【方框模糊】命令，打开【方框模糊】对话框，如图 9-2-44 所示。

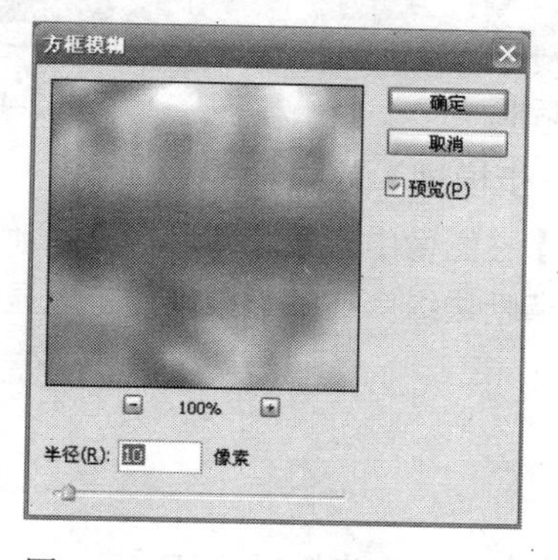

图 9-2-44　【方框模糊】对话框

02 设置【半径】为 6。

03 单击【确定】按钮，效果如图 9-2-45 所示。

图 9-2-45 【方框模糊】效果

4.【高斯模糊】效果

【高斯模糊】使用可调整的量快速模糊选区。高斯是指当 Photoshop 将加权平均应用于像素时生成的钟形曲线。【高斯模糊】滤镜添加低频细节，并产生一种朦胧效果。

经典实例

【光盘：源文件\第 9 章\高斯模糊.PSD】

01 打开【光盘：源文件\第 9 章\水花相映.jpg】图像文件，执行【滤镜】|【模糊】|【高斯模糊】命令，打开【高斯模糊】对话框，如图 9-2-46 所示。

02 设置【半径】为 1.8 像素。

03 单击【确定】按钮，图像效果如图 9-2-47 所示。

图 9-2-46 【高斯模糊】对话框

图 9-2-47 【高斯模糊】效果

5.【模糊】效果和【进一步模糊】效果

【模糊】和【进一步模糊】在图像中有显著颜色变化的地方消除杂色。【模糊】滤镜通过平衡已定义的线条和遮蔽区域的清晰边缘旁边的像素，使变化显得柔和。【进一步模糊】滤镜的效果比【模糊】滤镜强 3～4 倍。

经典实例

【光盘：源文件\第 9 章\模糊、进一步模糊.PSD】

01　打开【光盘：源文件\第 9 章\水花相映.jpg】，执行【滤镜】|【模糊】|【模糊】命令，效果如图 9-2-48 所示。

图 9-2-48　【模糊】处理前后

02　执行【滤镜】|【模糊】|【进一步模糊】命令，效果如图 9-2-49 所示。

图 9-2-49　【进一步模糊】效果

6.【径向模糊】效果

【径向模糊】模拟缩放或旋转的相机所产生的模糊，产生一种柔化的模糊。

经典实例

【光盘：源文件\第 9 章\径向模糊.PSD】

01　打开【光盘：源文件\第 9 章\径向模糊.jpg】图像文件，执行【滤镜】|【模糊】|【径向模糊】命令，打开【径向模糊】对话框，如图 9-2-50 所示。

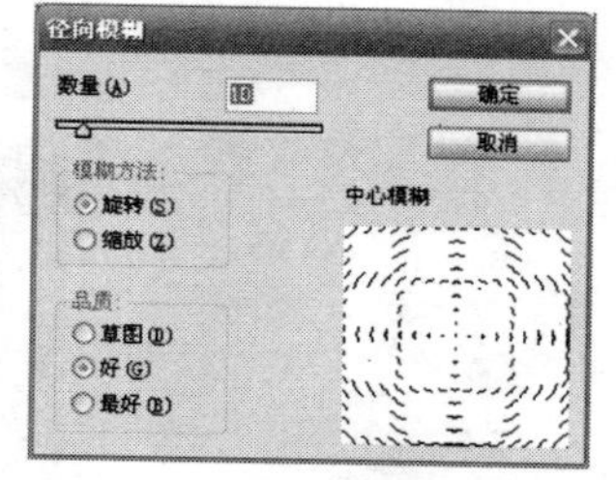

图 9-2-50　【径向模糊】对话框

02　设置【数量】为 6、【品质】为【最好】。

提示

【旋转】　沿同心圆环线模糊，然后指定旋转的数。

【缩放】　沿径向线模糊，好像是在放大或缩小图像，然后指定 1 ~ 100 之间的值。

【草图】　产生最快但为粒状的结果。

【好】和【最好】　产生比较平滑的结果，除非在大选区上，否则看不出这两种品质的区别。

【中心模糊】　通过拖移【中心模糊】框中的图案，指定模糊的原点。

03　单击【确定】按钮，效果如图 9-2-51 所示。

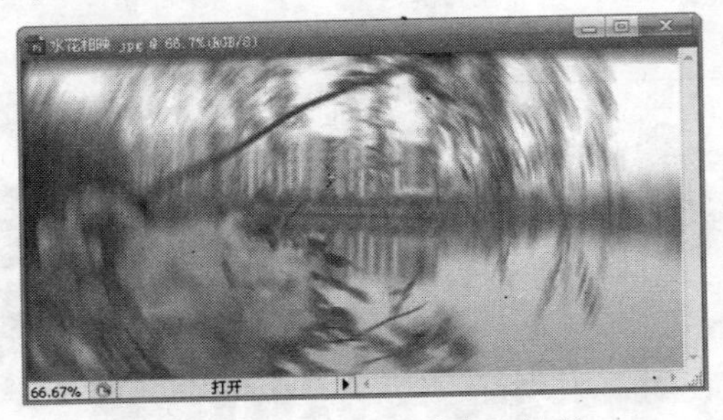

图 9-2-51　【径向模糊】效果

7.【镜头模糊】效果

【模糊滤镜】向图像中添加模糊以产生更窄的景深效果，以便使图像中的一些对象在焦点内，而使另一些区域变模糊。可以使用简单的选区来确定哪些区域变模糊，或者可以提供单独的 Alpha 通道深度映射来准确描述希望如何增加模糊。

经典实例

【光盘：源文件\第 9 章\镜头模糊.PSD】

01　打开【光盘：源文件\第 9 章\水花相映.jpg】图像文件，执行【滤镜】|【模糊】|【镜头模糊】命令，打开【镜头模糊】对话框，如图 9-2-52 所示。

图 9-2-52　【镜头模糊】对话框

02　选择【预览】，选择【更快】可提高预览速度，

提示

选取【更加准确】可查看图像的最终版本。【更加准确】预览需要的生成时间长。

03　在【深度映射】选区，从【源】弹出式菜单中选取一个源。拖移【模糊焦距】滑块以设置位于焦点内的像素的度。

04　从【形状】弹出式菜单中选取光圈。拖移【叶片弯度】滑块对光圈边缘进行平滑处理；或拖移【旋转】滑块旋转光圈。拖移【半径】滑块，添加更多的模糊效果。

小知识

【模糊】的显示方式取决于选取的光圈形状，光圈形状由它们所包含的叶片的数量来确定。可以通过弯曲（使它们更圆）或旋转它们来更改光圈的叶片。还可以通过点击减号按钮或加号按钮，缩小或放大预览。

05　对于【镜面高光】，拖移【阈值】滑块来选择亮度截止点；比该截止点值亮的所有像素都被视为镜面高光。拖移【亮度】滑块，增加高光的度。

06　选取【平均分布】或【高斯分布】，向图像中添加杂色，拖移【数量】滑块来增加或减少杂色。

07　要在不影响颜色的情况下添加杂色，可选取【单色】。设置后的对话框如图 9-2-53 所示。

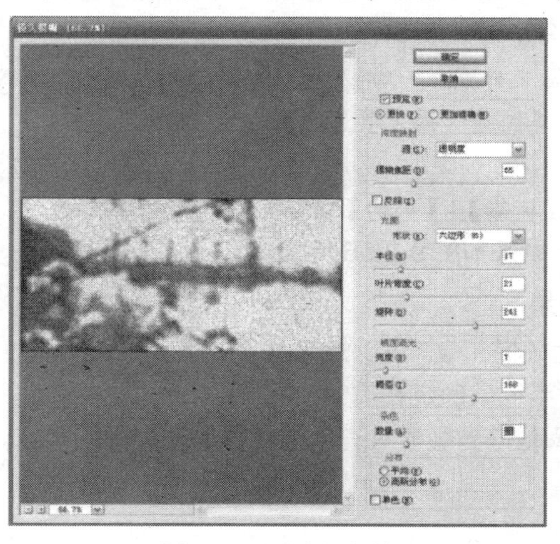

图 9-2-53　设置参数

小知识

模糊处理将移去原始图像中的胶片颗粒和杂色。为使图像看上去逼真和未经修饰，可以恢复图像中某些被移去的杂色。

08　单击【确定】按钮，完成操作，效果如图 9-2-54 所示。

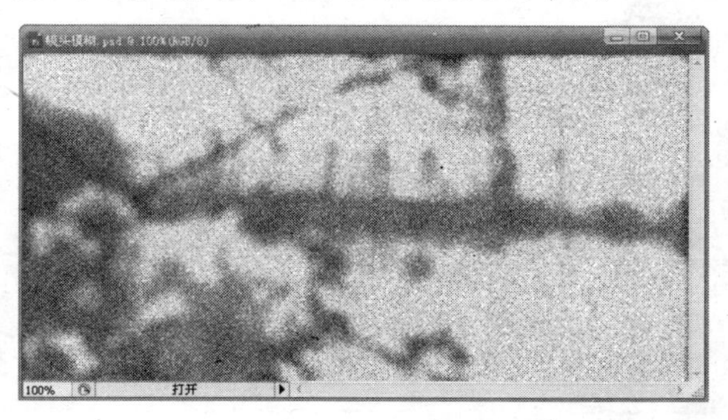

图 9-2-54　【镜头模糊】效果

小知识

【镜头模糊】 滤镜使用深度映射来确定像素在图像中的位置。在选择了深度映射的情况下，也可以使用十字线光标来设置该模糊的起点。

可以使用 Alpha 通道和图层蒙版来创建深度映射；Alpha 通道中的黑色区域被视为好像它们位于照片的前面，白色区域被视为好像它们位于远处的位置。

8.【平均】效果

【平均】找出图像或选区的平均颜色，然后用该颜色填充图像或选区以创建平滑的外观。

经典实例

【光盘：源文件\第 9 章\平均.PSD】

01 打开【光盘：源文件\第 9 章\水花相映.jpg】图像文件，利用【椭圆选择工具】创建一个选择区域。

02 执行【滤镜】|【模糊】|【平均】命令，在图像上单击，取消选区，效果如图 9-2-55 所示。

图 9-2-55 【平均】效果

9.【特殊模糊】效果

【特殊模糊】精确地模糊图像。可以指定半径值、阈值和模糊品质。半径值确定在其中搜索不同像素的区域大小，阈值确定像素具有多大差异后才会受到影响。

经典实例

【光盘：源文件\第 9 章\特殊模糊.PSD】

01 打开【光盘：源文件\第 9 章\水花相映.jpg】图像文件，执行【滤镜】|【模糊】|【特殊模糊】命令，打开【特殊模糊】对话框。

02 设置对话框中各种参数，设置后的对话框如图 9-2-56 所示。

03 单击【确定】按钮，效果如图 9-2-57 所示。

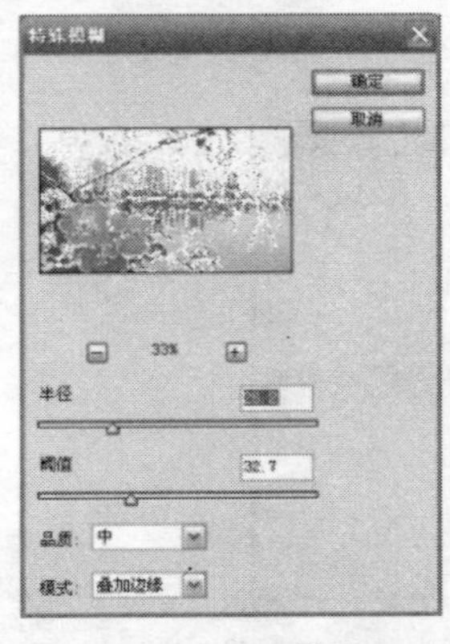

图 9-2-56 设置【特殊模糊】对话框

图 9-2-57 【特殊模糊】效果

10.【形状模糊】效果

【形状模糊】使用指定的内核来创建模糊。从自定形状预设列表中选取一种内核，并使用【半径】滑块来调整其大小。通过点击三角形并从列表中进行选取，可以载入不同的形状库。半径决定了内核的大小；内核越大，模糊效果越好。

经典实例

【光盘：源文件\第 9 章\径向模糊.PSD】

01　打开【光盘：源文件\第 9 章\水花相映.jpg】图像文件，执行【滤镜】|【模糊】|【形状模糊】命令，打开【形状模糊】对话框。

02　设置【形状模糊】对话框中的各参数和选项。设置后的对话框如图 9-2-58 所示。

03　单击【确定】按钮，完成设置，效果如图 9-2-59 所示。

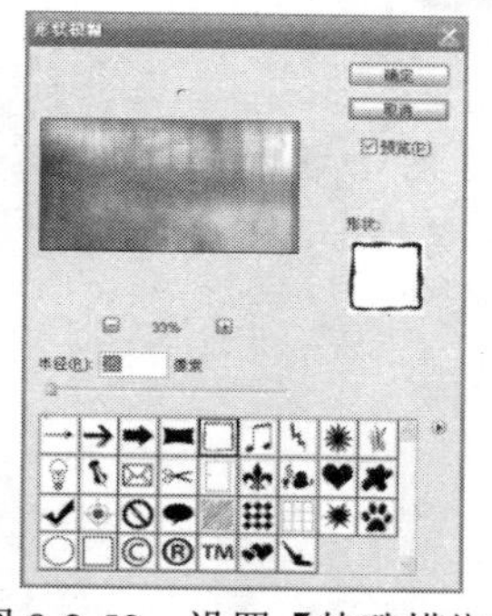

图 9-2-58　设置【特殊模糊】

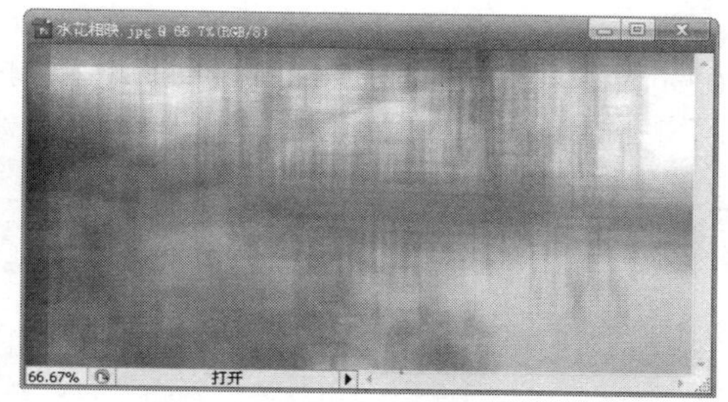

图 9-2-59　【形状模糊】效果

9.2.4　【扭曲】滤镜

【扭曲】滤镜将图像进行几何扭曲，创建 3D 或其他整形效果。但是这些滤镜可能占用大量内存。

【扭曲】滤镜共有 13 种效果，其中【扩散亮光】、【玻璃】和【海洋波纹】滤镜可以使用【滤镜库】来应用。【扭曲】滤镜的子菜单如图 9-2-60 所示。

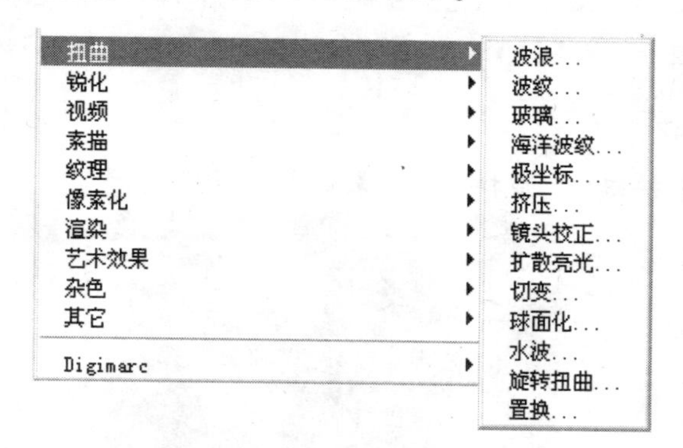

图 9-2-60　【扭曲】滤镜的子菜单

1.【波浪】效果

【波浪】工作方式类似于【波纹】滤镜，但可进行进一步的控制。

经典实例

【光盘：源文件\第 9 章\波浪效果.PSD】

01 打开【光盘：源文件\第 9 章\春色满园.jpg】图像文件，如图 9-2-61 所示。

图 9-2-61 打开图像文件

02 执行【滤镜】|【扭曲】|【波浪】命令，打开【波浪】对话框。

03 设置【波浪】对话框中的各参数和选项。设置后的对话框如图 9-2-62 所示。

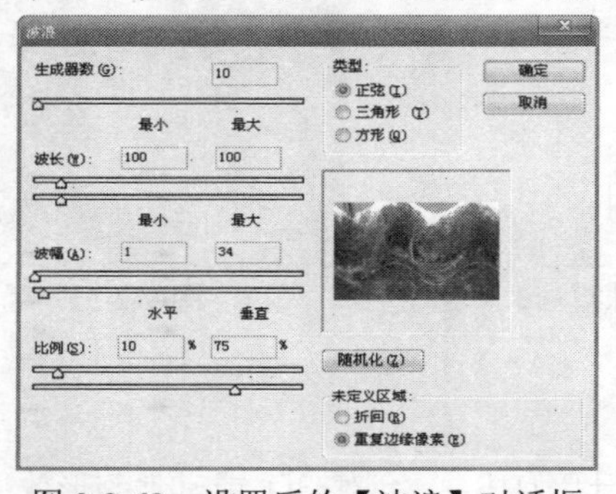

图 9-2-62 设置后的【波浪】对话框

提示

设置波浪时可以设置波浪生成器的数目、波长(从一个波峰到下一个波峰的距离)、波浪高度和波浪类型【正弦（滚动)】、【三角形】或【方形】。【随机化】选项应用随机值。也可以定义未扭曲的区域。

04 单击【确定】按钮，完成操作，效果如图 9-2-63 所示。

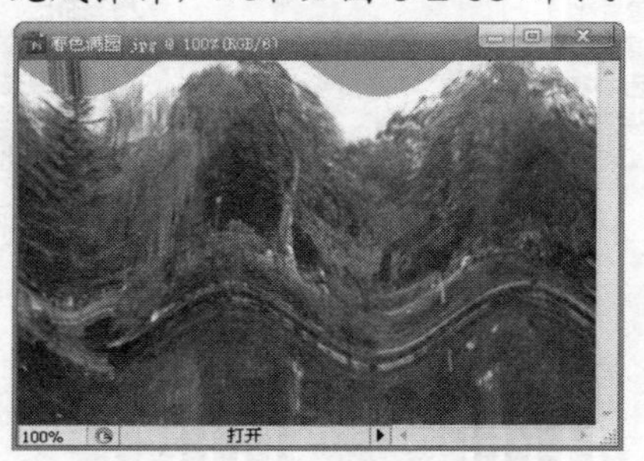

图 9-2-63 【波浪】效果

小知识

要在其他选区上模拟波浪结果，可以单击【随机化】选项，将【生成器数】设置为 1，并将【最小波长】、【最大波长】和【波幅】参数设置为相同的值。

2.【波纹】效果

【波纹】在选区上创建波状起伏的图案，像水池表面的波纹。要进一步进行控制，可以使用【波浪】滤镜。选项包括波纹的数量和大小。

经典实例

【光盘：源文件\第 9 章\波纹效果.PSD】

01 打开【光盘：源文件\第 9 章\春色满园.jpg】图像文件。

02 执行【滤镜】|【扭曲】|【波纹】命令，打开【波纹】对话框，如图 9-2-64 所示。

03 移动【数量】滑块或在文本框输入数字 176，单击【大小】下拉菜单，选择【大】。

04 单击【确定】按钮，效果如图 9-2-65 所示。

图 9-2-64 【波纹】对话框

图 9-2-65 【波纹】效果

3.【极坐标】效果

【极坐标】根据选中的选项，将选区从平面坐标转换到极坐标，或将选区从极坐标转换到平面坐标。可以使用此滤镜创建圆柱变体（18 世纪流行的一种艺术形式），当在镜面圆柱中观看圆柱变体中扭曲的图像时，图像是正常的。

经典实例

【光盘：源文件\第 9 章\极坐标效果.PSD】

01 打开【光盘：源文件\第 9 章\春色满园.jpg】图像文件。

02 执行【滤镜】|【扭曲】|【极坐标】命令，打开【极坐标】对话框，如图 9-2-66 所示。

图 9-2-66 【极坐标】对话框

03 选择【平面坐标到极坐标】，单击【确定】按钮，效果如图 9-2-67 所示。

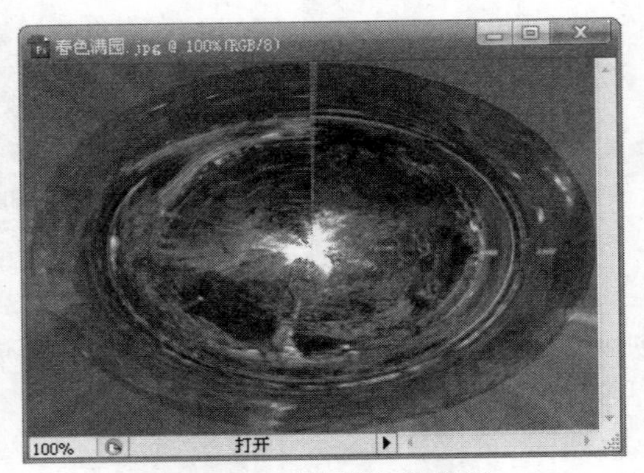

图 9-2-67 【极坐标】效果

4.【挤压】效果

挤压选区。正值（最大值是 100%）将选区向中心移动；负值（最小值是–100%）将选区向外移动。

经典实例

【光盘：源文件\第 9 章\挤压效果.PSD】

01 打开【光盘：源文件\第 9 章\春色满园.jpg】图像文件。

02 执行【滤镜】|【扭曲】|【挤压】命令，打开【挤压】对话框，如图 9-2-68 所示。

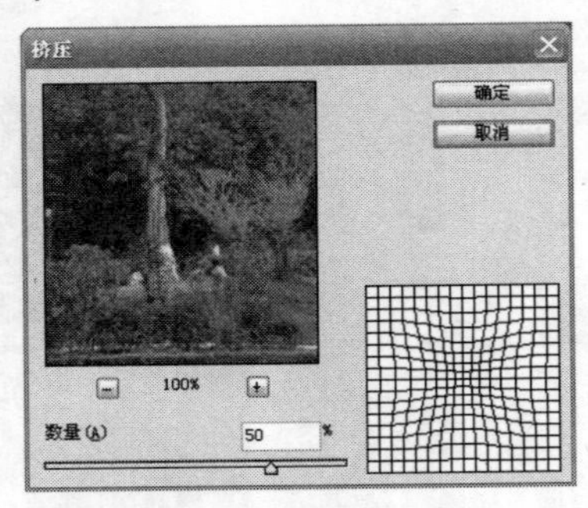

图 9-2-68 【挤压】对话框

03 拖移【数量】滑块，或在其后的文本框输入数字，这里设置 78%。

04 单击【确定】按钮，效果如图 9-2-69 所示。

图 9-2-69 【挤压】效果

5.【镜头校正】效果

【镜头校正】滤镜效果用于修复常见的镜头瑕疵，如桶形和枕形失真、晕影和色差。

经典实例

【光盘：源文件\第 9 章\镜头校正效果.PSD】

01　打开【光盘：源文件\第 9 章\春色满园.jpg】图像文件。

02　执行【滤镜】|【扭曲】|【镜头校正】命令，打开【镜头校正】对话框，如图 9-2-70 所示。

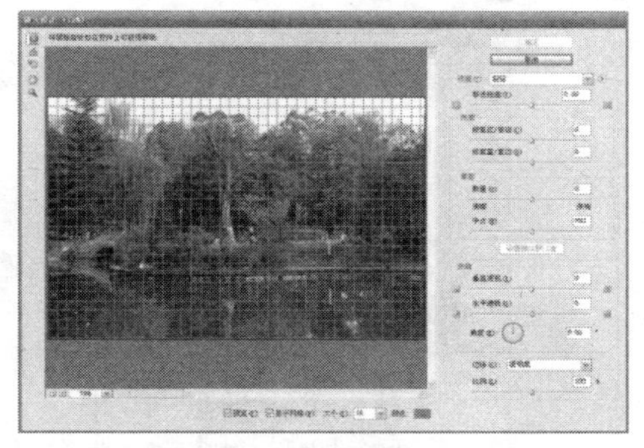

图 9-2-70　【镜头校正】对话框

03　在【设置】选区和【变换】选区设置各项参数和选项，设置后的对话框如图 9-2-71 所示。

图 9-2-71　设置后的对话框

04　单击【确定】按钮，效果如图 9-2-72 所示。

图 9-72　【镜头校正】效果

6.【切变】效果

【切变】可以沿一条曲线扭曲图像。通过拖移框中的线条来指定曲线。可以调整曲线上的任何一点。点击【默认】按钮可将曲线恢复为直线。

经典实例

【光盘：源文件\第 9 章\切变效果.PSD】

01 打开【光盘：源文件\第 9 章\春色满园.jpg】图像文件。

02 执行【滤镜】|【扭曲】|【切变】命令，打开【切变】对话框，如图 9-2-73 所示。

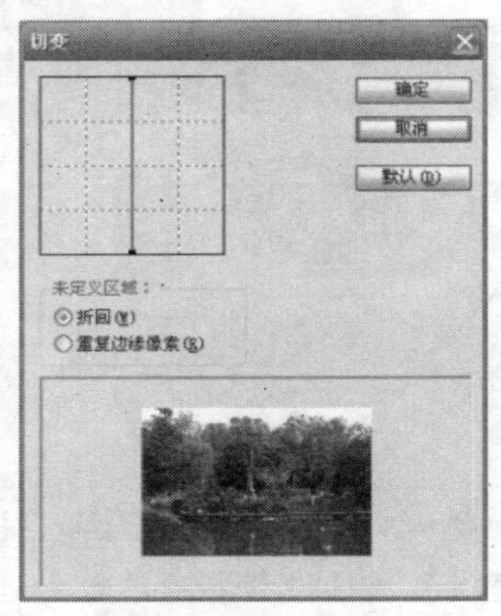

图 9-2-73 【切变】对话框

03 拖移框中的线条指定曲线，在【未定义区域】选择【折回】选项。

04 单击【确定】按钮，效果如图 9-2-74 所示。

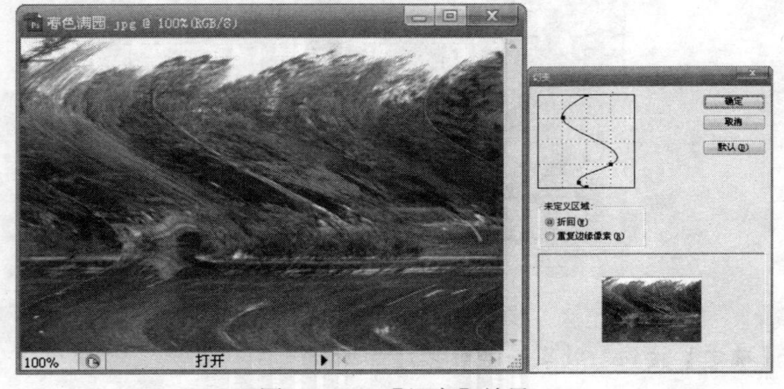

图 9-2-74 【切变】效果

7.【球面化】效果

【球面化】是通过将选区折成球形、扭曲图像以及伸展图像以适合选中的曲线，使对象具有 3D 效果。

经典实例

【光盘：源文件\第 9 章\球面化效果.PSD】

01 打开【光盘：源文件\第 9 章\春色满园.jpg】图像文件。

02 执行【滤镜】|【扭曲】|【球面化】命令，打开【球面化】对话框，如图 9-2-75 所示。

图 9-2-75　【球面化】对话框

03　拖移【数量】滑块，或在其后的文本框中输入数据，这里设置为–89，单击【模式】下拉菜单按钮，选择【正常】。

04　单击【确定】按钮，效果如图 9-2-76 所示。

图 9-2-76　【球面化】效果

8.【水波】效果

【水波】根据选区中像素的半径将选区径向扭曲。

经典实例

【光盘：源文件\第 9 章\水波效果.PSD】

01　打开【光盘：源文件\第 9 章\春色满园.jpg】图像文件。

02　执行【滤镜】|【扭曲】|【水波】命令，打开【水波】对话框，如图 9-2-77 所示。

图 9-2-77　【水波】对话框

03　【数量】和【起伏】分别设置为66和6，样式为选择【围绕中心】。

提示

【起伏】选项设置水波方向从选区的中心到其边缘的反转次数。还要指定如何置换像素：【水池波纹】将像素置换到左上方或右下方；【从中心向外】向着或远离选区中心置换像素；【围绕中心】围绕中心旋转像素。

04　单击【确定】按钮，效果如图9-2-78所示。

图9-2-78　【水波】效果

9.【旋转扭曲】效果

【旋转扭曲】旋转选区，中心的旋转程度比边缘的旋转程度大。指定角度时可生成旋转扭曲图案。

经典实例

【光盘：源文件\第9章\扭转扭曲效果.PSD】

01　打开【光盘：源文件\第9章\春色满园.jpg】图像文件。

02　执行【滤镜】|【扭曲】|【旋转扭曲】命令，打开【旋转扭曲】对话框，如图9-2-79所示。

图9-2-79　【旋转扭曲】对话框

03　拖移【角度】滑块，或在其后的文本框输入数字，这里设置为35。

04　单击【确定】按钮，效果如图9-2-80所示。

图 9-2-80　【旋转扭曲】效果

10.【置换】效果

【置换】使用名为“置换图”的图像确定如何扭曲选区。

经典实例

【光盘：源文件\第 9 章\置换效果.PSD】

01　打开【光盘：源文件\第 9 章\春色满园.jpg】图像文件。

02　执行【滤镜】|【扭曲】|【置换】命令，打开【置换】对话框，如图 9-2-81 所示。

03　设置【水平比例】和【垂直比例】，选择【伸展以适合】和【折回】选项。

04　单击【确定】按钮，打开【选择一个置换图】对话框，选择【光盘：源文件\第 9 章\查找边缘.PSD】，如图 9-2-82 所示。

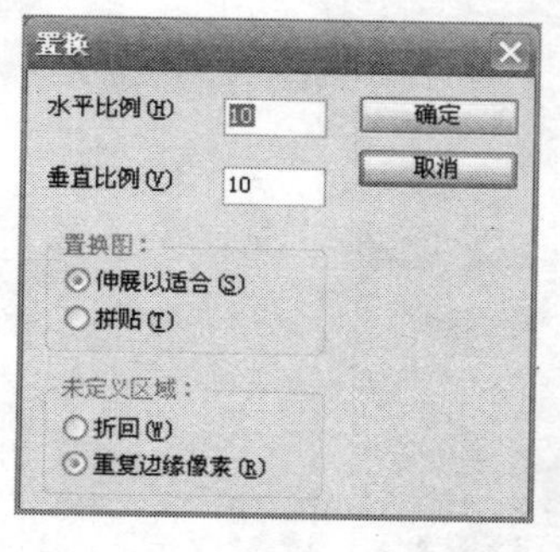

图 9-2-81　【置换】对话框

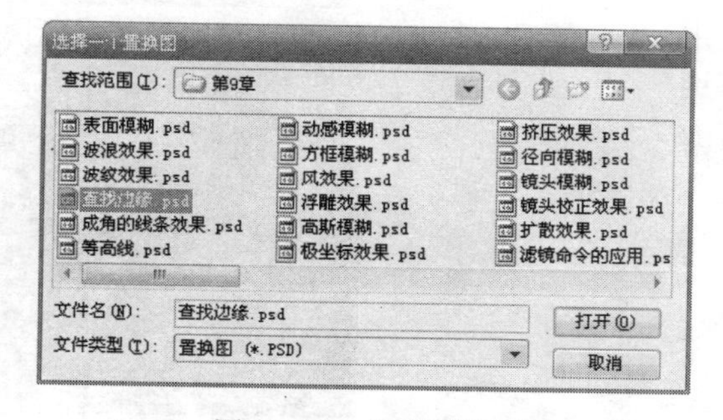

图 9-2-82　选择置换图

05　单击【打开】按钮，完成置换，效果如图 9-2-83 所示。

图 9-2-83　【置换】效果

11.【玻璃】效果

【玻璃】使图像看起来像是透过不同类型的玻璃来观看的。

经典实例

【光盘：源文件\第 9 章\玻璃效果.PSD】

01　打开【光盘：源文件\第 9 章\春色满园.jpg】图像文件。

02　执行【滤镜】|【扭曲】|【玻璃】命令，打开【玻璃】对话框，如图 9-2-84 所示。

图 9-2-84　【玻璃】对话框

03　设置【扭曲度】为 9，【平滑度】为 7，单击【确定】按钮，效果如图 9-2-85 所示。

图 9-2-85　【玻璃】效果

12.【海洋波纹】效果

【海洋波纹】将随机分隔的波纹添加到图像表面，使图像看上去像是在水中。

经典实例

【光盘：源文件\第 9 章\海洋波纹效果.PSD】

01　打开【光盘：源文件\第 9 章\春色满园.jpg】图像文件。

02　执行【滤镜】|【扭曲】|【海洋波纹】命令，打开【海洋波纹】对话框，如图 9-2-86 所示。

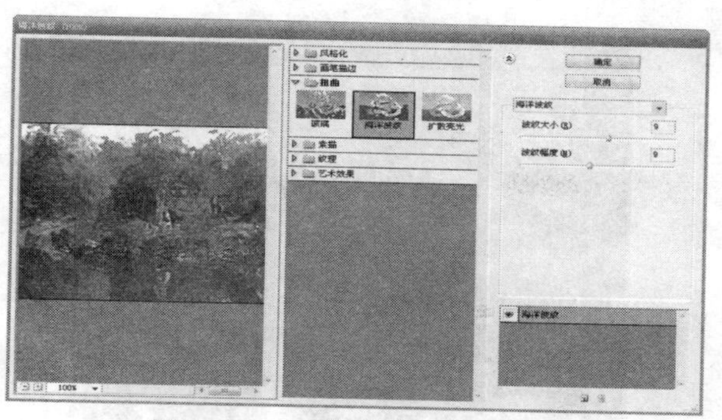

图 9-2-86　【海洋波纹】对话框

03　设置【波纹大小】为 12、【波纹幅度】为 12，单击【确定】按钮，效果如图 9-2-87 所示。

图 9-2-87　【海洋玻璃】效果

13.【扩散亮光】效果

【扩散亮光】将图像渲染成像是透过一个柔和的扩散滤镜来观看的。此滤镜添加透明的白杂色，并从选区的中心向外渐隐亮光。

经典实例

【光盘：源文件\第 9 章\扩散亮光效果.PSD】

01　打开【光盘：源文件\第 9 章\春色满园.jpg】图像文件。

02　执行【滤镜】|【扭曲】|【扩散亮光】命令，打开【扩散亮光】对话框，如图 9-2-88 所示。

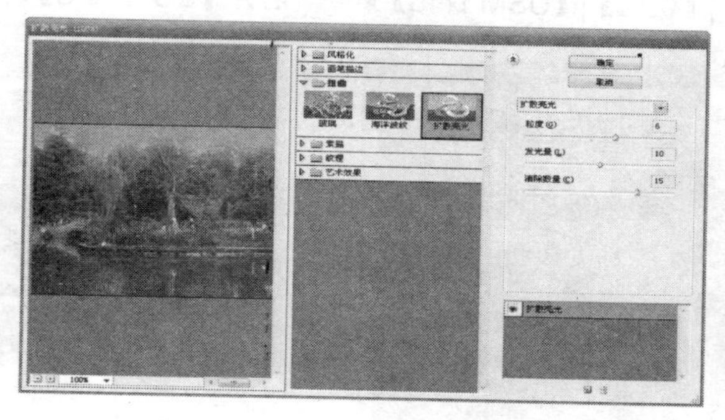

图 9-2-88　【扩散亮光】对话框

03　设置【粒度】为 9、【发光量】为 16、【清除数量】为 20，单击【确定】按钮，效果如图 9-2-89 所示。

图 9-2-89 【扩散亮光】效果

9.2.5 【锐化】滤镜

【锐化】滤镜通过增加相邻像素的对比度来聚焦模糊的图像。【锐化】滤镜有【USM 锐化】、【进一步锐化】、【锐化】、【锐化边缘】和【智能锐化】5 种效果。

【锐化】滤镜的菜单如图 9-2-90 所示。

【锐化】滤镜的各种效果如下：

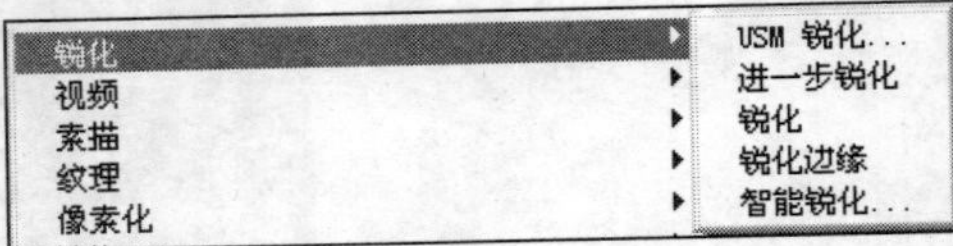

图 9-2-90 【锐化】滤镜的菜单

1.【USM 锐化】和【锐化边缘】效果

【USM 锐化】和【锐化边缘】查找图像中颜色发生显著变化的区域，然后将其锐化。【USM 锐化】滤镜可用于对专业色彩校正，调整边缘细节的对比度，并在边缘的每侧生成一条亮线和一条暗线。此过程将使边缘突出，造成图像更加锐化的错觉。

【锐化边缘】滤镜只锐化图像的边缘，而且是在不指定数量的情况下锐化边缘，同时保留总体的平滑度。

经典实例

【光盘：源文件\第 9 章\USM 锐化效果.PSD】

01 打开【光盘：源文件\第 9 章\图书馆.jpg】图像文件，如图 9-2-91 所示。

02 执行【滤镜】|【锐化】|【USM 锐化】命令，打开【USM 锐化】对话框，如图 9-2-92 所示。

图 9-2-91 打开图像

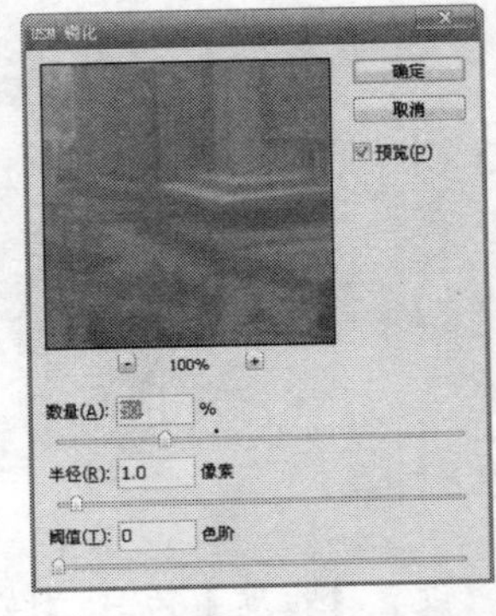

图 9-2-92 【USM 锐化】对话框

03 移动滑块，设置各选项，这里【数量】设置为 200%，【半径】像素设置为 50.0，其余默认。

04 单击【确定】按钮，完成操作，效果如图 9-2-93 所示。

图 9-2-93 【USM 锐化】效果

【锐化边缘】的操作步骤如下：

【光盘：源文件\第 9 章\锐化边缘效果.PSD】

01 打开【光盘：源文件\第 9 章\图书馆.jpg】图像文件。

02 执行【滤镜】|【锐化】|【锐化边缘】命令，图像部分会变亮，效果如图 9-2-94 所示。

图 9-2-94 【锐化边缘】效果

2.【锐化】和【进一步锐化】效果

【锐化】和【进一步锐化】聚焦选区并提高其清晰度。【进一步锐化】滤镜比【锐化】滤镜应用更强的锐化效果。

经典实例

【光盘：源文件\第 9 章\进一步锐化效果.PSD】

01 打开【光盘：源文件\第 9 章\图书馆.jpg】图像文件。

02 执行【滤镜】|【锐化】|【锐化】命令，即可看见【锐化】效果，如图 9-2-95 所示。

图 9-2-95　【锐化】效果

03　执行【滤镜】|【锐化】|【进一步锐化】命令，即可看见【进一步锐化】的效果，如图 9-2-96 所示。

图 9-2-96　【进一步锐化】的效果

3.【智能锐化】效果

【智能锐化】通过设置锐化算法来锐化图像，或者控制阴影和高光中的锐化量。

经典实例

【光盘：源文件\第 9 章\智能锐化效果.PSD】

01　打开【光盘：源文件\第 9 章\图书馆.jpg】图像文件。

02　执行【滤镜】|【锐化】|【智能锐化】命令，打开【智能锐化】对话框，如图 9-2-97 所示。

图 9-2-97　【智能锐化】对话框

03 单击选择【高级】，设置【数量】为 150、【半径】为 20。

04 单击【确定】按钮，完成操作，效果如图 9-2-98 所示。

图 9-2-98 【智能锐化】效果

9.2.6 【视频】滤镜

【视频】滤镜子菜单包含【逐行】和【NTSC 颜色】两种滤镜效果。其使用方法如下：

1. 【逐行】效果

【逐行】通过移去视频图像中的奇数或偶数隔行线，使在视频上捕捉的运动图像变得平滑。可以选择通过复制或插值来替换扔掉的线条。

经典实例

【光盘：源文件\第 9 章\逐行效果.PSD】

01 打开【光盘：源文件\第 9 章\湖心岛.jpg】图像文件，如图 9-2-99 所示。

02 执行【滤镜】|【视频】|【逐行】命令，打开【逐行】对话框，如图 9-2-100 所示。

图 9-2-99 打开图像

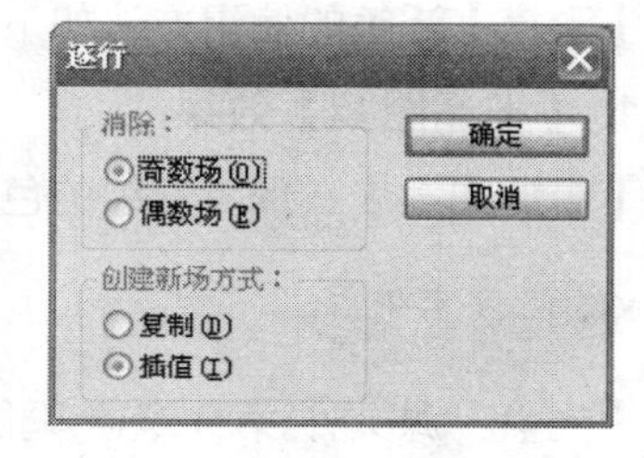

图 9-2-100 【逐行】对话框

03 在对话框中的选区选择【奇数场】和【复制】选项。

04 单击【确定】按钮，效果如图 9-2-92 所示。

图 9-2-101 【逐行】效果

2.【NTSC 颜色】效果

【NTSC 颜色】将色域限制在电视机重现可接受的范围内，以防止过饱和颜色渗到电视扫描行中。

9.2.7 【素描】滤镜

【素描】子菜单中的滤镜将纹理添加到图像上，通常用于获得 3D 效果。这些滤镜还适用于创建美术或手绘外观。许多【素描】滤镜在重绘图像时使用前景色和背景色。可以通过【滤镜库】来应用所有【素描】滤镜。

【素描】滤镜的子菜单如图 9-2-102 所示。

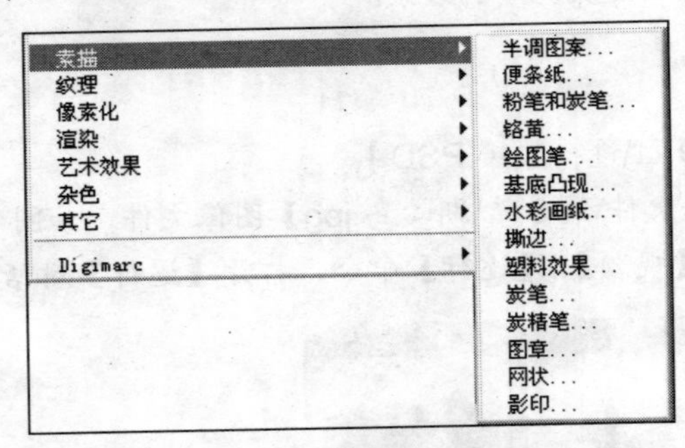

图 9-2-102 【素描】滤镜的子菜单

【素描】滤镜的使用方法如下：

1.【半调图案】效果

【半调图案】在保持连续的色调范围的同时，模拟半调网屏的效果。

经典实例

【光盘：源文件\第 9 章\半调图案效果.PSD】

01 打开【光盘：源文件\第 9 章\明远湖.jpg】图像文件，如图 9-2-103 所示。

02 执行【滤镜】|【素描】|【半调图案】命令，打开【半调图案】对话框，如图 9-2-104 所示。

图 9-2-103 打开图像

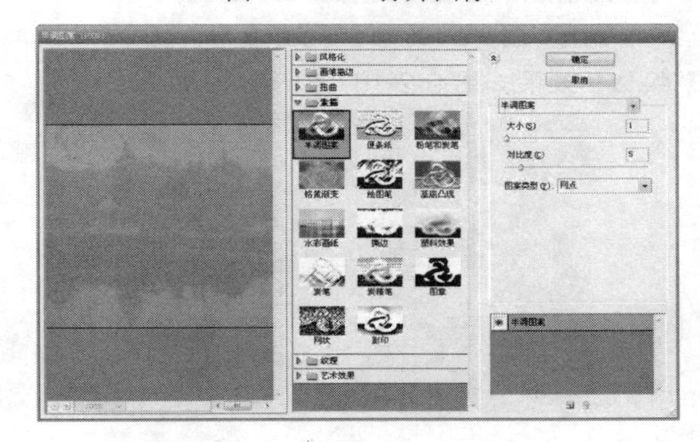

图 9-2-104 【半调图案】对话框

03 设置【大小】为 3,【对比度】为 8，单击【确定】按钮，效果如图 9-2-105 所示。

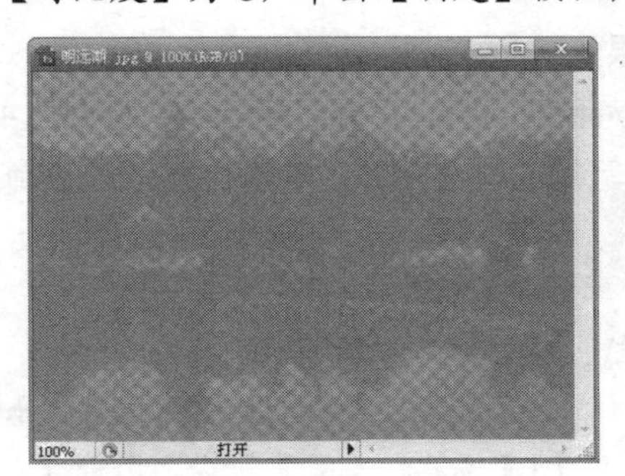

图 9-2-105 【半调图案】效果

2.【便条纸】效果

【便条纸】创建像是用手工制作的纸张构建的图像。此滤镜简化了图像，并结合使用【风格化】|【浮雕】和【纹理】|【颗粒】滤镜的效果。图像的暗区显示为纸张上层中的洞，使背景色显示出来。

经典实例

【光盘：源文件\第 9 章\便条纸效果.PSD】

01 打开【光盘：源文件\第 9 章\明远湖.jpg】图像文件，如图 9-2-103 所示。

02 执行【滤镜】|【素描】|【便条纸】命令，打开【便条纸】对话框，设置对话框中的各项属性，如图 9-2-106 所示。

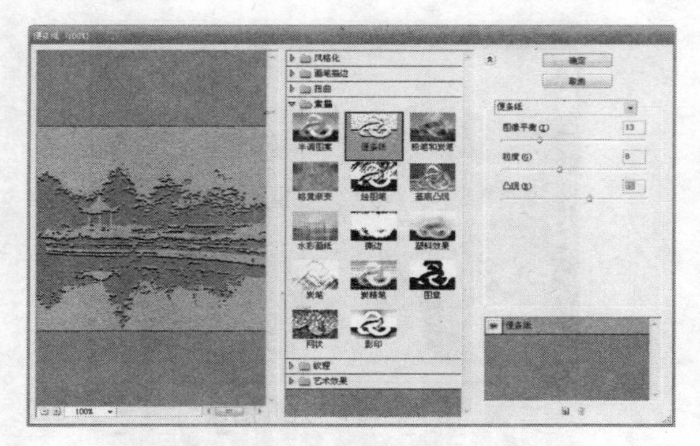
图 9-2-106 【便条纸】对话框

03 单击【确定】按钮，效果如图 9-2-107 所示。

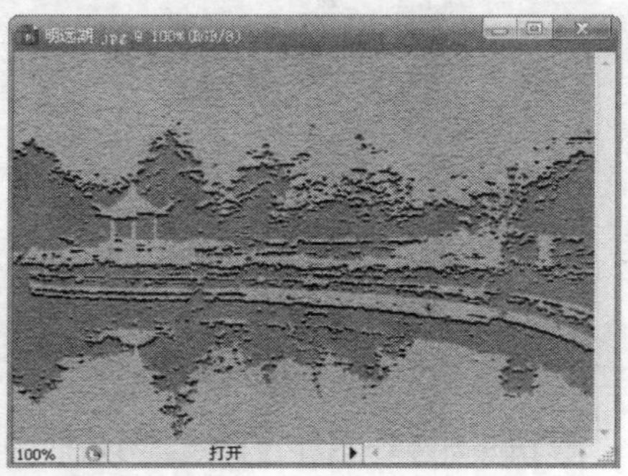
图 9-2-107 【便条纸】效果

3.【粉笔和炭笔】效果

【粉笔和炭笔】重绘高光和中间调，并使用粗糙粉笔绘制纯中间调的灰色背景。阴影区域用黑色对角炭笔线条替换，炭笔用前景色绘制，粉笔用背景色绘制。

经典实例

【光盘：源文件\第 9 章\粉笔和炭笔效果.PSD】

01 打开【光盘：源文件\第 9 章\明远湖.jpg】图像文件，如图 9-2-103 所示。

02 执行【滤镜】|【素描】|【粉笔和炭笔】命令，打开【粉笔和炭笔】对话框，设置对话框中的各项属性，如图 9-2-108 所示。

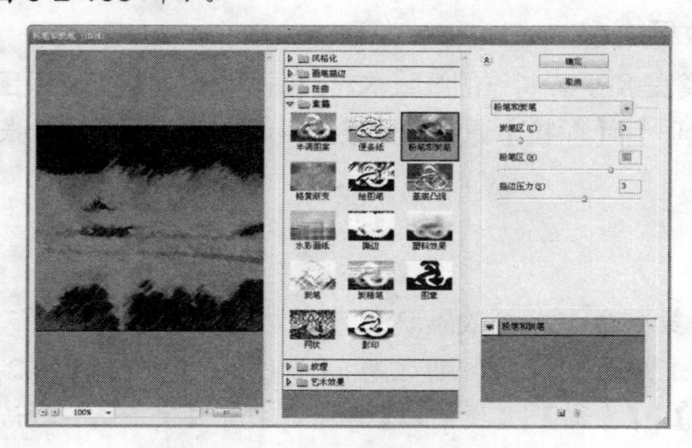
图 9-2-108 【粉笔和炭笔】对话框

03　单击【确定】按钮，效果如图 9-2-109 所示。

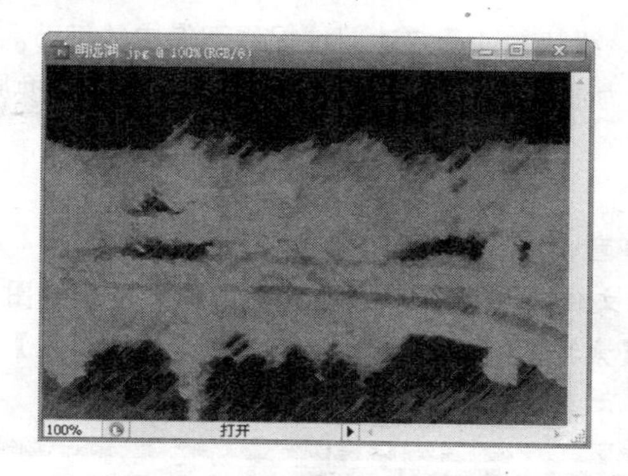

图 9-2-109　【粉笔和炭笔】效果

4.【铬黄】效果

【铬黄】渲染图像，就好像它具有擦亮的铬黄表面。高光在反射表面上是高点，阴影是低点。应用此滤镜后，使用【色阶】对话框可以增加图像的对比度。

经典实例

【光盘：源文件\第 9 章\铬黄效果.PSD】

01　打开【光盘：源文件\第 9 章\明远湖.jpg】图像文件，如图 9-2-103 所示。

02　执行【滤镜】|【素描】|【铬黄】命令，打开【铬黄】对话框，设置对话框中的各项属性，如图 9-2-110 所示。

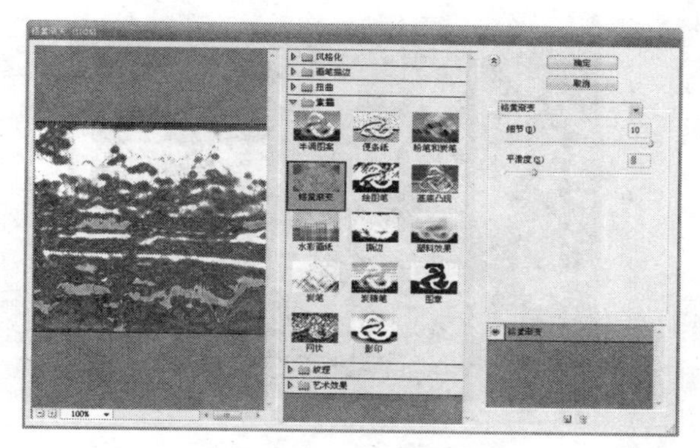

图 9-2-110　【铬黄】对话框

03　单击【确定】按钮，效果如图 9-2-111 所示。

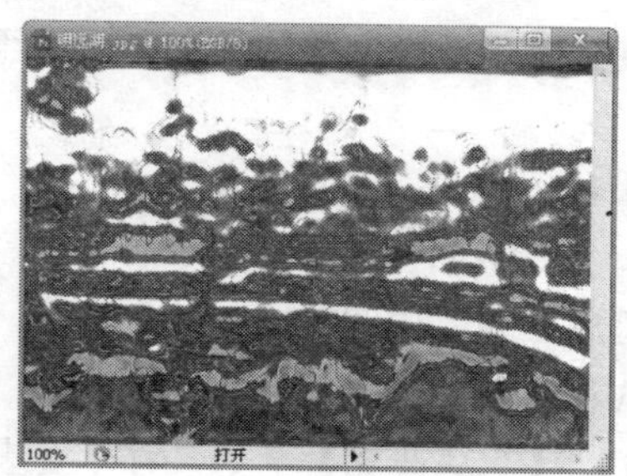

图 9-2-111　【铬黄】效果

5.【绘图笔】效果

【绘图笔】使用细的、线状的油墨描边以捕捉原图像中的细节。对于扫描图像，效果尤其明显。此滤镜使用前景色作为油墨，并使用背景色作为纸张，以替换原图像中的颜色。

经典实例

【光盘：源文件\第 9 章\绘图笔效果.PSD】

01 打开【光盘：源文件\第 9 章\明远湖.jpg】图像文件，如图 9-2-103 所示。

02 执行【滤镜】|【素描】|【绘图笔】命令，打开【绘图笔】对话框，设置对话框中的各项属性，如图 9-2-112 所示。

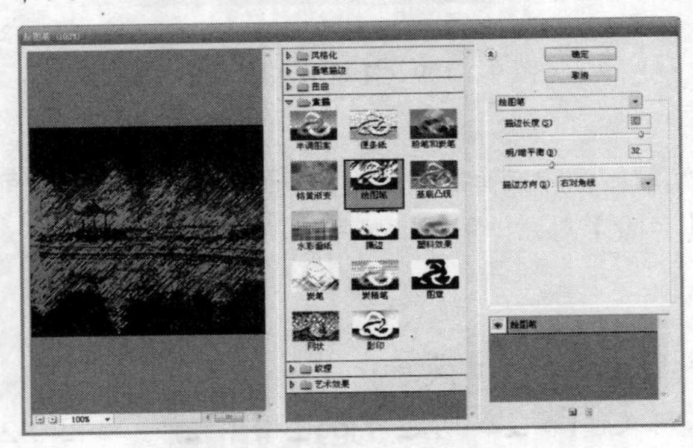

图 9-2-112 【绘图笔】对话框

03 单击【确定】按钮，效果如图 9-2-113 所示。

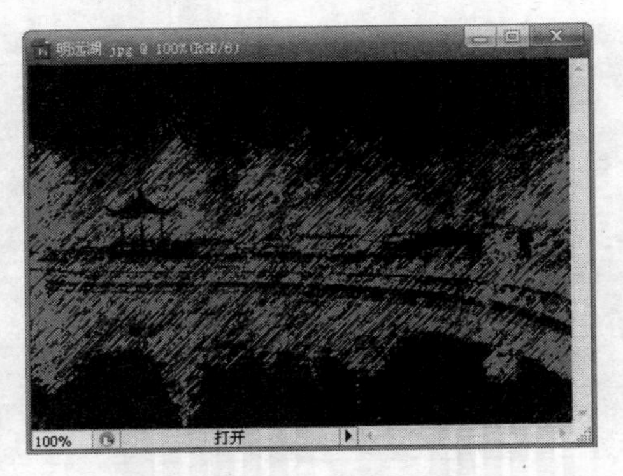

图 9-2-113 【绘图笔】效果

6.【基底凸现】效果

【基底凸现】变换图像，使之呈现浮雕的雕刻状和突出光照下变化各异的表面。图像的暗区呈现前景色，而浅色使用背景色。

经典实例

【光盘：源文件\第 9 章\基底凸现效果.PSD】

01 打开【光盘：源文件\第 9 章\明远湖.jpg】图像文件，如图 9-2-103 所示。

02 执行【滤镜】|【素描】|【基底凸现】命令，打开【基底凸现】对话框，设置对话框中的各项属性，如图 9-2-114 所示。

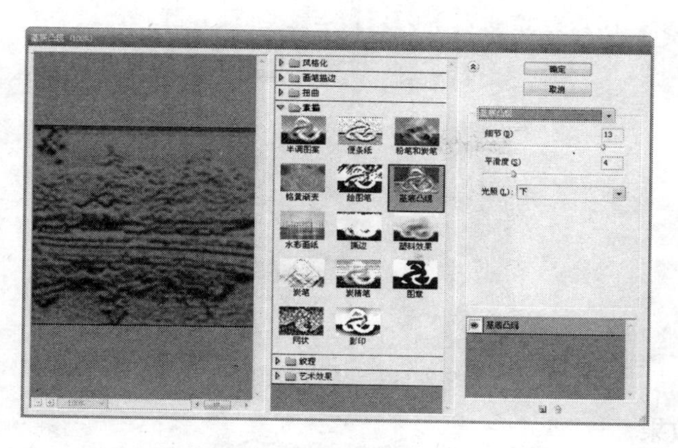

图 9-2-114　【基底凸现】对话框

03　单击【确定】按钮，效果如图 9-2-115 所示。

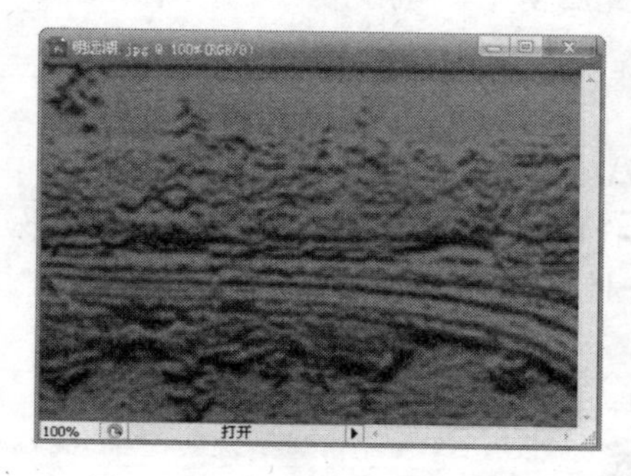

图 9-2-115　【基底凸现】效果

7.【水彩画纸】效果

【水彩画纸】利用有污点的、像画在潮湿的纤维纸上的涂抹，使颜色流动并混合。

经典实例

【光盘：源文件\第 9 章\水彩画纸效果.PSD】

01　打开【光盘：源文件\第 9 章\明远湖.jpg】图像文件，如图 9-2-103 所示。

02　执行【滤镜】|【素描】|【水彩画纸】命令，打开【水彩画纸】对话框，设置对话框中的各项属性，如图 9-2-116 所示。

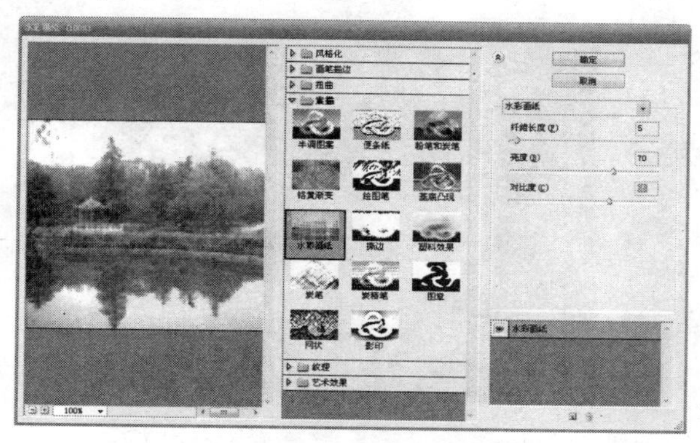

图 9-2-116　【水彩画纸】对话框

03　单击【确定】按钮，效果如图 9-2-117 所示。

图 9-2-117　【水彩画纸】效果

8.【撕边】效果

【撕边】重建图像，使之由粗糙、撕破的纸片状组成，然后使用前景色与背景色为图像着色。对于文本或高对比度对象，此滤镜尤其有用。

经典实例

【光盘：源文件\第 9 章\撕边效果.PSD】

01　打开【光盘：源文件\第 9 章\明远湖.jpg】图像文件，如图 9-2-103 所示。

02　执行【滤镜】|【素描】|【撕边】命令，打开【撕边】对话框，设置对话框中的各项属性，如图 9-2-118 所示。

03　单击【确定】按钮，效果如图 9-2-119 所示。

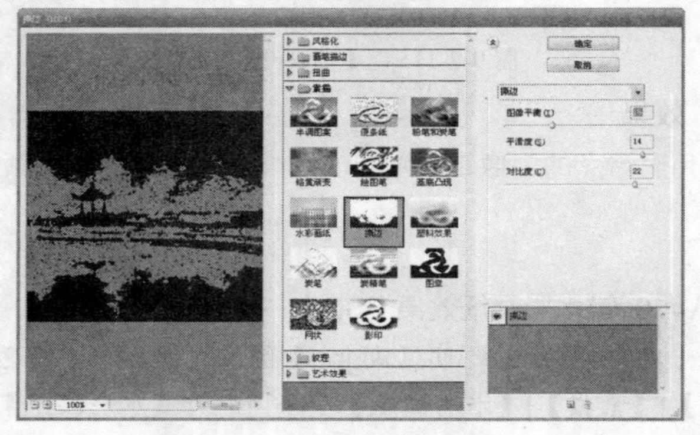

图 9-2-118　【撕边】对话框

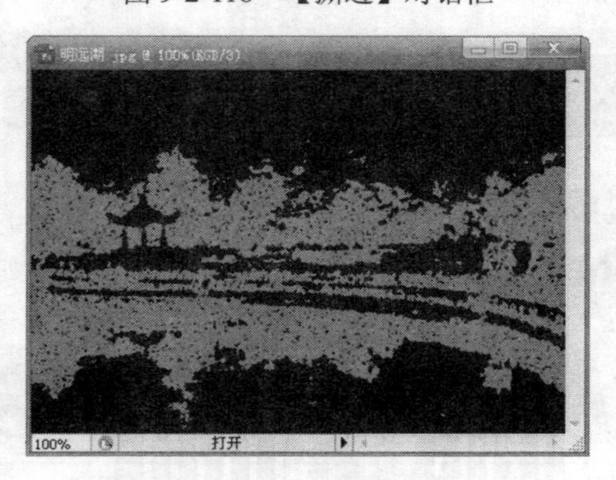

图 9-2-119　【撕边】效果

9.【塑料效果】效果

【塑料效果】按 3D 塑料效果塑造图像，然后使用前景色与背景色为结果图像着色。暗区凸起，亮区凹陷。

经典实例

【光盘：源文件\第 9 章\塑料效果.PSD】

01　打开【光盘：源文件\第 9 章\明远湖.jpg】图像文件，如图 9-2-103 所示。

02　执行【滤镜】|【素描】|【塑料效果】命令，打开【塑料效果】对话框，设置对话框中的各项属性，如图 9-2-120 所示。

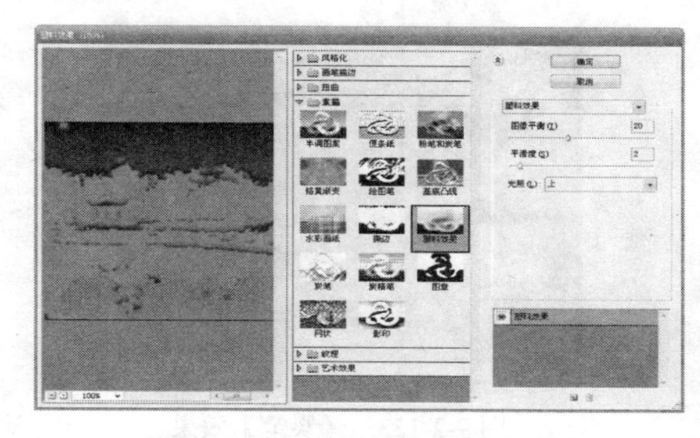

图 9-2-120　【塑料效果】对话框

03　单击【确定】按钮，效果如图 9-2-121 所示。

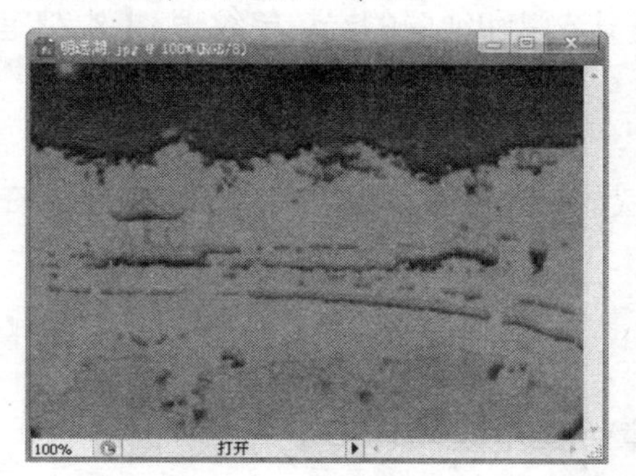

图 9-2-121　【塑料效果】效果

10.【炭笔】效果

【炭笔】产生色调分离的涂抹效果。主要边缘以粗线条绘制，而中间色调用对角描边进行素描。炭笔是前景色，背景是纸张颜色。

经典实例

【光盘：源文件\第 9 章\炭笔效果.PSD】

01　打开【光盘：源文件\第 9 章\明远湖.jpg】图像文件，如图 9-2-103 所示。

02　执行【滤镜】|【素描】|【炭笔】命令，打开【炭笔】对话框，设置对话框中的各项属性，如图 9-2-122 所示。

03　单击【确定】按钮，效果如图 9-2-123 所示。

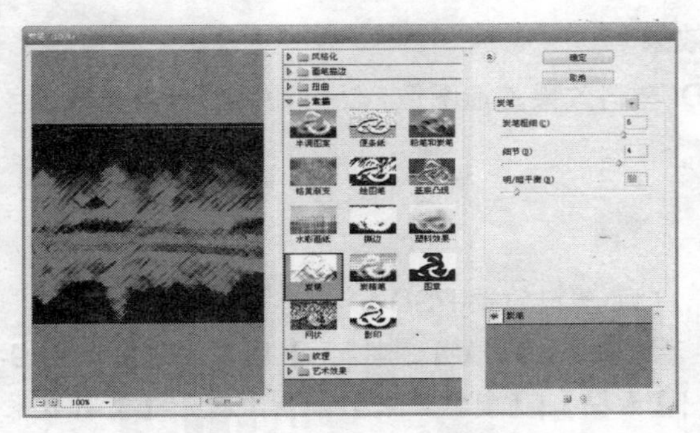

图 9-2-122 【炭笔】对话框

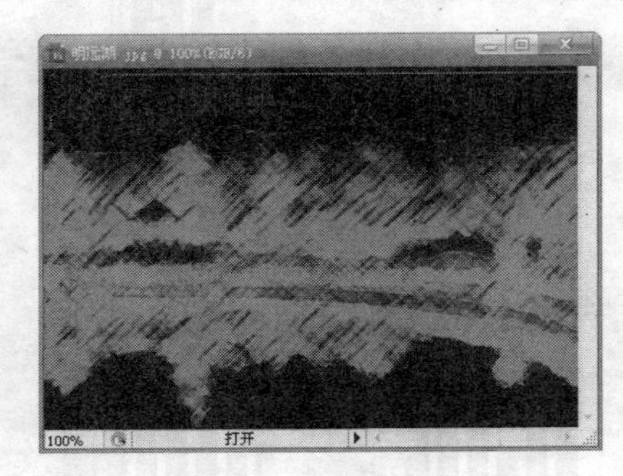

图 9-2-123 【炭笔】效果

11.【炭精笔】效果

【炭精笔】在图像上模拟浓黑和纯白的炭精笔纹理。【炭精笔】滤镜在暗区使用前景色，在亮区使用背景色。

为了获得更逼真的效果，可以在应用滤镜之前将前景色改为常用的【炭精笔】颜色（黑色、深褐色和血红色）。要获得减弱的效果，请将背景色改为白色，在白色背景中添加一些前景色，然后再应用滤镜。

经典实例

【光盘：源文件\第 9 章\绘图笔效果.PSD】

01 打开【光盘：源文件\第 9 章\明远湖.jpg】图像文件，如图 9-2-103 所示。

02 执行【滤镜】|【素描】|【炭精笔】命令，打开【炭精笔】对话框，设置对话框中的各项属性，如图 9-2-124 所示。

图 9-2-124 【炭精笔】对话框

03　单击【确定】按钮，效果如图 9-2-125 所示。

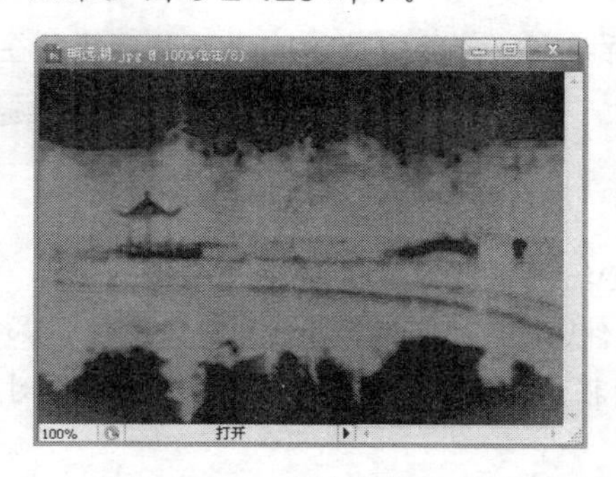

图 9-2-125　【炭精笔】效果

12.【图章】效果

【图章】简化了图像，使之看起来就像是用橡皮或木制图章创建的一样。此滤镜用于黑白图像时效果最佳。

经典实例

【光盘：源文件\第 9 章\绘图笔效果.PSD】

01　打开【光盘：源文件\第 9 章\明远湖.jpg】图像文件，如图 9-2-103 所示。

02　执行【滤镜】|【素描】|【图章】命令，打开【图章】对话框，设置对话框中的各项属性，如图 9-2-126 所示。

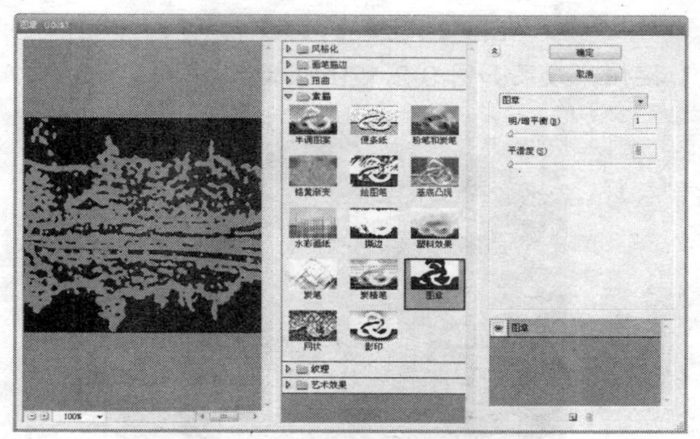

图 9-2-126　【图章】对话框

03　单击【确定】按钮，效果如图 9-2-127 所示。

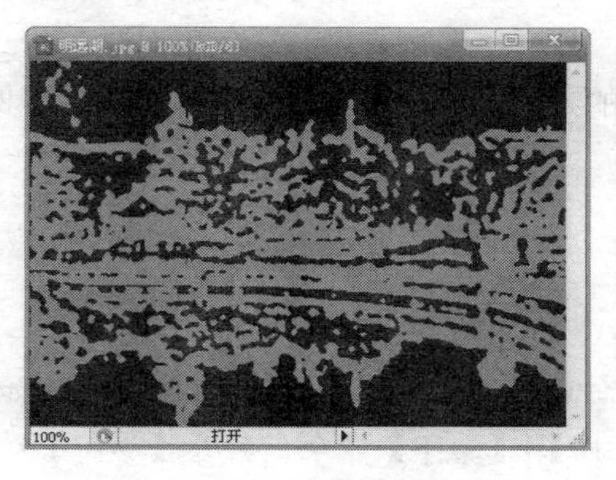

图 9-2-127　【图章】效果

13.【网状】效果

【网状】模拟胶片乳胶的可控收缩和扭曲来创建图像，使之在阴影呈结块状，在高光呈轻微颗粒化。

经典实例

【光盘：源文件\第 9 章\绘图笔效果.PSD】

01 打开【光盘：源文件\第 9 章\明远湖.jpg】图像文件，如图 9-2-103 所示。

02 执行【滤镜】|【素描】|【网状】命令，打开【网状】对话框，设置对话框中的各项属性，如图 9-2-128 所示。

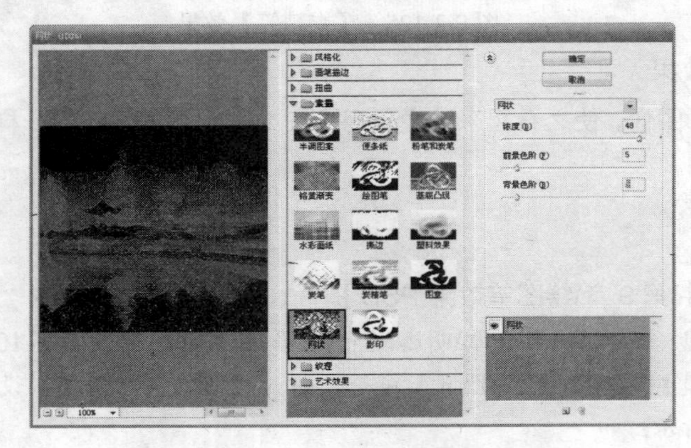

图 9-2-128 【网状】对话框

03 单击【确定】按钮，效果如图 9-2-129 所示。

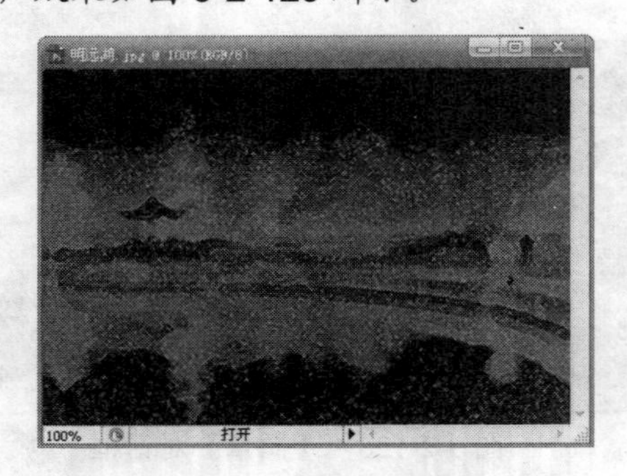

图 9-2-129 【网状】效果

14.【影印】效果

【影印】模拟影印图像的效果。大的暗区趋向于只拷贝边缘四周，而中间色调要么纯黑色，要么纯白色。

经典实例

【光盘：源文件\第 9 章\影印效果.PSD】

01 打开【光盘：源文件\第 9 章\明远湖.jpg】图像文件，如图 9-2-103 所示。

02 执行【滤镜】|【素描】|【影印】命令，打开【影印】对话框，设置对话框中的各项属性，如图 9-2-130 所示。

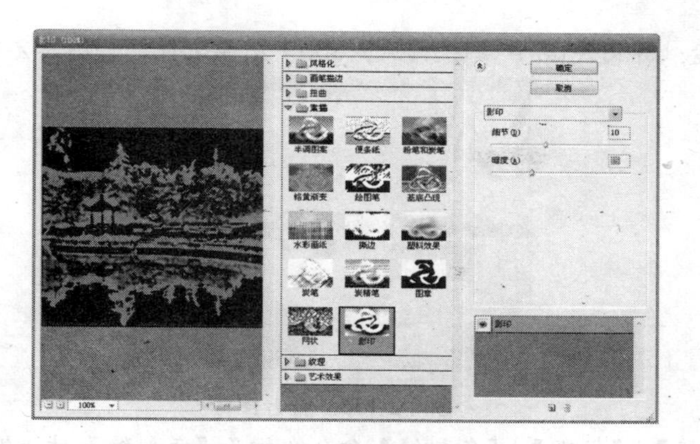

图 9-2-130　【影印】对话框

03　单击【确定】按钮，效果如图 9-2-131 所示。

图 9-2-131　【影印】效果

9.2.8　【纹理】滤镜

【纹理】滤镜可以用于模拟具有深度感或物质感的外观，或者添加一种器质外观。【纹理】滤镜有多种效果，各种效果的操作方法大致相同。【纹理】滤镜的子菜单如图 9-2-132 所示。

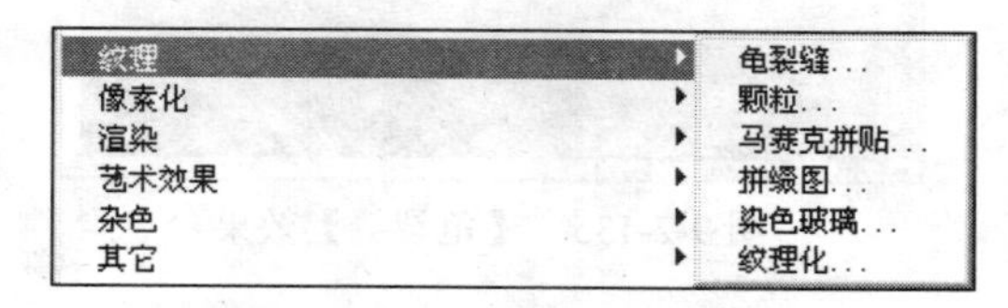

图 9-2-132　【纹理】滤镜的子菜单

【纹理】滤镜的各种效果的处理方法相似，操作步骤相同。

1.【龟裂缝】

【龟裂缝】将图像绘制在一个高凸现的石膏表面上，以循着图像等高线生成精细的网状裂缝。使用此滤镜可以对包含多种颜色值或灰度值的图像创建浮雕效果。

经典实例

【光盘：源文件\第 9 章\龟裂缝.PSD】

01 打开【光盘：源文件\第 9 章\校园风光.jpg】图像文件，如图 9-2-133 所示。

图 9-2-133 打开图像

02 执行【滤镜】|【纹理】|【龟裂缝】命令，打开【龟裂缝】对话框，设置对话框内各选项属性，如图 9-2-134 所示。

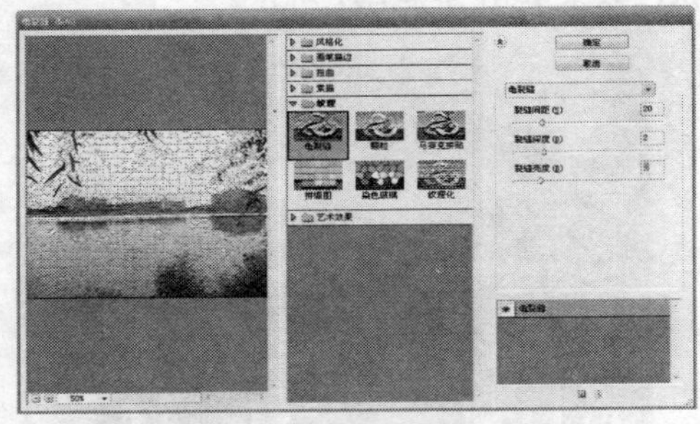

图 9-2-134 【龟裂缝】对话框

03 单击【确定】按钮，效果如图 9-2-135 所示。

图 9-2-135 【龟裂缝】效果

2.【颗粒】效果

通过模拟以下不同种类的颗粒在图像中添加纹理：常规、软化、喷洒、结块、强反差、扩大、点刻、水平、垂直和斑点（可从【颗粒类型】菜单中进行选择）。

经典实例

【光盘：源文件\第 9 章\颗粒效果.PSD】

01 打开【光盘：源文件\第 9 章\校园风光.jpg】图像文件，如图 9-2-133 所示。

02 执行【滤镜】|【纹理】|【颗粒】命令，打开【颗粒】对话框，设置对话框内各选项属性，如图 9-2-136 所示。

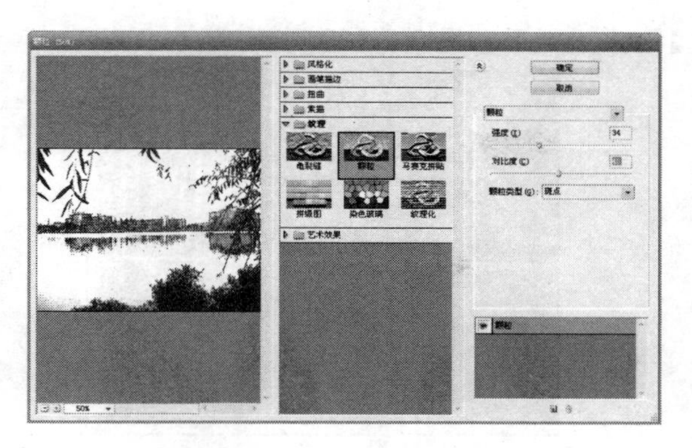

图 9-2-136　【颗粒】对话框

03　单击【确定】按钮，效果如图 9-2-137 所示。

图 9-2-137　【颗粒】效果

3.【马赛克拼贴】效果

【马赛克拼贴】渲染图像，使它看起来是由小的碎片或拼贴组成，然后在拼贴之间灌浆。(相反,【像素化】|【马赛克】滤镜将图像分解成各种颜色的像素块。)

经典实例

【光盘：源文件\第 9 章\马赛克拼图效果.PSD】

01　打开【光盘：源文件\第 9 章\校园风光.jpg】图像文件，如图 9-2-133 所示。

02　执行【滤镜】|【纹理】|【马赛克拼图】命令，打开【马赛克拼图】对话框，设置对话框内各选项属性，如图 9-2-138 所示。

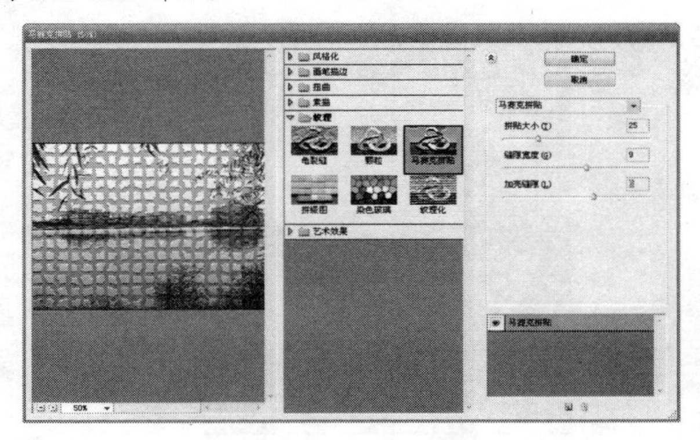

图 9-2-138　【马赛克拼图】对话框

03　单击【确定】按钮，效果如图 9-2-139 所示。

图 9-2-139　【马赛克拼图】效果

4.【拼缀图】效果

【拼缀图】将图像分解为用图像中该区域的主色填充的正方形。此滤镜随机减小或增大拼贴的深度，以模拟高光和阴影。

经典实例

【光盘：源文件\第 9 章\拼缀图效果.PSD】

01　打开【光盘：源文件\第 9 章\校园风光.jpg】图像文件，如图 9-2-133 所示。

02　执行【滤镜】|【纹理】|【拼缀图】命令，打开【拼缀图】对话框，设置对话框内各选项属性，如图 9-2-140 所示。

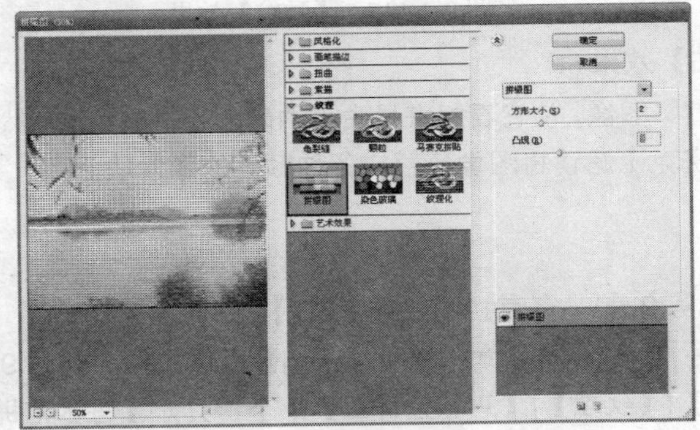

图 9-2-140　【拼缀图】对话框

03　单击【确定】按钮，效果如图 9-2-141 所示。

图 9-2-141　【拼缀图】效果

5.【染色玻璃】效果

【染色玻璃】将图像重新绘制为用前景色勾勒的单色的相邻单元格。

经典实例

【光盘：源文件\第 9 章\染色玻璃效果.PSD】

01　打开【光盘：源文件\第 9 章\校园风光.jpg】图像文件，如图 9-2-133 所示。

02　执行【滤镜】|【纹理】|【染色玻璃】命令，打开【染色玻璃】对话框，设置对话框内各选项属性，如图 9-2-142 所示。

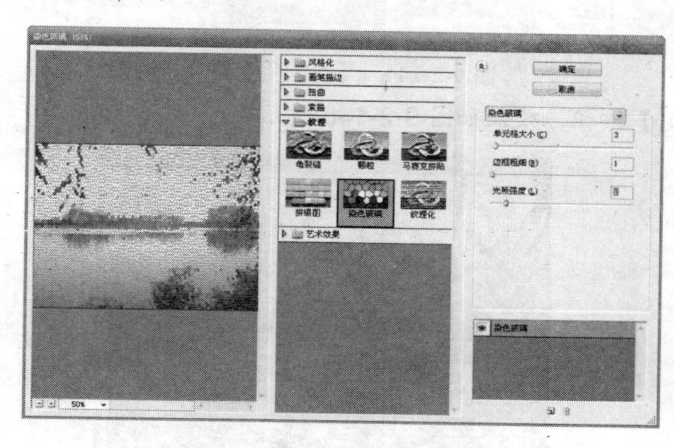

图 9-2-142　【染色玻璃】对话框

03　单击【确定】按钮，效果如图 9-2-143 所示。

图 9-2-143　【颗粒】效果

6.【纹理化】效果

【纹理化】将选择或创建的纹理应用于图像。

经典实例

【光盘：源文件\第 9 章\龟裂缝效果.PSD】

01　打开【光盘：源文件\第 9 章\校园风光.jpg】图像文件，如图 9-2-133 所示。

02　执行【滤镜】|【纹理】|【纹理化】命令，打开【纹理化】对话框，设置对话框内各选项属性，如图 9-2-144 所示。

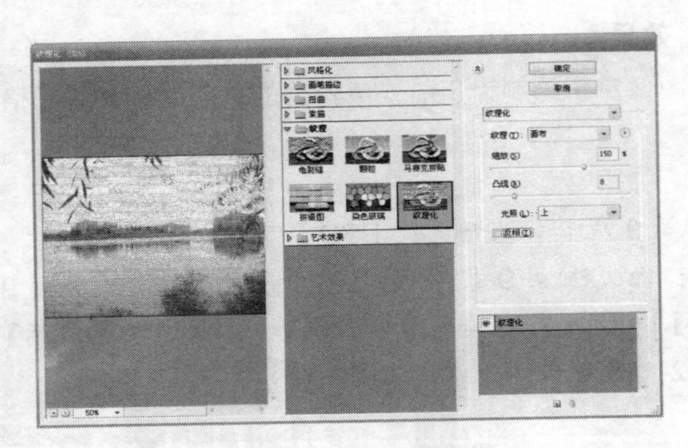

图 9-2-144 【纹理化】对话框

03 单击【确定】按钮，效果如图 9-2-145 所示。

图 9-2-145 【纹理化】效果

9.2.9 【像素化】滤镜

子菜单中的滤镜通过使单元格中颜色值相近的像素结成块来清晰地定义一个选区。【像素化】滤镜的子菜单中一共有 7 种不同的效果，如图 9-2-119 所示。

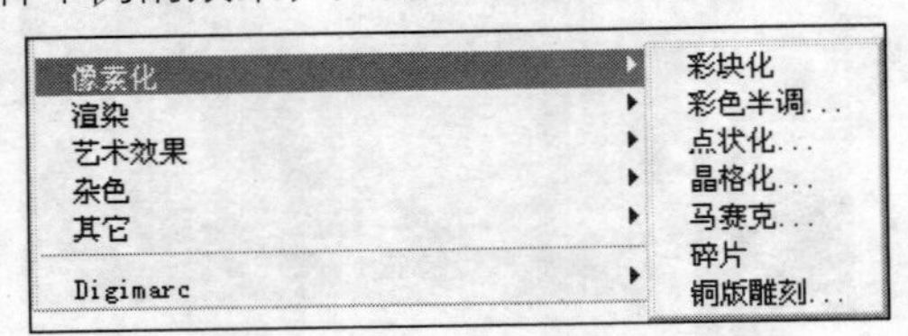

图 9-2-146 【像素化】子菜单

【像素化】滤镜各种效果的操作步骤如下：

1.【彩色半调】效果

【彩色半调】模拟在图像的每个通道上使用放大的半调网屏的效果。对于每个通道，滤镜将图像划分为矩形，并用圆形替换每个矩形。圆形的大小与矩形的亮度成比例。

经典实例

【光盘：源文件\第 9 章\彩色半调效果.PSD】

01 打开【光盘：源文件\第 9 章\校园荷色.jpg】图像文件，如图 9-2-147 所示。

图 9-2-147　打开图像

02　执行【滤镜】|【纹理】|【彩色半调】命令，打开【彩色半调】对话框，设置对话框中各参数属性，如图 9-2-148 所示。

03　单击【确定】按钮，效果如图 9-2-149 所示。

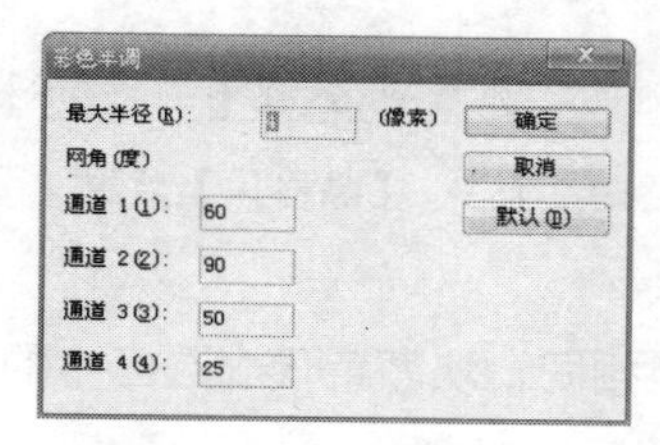

图 9-2-148　【彩色半调】对话框

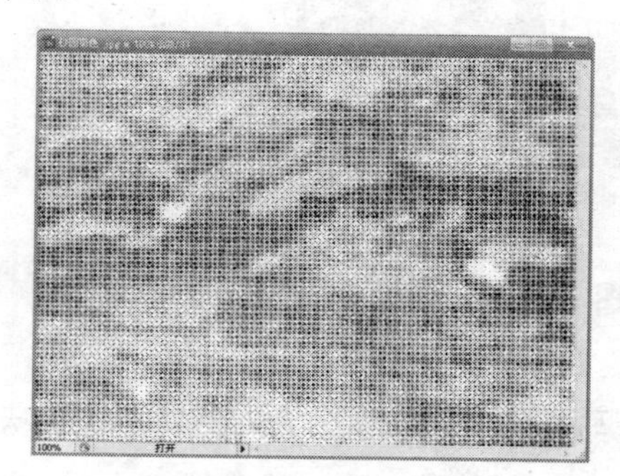

图 9-2-149　【彩色半调】效果

2.【点状化】效果

【点状化】将图像中的颜色分解为随机分布的网点，如同点状化绘画一样，并使用背景色作为网点之间的画布区域。

经典实例

【光盘：源文件\第 9 章\点状化效果.PSD】

01　打开【光盘：源文件\第 9 章\校园荷色.jpg】图像文件，执行【滤镜】|【纹理】|【点状化】命令，打开【点状化】对话框，设置各参数属性，如图 9-2-150 所示。

02　单击【确定】按钮，完成操作，效果如图 9-2-151 所示。

图 9-2-150　设置【点状化】对话框

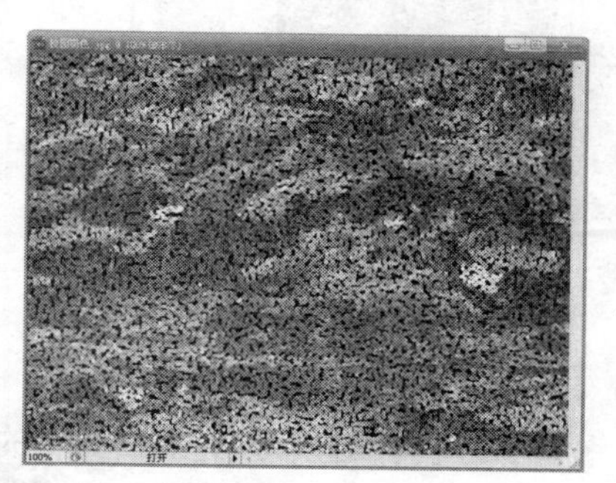

图 9-2-151　【点状化】效果

3.【晶格化】效果

【晶格化】可以使像素结成块形成多边形纯色。

经典实例

【光盘：源文件\第 9 章\晶格化效果.PSD】

01 打开【光盘：源文件\第 9 章\校园荷色.jpg】图像文件，执行【滤镜】|【纹理】|【晶格化】命令，打开【晶格化】对话框，设置各参数属性，如图 9-2-152 所示。

02 单击【确定】按钮，效果如图 9-2-153 所示。

图 9-2-152 设置【晶格化】对话框

图 9-2-153 【晶格化】效果

4.【马赛克】效果

【马赛克】使像素结为方形块。给定块中的像素颜色相同，块颜色代表选区中的颜色。

经典实例

【光盘：源文件\第 9 章\马赛克效果.PSD】

01 打开【光盘：源文件\第 9 章\校园荷色.jpg】图像文件，执行【滤镜】|【纹理】|【马赛克】命令，打开【马赛克】对话框，设置各参数属性，如图 9-2-154 所示。

02 单击【确定】按钮，完成操作，效果如图 9-2-155 所示。

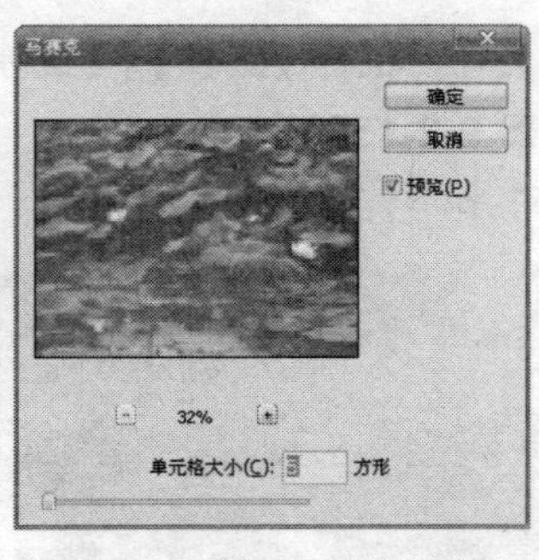

图 9-2-154 【马赛克】对话框

图 9-2-155 【马赛克】效果

5.【铜版雕刻】效果

【铜版雕刻】将图像转换为黑白区域的随机图案或彩色图像中完全饱和颜色的随机图案。要使用此滤镜，需要从【铜版雕刻】对话框中的【类型】菜单选取一种网点图案。

经典实例

【光盘：源文件\第 9 章\铜版雕刻效果.PSD】

01　打开【光盘：源文件\第 9 章\校园荷色.jpg】图像文件，执行【滤镜】|【纹理】|【铜版雕刻】命令，打开【铜版雕刻】对话框，设置各参数属性，如图 9-2-156 所示。

02　单击【确定】按钮，效果如图 9-2-157 所示。

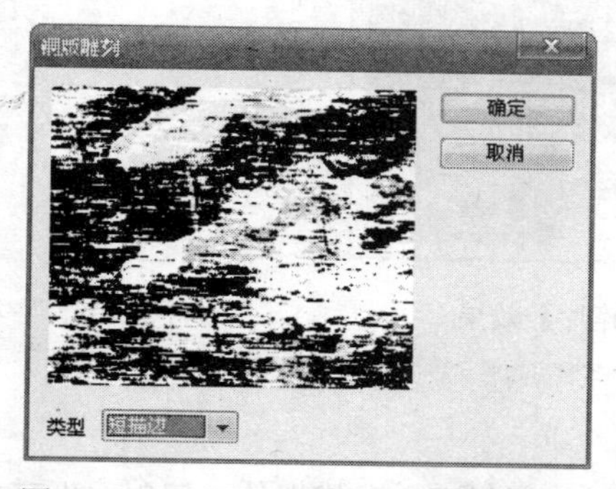

图 9-2-156　设置【铜版雕刻】对话框

图 9-2-157　【铜版雕刻】效果

6.【彩块化】效果

【彩块化】使纯色或相近颜色的像素结成相近颜色的像素块。可以使用此滤镜使扫描的图像看起来像手绘图像，或使现实主义图像类似抽象派绘画。

经典实例

【光盘：源文件\第 9 章\彩块化效果.PSD】

01　打开【光盘：源文件\第 9 章\校园荷色.jpg】图像文件，执行【滤镜】|【纹理】|【彩块化】命令，效果如图 9-2-158 所示。

图 9-2-158　【彩块化】效果

7.【碎片】效果

【碎片】创建选区中像素的 4 个副本，将它们平均，并使其相互偏移。

经典实例

【光盘：源文件\第 9 章\彩块化效果.PSD】

01　打开【光盘：源文件\第 9 章\校园荷色.jpg】图像文件，执行【滤镜】|【纹理】|【碎片】命令，效果如图 9-2-159 所示。

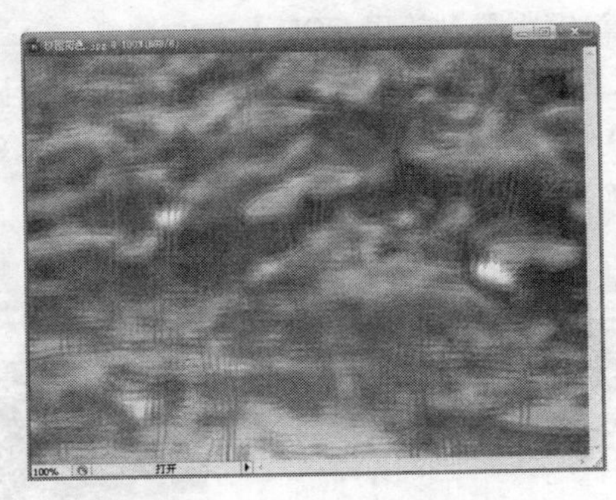

图 9-2-159　【碎片】效果

9.2.10　【渲染】滤镜

【渲染】滤镜在图像中创建 3D 形状、云彩图案、折射图案和模拟的光反射。也可在 3D 空间中操纵对象，创建 3D 对象（立方体、球面和圆柱），并从灰度文件创建纹理填充以产生类似 3D 的光照效果。

【渲染】滤镜有几种效果，它的使用方法如下。

1.【云彩】效果

【云彩】使用介于前景色与背景色之间的随机值，生成柔和的云彩图案。要生成色彩较为分明的云彩图案，可按住【Alt】键，然后选取【滤镜】|【渲染】|【云彩】。当应用【云彩】滤镜时，现用图层上的图像数据会被替换。

经典实例

【光盘：源文件\第 9 章\云彩效果.PSD】

01　打开【光盘：源文件\第 9 章\微笑.jpg】图像文件，如图 9-2-160 所示。

图 9-2-160　打开图像

02　设置前景色为蓝色、背景色为红色。

03　执行【滤镜】|【渲染】|【云彩】命令，效果如图 9-2-161 所示。

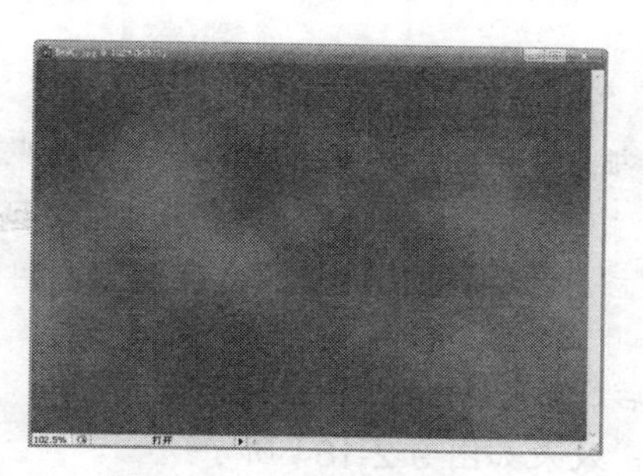

图 9-2-161　【云彩】效果

2.【分层云彩】效果

【分层云彩】使用随机生成的介于前景色与背景色之间的值，生成云彩图案。此滤镜将云彩数据和现有的像素混合，其方式与【差值】模式混合颜色的方式相同。当应用【分层云彩】滤镜时，现用图层上的图像数据会被替换。

经典实例

【光盘：源文件\第 9 章\分层云彩效果.PSD】

01　打开【光盘：源文件\第 9 章\微笑.jpg】图像文件，设置前景色为蓝色，背景色为红色。

02　执行【滤镜】|【渲染】|【分层云彩】命令，效果如图 9-2-162 所示。

图 9-2-162　【分层云彩】效果

小知识

第一次选取【分层云彩】滤镜时，图像的某些部分被反相为云彩图案。应用此滤镜几次之后，会创建出与大理石的纹理相似的凸缘与叶脉图案。

3.【纤维】效果

【纤维】使用前景色和背景色创建编织纤维的外观。可以使用【差异】滑块来控制颜色的变化方式（较低的值会产生较长的颜色条纹；而较高的值会产生非常短且颜色分布变化更大的纤维）。可尝试通过添加渐变映射调整图层来对纤维进行着色。

经典实例

【光盘：源文件\第 9 章\纤维效果.PSD】

01　打开【光盘：源文件\第 9 章\微笑.jpg】图像文件，设置前景色为蓝色、背景色为红色。

02　执行【滤镜】|【渲染】|【纤维】命令，打开【纤维】对话框。

提示

在【纤维】对话框中【强度】滑块控制每根纤维的外观。低设置会产生松散的织物，而高设置会产生短的绳状纤维。单击【随机化】按钮可更改图案的外观，可多次点按该按钮。当应用【纤维】滤镜时，现用图层上的图像数据会被替换。

03 设置对话框，设置后的对话框如图 9-2-163 所示。

04 单击【确定】按钮，效果如图 9-2-164 所示。

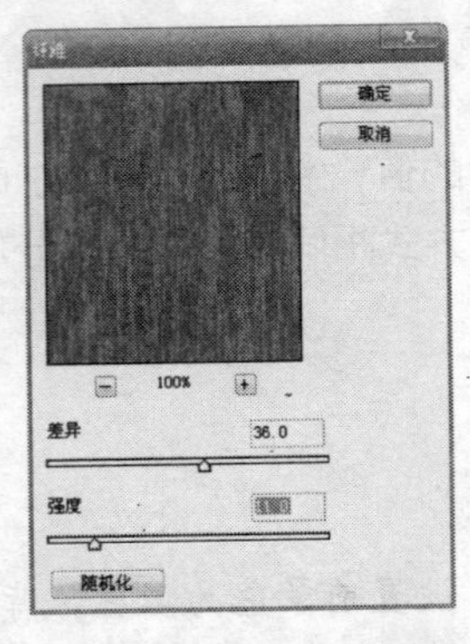

图 9-2-163 设置【纤维】对话框

图 9-2-164 【纤维】效果

4.【镜头光晕】效果

【镜头光晕】模拟亮光照射到相机镜头所产生的折射。通过单击图像缩览图的任一位置或拖移其十字线，指定光晕中心的位置。

经典实例

【光盘：源文件\第 9 章\镜头光晕效果.PSD】

01 打开【光盘：源文件\第 9 章\微笑.jpg】图像文件，执行【滤镜】|【渲染】|【镜头光晕】命令，打开【镜头光晕】对话框。

02 单击图像缩览图的任一位置或拖移其十字线，指定光晕中心的位置，设置其他选项，设置后如图 9-2-165 所示。

03 单击【确定】按钮，完成操作，效果如图 9-2-166 所示。

图 9-2-165 设置【镜头光晕】对话框

图 9-2-166 【镜头光晕】效果

5.【光照效果】效果

【光照效果】可以通过改变 17 种光照样式、3 种光照类型和 4 套光照属性，在 RGB 图像上产生无数种光照效果。还可以使用灰度文件的纹理（称为凹凸图）产生类似 3D 的效果，并存储自己的样式以便在其他图像中使用。

经典实例

【光盘：源文件\第 9 章\光照效果.PSD】

01　打开【光盘：源文件\第 9 章\微笑.jpg】，执行【滤镜】|【渲染】|【光照效果】命令，打开【光照效果】对话框。

02　设置对话框，如图 9-2-167 所示。

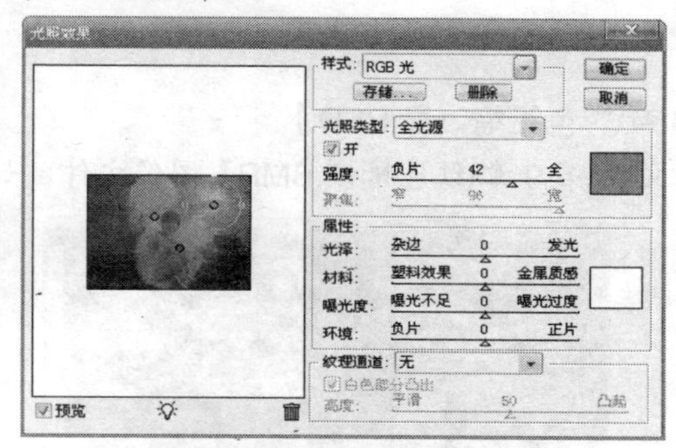

图 9-2-167　设置后的对话框

拖移与下列选项相对应的滑块，可设置光照属性：

- 【光泽】　决定表面反射光的多少（就像在照相纸的表面上一样），范围从【无光泽】（低反射率）到【有光泽】（高反射率）。
- 【材料】　确定哪个反射率更高：光照或光照投射到的对象。【塑料】反射光照的颜色；【金属】反射对象的颜色。
- 【曝光度】　增加光照（正值）或减少光照（负值）。零值则没有效果。
- 【环境】　使漫射光光照如同与室内的其他光照（如日光或荧光）相结合一样。选取数值 100 表示只使用此光源，或者选取数值-100 以移去此光源。要更改环境光的颜色，请点击颜色框，然后使用出现的拾色器。

03　单击【确定】按钮，效果如图 9-2-168 所示。

图 9-2-168　【光照效果】效果

9.2.11 【艺术效果】滤镜

可以使用【艺术效果】子菜单中的滤镜，为美术或商业项目制作增加绘画效果或艺术效果。如使用【木刻】滤镜进行拼贴或印刷。这些滤镜模仿自然或传统介质效果。可以通过【滤镜库】来应用。

【艺术效果】滤镜有 10 多种效果，这 10 多种效果都可以通过【滤镜库】进行变化设置，它们的使用方法大致相同，操作步骤相似，这里只介绍一次操作。

1.【彩色铅笔】效果

【彩色铅笔】使用彩色铅笔在纯色背景上绘制图像。保留重要边缘，外观呈粗糙阴影线；纯色背景色透过比较平滑的区域显示出来。

经典实例

【光盘：源文件\第 9 章\彩色铅笔效果.PSD】

01 打开【光盘：源文件\第 9 章\红色情怀.BMP】图像文件，如图 9-2-169 所示。

图 9-2-169 打开图像

02 执行【滤镜】|【艺术效果】|【彩色铅笔】命令，打开【彩色铅笔】对话框，设置对话框，如图 9-2-170 所示。

图 9-2-170 【彩色铅笔】对话框

03 单击【确定】按钮，效果如图 9-2-171 所示。

要制作羊皮纸效果，可以将【彩色铅笔】滤镜在应用于选中区域之前更改背景色。

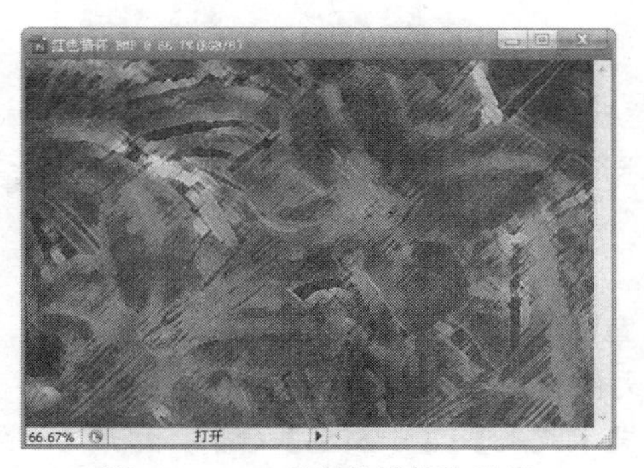

图 9-2-171　【彩色铅笔】效果

2.【木刻】效果

【木刻】使图像看上去好像是由从彩纸上剪下的边缘粗糙的剪纸片组成的。高对比度的图像看起来呈剪影状，而彩色图像看上去是由几层彩纸组成的。

经典实例

【光盘：源文件\第 9 章\木刻效果.PSD】

01　打开【光盘：源文件\第 9 章\红色情怀.BMP】图像文件，如图 9-2-169 所示。

02　执行【滤镜】|【艺术效果】|【木刻】命令，打开【木刻】对话框，设置对话框，如图 9-2-172 所示。

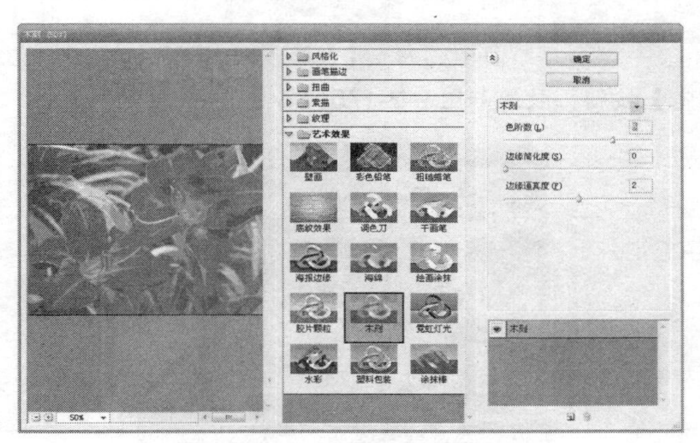

图 9-2-172　【木刻】对话框

03　单击【确定】按钮，效果如图 9-2-173 所示。

图 9-2-173　【木刻】效果

3.【干画笔】效果

【干画笔】使用干画笔技术（介于油彩和水彩之间）绘制图像边缘。此滤镜通过将图像的颜色范围降到普通颜色范围来简化图像。

经典实例

【光盘：源文件\第 9 章\干画笔效果.PSD】

01　打开【光盘：源文件\第 9 章\红色情怀.BMP】图像文件，如图 9-2-169 所示。

02　执行【滤镜】|【艺术效果】|【干画笔】命令，打开【干画笔】对话框，设置对话框，如图 9-2-174 所示。

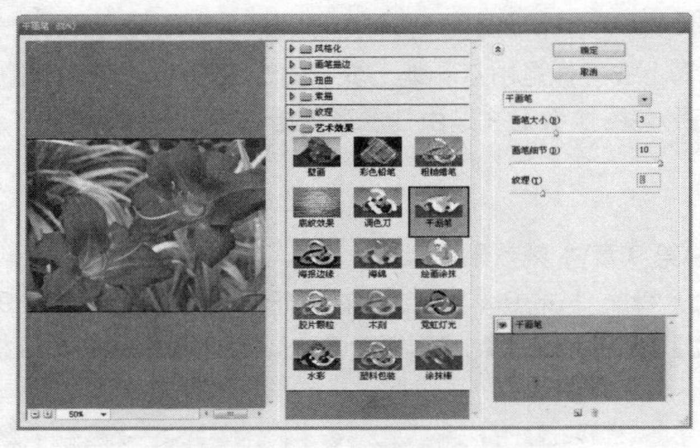

图 9-2-174　【干画笔】对话框

03　单击【确定】按钮，效果如图 9-2-175 所示。

图 9-2-175　【干画笔】效果

4.【胶片颗粒】效果

【胶片颗粒】将平滑图案应用于阴影和中间色调。将一种更平滑、饱和度更高的图案添加到亮区。在消除混合的条纹和将各种来源的图素在视觉上进行统一时，此滤镜非常有用。

经典实例

【光盘：源文件\第 9 章\胶片颗粒效果.PSD】

01　打开【光盘：源文件\第 9 章\红色情怀.BMP】图像文件，如图 9-2-169 所示。

02　执行【滤镜】|【艺术效果】|【胶片颗粒】命令，打开【胶片颗粒】对话框，设置对话框，如图 9-2-176 所示。

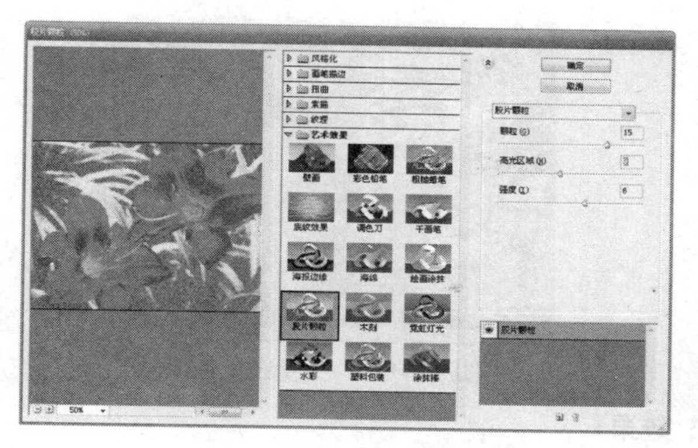

图 9-2-176　【胶片颗粒】对话框

03　单击【确定】按钮，效果如图 9-2-177 所示。

图 9-2-177　【胶片颗粒】效果

5.【壁画】效果

【壁画】使用短而圆的、粗略涂抹的小块颜料，以一种粗糙的风格绘制图像。

经典实例

【光盘：源文件\第 9 章\壁画效果.PSD】

01　打开【光盘：源文件\第 9 章\红色情怀.BMP】图像文件，如图 9-2-169 所示。

02　执行【滤镜】|【艺术效果】|【壁画】命令，打开【壁画】对话框，设置对话框，如图 9-2-178 所示。

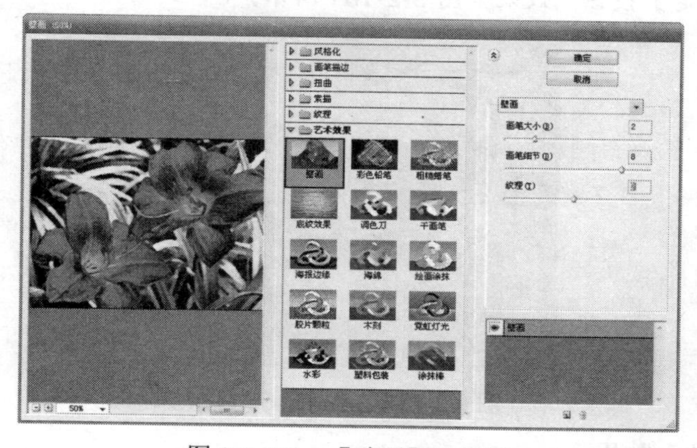

图 9-2-178　【壁画】对话框

03　单击【确定】按钮，效果如图 9-2-179 所示。

图 9-2-179 【壁画】效果

6.【霓虹灯光】效果

【霓虹灯光】将各种类型的灯光添加到图像中的对象上。此滤镜用于在柔化图像外观时给图像着色。要选择一种发光颜色，请点击发光框，并从拾色器中选择一种颜色。

经典实例

【光盘：源文件\第 9 章\霓虹灯光效果.PSD】

01 打开【光盘：源文件\第 9 章\红色情怀.BMP】图像文件，如图 9-2-169 所示。

02 执行【滤镜】|【艺术效果】|【霓虹灯光】命令，打开【霓虹灯光】对话框，设置对话框，如图 9-2-180 所示。

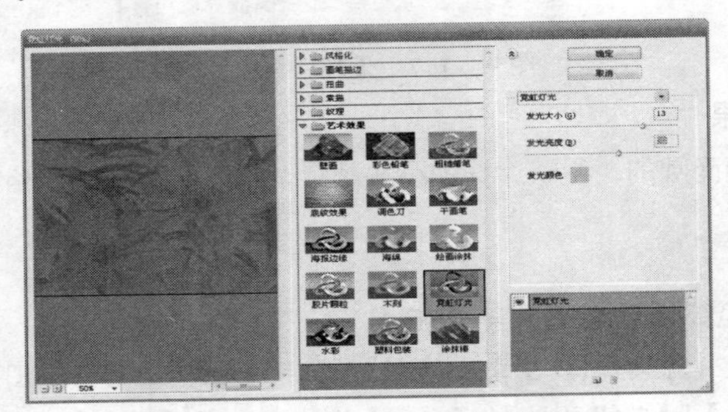

图 9-2-180 【霓虹灯光】对话框

03 单击【确定】按钮，效果如图 9-2-181 所示。

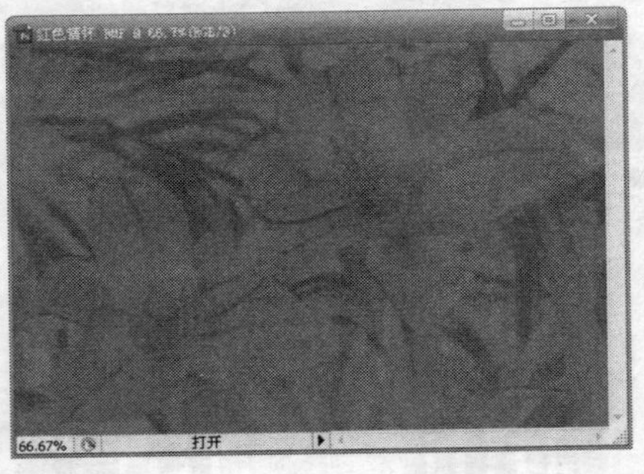

图 9-2-181 【霓虹灯光】效果

7.【绘画涂抹】效果

【绘画涂抹】使你可以选取各种大小（从 1 到 50）和类型的画笔来创建绘画效果。画笔类型包括简单、未处理光照、暗光、宽锐化、宽模糊和火花。

经典实例

【光盘：源文件\第 9 章\绘画涂抹效果.PSD】

01 打开【光盘：源文件\第 9 章\红色情怀.BMP】图像文件，如图 9-2-169 所示。

02 执行【滤镜】|【艺术效果】|【绘画涂抹】命令，打开【绘画涂抹】对话框，设置对话框，如图 9-2-182 所示。

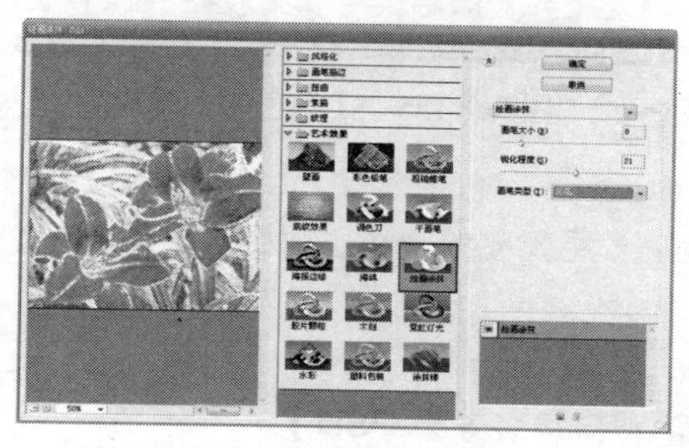

图 9-2-182 【绘画涂抹】对话框

03 单击【确定】按钮，效果如图 9-2-183 所示。

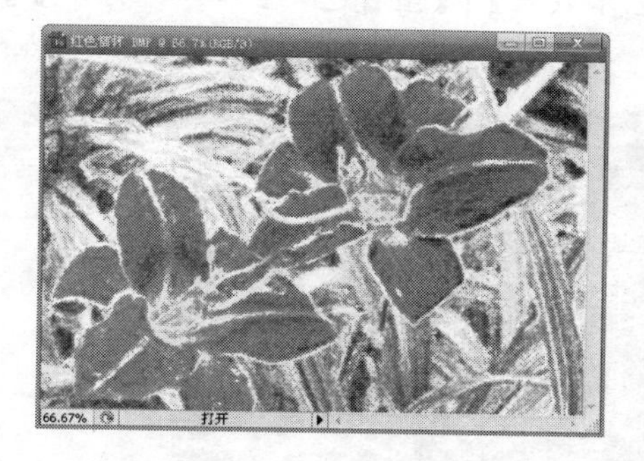

图 9-2-183 【绘画涂抹】效果

8.【调色刀】效果

【调色刀】减少图像中的细节以生成描绘得很淡的画布效果，可以显示出下面的纹理。

01 打开【光盘：源文件\第 9 章\红色情怀.BMP】图像文件，如图 9-2-169 所示。

02 执行【滤镜】|【艺术效果】|【调色刀】命令，打开【调色刀】对话框，设置对话框，如图 9-2-184 所示。

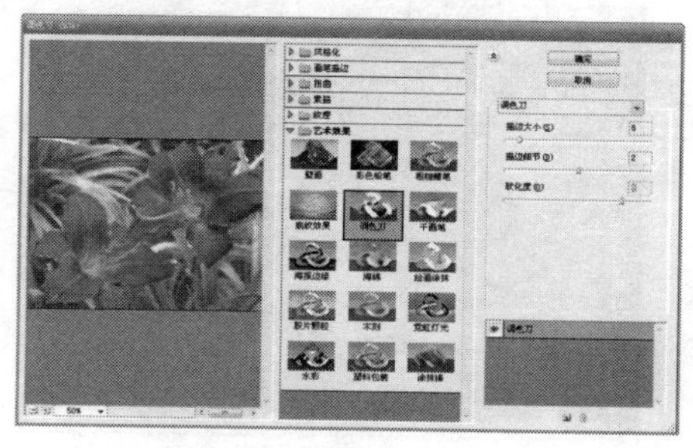

图 9-2-184 【调色刀】对话框

03 单击【确定】按钮，效果如图 9-2-185 所示。

图 9-2-185　【调色刀】效果

9.【塑料包装】效果

【塑料包装】给图像涂上一层光亮的塑料，以强调表面细节。

经典实例

【光盘：源文件\第 9 章\塑料包装效果.PSD】

01　打开【光盘：源文件\第 9 章\红色情怀.BMP】图像文件，如图 9-2-169 所示。

02　执行【滤镜】|【艺术效果】|【塑料包装】命令，打开【塑料包装】对话框，设置对话框，如图 9-2-186 所示。

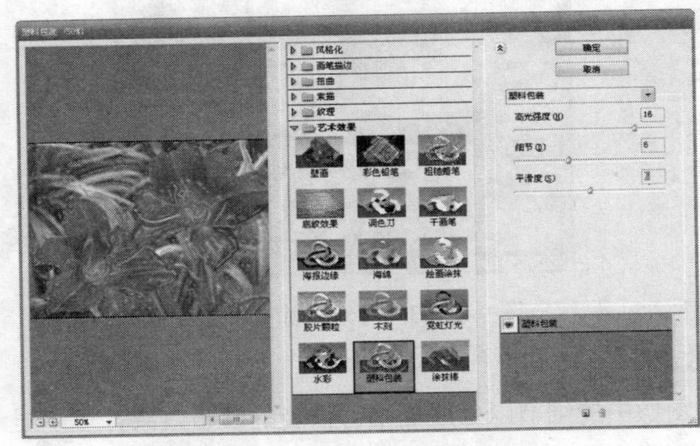

图 9-2-186　【塑料包装】对话框

03　单击【确定】按钮，效果如图 9-2-187 所示。

图 9-2-187　【塑料包装】效果

10.【海报边缘】效果

【海报边缘】根据设置的海报化选项减少图像中的颜色数量（对其进行色调分离），并查找图像的边缘，在边缘上绘制黑色线条。大而宽的区域有简单的阴影，而细小的深色细节遍布图像。

经典实例

【光盘：源文件\第 9 章\海报边缘效果.PSD】

01　打开【光盘：源文件\第 9 章\红色情怀.BMP】图像文件，如图 9-2-169 所示。

02　执行【滤镜】|【艺术效果】|【海报边缘】命令，打开【海报边缘】对话框，设置对话框，如图 9-2-188 所示。

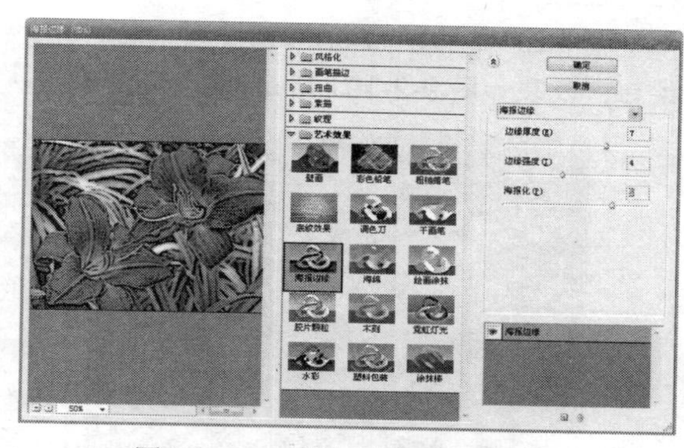

图 9-2-188　【海报边缘】对话框

03　单击【确定】按钮，效果如图 9-2-189 所示。

图 9-2-189　【海报边缘】效果

11.【粗糙蜡笔】效果

【粗糙蜡笔】在带纹理的背景上应用粉笔描边。在亮色区域，粉笔看上去很厚，几乎看不见纹理；在深色区域，粉笔似乎被擦去了，使纹理显露出来。

经典实例

【光盘：源文件\第 9 章\粗糙蜡笔效果.PSD】

01　打开【光盘：源文件\第 9 章\红色情怀.BMP】图像文件，如图 9-2-169 所示。

02　执行【滤镜】|【艺术效果】|【粗糙蜡笔】命令，打开【粗糙蜡笔】对话框，设置对话框，如图 9-2-190 所示。

图 9-2-190 【粗糙蜡笔】对话框

03 单击【确定】按钮，效果如图 9-2-191 所示。

图 9-2-191 【粗糙蜡笔】效果

12.【涂抹棒】效果

【涂抹棒】使用短的对角描边涂抹暗区以柔化图像。亮区变得更亮，以致失去细节。

经典实例

【光盘：源文件\第 9 章\涂抹棒效果.PSD】

01 打开【光盘：源文件\第 9 章\红色情怀.BMP】图像文件，如图 9-2-169 所示。

02 执行【滤镜】|【艺术效果】|【涂抹棒】命令，打开【涂抹棒】对话框，设置对话框，如图 9-2-192 所示。

图 9-2-192 【涂抹棒】对话框

03　单击【确定】按钮，效果如图 9-2-193 所示。

图 9-2-193　【涂抹棒】效果

13.【海绵】效果

【海绵】使用颜色对比强烈、纹理较重的区域创建图像，以模拟海绵绘画的效果。

经典实例

【光盘：源文件\第 9 章\海绵效果.PSD】

01　打开【光盘：源文件\第 9 章\红色情怀.BMP】图像文件，如图 9-2-169 所示。

02　执行【滤镜】|【艺术效果】|【海绵】命令，打开【海绵】对话框，设置对话框，如图 9-2-194 所示。

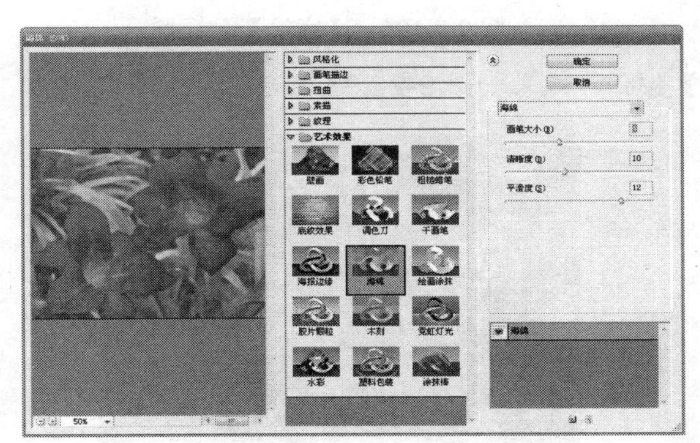

图 9-2-194　【海绵】对话框

03　单击【确定】按钮，效果如图 9-2-195 所示。

图 9-2-195　【海绵】效果

14.【底纹】效果

【底纹】在带纹理的背景上绘制图像，然后将最终图像绘制在该图像上。

经典实例

【光盘：源文件\第 9 章\底纹效果.PSD】

01 打开【光盘：源文件\第 9 章\红色情怀.BMP】图像文件，如图 9-2-169 所示。

02 执行【滤镜】|【艺术效果】|【底纹】命令，打开【底纹】对话框，设置对话框，如图 9-2-196 所示。

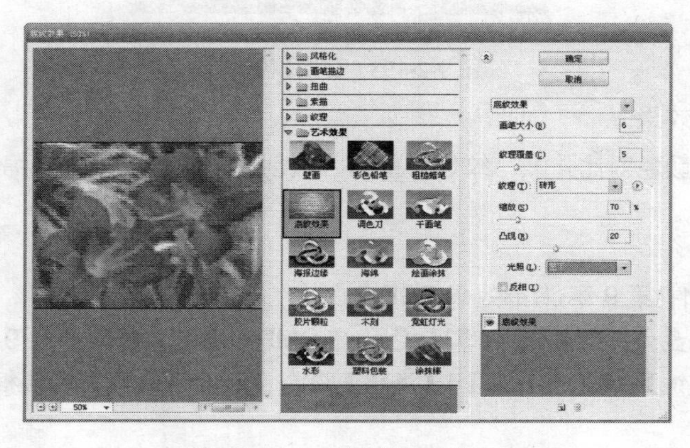

图 9-2-196 【底纹】对话框

03 单击【确定】按钮，效果如图 9-2-197 所示。

图 9-2-197 【底纹】效果

15.【水彩】效果

【水彩】以水彩的风格绘制图像，使用蘸了水和颜料的中号画笔绘制以简化细节。当边缘有显著的色调变化时，此滤镜会使颜色饱满。

经典实例

【光盘：源文件\第 9 章\水彩效果.PSD】

01 打开【光盘：源文件\第 9 章\红色情怀.BMP】图像文件，如图 9-2-169 所示。

02 执行【滤镜】|【艺术效果】|【水彩】命令，打开【水彩】对话框，设置对话框，如图 9-2-198 所示。

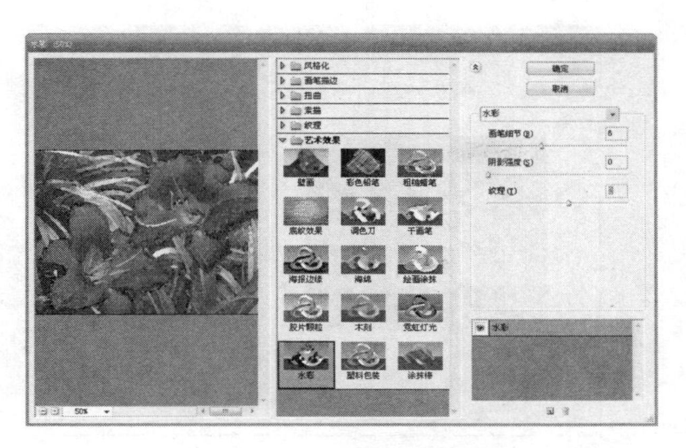

图 9-2-198　【水彩】对话框

03　单击【确定】按钮，效果如图 9-2-199 所示。

图 9-2-199　【水彩】效果

9.2.12　【杂色】滤镜

【杂色】滤镜添加或移去杂色或带有随机分布色阶的像素。这有助于将选区混合到周围的像素中。【杂色】滤镜可创建与众不同的纹理或移去有问题的区域，如灰尘和划痕。

【杂色】滤镜有【添加杂色】、【去斑】、【蒙尘与划痕】、【中间值】和【减少杂色】5 种效果，它们的使用方法如下：

1.【减少杂色】效果

【减少杂色】在基于影响整个图像或各个通道的用户设置保留边缘的同时减少杂色。

经典实例

【光盘：源文件\第 9 章\减少杂色效果.PSD】

01　打开【光盘：源文件\第 9 章\玫瑰相思.jpg】图像文件，如图 9-2-200 所示。

图 9-2-200　打开图像

02　执行【滤镜】|【杂色】|【减少杂色】命令，打开【减少杂色】对话框，设置该对话框，如图 9-2-201 所示。

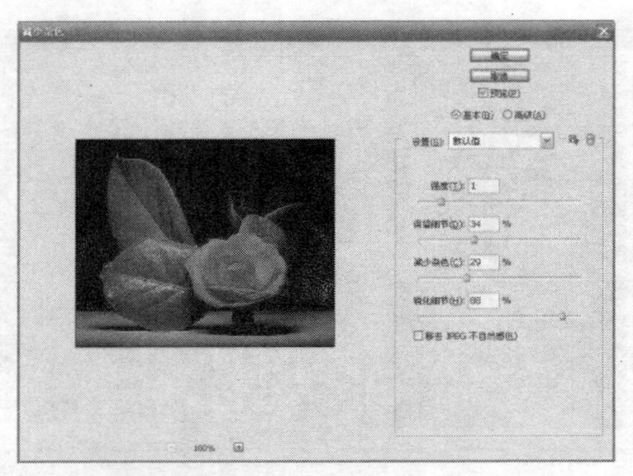

图 9-2-201　设置后的【减少杂色】对话框

03　单击【确定】按钮，效果如图 9-2-202 所示。

图 9-2-202　【减少杂色】效果

2.【添加杂色】效果

【添加杂色】将随机像素应用于图像，模拟在高速胶片上拍照的效果。也可以使用【添加杂色】滤镜来减少羽化选区或渐进填充中的条纹，或使经过重大修饰的区域看起来更真实。

经典实例

【光盘：源文件\第 9 章\添加杂色效果.PSD】

01　打开【光盘：源文件\第 9 章\玫瑰相思.jpg】图像文件，如图 9-2-200 所示。

02　执行【滤镜】|【杂色】|【添加杂色】命令，打开【添加杂色】对话框，设置【添加杂色】对话框，如图 9-2-203 所示。

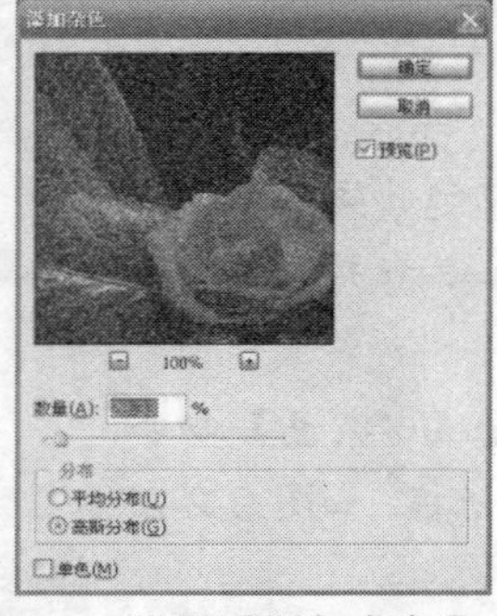

图 9-2-203　设置【添加杂色】对话框

提示

【杂色】的各选项如下:

·【平均】 使用随机数值(介于 0 以及正/ 负指定值之间)分布杂色的颜色值以获得细微效果。

·【高斯】 沿一条钟形曲线分布杂色的颜色值以获得斑点状的效果。

·【单色】 将此滤镜只应用于图像中的色调元素,而不改变颜色。

03 单击【确定】按钮,效果如图 9-2-204 所示。

图 9-2-204 【添加杂色】效果

4.【蒙尘与划痕】效果

【蒙尘与划痕】通过更改相异的像素减少杂色。为了在锐化图像和隐藏瑕疵之间取得平衡,可尝试【半径】与【阈值】设置的各种组合。或者在图像的选中区域应用此滤镜。

经典实例

【光盘:源文件\第 9 章\蒙尘与划痕效果.PSD】

01 打开【光盘:源文件\第 9 章\玫瑰相思.jpg】图像文件,如图 9-2-200 所示。

02 执行【滤镜】|【杂色】|【蒙尘与划痕】命令,打开【蒙尘与划痕】对话框,设置【蒙尘与划痕】对话框,如图 9-2-205 所示。

03 单击【确定】按钮,完成操作,效果如图 9-2-206 所示。

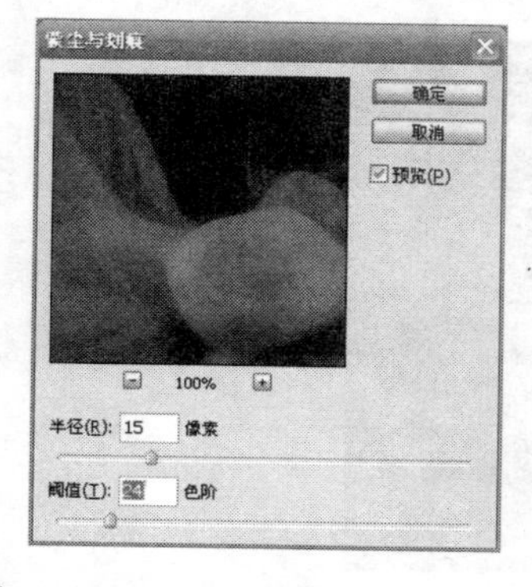

图 9-2-205 【蒙尘与划痕】对话框

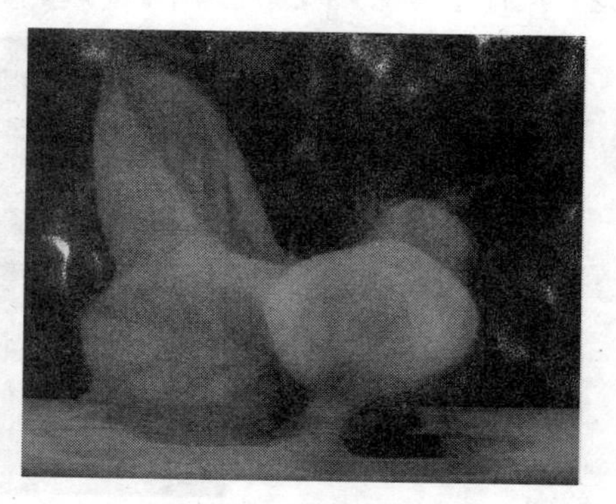

图 9-2-206 【蒙尘与划痕】效果

5.【中间值】效果

【中间值】通过混合选区中像素的亮度来减少图像的杂色。此滤镜搜索像素选区的半径范围以查找亮度相近的像素，扔掉与相邻像素差异太大的像素，并用搜索到的像素的中间亮度值替换中心像素。此滤镜在消除或减少图像的动感效果时非常有用。

经典实例

【光盘：源文件\第 9 章\中间值效果.PSD】

01 打开【光盘：源文件\第 9 章\玫瑰相思.jpg】图像文件，如图 9-2-200 所示。

02 执行【滤镜】|【杂色】|【中间值】命令，打开【中间值】对话框，设置【中间值】对话框，如图 9-2-207 所示。

03 单击【确定】按钮，完成操作效果如图 9-2-208 所示。

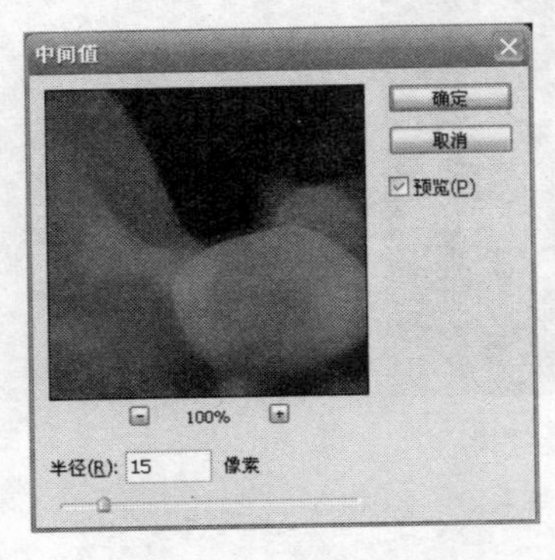

图 9-2-207 设置【中间值】对话框

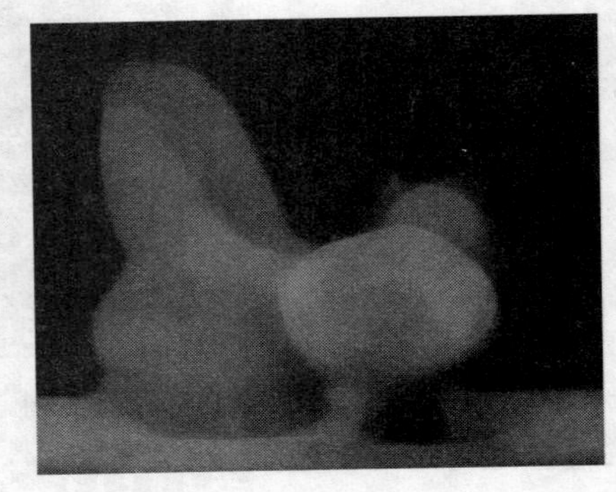

图 9-2-208 【中间值】效果

6.【去斑】效果

【去斑】检测图像的边缘（发生显著颜色变化的区域）并模糊除那些边缘外的所有选区。该模糊操作会移去杂色，同时保留细节。

经典实例

【光盘：源文件\第 9 章\中间值效果.PSD】

01 打开【光盘：源文件\第 9 章\玫瑰相思.jpg】图像文件，如图 9-2-200 所示。

02 执行【滤镜】|【杂色】|【去斑】命令，效果如图 9-2-209 所示。

图 9-2-209 【去斑】效果

9.2.13　【其他】滤镜

【其他】子菜单中的滤镜可以创建自己的滤镜、使用滤镜修改蒙版、在图像中使选区发生位移和快速调整颜色。

【其他】滤镜有【高反差保留】、【位移】、【自定】、【最大值】和【最小值】5 种效果，它们的使用方法如下：

1.【高反差保留】效果

【高反差保留】在有强烈颜色转变发生的地方按指定的半径保留边缘细节，并且不显示图像的其余部分（0.1 像素半径仅保留边缘像素）。此滤镜移去图像中的低频细节，效果与【高斯模糊】滤镜相反。

经典实例

【光盘：源文件\第 9 章\高反差保留效果.PSD】

01　打开【光盘：源文件\第 9 章\红岩子广场.jpg】图像文件，如图 9-2-210 所示。

02　执行【滤镜】|【其他】|【高反差保留】命令，打开【高反差保留】对话框，设置【高反差保留】对话框，如图 9-2-211 所示。

图 9-2-210　打开图像

图 9-2-211　设置后的【高反差保留】对话框

03　单击【确定】按钮，完成操作，效果如图 9-2-212 所示。

在使用【阈值】命令或将图像转换为位图模式之前，将【高反差保留】滤镜应用于连续色调的图像将很有帮助。此滤镜对于从扫描图像中取出的艺术线条和大的黑白区域非常有用。

图 9-2-212　【高反差保留】效果

2.【位移】效果

【位移】将选区移动指定的水平量或垂直量，而选区的原位置变成空白区域。可以用当前背景色、图像的另一部分填充这块区域，或者如果选区靠近图像边缘，也可以使用所选择的填充内容进行填充。

经典实例

【光盘：源文件\第 9 章\位移效果.PSD】

01 打开【光盘：源文件\第 9 章\红岩子广场.jpg】图像文件，如图 9-2-210 所示。

02 执行【滤镜】|【其他】|【位移】命令，打开【位移】对话框，设置【位移】对话框，如图 9-2-213 所示。

03 单击【确定】按钮，完成操作，效果如图 9-2-214 所示。

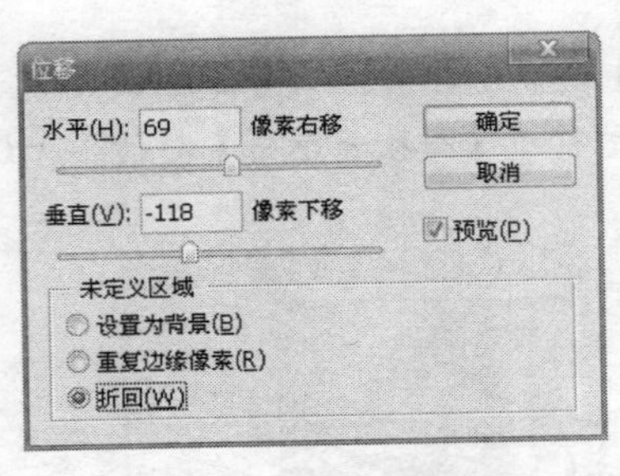

图 9-2-213 设置后的【位移】对话框

图 9-2-214 【位移】效果

3.【自定】效果

可以设计自己的滤镜效果。使用【自定】滤镜，根据预定义的数学运算（称为卷积），可以更改图像中每个像素的亮度值。根据周围的像素值为每个像素重新指定一个值。

经典实例

【光盘：源文件\第 9 章\自定效果.PSD】

01 打开【光盘：源文件\第 9 章\红岩子广场.jpg】图像文件，如图 9-2-210 所示

02 执行【滤镜】|【其他】|【自定】命令，打开【自定】对话框，设置【自定】对话框，如图 9-2-215 所示。

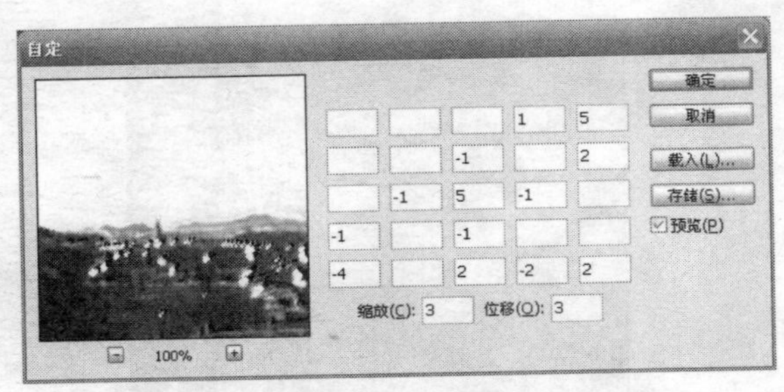

图 9-2-215 设置后的【自定】对话框

提示

在【自定】对话框中，正中间的文本框，它代表要进行计算的像素。输入要与该像素的亮度值相乘的值，从 -999 到 +999。选择代表相邻像素的文本框。输入要与该位置的像素相乘的值。【缩放】输入值以用该值去除计算中包含的像素的亮度总和。【位移】可输入要与缩放计算结果相加的值。

03　单击【确定】按钮。自定滤镜随即逐个应用到图像中的每一个像素。效果如图 9-2-216 所示。

图 9-2-216　【自定】效果

4.【最大值】和【最小值】效果

【最大值】和【最小值】对于修改蒙版非常有用。【最大值】滤镜有应用阻塞的效果：展开白色区域和阻塞黑色区域。【最小值】滤镜有应用伸展的效果：展开黑色区域和收缩白色区域。

与【中间值】滤镜一样，【最大值】和【最小值】滤镜针对选区中的单个像素。在指定半径内，【最大值】和【最小值】滤镜用周围像素的最高或最低亮度值替换当前像素的亮度值。

经典实例

【光盘：源文件\第 9 章\最大值效果.PSD】

01　打开【光盘：源文件\第 9 章\红岩子广场.jpg】图像文件，如图 9-2-210 所示。

02　执行【滤镜】|【其他】|【最大值】命令，打开【最大值】对话框，设置【最大值】对话框，如图 9-2-217 所示。

03　单击【确定】按钮，效果如图 9-2-218 所示。

图 9-2-217　设置后的【最大值】对话框

图 9-2-218　【最大值】效果

经典实例

【光盘：源文件\第 9 章\最小值效果.PSD】

01 打开【光盘：源文件\第 9 章\红岩子广场.jpg】图像文件，如图 9-2-210 所示。

02 执行【滤镜】|【其他】|【最小值】命令，打开【最小值】对话框，设置【最小值】对话框，如图 9-2-219 所示。

03 单击【确定】按钮，效果如图 9-2-220 所示。

图 9-2-219 设置后的【最小值】对话框

图 9-2-220 【最小值】效果

9.3 图像修饰滤镜

图像修饰滤镜主要有【抽出】、【液化】、【滤镜库】、【图案生成器】和【消失点】，在图像应用滤镜处理时，使用这一些工具会给我们带来很多方便。

9.3.1 抽出

【抽出】滤镜对话框为隔离前景对象并抹除它在图层上的背景提供了一种高级方法。即使对象的边缘细微、复杂或无法确定，也无需太多的操作就可以将其从背景中剪贴。使用【抽出】对话框中的工具指定抽出图像的部分。通过拖移对话框的右下角可以调整对话框的大小。

经典实例

【光盘：源文件\第 9 章\抽出.PSD】

01 打开【光盘：源文件\第 9 章\落叶.jpg】图像文件，如图 9-3-1 所示。

图 9-3-1 打开图像

02 运用【椭圆选择工具】创建如图 9-3-2 所示的选区，设置选择工具的【羽化】值为 5px。

图 9-3-2

03 执行【滤镜】|【抽出】命令，打开【抽出】对话框，设置对话框如图 9-3-3 所示。

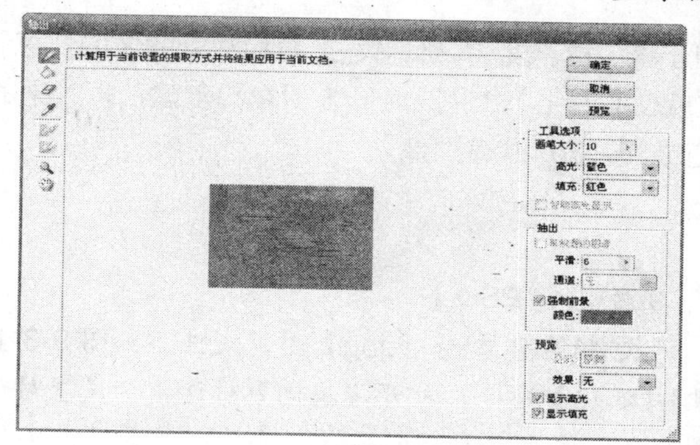

图 9-3-3 设置后的【抽出】对话框

04 单击【确定】按钮，图形中间部分即可抽出，效果如图 9-3-4 所示。

图 9-3-4 【抽出】后的效果

【抽出】对话框中各选项的功能分别如下：

- 【画笔大小】 指定边缘高光器工具的宽度。
- 【高光】 在使用边缘高光器工具时，为出现在对象周围的高光选取一个预置颜色选项，或选取【其他】以便为高光挑选一种自定颜色。
- 【填充】 选取一个预置颜色选项，或选取【其他】以便为由填充工具覆盖的区域挑选一种自定颜色。
- 【智能高光显示】 如果要高光显示定义精确的边缘，请选择此选项。该选项帮助你保持边缘上的高光，并应用宽度刚好覆盖住边缘的高光，与当前画笔的大小无关。

● 【带纹理】 图像如果图像的前景或背景包含大量纹理，请选择此选项。
● 【平滑】 输入一个值，或拖移滑块来增加或降低轮廓的平滑程度。通常，为避免不需要的细节模糊处理，最好以 0 或一个较小的数值开头。如果抽出的结果中有明显的人工痕迹，可以增加【平滑】值以帮助在下一次抽出中移去它们。
● 【通道】 从【通道】菜单中选择 Alpha 通道，以便基于 Alpha 通道中保存的选区进行高光处理。Alpha 通道应基于边缘边界的选区。如果修改了基于通道的高光，则菜单中的通道名称更改为【自定】。要使【通道】选项可用，图像必须有 Alpha 通道。
● 【强制前景】 如果对象非常复杂或者缺少清晰的内部，请选择此选项。

9.3.2 液化

【液化】滤镜可用于推、拉、旋转、反射、折叠和膨胀图像的任意区域。你创建的扭曲可以是细微的或剧烈的，这就使【液化】命令成为修饰图像和创建艺术效果的强大工具。可将【液化】滤镜应用于 8 位/ 通道或 16 位/ 通道图像。

经典实例

【光盘：源文件\第 9 章\液化.PSD】

01 打开【光盘：源文件\第 9 章\落叶.jpg】图像文件，如图 9-3-1 所示。

02 执行【滤镜】|【液化】命令，打开【液化】对话框，设置对话框中的各选项，在对话框的图像上绘制，如图 9-3-5 所示。

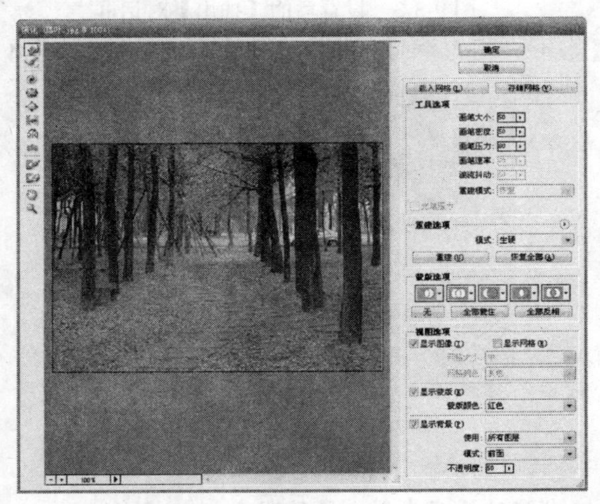

图 9-3-5 【液化】对话框

【液化】对话框中各选项的功能分别如下：

● 【画笔大小】 设置将用来扭曲图像的画笔的宽度。
● 【画笔压力】 设置在预览图像中拖移工具时的扭曲速度。使用低画笔压力可减慢更改速度，因此更易于在恰到好处的时候停止。
● 【画笔速率】 设置在你使工具（例如旋转扭曲工具）在预览图像中保持静止时扭曲所应用的速度。该设置的值越大，应用扭曲的速度就越快。

- 【画笔密度】 控制画笔如何在边缘羽化。产生的效果是：画笔的中心最强，边缘处最轻。
- 【湍流抖动】 控制湍流工具对像素混杂的紧密程度。
- 【重建模式】 用于重建工具，你选取的模式确定该工具如何重建预览图像的区域。
- 【选择光笔压力】使用光笔绘图板中的压力读数（只有在你使用光笔绘图板时，此选项才可用）。选中【光笔压力】后，工具的画笔压力为光笔压力与【画笔压力】值的乘积。

03 单击【确定】按钮，效果如图 9-3-6 所示。

图 9-3-6 【液化】效果

9.3.3 滤镜库

使用【 滤镜库】，可以累积应用滤镜，并应用单个滤镜多次。可以查看每个滤镜效果的缩览图示例。还可以重新排列滤镜并更改已应用的每个滤镜的设置，以便实现所需的效果。因为【滤镜库】是非常灵活的，所以通常它是应用滤镜的最佳选择。

经典实例

【光盘：源文件\第 9 章\滤镜库.PSD】

01 打开【光盘：源文件\第 9 章\落叶.jpg】图像文件，如图 9-3-1 所示。

02 执行【滤镜】|【滤镜库】命令，打开【滤镜库】对话框。

03 在各种效果中选择，并查看应用效果，如果要同时应用多个效果，可以在右下边选择【创建新效果图层】按钮。设置后的【滤镜库】如图 9-3-7 所示。

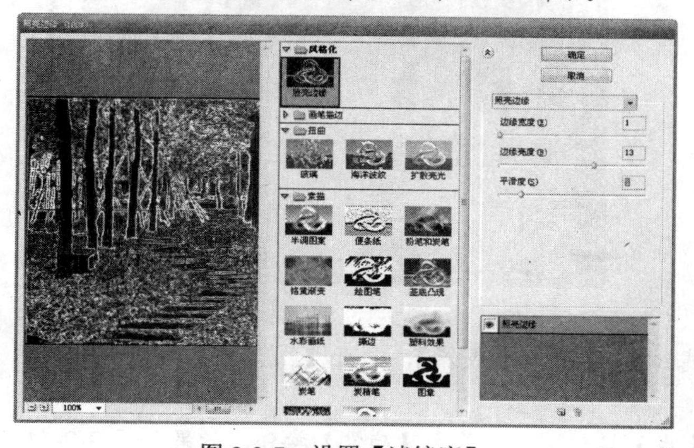

图 9-3-7 设置【滤镜库】

04 单击【确定】按钮，完成操作，效果如图 9-3-8 所示。

图 9-3-8 应用【滤镜库】

9.3.4 图案生成器滤镜

【图案生成器】滤镜会将图像切片并重新组合来生成图案，因此使用【图案生成器】命令可以快速地制作某些特殊的图案。

【图案生成器】采用以下两种方式工作：

- 使用图案填充图层或选区。图案可能由一个大拼贴或多个重复的拼贴组成。
- 创建可存储为图案预设并用于其他图像的拼贴。

经典实例

【光盘：源文件\第 9 章\图案生成器滤镜.PSD】

01 打开【光盘：源文件\第 9 章\落叶.jpg】图像文件，用【矩形选择工具】创建区域，如图 9-3-9 所示。

图 9-3-9 创建选区

02 单击【滤镜】|【图案生成器】，打开【图案生成器】对话框，设置各参数属性，如图 9-3-10 所示。

03 单击【生成】按钮，然后单击【确定】按钮，效果如图 9-3-11 所示。

图 9-3-10　【图案生成器】对话框

图 9-3-11　生成的图案

9.3.5　消失点

消失点是允许你在包含透视平面（例如，建筑物侧面或任何矩形对象）的图像中进行透视校正编辑。通过使用消失点，可以在图像中指定平面，然后应用诸如绘画、仿制、拷贝或粘贴以及变换等编辑操作。所有编辑操作都将采用所处理平面的透视，利用消失点，不仅能用在所有图像内容都在面对你的单一平面上来修饰图像，相反，将以立体方式在图像中的透视平面上工作。当使用消失点来修饰、添加或移去图像中的内容时，结果将更加逼真，因为系统可正确确定这些编辑操作的方向，并且将它们缩放到透视平面。

本章总结

滤镜作为 Photoshop 图像处理的“灵魂”，对于大部分的初学者来说，滤镜几乎就是 Photoshop 的同义词了！使用 Photoshop 滤镜功能，可以让许多令人惊叹的神奇图像在弹指间完成。滤镜可以编辑当前图层或选区内的图像，并将其制作成各种特殊的效果。它的实质是一种软件处理模块，利用对图像像素的分析，根据滤镜的参数对像素色彩和亮度等属性进行调节，从而编辑图片使图像达到我们需要的特殊效果。

在 Photoshop 中滤镜有两种，一种叫做内置滤镜，它是由 Adobe 公司开发 Photoshop 软件时填加的滤镜效果；另一种叫做外挂滤镜，它是由第三方公司开发的滤镜。

在 Photoshop 的菜单栏内包含了一个【滤镜】菜单，使用菜单下的滤镜命令，并对相关参数设置，即可方便地实现对图像的滤镜加工。图像修饰滤镜主要有【抽出】、【液化】、【滤镜库】、【图案生成器】和【消失点】，在图像应用滤镜处理时，使用这一些工具会给我们带来很多方便。可以使用滤镜来更改图像的外观，也可以使用某些滤镜来清除或修饰图片。要使用滤镜，可以从【滤镜】菜单中选取相应的子菜单命令。在 Photoshop 的菜单栏内包含了一个【滤镜】菜单，使用菜单下的滤镜命令，并对相关参数设置，即可方便地实现对图像的滤镜加工。

【风格化】滤镜通过置换像素和通过查找并增加图像的对比度，在选区中生成绘画或印象派的效果。【画笔描边】滤镜使用不同的画笔和油墨描边效果创造出绘画效果的外观。【模糊】滤镜柔化选区或整个图像，这对于修饰非常有用。它们通过平衡图像中已定义的线条和遮蔽区域的清晰边缘旁边的像素，使变化显得柔和。【扭曲】滤镜将图像进行几何扭曲，创建 3D 或其他整形效果。但是这些滤镜可能占用大量内存。【锐化】滤镜通过增加相邻像素的对比度来聚焦模糊的图像。【锐化】滤镜有【USM 锐化】、【进一步锐化】、【锐化】、【锐化边缘】和 【智能锐化】5种效果。

滤镜特效的使用会为我们的作品增色不少，在实际的运用中我们切记过度依赖滤镜，因为 Photoshop 的功能之所以强大还在于它为我们提供了很多、很全面的、很优秀的图像编辑处理的手段，灵活掌握这些处理图像方法和技巧并很好地搭配使用滤镜，我们才能够创作出优秀的图像作品来。

有问必答

问：在 Photoshop CS3 中，提高滤镜性能使得有些滤镜效果可能占用大量内存，特别是应用于高分辨率的图像时，应该怎样操作呢？

答：如果图像很大，并且存在内存不足的问题，则将效果应用于单个通道，以提高性能；也可以在运行【滤镜】之前先使用【清理】命令释放内存， 将更多的内存分配给 Photoshop。如有必要，请退出其他应用程序，以便为 Photoshop 提供更多的可用内存。 尝试更改设置以提高占用大量内存的滤镜的速度。 还可以将在灰度打印机上打印，最好在应用滤镜之前先将图像的一个副本转换为灰度图像等方法来提高性能。

巩固练习

选择题

1．下列滤镜中，用于用显著的转换标识图像的区域，并突出边缘的是（　）滤镜。

A．【查找边缘】　　B．【镜头光晕】

C．【平均模糊】　　D．【高反差保留】

2．在使用【查找边缘】和【等高线】等突出显示边缘的滤镜后，可应用哪个命令用彩色线条勾勒彩色图像的边缘或用白色线条勾勒灰度图像的边缘？（　）

A．【两侧模糊】　　B．【反相】

C．【镜头光晕】　　D．【锐化边缘】

3．下列滤镜中，用于【曝光过度】混合负片和正片图像，类似于显影过程中将摄影照片短暂曝光的是（　）。

A．【曝光过度】　　B．【镜头模糊】

C．【镜头校正】　　D．【镜头光晕】

4．在【凸出】效果中，【凸出】赋予选区或图层的纹理效果是（　）。

A．平面　　B．2D

C．3D　　D．真实世界

5．【画笔描边】滤镜中用于保留原始图像的细节和特征，同时使用模拟的铅笔阴影线添加纹理，并使彩色区域的边缘变粗糙的效果是（　　）。

A.【成角的线条】　　B.【喷溅】

C.【阴影线】　　D.【墨水轮廓】

填空题

1. 在 Photoshop 中滤镜有两种，一种叫做__________，它是由 Adobe 公司开发 Photoshop 软件时填加的滤镜效果；另一种叫做__________，它是由第三方公司开发的滤镜。

2. __________滤镜通过置换像素和通过查找并增加图像的对比度，在选区中生成绘画或印象派的效果。

3. 在【镜头校正】效果中，__________效果可以沿一条曲线扭曲图像，通过拖移框中的线条来指定曲线并且可以调整曲线上的任何一点。

4.【扩散】效果的扩散的模式中，__________选项使像素随机移动（忽略颜色值）；__________选项用较暗的像素替换亮的像素；__________选项用较亮的像素替换暗的像素；__________选项在颜色变化最小的方向上搅乱像素。

5. __________标识颜色的边缘，并向其添加类似霓虹灯的光亮并可通过【滤镜库】将此滤镜与其他滤镜一起累积应用。

判断题

1. 可以将滤镜应用于位图模式或索引颜色模式的图像，有些滤镜只对 RGB 图像起作用。滤镜都可以应用于 8 位图像。（　）

2.【方框模糊】效果中，【方框模糊】基于相邻像素的平均颜色值来模糊图像。用于创建特殊效果。（　）

3. 可以将【曝光过度】滤镜应用于 32 位图像。（　）

4. 在【高斯模糊】效果中，【高斯模糊】使用可调整的量快速模糊选区。（　）

5.【进一步模糊】效果用于找出图像或选区的平均颜色，然后用该颜色填充图像或选区以创建平滑的外观。（　）

Web 图形与动画

学习导航

Photoshop 的 Web 工具是一个 Web 页元素的制作工具，它可以使 Web 页元素的制作简单易行，并按事先规定的形式制作完整的 Web 页或将其内容风格化。其强大功能通常表现在设计 Web 页和 Web 页接口元素的用户图层和切片上。

Photoshop 中也可以用动画调板创建 Web 动画，用 Web 照片陈列室可以快速将一系列的图像转化为交互式的 Web 页，并可以创建专业外观的 Web 页模板，有助于你设计和优化个人 Web 页图形，进而完成个人网页制作。用切片工具将一个图片或页面分成几个部分，并实现无缝连接与互锁。

本章要点

- 切片
- 切片工具
- 参考线
- 用户切片
- 自动切片
- 对齐
- 转化
- 划分
- 存储
- GIF 动画

10.1　切片工具和切片选择工具

切片是图像的一块矩形区域，我们可以使用它在关联的 Web 页中创建链接、翻转和动画。通过将图像划分为切片，你将能够更好地控制图像的功能和文件大小。可以使用切片将源图像分成许多的功能区域。在你存储图像和 HTML 文件时，每个切片都会作为独立文件存储，并具有其自己的设置和颜色调板，而且会保留正确的链接、翻转效果以及动画效果。

10.1.1　工具简介

在 Photoshop CS3 中，切片工具有【切片工具】和【切片选择工具】两种，如图 10-1-1 所示。其中【切片工具】用于切片的创建，【切片选择工具】用于选择已经创建的切片。

图 10-1-1 切片工具

如果页面编排已准备就绪，可以输出到 Web，你可以使用 Photoshop 中提供的切片工具，将页面版式或复杂图形划分为多个区域，并指定独立的压缩设置（从而获得较小的文件大小）。

10.1.2　切片类型

切片按照其内容类型可以分为【用户切片】和【基于图层的切片】，即使用切片工具创建的切片和基于图层内容的切片。每种类型的切片都显示不同的图标。可以选取显示或隐藏自动切片。

当你创建新的【用户切片】或【基于图层的切片】时，将会生成附加【自动切片】来占据图像的其余区域。每次添加或编辑用户切片或基于图层的切片时，都会重新生成【自动切片】。

10.1.3　切片的创建

Photoshop CS3 的切片创建方法有以下几种：

- 用切片工具创建
- 从参考线创建切片
- 从层创建切片

1. 用切片工具创建切片

经典实例

【光盘：源文件\第 10 章\用切片工具创建切片.PSD】

01　打开【光盘：源文件\第 10 章\水花相映.jpg】图像文件。

02　单击图标，选择切片工具并选取选项栏中的样式设置，默认状态下样式是正常，如图 10-1-2 所示，可以单击下拉按钮来改变其设置。

图 10-1-2　切片工具样式

03　在要创建切片的区域上按住鼠标左键拖移。按住【Shift】键并拖移可将切片限制为正方形，如图 10-1-3 所示。

图 10-1-3　创建切片

04　使用【视图】|【对齐到】使新切片与参考线或图像中的另一切片对齐，并可改变切片的大小，此时鼠标指针形如，选择按参考线对齐，如图 10-1-4 所示。

图 10-1-4　对齐切片

至此我们初步完成了切片的创建过程，在实际创建过程中，还可以对其编辑、划分、组合等。

在【切片样式】设置中，【正常】表示你拖移时确定切片比例；【固定长宽】要求输入整数或小数作为长宽比；【固定大小】指定切片的高度和宽度，输入整数像素值。

在使用【切片选择工具】时，如果以前已经创建过切片，可以看到现有切片都将自动出现在文档窗口中。

2．从参考线创建切片

经典实例

【光盘：源文件\第 10 章\从参考线创建切片.PSD】

01 打开【光盘：源文件\第 10 章\水花相映.jpg】图像文件，新建参考线，执行【视图】|【新建参考线】命令，向图像中添加参考线，如图 10-1-5 所示。

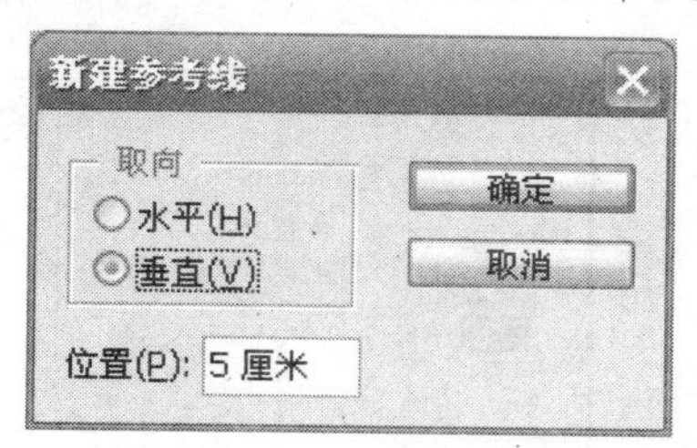

图 10-1-5 【新建参考线】对话框

02 选择水平或者是垂直取向单选框，在位置对话框中输入要添加的水平或者垂直参考线的相对于图片的位置，输入 5 厘米，如图 10-1-6 所示.

图 10-1-6 新建参考线

03 选择切片工具，在选项栏中点击 基于参考线的切片 ，鼠标呈精确绘图光标，按住鼠标左键在参考线内拖动，即创建一新切片，如图 10-1-7 所示。

图 10-1-7 基于参考线的切片

注意

从参考线创建切片时，将删除所有现有切片。

3. 从图层创建切片

经典实例

【光盘：源文件\第 10 章\从图层创建切片.PSD】

01 打开【光盘：源文件\第 10 章\水花相映.jpg】图像文件，创建几个图层以后，单击图层调板中的👁，选择要使用的图层，如图 10-1-8 所示，若要使用图层 1，单击上图背景选项左边的👁。

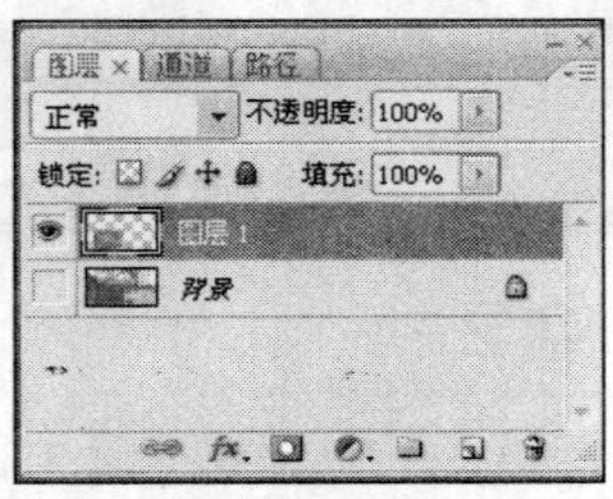

图 10-1-8 选择图层

02 选择【图层】，单击【新建基于图层的切片】按钮，完成切片创建，如图 10-1-9 所示。

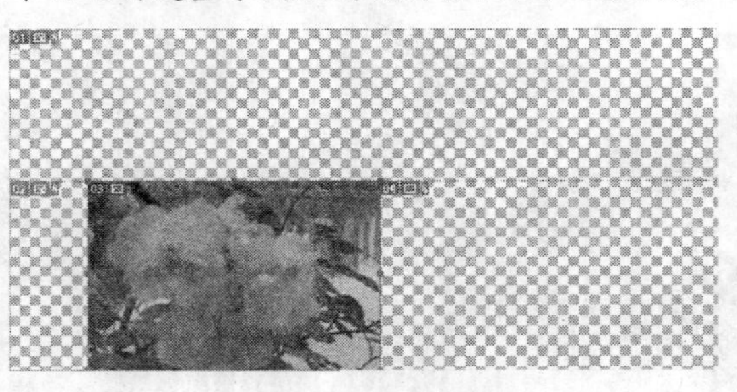

图 10-1-9 完成创建

在锁定切片的时候不能进行基于图层的切片创建，必须在【视图】|【锁定切片】中将【锁定切片】前的“√”去掉。

10.1.4 切片的转化

在 Photoshop CS3 中，不仅可以编辑创建用户切片，还可以将【自动切片】和【基于图层的切片】转化成【用户切片】，以便对用户切片应用不同的优化设置。

创建新的【用户切片】时，将会生成许多附加的彩色矩形框来占据图像中的其余区域。这种附加的彩色矩形框就是【自动切片】。每次添加或编辑用户切片时都会生成【自动切片】。可以将【自动切片】转换为【用户切片】。

经典实例

【光盘：源文件\第 10 章\将自动切片转化成用户切片.PSD】

01 打开【光盘：源文件\第 10 章\水花相映.jpg】图像文件，创建切片，选择一个或多个自动切片，如图 10-1-10 所示，图中的箭头所示的位置为选择的自动切片。

02　单击选项栏中按钮 提升 ，或右击，并在出现的下拉菜单中单击【提升到用户切片】，如图 10-1-11 所示。

图 10-1-10　选择自动切片

图 10-1-11　右击弹出下拉菜单

03　完成操作，如图 10-1-12 所示。

提示

在选择多个自动切片时，需要在按住【Shift】的同时左击选择，否则不能选择自动切片，其他快捷键也达不到这种效果。

图 10-1-12　完成转化

小知识

创建【基于图层的切片】时也会产生【自动切片】，由于【基于图层的切片】受图层的像素内容限制，因此编辑图层是移动、组合、划分、调整大小和对齐该切片的唯一方法。对其进行向【用户切片】转化的过程和将【自动切片】向【用户切片】转化的过程一样。

10.1.5 切片修改

用 Photoshop CS3 创建好切片以后，为了使其美观适用，具有较好的感观效果，还应该对其移动、调整、对齐、划分、组合、复制和粘贴等操作。

经典实例

【光盘：源文件\第 10 章\切片修改.PSD】

01 打开【光盘：源文件\第 10 章\水花相映.jpg】图像文件，创建一个或多个切片，单击切片选择工具，按住【Shift】的同时鼠标左键单击用户切片区，选择用户切片，如图 10-1-13 所示。

图 10-1-13 选择多个切片

02 移动切片选择工具指针到切片选框内，将该切片拖移到新的位置，如图 10-1-14 所示。

图 10-1-14 移动切片

03 抓取切片的边手柄或角手柄并拖移以调整切片大小，如果选择多个切片，则这些切片共享的公共边缘将一起被调整大小，如图 10-1-15 所示。

图 10-1-15 调整切片

不能在 Photoshop 的【存储为 Web 所用格式】对话框中移动用户切片和调整其大小，按住【Shift】键的同时可将移动限制在垂直、水平或 45° 对角线方向上。抓取切片的边手柄或角手柄可以通过单击鼠标左键或将鼠标指针移动到已经选择的切片看到。

10.1.6 切片对齐

创建好切片，可将切片与参考线、用户切片或其他对象对齐。

经典实例

【光盘：源文件\第 10 章\切片对齐.PSD】

01 打开【光盘：源文件\第 10 章\水花相映.jpg】图像文件，创建多个切片。从【视图】|【对齐到】子菜单中选择所需的选项，如图 10-1-16 所示。

通过鼠标左键单击相应选项左边的✔选择相应对齐方式，当然也可以放弃对齐，默认状态下对齐到参考线。

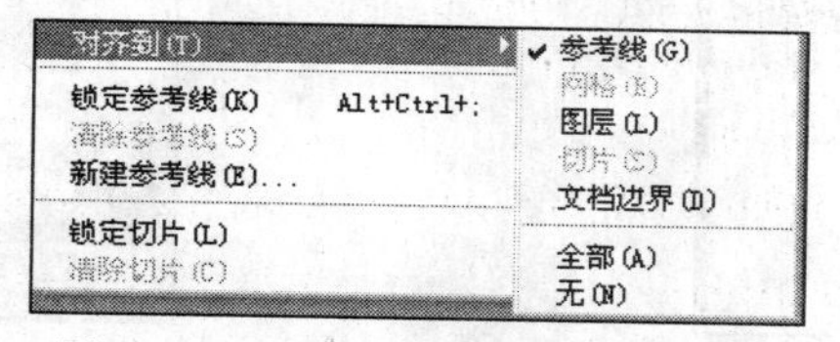

图 10-1-16 打开【对齐到】对话框

02 打开【视图】|【对齐】，复选标记✔存在表示该选项已打开，如图 10-1-17 所示。

✔ 对齐(N) Shift+Ctrl+;

图 10-1-17 对齐方式勾选

03 随意移动选中的切片，切片将与 4 像素内任何选中的对象对齐，如图 10-1-18 所示。

图 10-1-18 选择对齐到切片后的移动效果

10.1.7 划分用户切片和自动切片

【划分切片】是指将切片沿水平方向、垂直方向或同时沿这两个方向划分切片，不论原切片是【用户切片】还是【自动切片】，划分后的切片总是【用户切片】。

经典实例

【光盘：源文件\第 10 章\划分用户切片和自动切片.PSD】

01　打开【光盘：源文件\第 10 章\水花相映.jpg】图像文件，创建多个切片，如图 10-1-19 所示。选择创建好的一个或多个切片，单击选中切片选择工具，在选项栏中点击【划分...】按钮，或在图片编辑区右击，如图 10-1-20 所示，单击【划分切片】，出现与在选项栏中点击【划分...】按钮一样的对话框，如图 10-1-21 所示。

图 10-1-19　创建切片

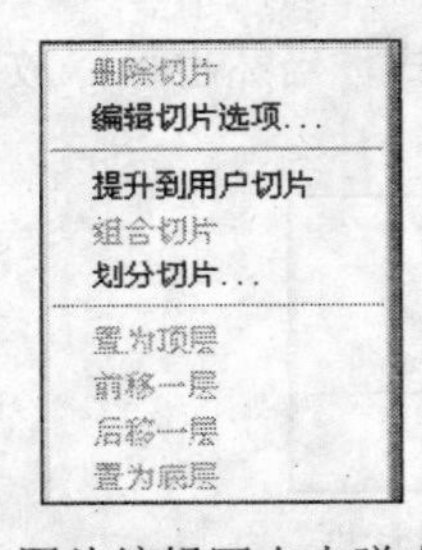

图 10-1-20　图片编辑区右击弹出的下拉菜单

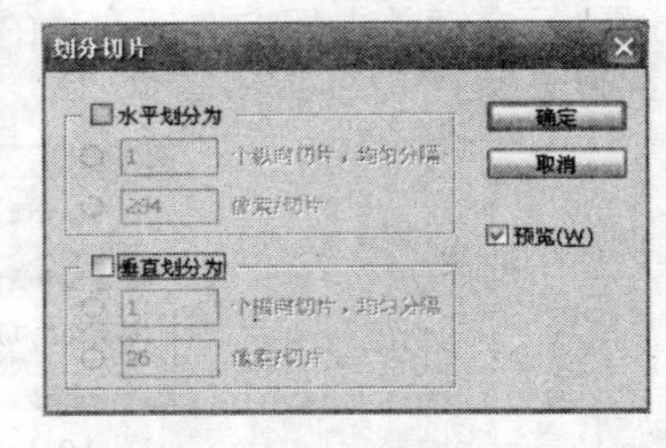

图 10-1-21　【划分切片】对话框

02　在【划分切片】对话框中，选择【水平划分为】或【垂直划分为】复选框，或者二者都选择。勾选二者，将【水平划分为】的纵向切片个数设为 2，同时将【垂直划分为】的横向切片个数设为 2，此时点击【划分切片】对话框中的【预览】可以看到更改过的内容，如图 10-1-22 所示。

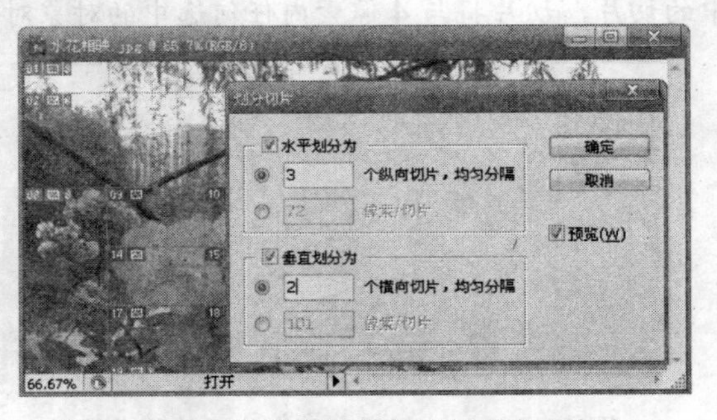

图 10-1-22　将划分设为水平与垂直方向为 2

03　此图中原先只有一个切片，对话框左边所示即为预览的效果，如果选择【每切片像素】输入一个值，便可以使用指定数目的像素划分切片。分别输入 50 像素/切片，如图 10-1-23 所示。

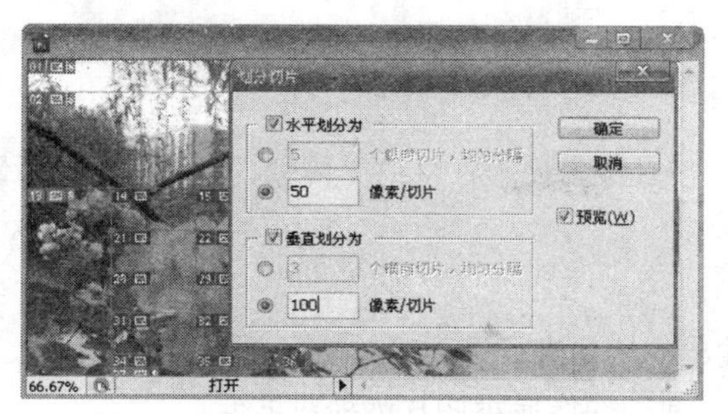

图 10-1-23 指定数目的像素划分切片

04 单击【确定】按钮，完成切片划分。

【基于图层的切片】或【嵌套表切片】不能对其进行划分，如果按输入像素数目无法平均地划分切片时，则会将剩余部分划分为另一个切片。

10.1.8 切片组合

切片组合命令对所选切片序列中的切片进行优化设置，它组合的切片总是用户切片， 与原切片是否包括自动切片无关。

经典实例

【光盘：源文件\第 10 章\切片组合.PSD】

01 打开【光盘：源文件\第 10 章\猴子.jpg】图像文件，创建切片，如图 10-1-24 所示。

02 在工具箱中选择【切片选择工具】，按住【Shift】键选择需要组合的切片。

03 单击鼠标右键，在弹出的快捷菜单中选择【组合切片】，将选择的多个切片组合成一个切片，如图 10-1-25 所示。

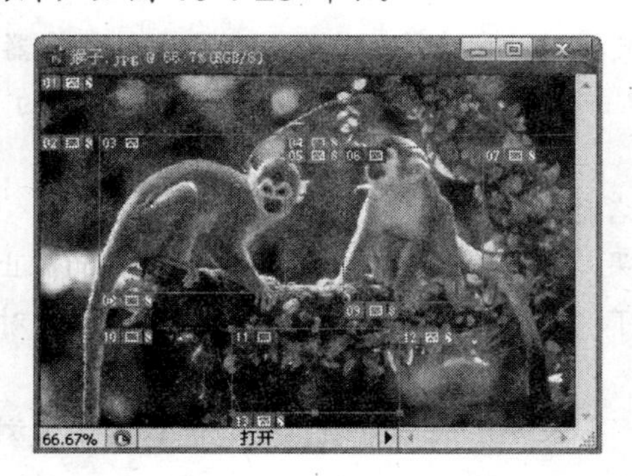

图 10-1-24 创建多个切片

图 10-1-25 组合多个切片

基于图层的切片无法组合。

10.1.9 切片输出

输出创建好的切片，使其成为便于在网络上传输，减小网络传输量，提高网页打开速度的静态图像。

1. 切片选项

切片选项是对要输出的切片进行设置的对话框，包括切片类型、名称、URL 信息、目标、切片背景类型等。执行下面的操作显示切片选项对话框：

- 使用切片选择工具在切片区域点击两次切片。
- 如果切片选择工具是现用的，单击鼠标右键，在出现的菜单中点击【切片选项】按钮。

打开切片选项对话框时，选用方法二时，该方法只在 Photoshop 主应用程序中可用，在 Photoshop 的【存储为 Web 所用格式】对话框中无效。

2. 切片类型

切片类型有图像、无图像、表三个选项，其中表不常用。

- 图像　图像类型包含切片图像数据，也包括其他一些状态，如翻转。这是默认的内容类型。
- 无图像 创建切片时，可以在其中填充文本或纯色的空表单元格，在切片中输入 HTML 文本。如果文本中使用了 HTML 标记语言，打开网页时，文本会被解释为 HTML。此时的切片不会被导出为图像，并且不会在浏览器中看到。

3. 名称、URL 信息、目标、信息文本、Alt 标记

在切片选项框中：

- 【名称】　可以对输出的切片重命名。
- 【URL 信息】　为图像切片指定 URL 链接信息，鼠标指向该切片时在浏览器的状态栏将显示相应的 URL 链接信息，单击切片 Web 浏览器会导航到指定的 URL 地址。
- 【目标】　文本框中输入目标 URL 链接名称。
- 【信息文本】　在网络传输的过程中，如果切片传输失败，或者由于浏览器的阻止，无法正常显示切片内容，输入的信息文本可以大致介绍切片的内容，以增进用户对页面的理解。
- 【Alt 标记】　指定选定切片的 Alt 标记。如果 Alt 文本出现，它将取代非图形浏览器中的切片图像。

4. 切片背景类型

切片背景类型选项可以为切片选择背景色，你可以选择一种背景色来填充，也可以在切片调板中设置其背景色。

在输入切片【名称】时，为防止网络出错，最好使用英文；在设置切片背景类型时透明区仅适用于图像切片，整个区域适用于无图像切片。

5. 切片的存储

经典实例

【光盘：源文件\第 10 章\切片.jpg】

01 打开【光盘：源文件\第 10 章\垂柳.jpg】图像文件，创建切片，如图 10-1-26 所示。

02 运用【切片选择工具】选择要存储的单个切片，对其进行复制。

03 执行【文件】|【新建】命令，输入切片名称和其他一些选项值，如图 10-1-27 所示。其余选项使用默认，Photoshop 可以自动识别其大小，并创建相应宽度和高度的背景，单击【确定】按钮，系统弹出【切片】图像，如图 10-1-28 所示。

04 按【Ctrl + V】组合键将切片粘贴到图像中，效果如图 10-1-29 所示。

图 10-1-26 创建切片

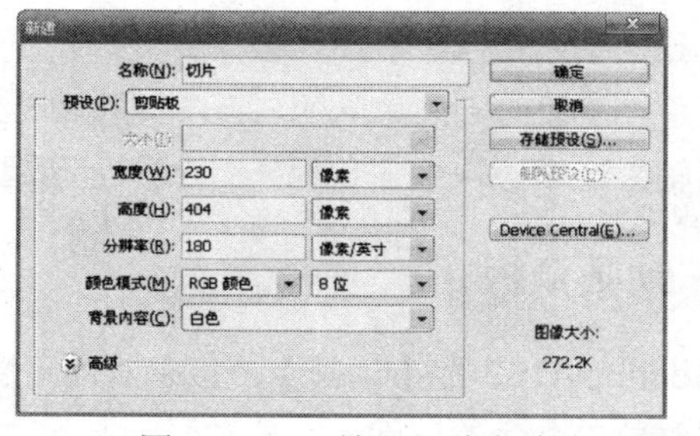

图 10-1-27 输入切片名称

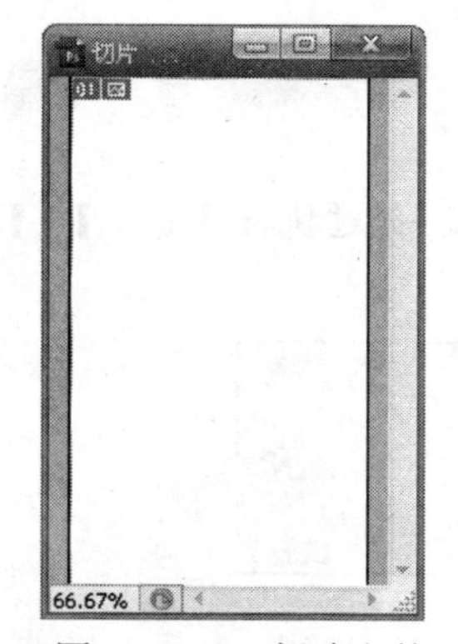

图 10-1-28 新建文件

图 10-1-29 粘贴切片

05 执行【文件】|【存储为】命令，打开存储对话框，将其存为 jpg 格式，如图 10-1-30 所示，单击【确定】按钮，打开存储设置选项，如图 10-1-31 所示。网络上要求图像小，以达到加速传输的目的，因此，图像选项中的【品质】选项，可将其设为中，或者低。

06 单击【确定】按钮，完成存储。

提示

要输出多个切片，按上述方法重复操作，即可达到目的。

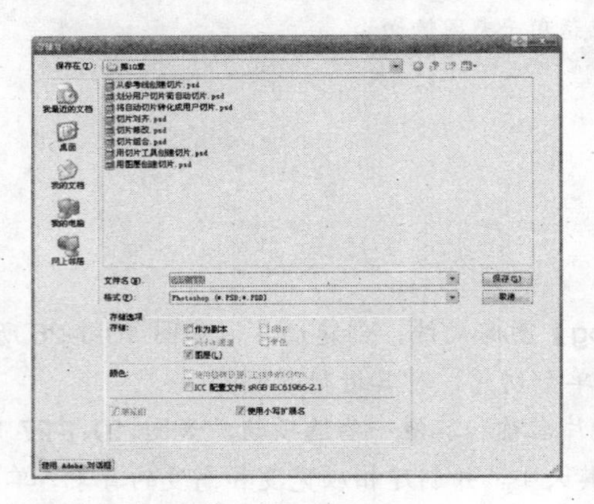

图 10-1-30　存储切片

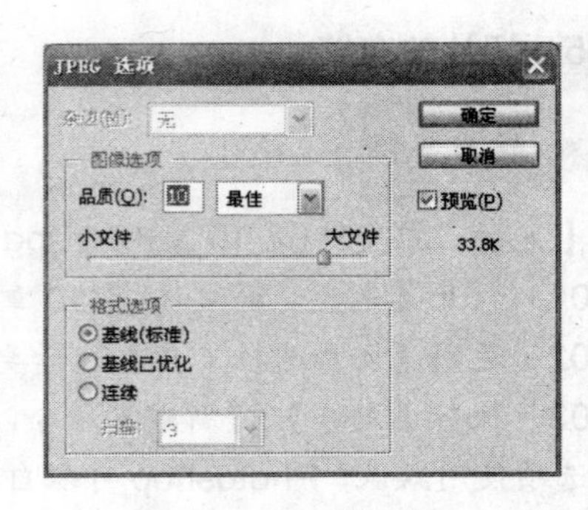

图 10-1-31　存储设置

10.2　动　画

动画是在一段时间内显示的一系列图像帧，每一帧内容较前一帧有轻微的变化，当这些图像帧在时间轴上连续、快速变化时，就会产生动起来的错觉。

10.2.1　动画调板

Photoshop CS3 的【动画】调板是对动画快捷编辑的控制板，定义了许多快捷操作，可以方便实现对菜单命令的访问，完成动画的制作。

经典实例

【光盘：源文件\第 10 章\动画.PSD】

01　打开【光盘：源文件\第 10 章\希望.jpg】图像文件。通过执行【窗口】|【动画】命令打开【动画】调板，如图 10-2-1 所示。

图 10-2-1　【动画】调板

02　单击调板右上角的三角形以访问用于处理动画的命令。上层的▼表示每秒帧延迟时间，如图 10-2-2 所示。

03　单击【其他】可以以秒为单位，对帧进行帧延迟的设置，如图 10-2-3 所示。

04　单击下层的▼，可以设置帧的播放次数，如图 10-2-4 所示。

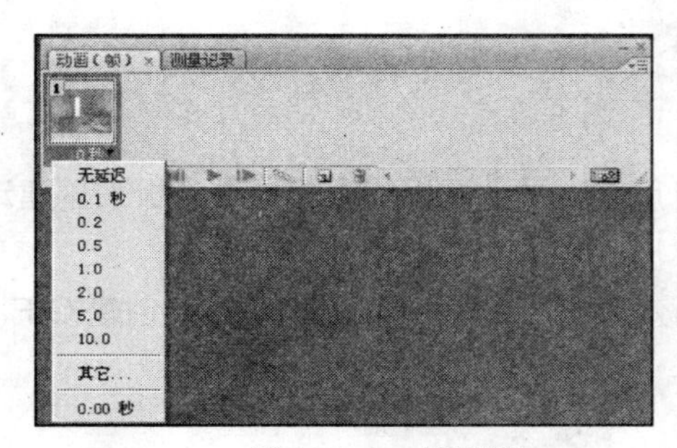

图 10-2-2　帧延迟

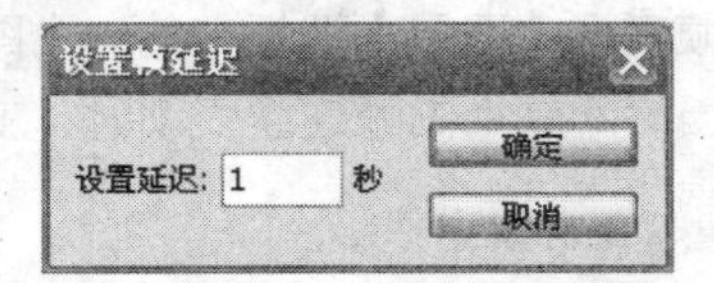

图 10-2-3　设置帧延迟

图 10-2-4　设置帧播放次数

05　【一次】表示制作的动画只播放一次；【永远】表示制作的动画可以一直不停地重复播放下去，直到用户中止；【其他】可以手动设置动画的播放次数。如图 10-2-5 所示。

06　单击调板最右上角的，弹出【动画】调板所有命令的菜单，如图 10-2-6 所示。

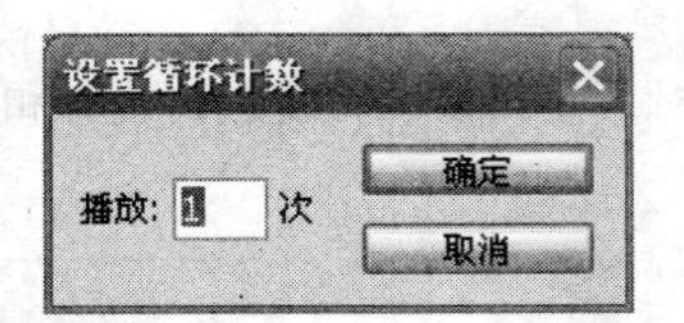

图 10-2-5　设置循环次数

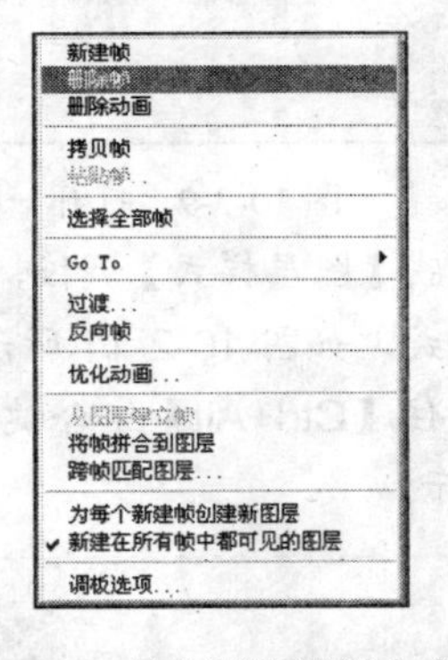

图 10-2-6　【动画】调板命令菜单

07　【动画】调板中还定义了一些快捷按钮，如图 10-2-7 所示：

08　从左到右分别为：【选择第一帧】、【选择上一帧】、【播放动画】、【选择下一帧】、【动画帧过渡】、【复制选中的帧】和【删除选中的帧】，其中【动画帧过渡】表示当选定某一时间间隔为帧延迟后，与前面哪一帧之间设置动画，如图 10-2-8 所示。

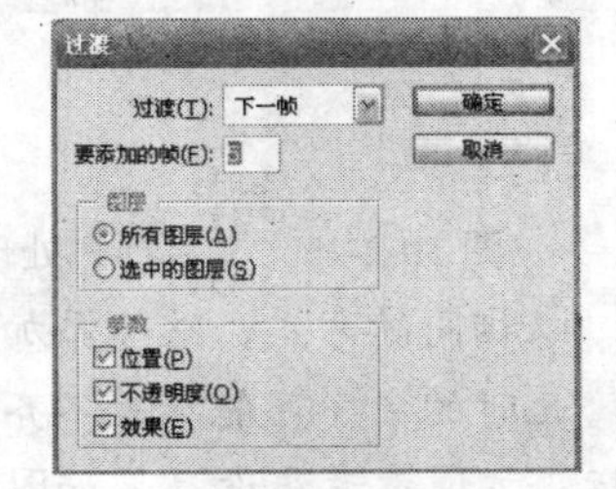

图 10-2-7　【动画】调板快捷按钮

图 10-2-8　动画帧过渡

10.2.2 动画的创建

Photoshop CS3 的动画创作过程简单，可以用【动画】调板和【图层】调板来创建动画帧。每个帧表示【图层】调板中的一个图层配置。

当时间轴上的帧连续变动时，就能产生动画效果，Photoshop 可以方便地创建 GIF 动画。

经典实例

【光盘：源文件\第 10 章\动画创建.GIF】

01 打开【光盘：源文件\第 10 章\校园风光.jpg】图像文件，将帧添加到【动画】调板，如果打开了一个图像，则【动画】调板将该图像设为动画的第一个帧，如图 10-2-9 所示。

02 运用【横排文字工具】创建文字，如图 10-2-10 所示。

图 10-2-9 打开一图像

图 10-2-10 输入文字图层

03 单击【图层样式】调板，选择图层样式，或者打开【图层】|【图层样式】|【混合选项】，编辑文字样式，如图 10-2-11 所示。

04 按住【Ctrl+Alt】组合键，拖动鼠标左键，对文字图层进行复制，建立相应副本，如图 10-2-12 所示。

图 10-2-11 文字样式处理

图 10-2-12 复制文字

05 以相同的方式，继续添加完文字“Photoshop”，如图 10-2-13 所示。

06 此时的文字可能参差不齐，需要对其进行调整，单击【视图】|【标尺】，准确显示图像的坐标，方便参考线设置，如图 10-2-14 所示。

图 10-2-13　完成文字图层添加

图 10-2-14　显示参考线

07　单击【视图】|【新建参考线】，弹出【新建参考线】对话框，如图 10-2-15 所示。

08　选择【取向】为水平，输入【位置】为 3 厘米，单击【确定】按钮，效果如图 10-2-16 所示。

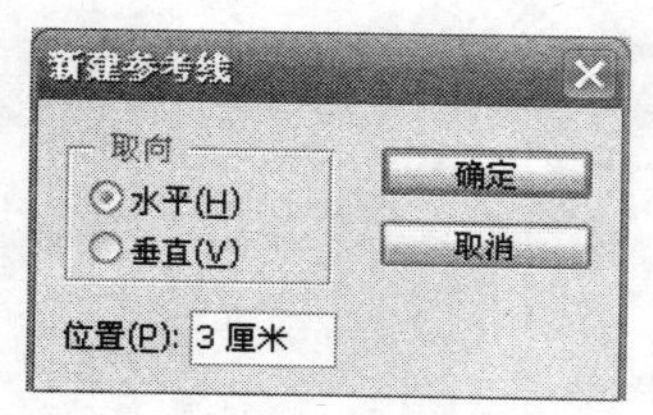

图 10-2-15　新建参考线

图 10-2-16　建立参考线

09　新建参考线，选择【取向】为水平，输入【位置】为 5 厘米，处理副本，以参考线为准调整文字，如图 10-2-17 所示。

10　此时图层调板的内容如图 10-2-18 所示。

图 10-2-17　以参考线调整

图 10-2-18　调整后的图层调板

11　左键单击调板最右上角的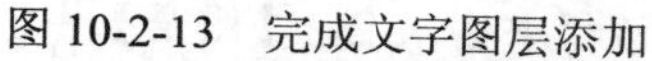，选择【从图层建立帧】，如图 10-2-19 所示。时间轴出现了 23 个帧，可以左键单击调板最右上角的选择【删除第一帧】，因为它与文字动画无关。

12　选择某一帧，单击【动画】调板下边的按钮，创建过渡帧，如图 10-2-20 所示。

图 10-2-19　从图层创建帧

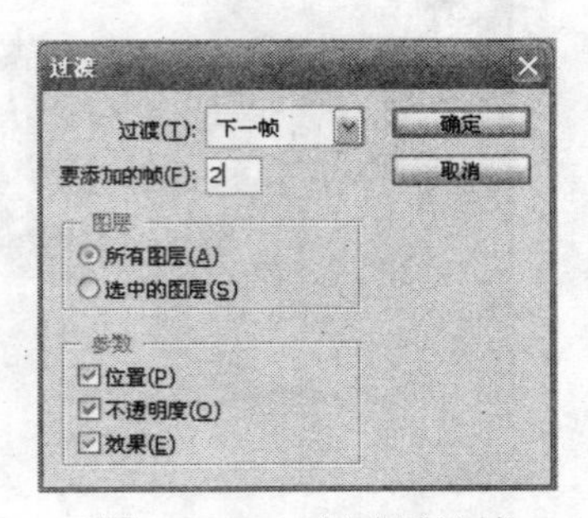

图 10-2-20　创建过渡帧

13　选择【过渡】为下一帧，在【要添加的帧】对话栏中输入 2，【图层】中选择【所有图层】，【参数】值不变，单击【确定】按钮，如图 10-2-21 所示。

14　设置循环次数，默认为【永远】，将其设为 10 次，如图 10-2-22 所示，单击【确定】按钮。

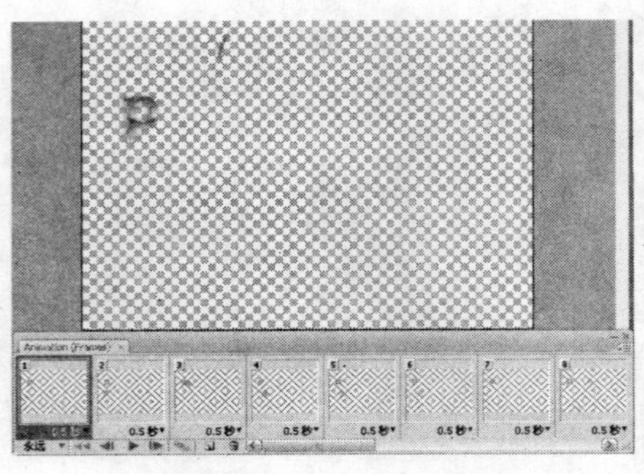

图 10-2-21　添加过渡帧

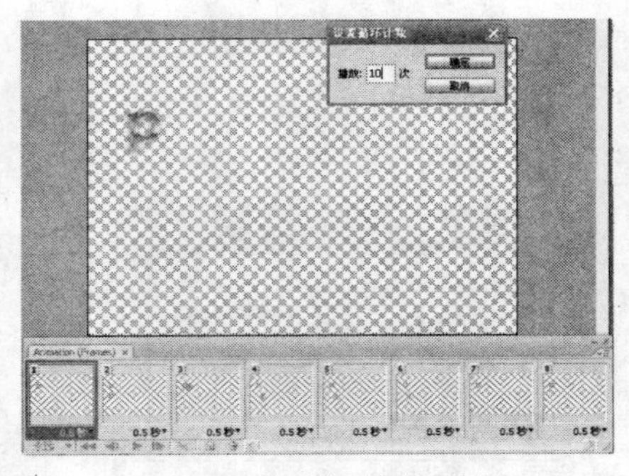

图 10-2-22　设置循环次数

15　左键单击调板最右上角的 选择【优化动画】，弹出优化方式对话框，如图 10-2-23 所示。选择优化方式，单击【确定】按钮，将动画最优化。但是它会减少动画像素，动画的效果不如以前。

16　打开【文件】|【导出】|【视频预览】，或者单击动画调板 按钮，预览动画，状态之一如图 10-2-24 所示。

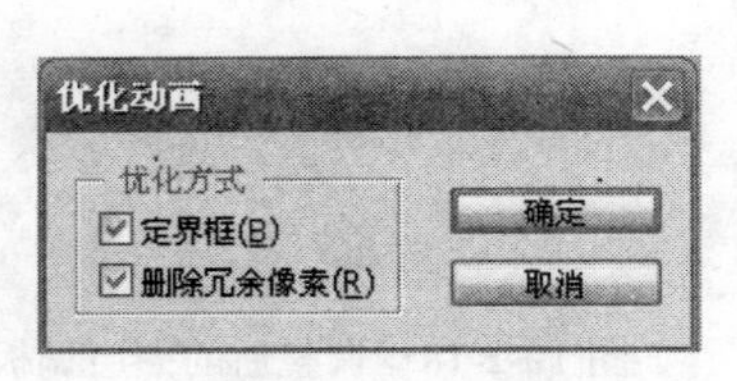

图 10-2-23　优化动画

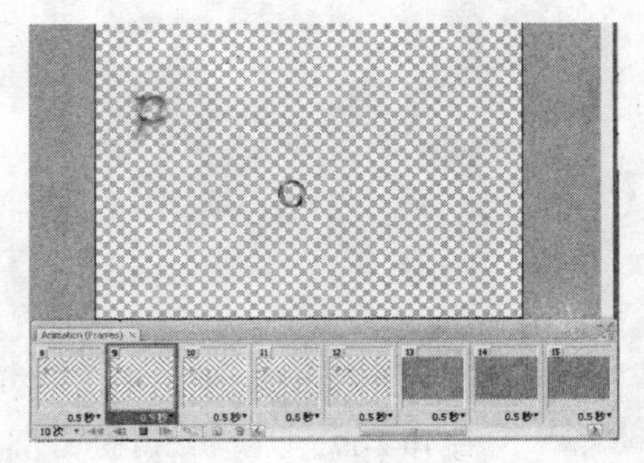

图 10-2-24　视频预览过程中

17　同时按住【Shift+Ctrl+S】快捷键或单击【文件】|【存储为】，选择存储为 GIF 格式，如图 10-2-25 所示。

18　输入文件名并单击【确定】按钮，弹出【索引颜色】对话框，如图 10-2-26 所示。

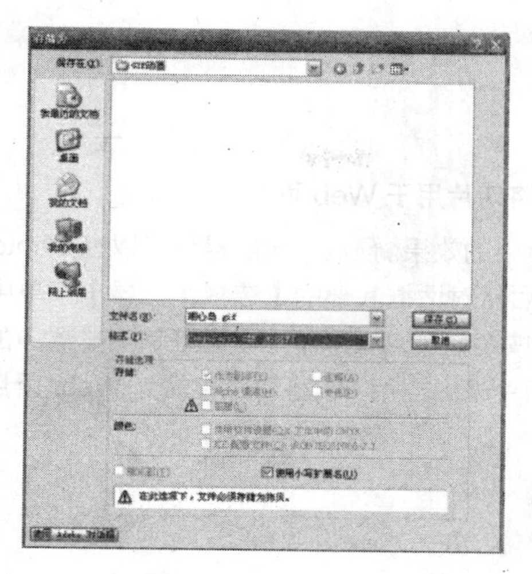

图 10-2-25　存储选项

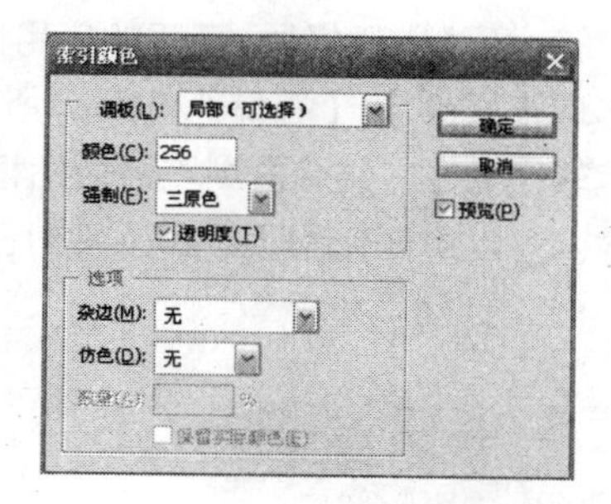

图 10-2-26　【索引颜色】对话框

19　选择调板【Windows】,其他选项选择默认方式。单击【确定】按钮，打开 GIF 选项，如图 10-2-27 所示。

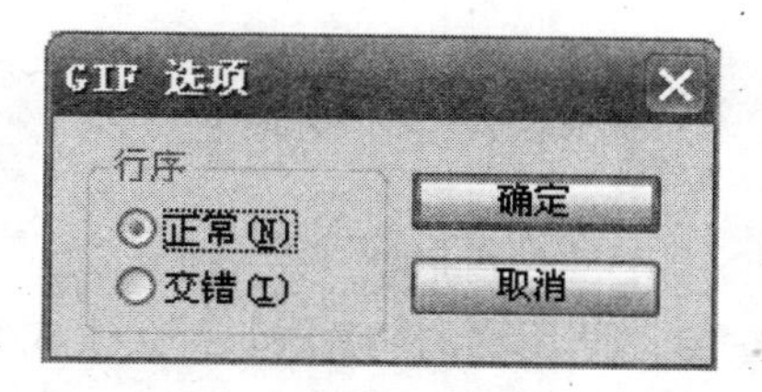

图 10-2-27　GIF 选项

20　在【行序】选区选择【正常】，并单击【确定】按钮，系统将 GIF 动画保存到指定位置。

在创建 GIF 动画的过程中，若要删除帧，只需单击【动画】调板中的【删除】按钮，然后根据系统提示单击【确定】按钮即可。

本章总结

切片是一个美观、大方、引人注目的网页必需的元素，Photoshop 切片创建的强大功能就在于它能够达到其他应用软件不能达到的效果，在制作过程中，Photoshop 为我们提供了方便快捷的交互方式，并通过对其修改、变形、优化达到应用上的目的。

动画是在一段时间内显示的一系列图像帧，每一帧内容较前一帧有轻微的变化，当这些图像帧在时间轴上连续、快速变化时，就会产生动起来的错觉。GIF 动画标准格式是用于存储动画图像以便在 Web 上查看动画，在制作的过程中也可以使用切片工具对图层处理。

有问必答

问：切片制作好后， 怎样预览图像，又怎么将切片用于 Web 页？

答：切片创建好后，真正的应用体现在 Web 页中的效果。预览图像的操作可以在 Photoshop 中选取【文件】|【存储为 Web 所用格式】，然后从对话框底部的【选择浏览器】菜单中选取【编辑列表】，并点击浏览器对话框中的【添加】按钮就可以在系统上安装任何浏览器中的预览图像。可以用任何网页设计软件对已经制作好的切片进行插入，或将切片存储为 Web 所用格式后，嵌入到网页中。

巩固练习

选择题

1．切片是图像的一块（　　）区域。

A．圆形　　　　B．正方形

C．矩形　　　　D．任意形状

2．当你创建新的用户切片或基于图层的切片时，都会生成附加的矩形来占据图像的其余区域。这种附加的占据图像的其余区域的是（　　）。

A．Web 文本　　　　B．切片的划分

C．当前切片　　　　D．自动切片

3．从参考线创建切片时，将删除所有现有切片这一说法是（　　）。

A．正确　　　　B．不正确

C．无法判断　　　　D．没有这一说法

4．在选择多个自动切片时，需要在按住哪个键的同时左击选择？（　　）

A．【Ctrl】　　　　B．【Shift】

C．【Alt】　　　　D．【Insert】

5．信息文本是在网络传输的过程中，如果切片传输失败或者由于浏览器的阻止，无法正常显示切片内容时的（　　）。

A．目标链接　　　　B．文字图层

C．HTML 标记语言　　　　D．切片信息替代文本

填空题

1．存储图像和 HTML 文件时，每个切片都会作为_________，并具有其自己的设置和颜色调板，而且会保留正确的链接、翻转效果以及动画效果。

2．切片工具有_________和_________两种。

3．切片按照其内容类型可以分为________和________的切片，每种类型的切片都显示不同的图标，可以选取显示或隐藏自动切片。

4．设置切片背景类型时透明区仅适用于________，整个区域适用于________。

5．Photoshop CS3 的动画创作可以用________和________来创建动画帧。每个帧表示【图层】调板中的一个图层配置。

判断题

1．可以对【基于图层的切片】和【自动切片】进行组合。　（　）

2．【划分切片】是指将切片沿水平方向、垂直方向或同时沿这两个方向划分切片，不论原切片是【用户切片】还是【自动切片】，划分后的切片总是【用户切片】。　（　）

3．切片组合命令对所选切片序列中的切片进行优化设置，它组合的切片总是【基于图层的切片】，与原切片是否包括自动切片无关。　（　）

4．【基于图层的切片】或【嵌套表切片】不能对其进行划分，如果按输入像素数目无法平均地划分切片时，则会将剩余部分划分为另一个切片。　（　）

5．在切片选项框中输入切片【名称】时，为防止网络出错，最好使用中文。　（　）

综合实例精讲

学习导航

通过前面章节的学习，我们已经分别了解了 Photoshop CS3 中各命令的应用方法。那么如何运用这些基础知识进行综合性的图形处理呢？本章将通过一系列实例讲解 Photoshop CS3 综合处理图片的方法。

本章要点

- 卡片制作
- 熔金的文字
- 制作旧照片
- 制作西瓜
- 燃烧的文字
- 雨后夏日
- 图像的合成
- 封面设计
- Web 图形制作

11.1　卡片制作

如何运用 Photoshop 制作卡片，在这个过程中将会用到哪些命令呢？我们将通过制作一张具有校园风情的卡片进行讲解。

【实例分析】

制作本卡片是在两张图片之间进行的，在制作过程中主要有【选择工具】的应用，包括羽化半径的设置、选区的剪切和粘贴，以及文字的输入和文字样式的设置等。

【实例效果】

【光盘：源文件\第 11 章\校园风情卡片制作.PSD】

卡片的最终效果如图 11-1-1 所示。

图 11-1-1　校园风情卡片

【实例制作】

01　打开【光盘：源文件\第 11 章\校园风情.jpg】图像文件，如图 11-1-2 所示。

02　设置【背景色】为白色。将背景图像用椭圆选框选中，建立一个选区，如图 11-1-3 所示。

图 11-1-2　打开图像

图 11-1-3　创建选区

03　在选区内单击鼠标右键，在弹出的快捷菜单中选择【羽化】选项，系统弹出【羽化选区】对话框，设置【羽化半径】为 50，如图 11-1-4 所示。

04　单击【确定】按钮，按下【Del】键，完成羽化操作，效果如图 11-1-5 所示。

05　打开【光盘：源文件\第 11 章\人物头像.jpg】图像文件，如图 11-1-6 所示。

06　将人物图像用椭圆选框选中，建立一个选区，如图 11-1-7 所示。

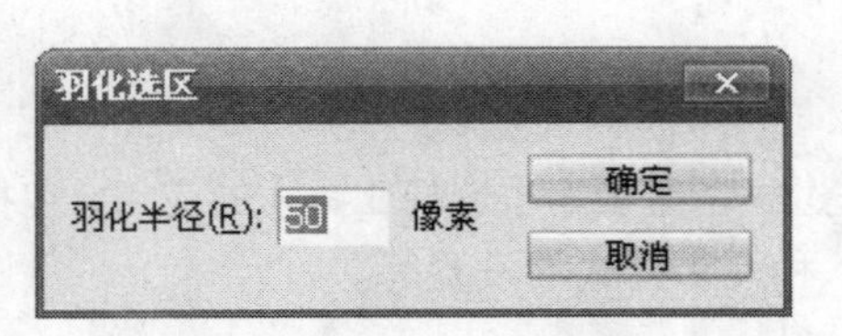

图 11-1-4 【羽化选区】对话框

图 11-1-5 羽化选区

图 11-1-6 打开图像

图 11-1-7 建立选区

07 单击鼠标右键，选择【羽化】，在弹出的对话框中选择羽化半径为 10，单击【确定】按钮，按【Ctrl + X】组合键，完成羽化操作并剪切，效果如图 11-1-8 所示。

08 切换到“校园风情”图像文件下，按【Ctrl + V】组合键，完成粘贴操作，如图 11-1-9 所示。

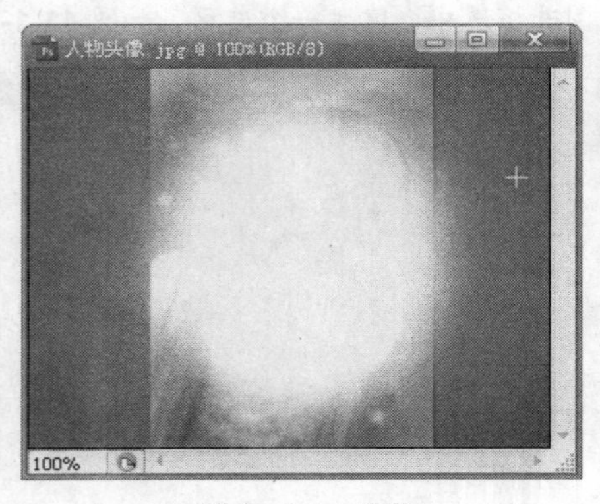

图 11-1-8 羽化

图 11-1-9 粘贴

09 利用移动工具将粘贴后的头像移动到适当的位置。利用【直排文字工具】创建文字，效果如图 11-1-10 所示。

10 将文字选中，对文字格式作适当调整，选择【字体】为华文新魏，【大小】为 14 点，【颜色】为白色，效果如图 11-1-11 所示。

11 单击工具箱上的图标，完成处理任务。如图 11-1-12 所示。

图 11-1-10　移动输入文字

图 11-1-11　设置文字格式

图 11-1-12　完成

11.2　熔金的文字

如何灵活利用 Photoshop 的文字编辑功能呢？本实例将以制作熔金文字为例进行讲解。

【实例分析】

完成熔金文字的制作主要会用到文字的输入、文字样式设置命令，同时会涉及图层【混合选项】的设置和运用。

【实例效果】

【光盘：源文件\第 11 章\熔金的文字.PSD】

熔金文字的最终效果如图 11-2-1 所示。

图 11-2-1　熔金的文字最终效果

【实例制作】

01　打开【光盘：源文件\第 11 章\落日.jpg】图像文件，如图 11-2-2 所示。

02　选择文字工具，输入文字，如【落日熔金】，设置【字体】为【华文琥珀】，【字号】最大值 72 点，设置【颜色】中的 RGB 值分别为【215】、【177】和【0】。单击【确定】按钮，如图 11-2-3 所示。

图 11-2-2　打开图像

图 11-2-3　输入文字

03　在文字区域右击鼠标，选中【文字变形】功能选项，进行如下设置：【样式】为旗帜，【弯曲】为−17%，【水平扭曲】为+5%，【垂直扭曲】为+36%。如图 11-2-4 所示。

04　单击 确定 按钮，并单击工具箱上的【移动工具】图标按钮，将变形后的文字移动到适当位置，如图 11-2-5 所示。

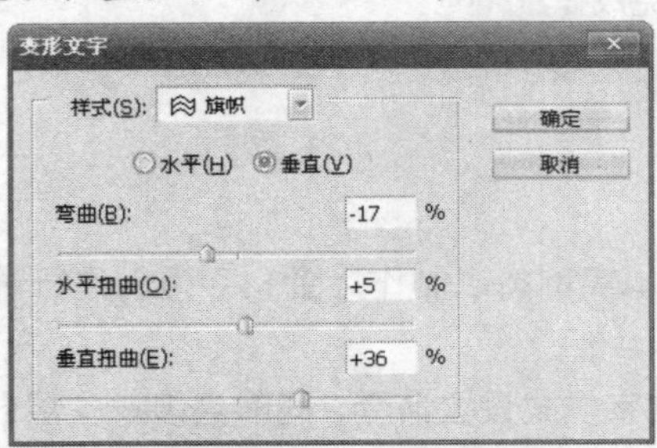

图 11-2-4　文字变形

图 11-2-5　移动

05　单击菜单栏上【图层】|【图层样式】|【混合选项】，打开【混合选项】对话框。

06　选择样式【内投影】，设置【混合模式】为【正片叠底】，【不透明度】为 75%，【角度】为 6 度，【距离】为 44 像素，【阻塞】为 15%，【大小】为 10%，如图 11-2-6 所示。

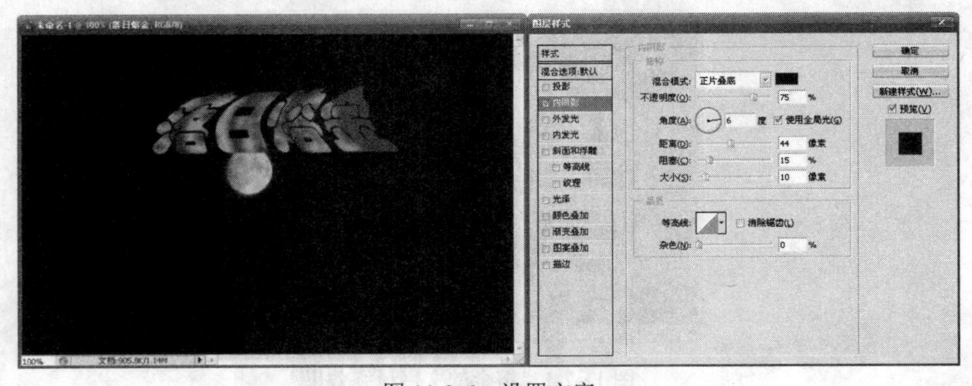

图 11-2-6　设置文字

07　选择样式【外发光】，设置【混合模式】为【滤色】，【不透明度】为 75%，【杂色】为 0%，【方法】为精确，【扩展】为 72%，【大小】为 6 像素，【范围】为 1%，如图 11-2-7 所示。

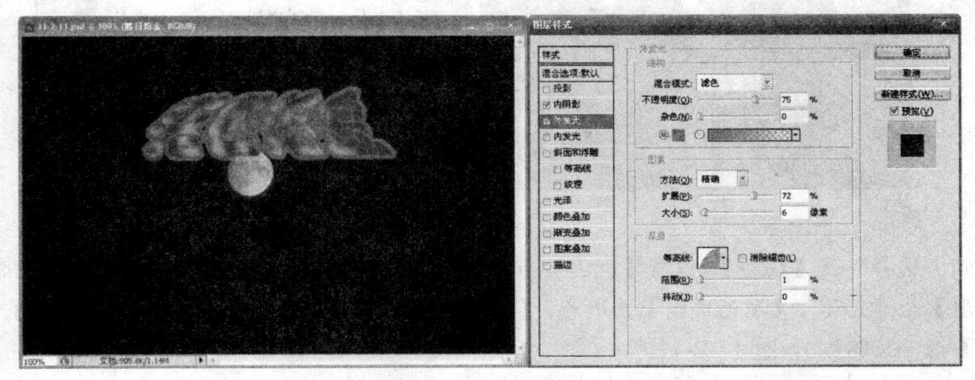

图 11-2-7　设置样式

08　选择样式【内发光】，使用默认设置，如图 11-2-8 所示。

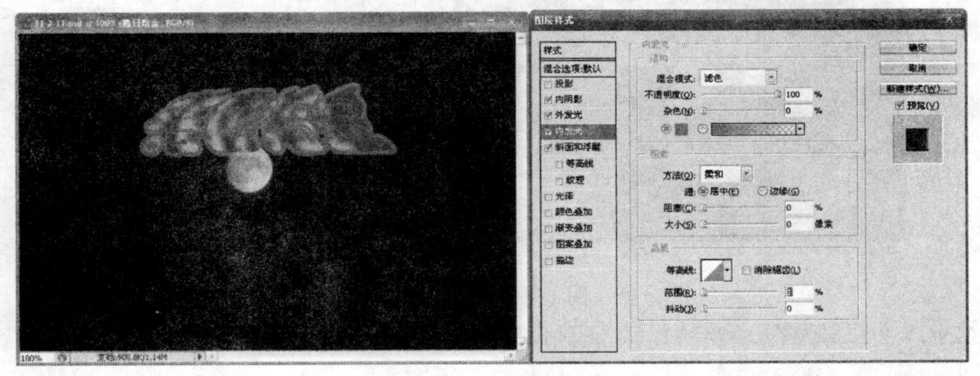

图 11-2-8　图层样式

09　选择样式【斜面与浮雕】，并勾选其两个子选项，设置【样式】为【内斜面】，【方法】为【平滑】，【深度】为 100%，【方向】为上，【大小】为 6 像素，【软化】为 3 像素，如图 11-2-9 所示。

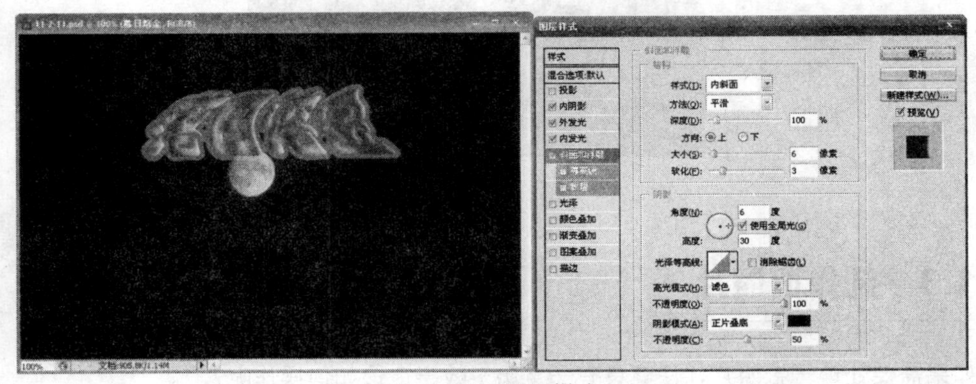

图 11-2-9　图层样式

10　选择样式【颜色叠加】，设置【混合模式】为【溶解】，【颜色】中的 RGB 值分别为 224、225 和 13，【不透明度】为 100% ，如图 11-2-10 所示。

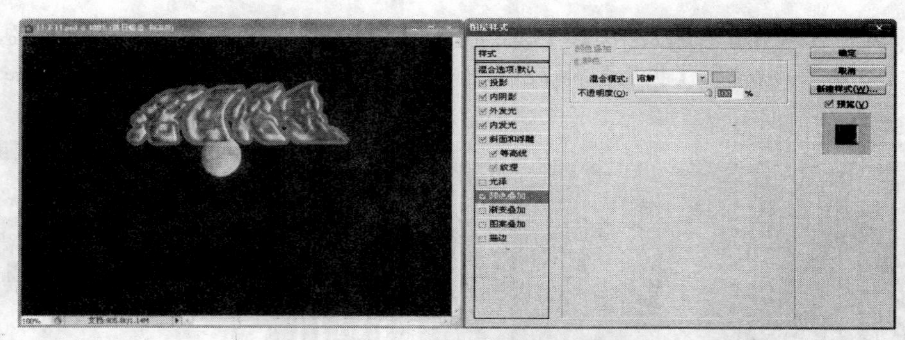

图 11-2-10 图层样式

11 选择样式【描边】，设置【大小】为 3 像素，【位置】为外部，【混合模式】为正常，【不透明度】为 100% ，【填充类型】为颜色，【颜色】中的 RGB 值分别为 224、225 和 13，【不透明度】为 100% ，如图 11-2-11 所示。

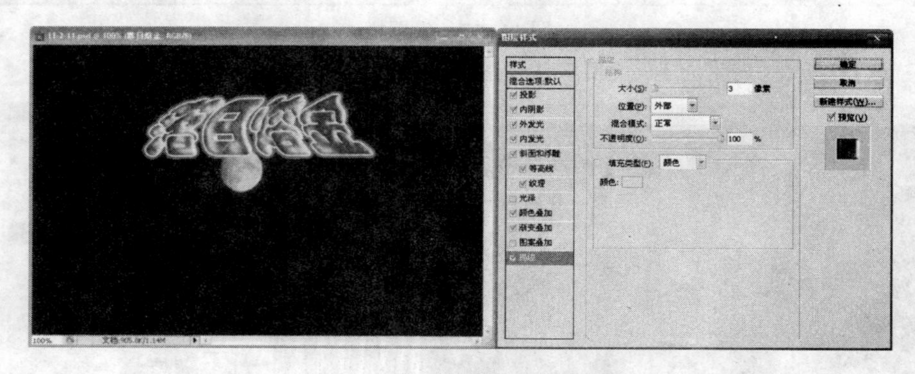

图 11-2-11 图层样式

12 单击 确定 按钮，完成操作，结果如图 11-2-12 所示。

图 11-2-12 完成

11.3 制作旧照片

如果需要处理一张照片，使其具有一定历史效果应该如何操作呢？

【实例分析】

制作旧照片主要用到图片色相、灰度、亮度等编辑要素。

【实例效果】

【光盘：源文件\第 11 章\制作旧照片.PSD】

本实例的最终效果如图 11-3-1 所示。

图 11-3-1　制作旧照片最终效果

【实例制作】

01　打开【光盘：源文件\第 11 章\旧照片.jpg】图像文件，如图 11-3-2 所示。

图 11-3-2　打开图像

02　打开【图层】|【新调整图层】|【色相/饱和度】，如图 11-3-3 所示。

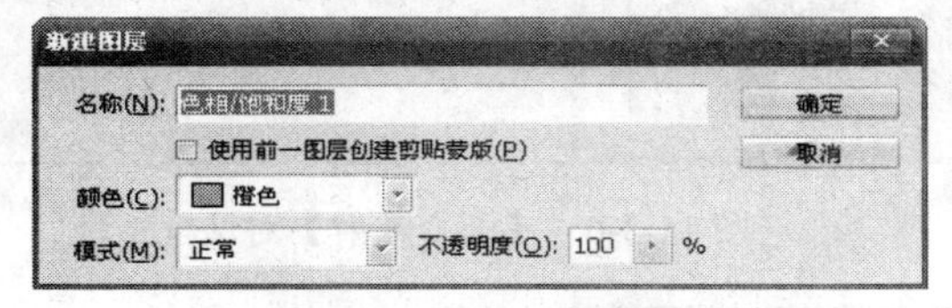

图 11-3-3　【新建图层】对话框

03　单击 确定 按钮，打开【色相/饱和度】对话框，选择【编辑】为全图，将除【明度】以外其他值调到最大，如图 11-3-4 所示。

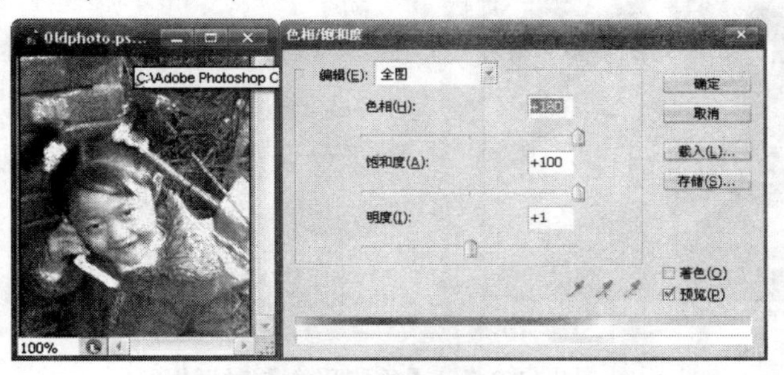

图 11-3-4　【色相/饱和度】对话框

04　打开【图层】|【新调整图层】|【曲线】，调整图像，使其变亮，同时又不失去太多对比度，单击 确定 按钮，如图 11-3-5 所示。

图 11-3-5　【曲线】对话框

05　打开【图层】|【新调整图层】|【渐变映射】，选择【灰度映射所用渐变】为灰色，完全去掉颜色信息，如图 11-3-6 所示。

06　单击【确定】按钮，选择【图层】|【新调整图层】|【色彩平衡】，设置【色阶】为+48、+5 和+5，单击【确定】按钮，完成新照片变旧照片的工作，如图 11-3-7 所示。

图 11-3-6　【渐变映射】对话框

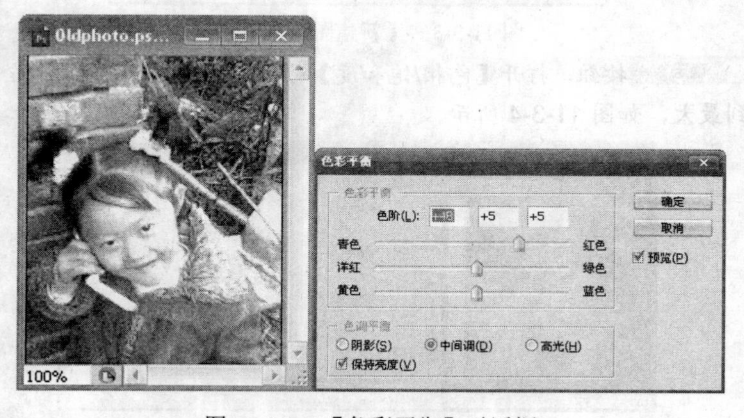

图 11-3-7　【色彩平衡】对话框

11.4　制作西瓜

前面我们介绍的实例都是在已有图片的基础上进行编辑处理的，那么如何利用 Photoshop 创建一张新的图片呢?

【实例分析】

利用 Photoshop 创建新的图形是一个综合性的实例应用。本实例主要用到图层、颜色拾取、滤镜的应用等。

【实例效果】

【光盘：源文件\第 11 章\制作西瓜.PSD】

本实例最终效果如图 11-4-1 所示。

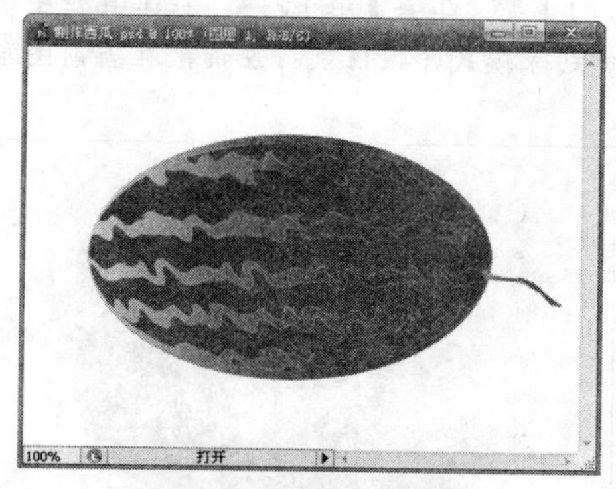

图 11-4-1　制作西瓜最终效果

【实例制作】

01　执行【文件】|【新建】命令，新建一个图形文件，其高度为 12cm，宽度为 16cm，背景色为白色。

02　单击【图层】|【新建】|【图层】，新建一个图层。

03　用【椭圆选择工具】在新建的图层上画出一个椭圆，如图 11-4-2 所示。

04　单击工具箱上图标，选取一种前景色为淡黄色，单击确定按钮，完成颜色拾取，如图 11-4-3 所示。

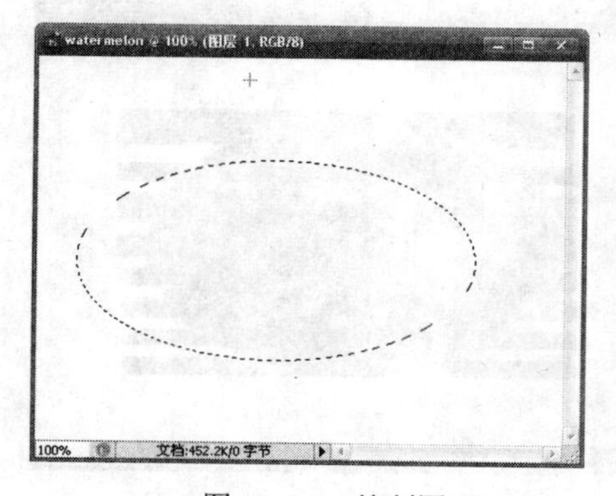

图 11-4-2　绘制图形

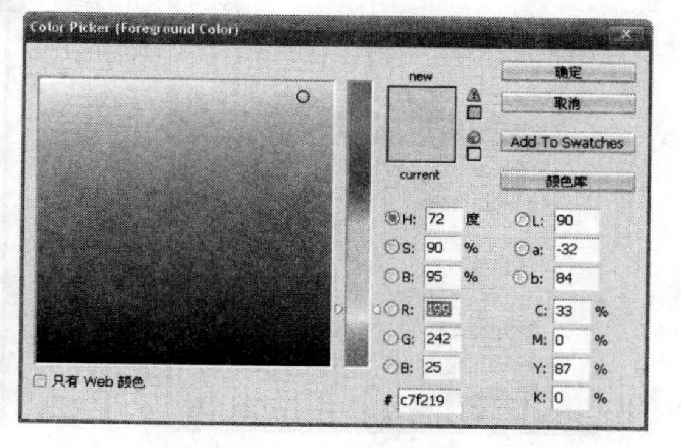

图 11-4-3　设置颜色

05　再次单击工具箱上图标，选择背景色为墨绿色，单击【确定】按钮，如图11-4-4所示。

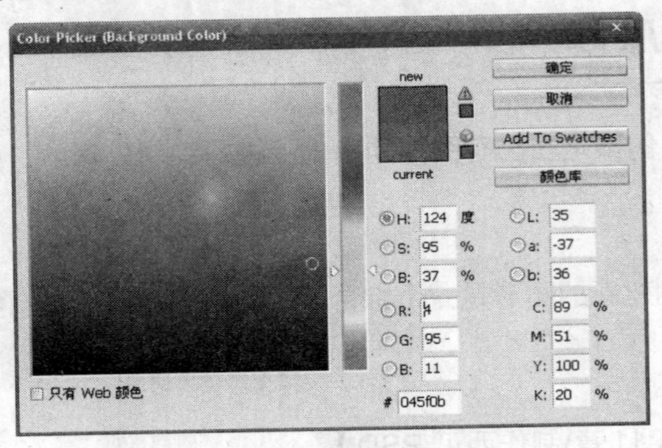

图11-4-4　设置颜色

06　单击选择工具箱上的【渐变工具】按钮，在工具栏中设置【渐变工具】为【线性渐变】模式，即由淡黄到绿模式，按住鼠标左键，在当前图层中所绘出的椭圆内自左向右拖动，如图11-4-5所示。

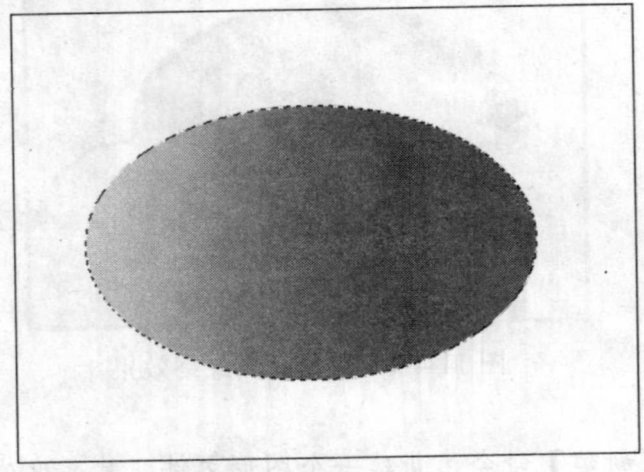

图11-4-5　图像渐变

07　新建一图层，用矩形选框来选择一个矩形区域，单击鼠标右键，选择【填充】，在弹出的对话框中选择【使用】为背景色，如图11-4-6所示。

08　单击【确定】按钮，重复上述操作，直到整个椭圆的表面上均有墨绿色矩形覆盖。如图11-4-7所示。

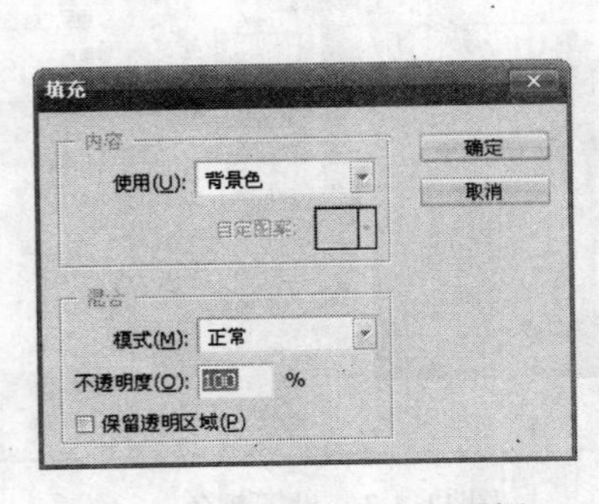

图11-4-6　【填充】对话框

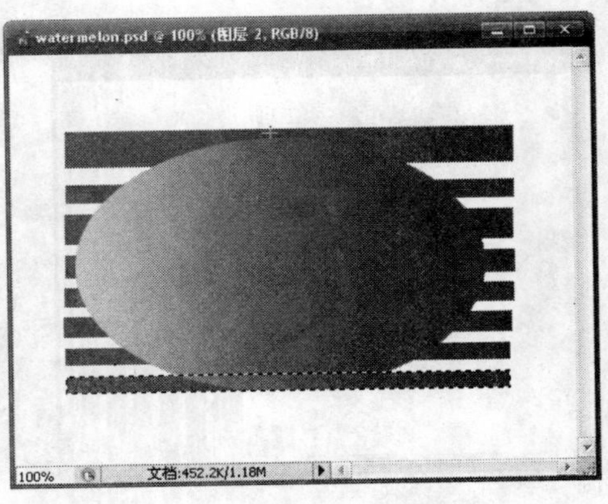

图11-4-7　重复操作

09 在【图层】调板中，将图层 2 拖到图层 1 上方，拖动前后对比如图 11-4-8 所示。

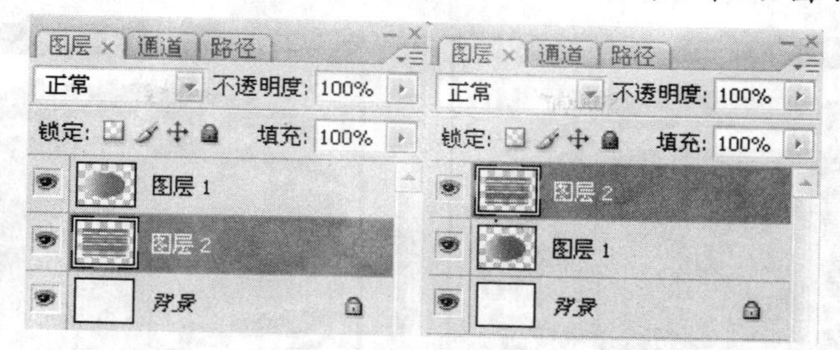

图 11-4-8 移动图层

10 完成拖动操作后效果如图 11-4-9 所示。

11 选中矩形图层为【当前图层】，单击菜单栏上【滤镜】|【扭曲】|【波纹】命令，在弹出的【波纹】对话框中，设置【数量】为 300%，如图 11-4-10 所示。

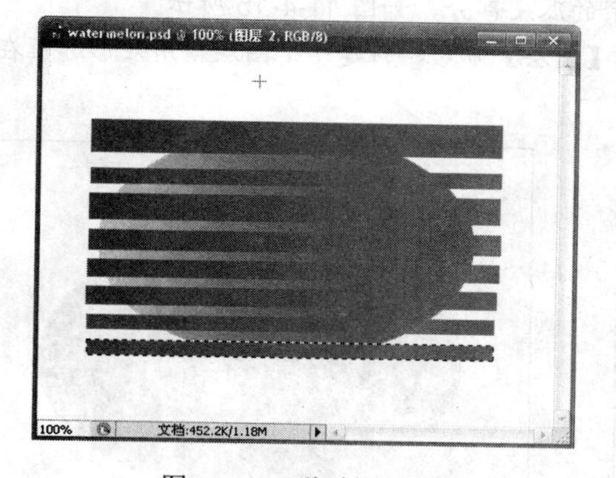

图 11-4-9 移动图层效果

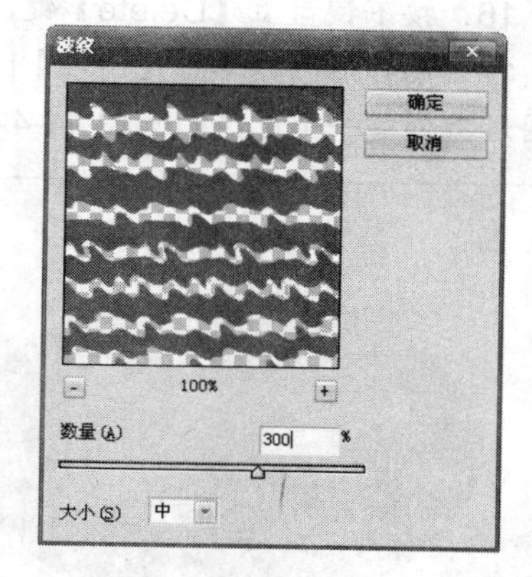

图 11-4-10 【波纹】对话框

12 单击【确定】按钮，效果如图 11-4-11 所示。

13 单击菜单栏上【滤镜】|【扭曲】|【球面化】命令，在弹出的【球面化】对话框中，设置【数量】为 100%，如图 11-4-12 所示。

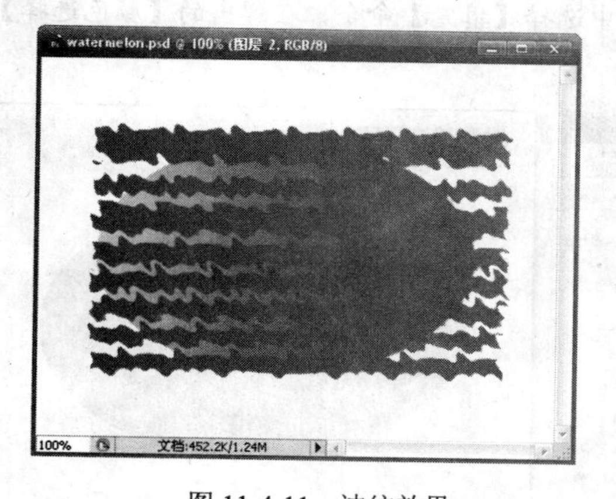

图 11-4-11 波纹效果

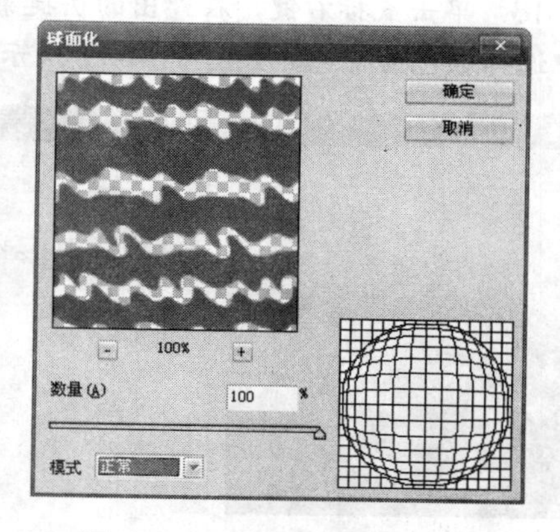

图 11-4-12 【球面化】对话框

14 单击【确定】按钮，完成【球面化】操作，效果如图 11-4-13 所示。

15 用【椭圆选择工具】选中椭圆的表面，单击鼠标右键，执行【选择反向】命令，如图

11-4-14 所示。

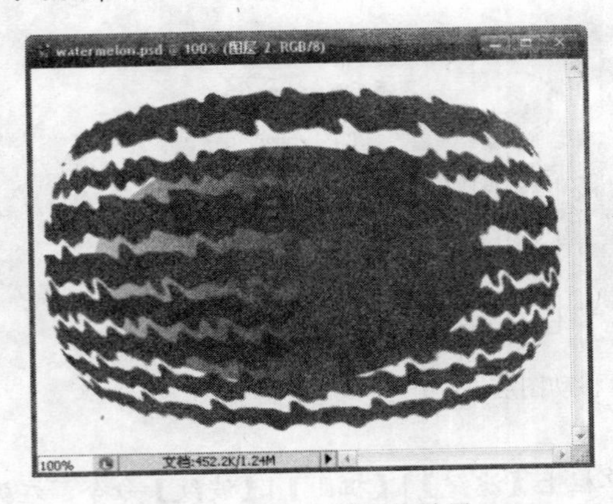

图 11-4-13 球面化效果

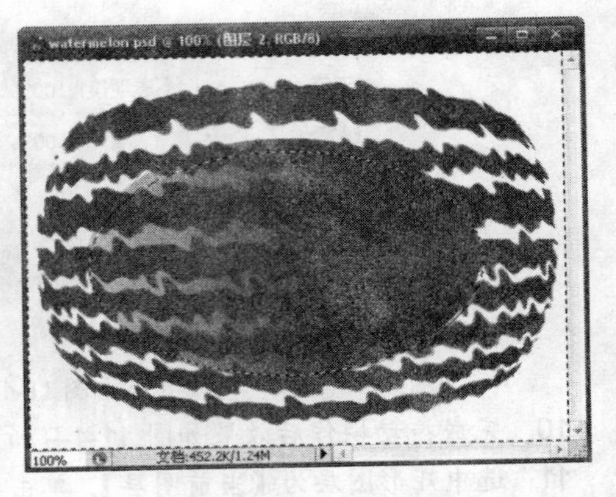

图 11-4-14 创建选区

16 按下键盘上【Delete】键，删除多余的瓜皮部分，如图 11-4-15 所示。

17 制作瓜蒂，单击【图层】|【新建】|【图层】命令，新建一个图层。用矩形选框在新加的图层上创建一个选区，如图 11-4-16 所示。

图 11-4-15 删除多余部分

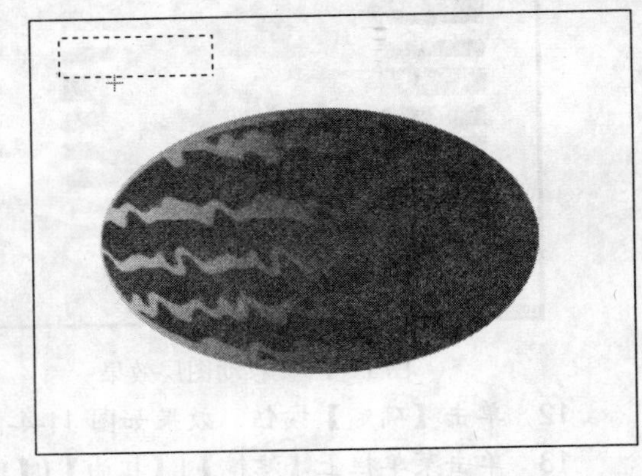

图 11-4-16 创建选区

18 单击鼠标右键，在弹出的快捷菜单中选择【填充】命令，在弹出的【颜色选择】对话框中选择颜色为棕色，如图 11-4-17 所示。

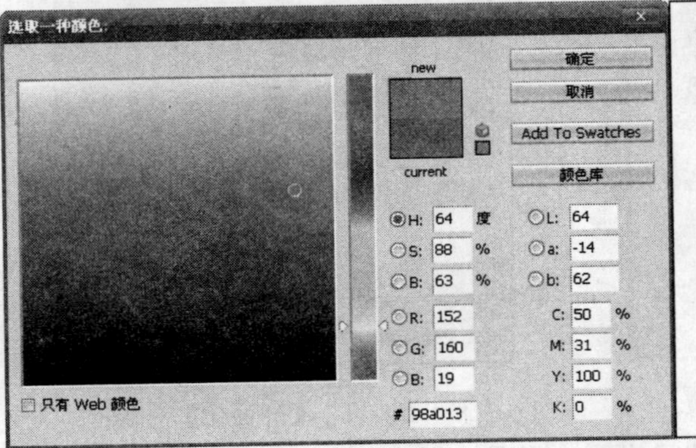

图 11-4-17 填充颜色

19 打开【图层】|【图层样式】|【混合选项】，使用【投影】为其添加杂色，如图 11-4-18 所示。

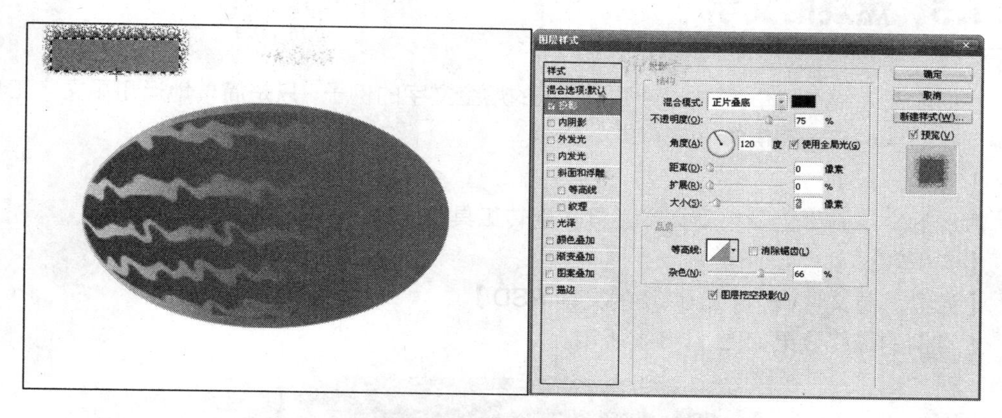

图 11-4-18 混合选项

20 使用【滤镜】|【液化】命令，将图层扭曲，效果如图 11-4-19 所示。

21 移动瓜蒂，将瓜蒂与瓜身合并，并用【减淡工具】减小瓜蒂与瓜身颜色的差别，效果如图 11-4-20 所示。

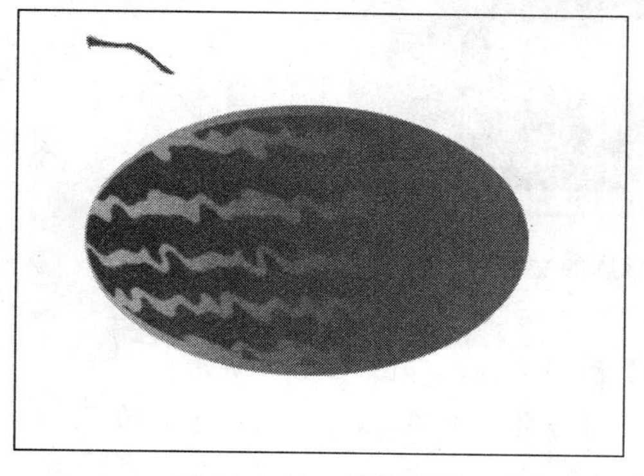

图 11-4-19 液化效果

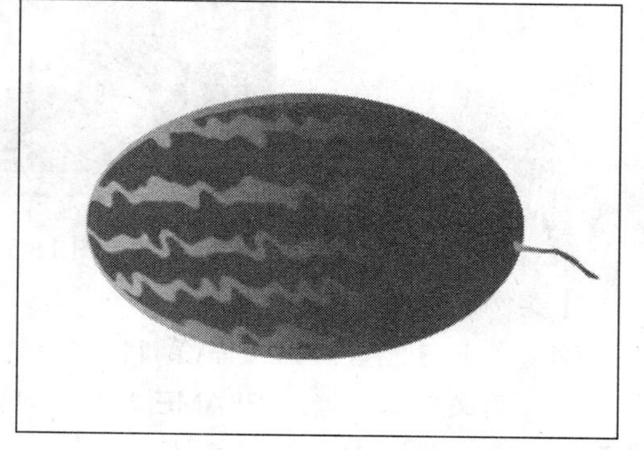

图 11-4-20 合并

22 执行【滤镜】|【渲染】|【3D 变换】命令，打开【3D 变换】对话框，选择球面坐标，单击【确定】按钮，最终效果如图 11-4-21 所示。

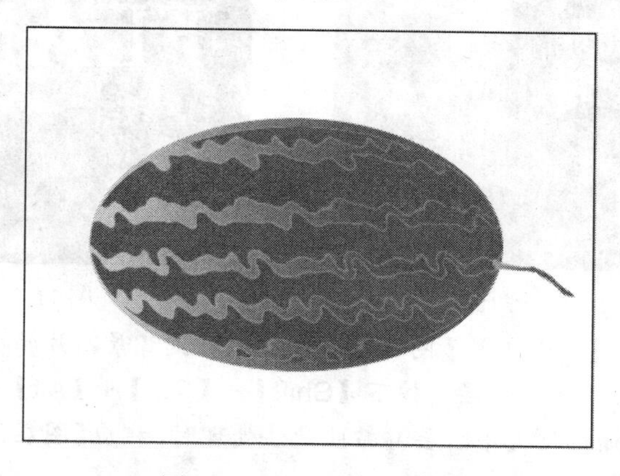

图 11-4-21 3D 变换效果

11.5 燃烧的文字

我们前面介绍了一个关于文字图层处理的熔金文字的例子，只是简单地运用了文字工具，本实例创建文字将用到图层等一系列复杂命令。

【实例分析】

燃烧的文字制作主要用到文字工具、旋转工具、滤镜工具等。

【实例效果】

【光盘：源文件\第 11 章\燃烧的文字.PSD】

本实例的最终效果如图 11-5-1 所示。

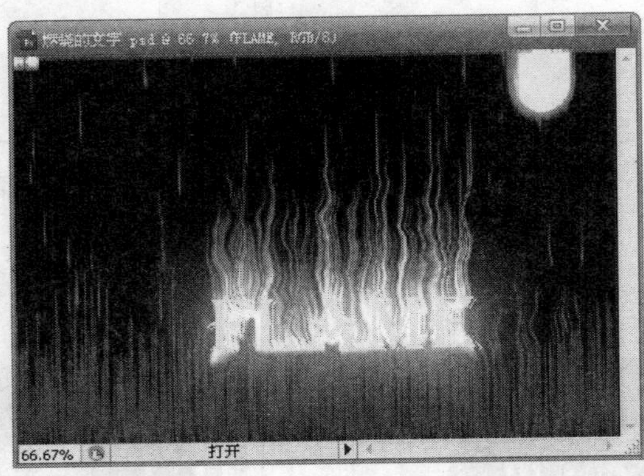

图 11-5-1 燃烧的文字

【实例制作】

01 打开【光盘：源文件\第 11 章\燃烧.jpg】图像文件，如图 11-5-2 所示。

02 用文字工具输入 FLAME 几个字母，设置【字体】为 Algerian，【字号】为 72 点，【颜色】为白色，如图 11-5-3 所示。

图 11-5-2 打开图像

图 11-5-3 输入文字

03 单击工具箱的【移动工具】图标，将文字移到背景图片的中下部，如图 11-5-4 所示。

04 在文字图层上新建一图层，按下【Shift】+【Ctrl】+【Alt】+【E】四个键组合，盖印可见图层(也可以直接栅格化文字图层)，按照此法处理时，相应【图层调板】前后变化如图 11-5-5 所示。

图 11-5-4　移动

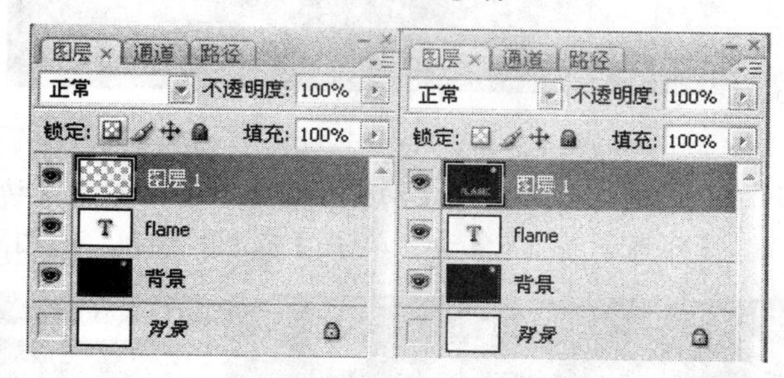

图 11-5-5　图层处理

05　同时按下【Ctrl】+【T】键，将图像逆时针旋转 90°，如图 11-5-6 所示。

图 11-5-6　旋转

06　单击菜单栏上【滤镜】|【风格化】|【风】命令，打开【风】对话框，设置【方式】为风，【方向】为从右，单击【确定】按钮，如图 11-5-7 所示。

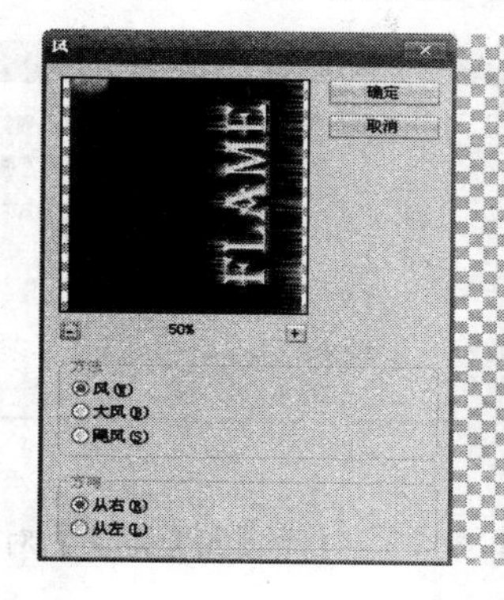

图 11-5-7　【风】命令

07　重复四次步骤 06，将图像顺时针旋转 90° 转回原来的位置，如图 11-5-8 所示。

图 11-5-8　旋转

08　单击菜单栏上【滤镜】|【模糊】|【动感模糊】命令，打开【动感模糊】命令对话框，设置【角度】为–87 度，【距离】为 12 像素，单击【确定】按钮，如图 11-5-9 所示。

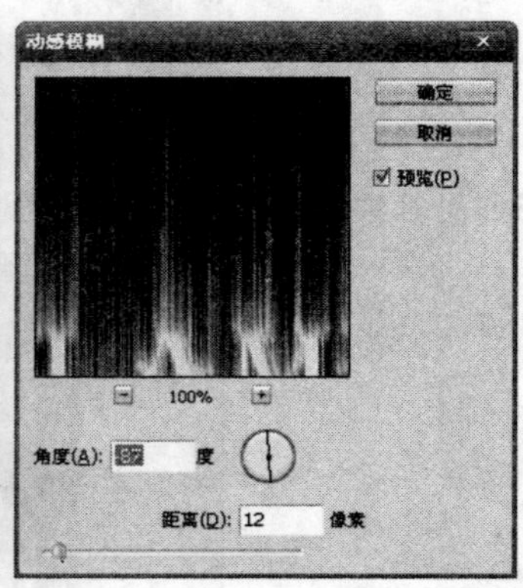

图 11-5-9　模糊

09　打开菜单栏上【图像】|【调整】|【色彩平衡】命令，打开【色彩平衡】对话框，设置【青色】为+100，【洋红】为+41，【黄色】为–100，单击【确定】按钮，如图 11-5-10 所示。

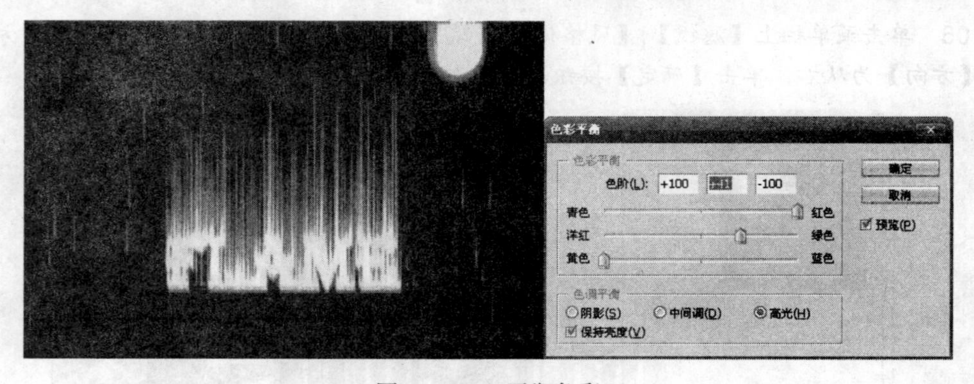

图 11-5-10　平衡色彩

10　打开菜单栏上的【滤镜】|【渲染】|【3D 变换】命令，打开【3D 变换】对话框，选择球面坐标，单击【确定】按钮，如图 11-5-11 所示。

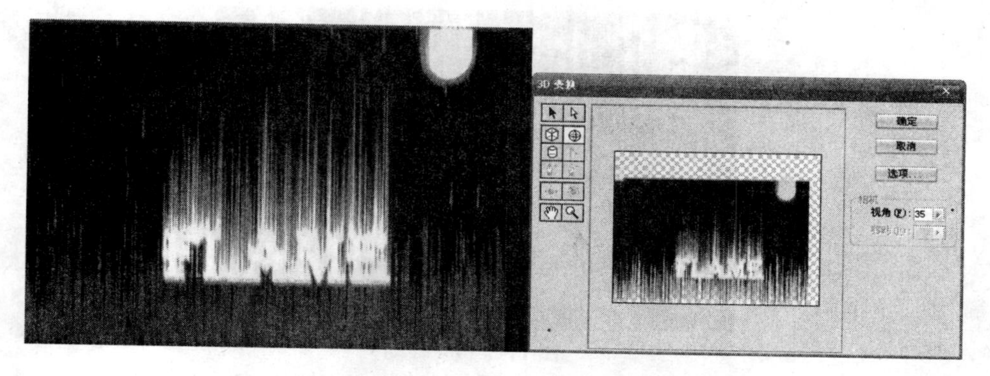

图 11-5-11　3D 变换

11　使用【滤镜】|【液化】命令，将图层扭曲，使其更逼真，如图 11-5-12 所示。

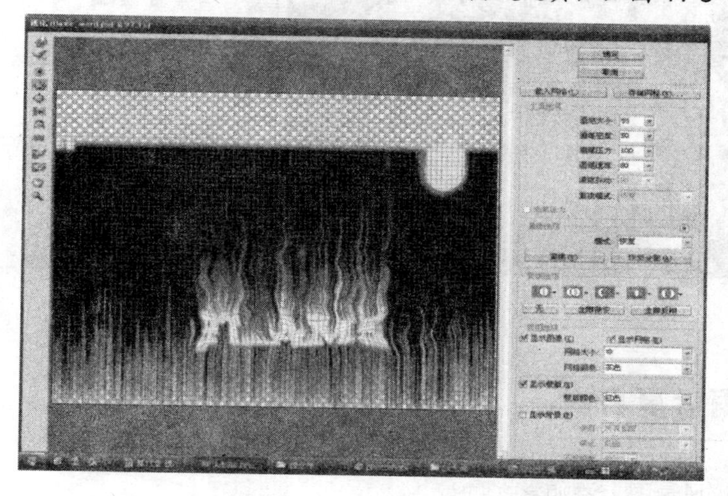

图 11-5-12　液化

12　单击【确定】按钮，完成【液化】操作，如图 11-5-13 所示。

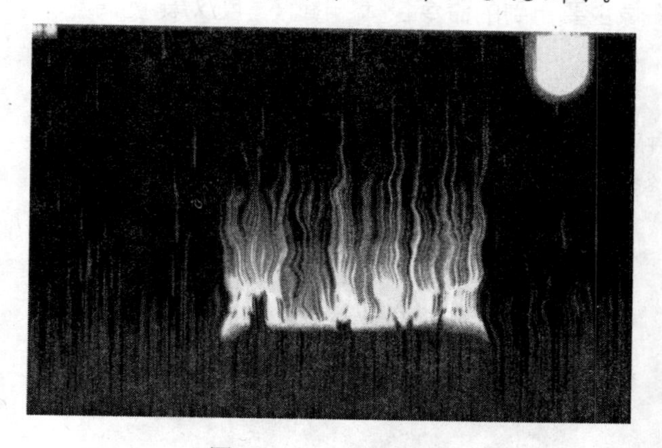

图 11-5-13　液化效果

13　还原文字，在图层调板中拖动原来的 FLAME 图层置于当前图层之上，如图 11-5-14 所示。

14　打开图层样式，使用内发光，最终处理效果如图 11-5-15 所示。

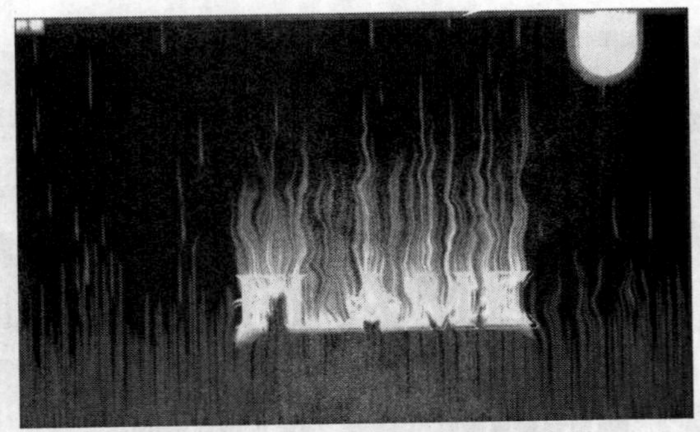

图 11-5-14　移动

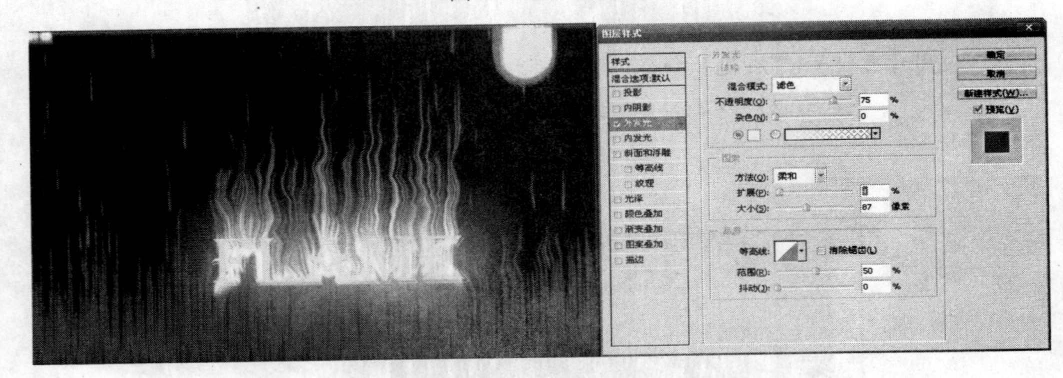

图 11-5-15　设置样式

11.6　雨后夏日

如何在一幅风景图上添加彩虹呢?

【实例分析】

制作雨后夏日图像主要用到的命令包括：图像亮度/对比度调整、渐变工具、魔棒工具的应用等。

【实例效果】

【光盘：源文件\第 11 章\雨后夏日.PSD】

雨后夏日的最终效果如图 11-6-1 所示。

图 11-6-1　雨后夏日最终效果

【实例制作】

01　打开【光盘：源文件\第 11 章\校园风光.jpg】图像文件，如图 11-6-2 所示。

图 11-6-2　打开图像

02　打开【图像】|【调整】|【亮度/对比度】命令，设置【亮度】值为–25，【对比度】为+48，单击【确定】按钮，如图 11-6-3 所示。

图 11-6-3　亮度/对比度设置

03　打开【图像】|【调整】|【色相/饱和度】命令，设置【饱和度】为–31，【明度】为+41，单击【确定】按钮，如图 11-6-4 所示。

图 11-6-4　颜色调整

04　单击工具箱中【渐变工具】图标，单击工具栏上的【渐变工具】图标后面最左的按钮，选择如图 11-6-5 红色箭头所指向的渐变类型。

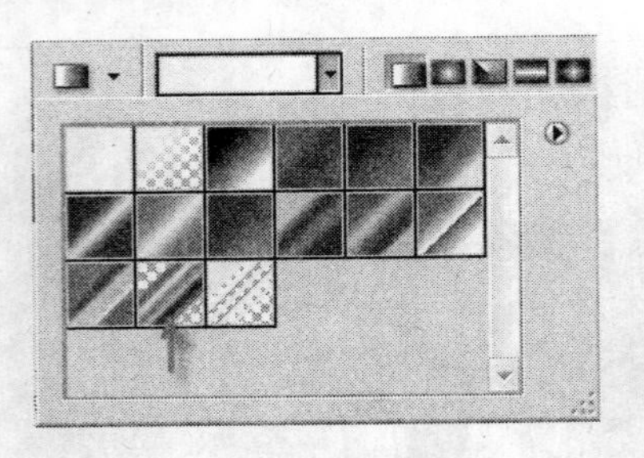

图 11-6-5　渐变设置

05　双击工具栏上的【渐变工具】图标后面最左的按钮，打开【渐变编辑器】对话框，将各个色瓶依次放在最右边，如图 11-6-6 所示。

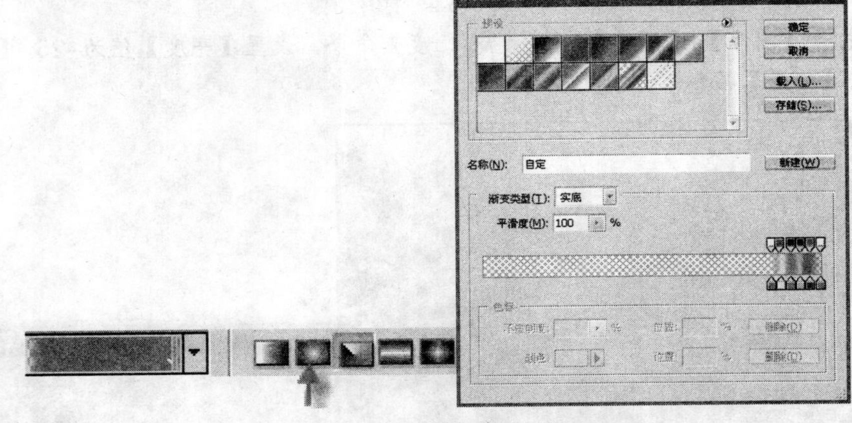

图 11-6-6　渐变编辑器

06　单击菜单栏上【图层】|【新建】|【图层】命令，新建一个图层。

07　单击工具箱中的图标，选择【直线工具】。

08　把新建立的图层作为当前图层，选择【径向变换】，即单击图 11-6-6 中左图箭头所指向的按钮，用直线工具从上向下画一条直线，如图 11-6-7 所示。

图 11-6-7　径向变换

09　单击选中工具箱中【魔棒工具】按钮，在当前图层中单击选择，如图 11-6-8 所示。

图 11-6-8　建立选区

10　单击鼠标右键，选择【羽化】，输入【羽化半径】为 1 像素。

11　按【Delete】键删除选中区域，重复多次操作，直到整个画面协调，如图 11-6-9 所示。

图 11-6-9　设置羽化半径

12　单击选中工具箱中椭圆工具，选择【添加到选区】按钮，先后创建如图 11-6-10 所示的两个选区。

图 11-6-10　创建选区

13　右击鼠标，选择【羽化】，输入【羽化半径】为 30 像素，最后结构如图 11-6-11 所示。

图 11-6-11 完成

11.7 图像的合成

在使用 Photoshop 处理和绘制各种图像时，将两个或多个不同的图片经过一定处理，可以得到很多特殊的效果，下面我们介绍一种方法来将两个不同的图片进行特殊的拼合。

【实例分析】

完成图像合成主要用到的命令包括：变换、羽化等。

【实例效果】

【光盘：源文件\第 11 章\图像的合成.PSD】

图像的合成的最终效果如图 11-7-1 所示。

图 11-7-1 图像合成的最终效果

【实例制作】

01 打开【光盘：源文件\第 11 章\学海无涯.jpg】图像文件和【光盘：源文件\第 11 章\头像.jpg】，如图 11-7-2 所示。

02 选择“头像.jpg”，选择【椭圆选框工具】，在图片中选择一个选区，如图 11-7-3 所示。

图 11-7-2　打开图片

图 11-7-3　创建选区

03　单击鼠标右键，在弹出的快捷菜单中选择【羽化】选项，在弹出的【羽化选区】对话框中将【羽化半径】设置为 30，剪切或复制选区。

04　在“学海无涯.jpg”图像上粘贴所复制的选区，效果如图 11-7-4 所示。

图 11-7-4　复制选区

05　单击【椭圆选框工具】，选中“眼睛”，单击鼠标右键，选择【自由变换命令】，调整 “眼睛”的大小和位置，如图 11-7-5 所示。

图 11-7-5 调整位置

06 选择“眼睛”所在图层，执行【图层】|【图层样式】|【混合选项】命令，在弹出的【图层样式】对话框中选中【内阴影】、【内发光】和【光泽】，并适当调整参数，效果如图 11-7-6 所示。

图 11-7-6 设置图层样式

07 执行【文件】|【储存】命令，保存文件。

在合并图片中需要选取图像的某一部分时，要选择图片像素大一些的图片，不然像素不足会引起锯齿现象。

11.8 封面设计

如何运用 Photoshop 进行封面设计呢?

【实例分析】

进行封面设计需要用到的命令包括：文字工具、栅格化、羽化、图层运用等。

【实例效果】

【光盘：源文件\第 11 章\封面设计.PSD】

封面设计的最终效果如图 11-8-1 所示。

图 11-8-1　封面设计的最终效果

【实例制作】

01　执行【文件】|【新建】命令，新建一个“封面设计”的文件，高度设置为 29.7 厘米，宽度设置为 21 厘米，如图 11-8-2 所示。

02　选择【横排文字工具】，输入文字，分别设置字体、字号和文字颜色，如图 11-8-3 所示。

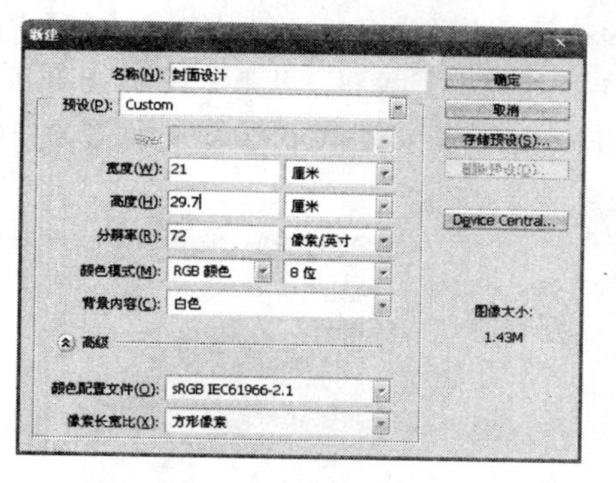

图 11-8-2　新建文件

图 11-8-3　输入文字

03　执行【文件】|【打开】命令，打开一幅图片，在图片中选择一个区域，单击鼠标右键，选择【羽化】，将羽化半径设置为 30，剪切选区。

04　在新建的文件中粘贴选区，调整选区的位置，如图 11-8-4 所示。

05　在文件右上角输入版本型号“Adobe Photoshop 10.0”，中间输入编者姓名，右下角输入出版社名字，如图 11-8-5 所示。

图 11-8-4　粘贴并调整选区

图 11-8-5　输入文字

06　选择版本号“Adobe Photoshop 10.0”图层的前一图层，创建一个新图层：图层 2，选择【矩形选框工具】，创建一个选区，并将其填充，如图 11-8-6 所示。

07　单击选中版本号“Adobe Photoshop 10.0”图层，单击右键，选择【混合选项】设置的【图层样式】，效果设置为【投影】，效果如图 11-8-7 所示。

图 11-8-6　填充颜色

图 11-8-7　文字效果

08　选择图层 2，在上面创建一个椭圆选区，并将选区填充，执行【滤镜】|【模糊】|【形状模糊】命令，将半径设置为 230 像素，单击【确定】按钮，效果如图 11-8-8 所示。

09　在图层 2 上创建一个文字图层，输入文字“Photoshop 10.0”，设置文字的颜色，形状等的参数，效果如图 11-8-9 所示。

图 11-8-8　创建选区

图 11-8-9　输入文字

10　新建图层 3，选择【矩形选框工具】，按下【Shift】键，创建一个正方形选区并填充为红色，如图 11-8-10 所示。

11　选择【多边形套索工具】，在红色填充上创建一个不规则选区，如图 11-8-11 所示。

图 11-8-10　创建红色选区

图 11-8-11　创建选区

12　按【Delete】键删除选区颜色，取消选择区域，效果如图 11-8-12 所示。

13　选择【横排文字工具】，在上一步操作创建的选区下输入文字 “Adobe”，设置字体、字号和颜色，如图 11-8-13 所示。

图 11-8-12　删除选区

图 11-8-13　添加图标

14　将上一步的文字图层【栅格化】并与上两步的图层合并为一个图层，制成为一个图标，如图 11-8-14 所示。

图 11-8-14　合并图层

15　将图标移动到合适的位置后，保存设计图片。

11.9　Web 图形制作

前面我们已经介绍了 Web 图形的基础知识和切片的制作过程，在本节我们将制作出一个具体的网页图形文件来。

【实例分析】

完成 Web 图形制作需要用到的主要命令包括：创建切片、选择切片和编辑切片等。

【实例效果】

【光盘：源文件\第 11 章\index.html】

【实例制作】

01　打开【光盘：源文件\第 11 章\images】文件夹中的图形文件。

02　使用切片工具将图形分成许多切片，如图 11-9-1 所示。

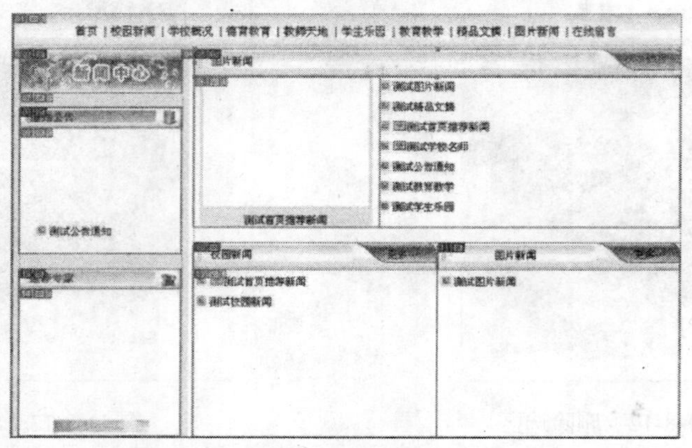

图 11-9-1　划分切片

03　将鼠标指针指向某一个切片，如指向最左边的切片，单击鼠标右键，在弹出的快捷菜单中选中【编辑切片选项】选项，如图 11-9-2 所示。

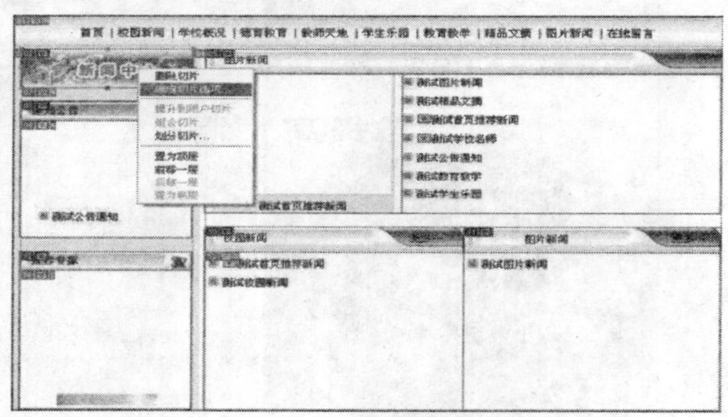

图 11-9-2

04　在打开的对话框中，选择【切片类型】为【图像】，其中【无图像】切片类型操作比【图像】切片类型操作简单，读者可以自己摸索。如图 11-9-3 所示。

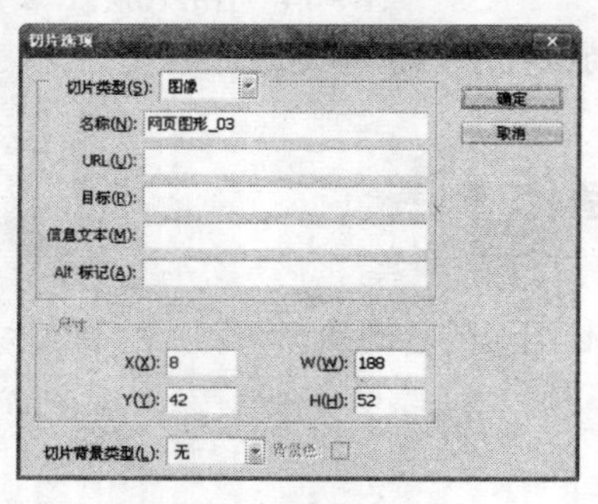

图 11-9-3

05 在【名称】文本框中，下划线左边的是整个图形文件的名字，右边是切片的编号，为了预防网络传输出错，我们将图形文件名命名为英文，相应的也在【名称】文本框中将其改为英文名。如图 11-9-4 所示。

06 输入表示链接指向的【URL】地址、在何时何处载入【URL】地址的【目标】、在浏览器状态栏中显示的【信息文本】，以后将鼠标指向此处将会显示相关内容的【标记】，如图 11-9-5 所示。

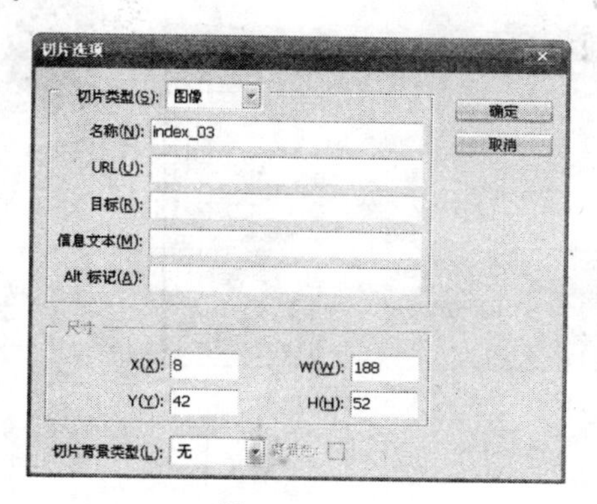

图 11-9-4

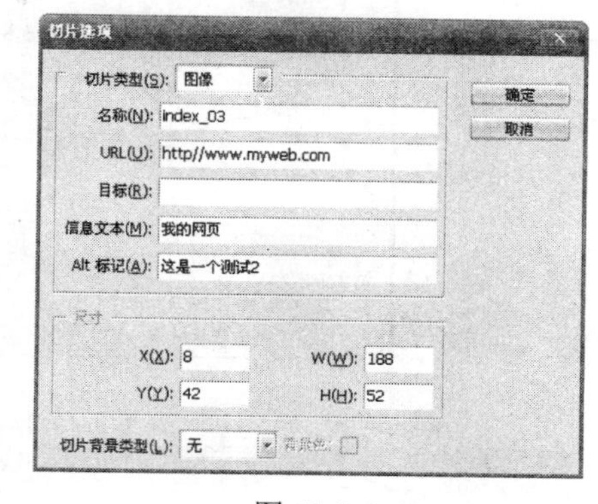

图 11-9-5

07 单击【确定】按钮，用相同方法编辑其他几个切片。

08 输出网页图形，单击【文件】，打开【存储为 Web 所用格式】对话框。如图 11-9-6 所示。

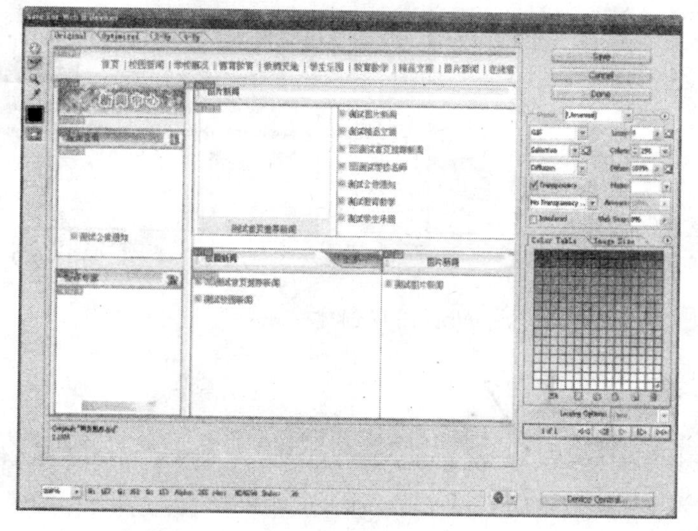

图 11-9-6

09 单击【2—UP】即【双联】选项卡，它的左边为源文件，右边的为经优化后的文件，选择某一切片，在【Preset】即【预设】选项中，选择【GIF 128 Dithered】即【GIF 128 仿色】，将切片大大压缩，如图 11-9-7 所示。

10 单击 Save 按钮，打开【保存】对话框，如图 11-9-8 所示。

11 选择保存路径，输入文件名，如 index，保存类型为【HTML and Images】，单击 保存(S) 按钮，弹出【存储为 Web 和设备所用格式】对话框，如图 11-9-9 所示。

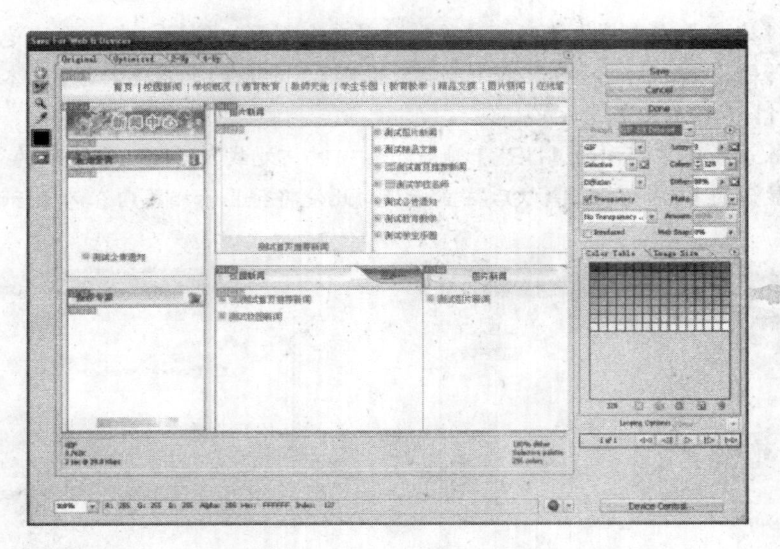

图 11-9-7

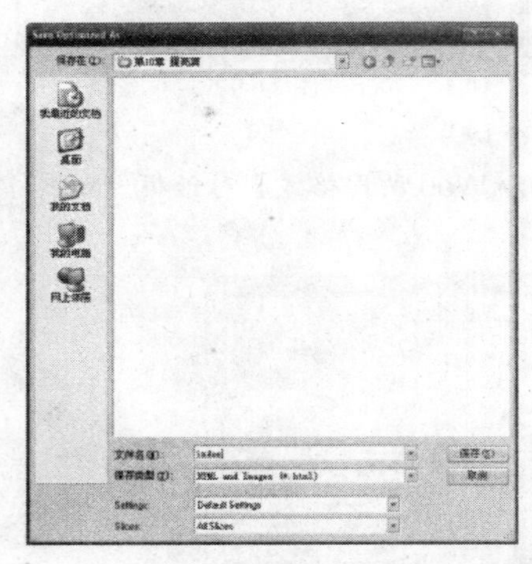

图 11-9-8

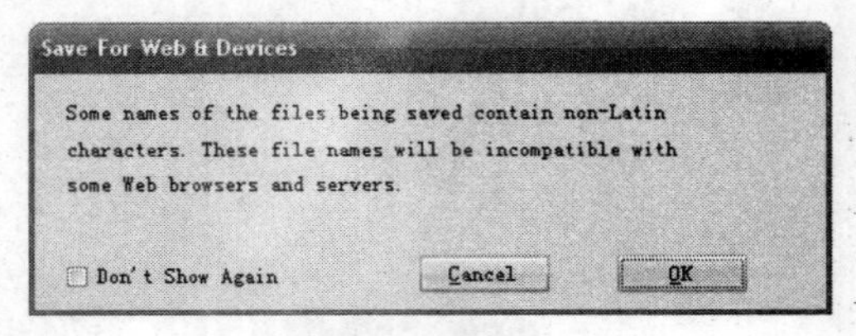

图 11-9-9

12 单击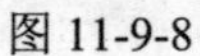按钮，完成 Web 图形创建。

在生成 HTML 时，Photoshop 会同时产生一个名字为 images 的文件夹，其中保存的是所有划分的切片。